R과 함께하는 통계학의 이해와 활용

Comprehension and Application of Statistics with R

신봉섭 · 신지원 지음

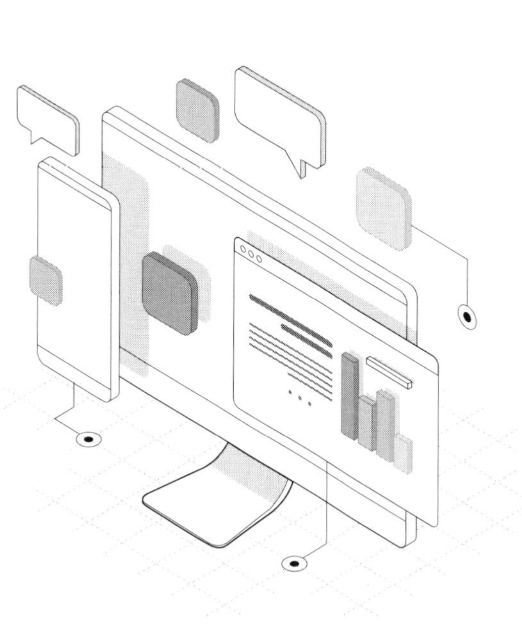

자유아카데미

머리말

최근 데이터과학 분야가 중요한 화두로 떠오르면서 통계학에 대한 관심도 크게 증가하였다. 필자들의 수업에는 부전공이나 복수전공으로 통계학을 선택한 다양한 학과의 수강생들이 존재한다. 과거에는 전통적으로 관련이 있는 컴퓨터공학과, 소프트웨어학과, 경영학과 등이 중심이었다면 지금은 행정학과, 관광학과, 중국어학과, 실용음악과 등 아주 다양한 학과의 학생들도 관찰된다. 심지어는 통계학과로 전과하는 경우도 점차 늘어나고 있다.

본서는 이렇게 배경지식도 다르고 전공분야도 다른 다양한 학생들이 통계학의 기본개념을 이해하고 자신들의 분야에서 이를 활용할 수 있도록 도움을 제공하기 위해 집필되었다. 이를 위해 특별히 다음 사항에 많은 생각과 시간을 투자하였다.

첫째, 수리적인 표현을 어디까지 얼마나 쓰는 것이 바람직한가? 수학적 배경지식이 있는 수강생들은 수리적 표현을 통해 간결하고 직관적으로 설명하는 것을 더 선호한다. 반면, 수리적 표현을 보면 먼저 겁부터 느끼는 다수의 수강생도 존재한다. 이들 사이에서 적절한 균형점을 찾기 위해 노력하였다. 중요한 정리들은 수리적인 증명보다는 수학적 표현에 익숙해지고 어떻게 활용되는지에 초점을 맞추어 설명하였다.

둘째, 가설검정을 다루는 단원에서는 유의확률(p-값)을 계산하고 이를 바탕으로 검정의 결과를 기술하는 방식을 채택하였다. 확률계산이 어려웠던 과거에는 몇 장의 통계수표에 의존해서 가설검정을 진행하였으며 아직도 많은 교과서가 이 방식을 이용하고 있다. 그러나 R을 비롯한 모든 통계패키지들은 검정의 결과로 유의확률(p-값)을 출력하기 때문에 이를 이용한 가설검정법이 통계패키지를 이용하는 데 훨씬 더 현실적인 방법이 될 수 있다. 또한, 본서에서는 R의 검정함수가 출력하는 유의확률(p-값)이 어떻게 계산된 것인지를 이해시키고 직접 계산하여 확인할 수 있도록 지도하고 있다.

셋째, 데이터분석뿐만 아니라 통계학의 이해과정에서 R을 적극적으로 활용하려고 노력하였다. 각 확률분포의 그래프나 부록에 있는 통계 분포표를 R을 이용하여 직접 제작할 수 있도록 설명하였다.

여러 해의 강의를 통해 편집되고 정리된 원고를 바탕으로 자유아카데미 편집부 여러분의 많은 수고가 있었다. 필자들의 노력과 함께 출판과정에서 많은 분들의 수고가 있었지만 여전히 미진하거나 부족한 부분이 나올 수 있다. 이러한 점은 양해를 바라며 출간 후에라도 나올 수 있는 수정사항 등은 자유아카데미 홈페이지(www.freeaca.com) 자료실에 제공할 예정이니 참고하기를 바란다.

아무쪼록 이 책이 통계학을 이해하고 활용하려는 독자들에게 작은 도움이라도 되길 염원한다.

2023년 8월

저자 일동

차례

3장 확률분포와 R의 활용

4장 표본분포

5장 단일 모집단에 대한 추론

6장 두 모집단에 대한 추론

7장 분산분석법

8장 상관 및 회귀분석

9장 범주형 자료의 분석

부록

1장

R의 기본 다지기

데이터를 효율적으로 수집하고 정리하며 이를 분석하거나 시각화하는 과정에서 어떤 분석 도구를 사용할 것인가는 매우 중요한 요소이다. 통계학을 전공한 필자들의 경우 오랫동안 SAS나 SPSS, Minitab 등의 통계 패키지를 교육이나 분석에서 주로 사용하였다. 하지만 이 패키지들의 가격(사용료)이 만만치 않기에 교육기관이나 기업에 소속되지 않은 일반인들이 사용하기에는 부담스러울 수도 있을 것이다. 이러한 부담에서 벗어나 데이터 처리나 분석, 시각화 등에 두루 활용할 수 있는 도구가 바로 R이다.

R에서는 데이터 처리나 분석, 시각화 등을 위한 다양한 함수들을 제공한다. 이러한 함수들을 기능별로 묶어 놓은 일종의 꾸러미를 **패키지(packages)**라고 부른다. 우리가 어떤 기능을 수행하는 함수를 사용하려면 해당 함수를 포함하고 있는 패키지를 사전에 설치해야 한다. 필자가 원고를 작성 중인 2023년 7월 기준 **CRAN(The Comprehensive R Archive Network)**에 등록된 패키지의 개수는 무려 19,805개에 이른다. 기존 패키지들도 새롭게 업데이트되기도 하고 유용한 새 패키지들이 꾸준히 등록되기도 한다. 이렇게 다양한 분야에서 필요한 작업을 편리하게 수행할 수 있는 많은 패키지들이 계속해서 제공되고 있기 때문에 R의 활용 범위도 넓어지고 사용자들의 층도 점점 다양해지고 있는 것이다.

통합개발환경(IDE; Integrated Development Environment) 소프트웨어인 RStudio를 이용하면 R을 훨씬 더 편리하게 사용할 수도 있다. R과 RStudio를 설치하는 방법에 대해서는 [부록 A]를 참고하길 바란다.

1.1 R Studio를 이용한 R 사용하기

RStudio를 실행하면 〈그림 1-1〉과 같이 3개의 창으로 나누어진 화면을 볼 수 있다. 왼편에 있는 창이 통상적인 R 작업에서 명령어를 입력하고 결과를 얻는 **콘솔(Console) 창**이다. 이 콘솔 창에 있는 **프롬프트(>)** 다음에 R 명령어(스크립트)를 적고 Enter↵를 누르면 해당 명령이 실행되고 결과가 출력된다. RStudio 화면의 오른편 상단은 Environment(환경), History 등이 표시되는 창이며, 오른편 하단에는 Files, Plots, Packages, Help 등을 표시하는 창으로 구성돼 있다. 이들 창의 기능에 대해서는 R에 대한 설명을 진행하면서 필요한 시점에 추가해서 설명하도록 하겠다.

콘솔 창의 프롬프트에 하나의 명령어를 입력하고 결과를 얻는 방식이 때로는 불편할 수도 있다. 필자들은 실습수업에서 보여줄 R 명령어(스크립트)들을 모아서 미리 파일로 작성해두고 파일 내의 명령어들 전체 또는 일부를 실행시키면서 수업을 진행하곤 한다. 이를 위해서는 〈그림 1-2〉와 같이 R Studio의 메뉴표시줄에서 [File] – [New File] – [R Script]를 차례로 선택하면 〈그림 1-3〉과 같이 콘솔 창의 아래에 새로운 스크립트 창이 생성된다.

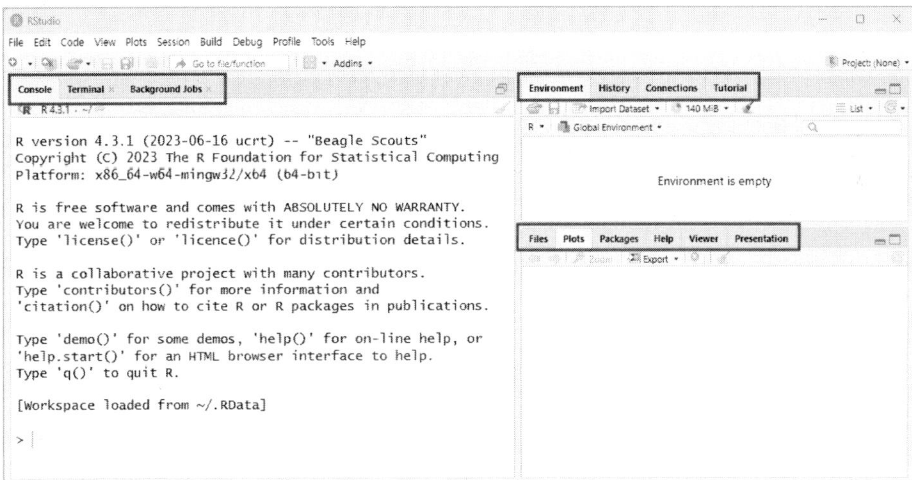

그림 1-1 RStudio의 최초 실행 화면

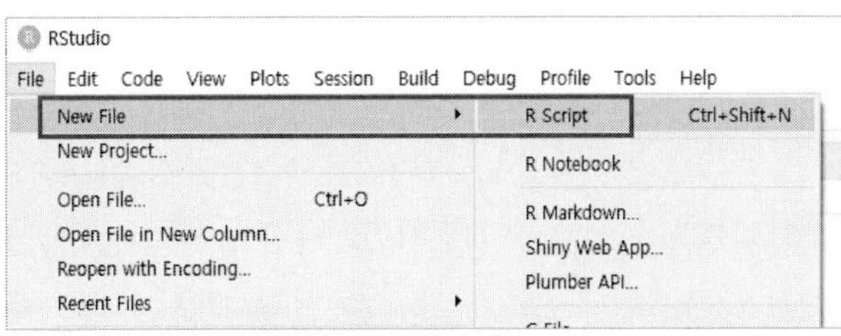

그림 1-2 RStudio의 메뉴에서 [File] – [New File] – [R Script]를 차례로 선택

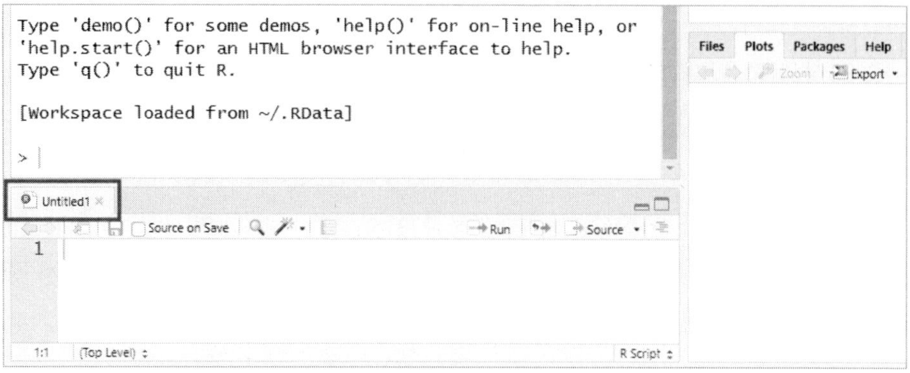

그림 1-3 콘솔 창 아래에 새 스크립트 창(Untitled1)이 추가된 화면

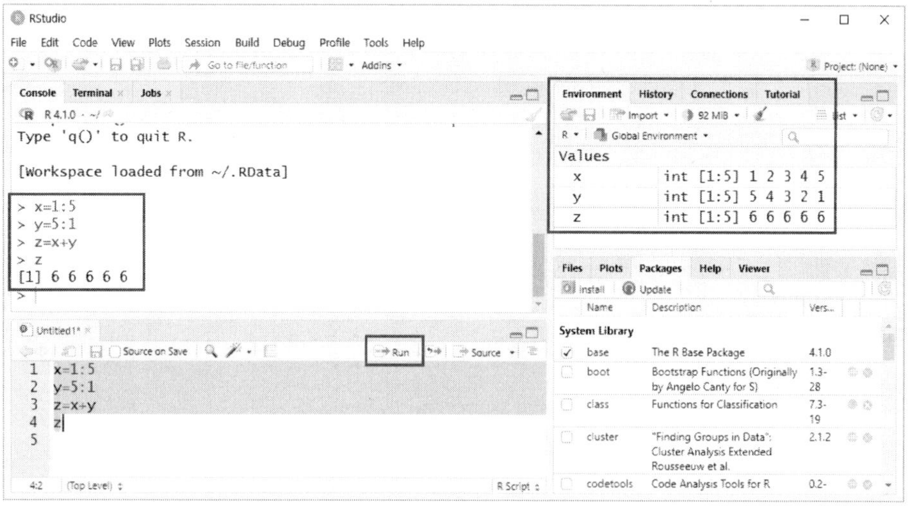

그림 1-4 스크립트 창의 명령어를 실행한 후의 각 창들의 변화

〈그림 1-4〉는 스크립트 창에 4줄의 명령어를 입력한 후 이 4줄의 명령어를 마우스로 드래그하여 전체를 블록으로 선택한 후 빨간색 네모로 표시한 [Run] 버튼을 누르면 이 4개의 명령어가 콘솔 창에 입력되고 실행된 후 그 결과가 출력된 결과를 보여주고 있다. 또한 오른쪽 상단 Environment 창에도 메모리에 저장된 3개의 객체(변수)의 값의 내용도 보여주고 있다.

〈그림 1-4〉에 사용된 명령어들을 간단히 설명하면 〈표 1-1〉과 같다. 콜론(:)은 1씩 증가(또는 감소)하는 수열을 만드는 연산자로 매우 요긴하게 사용된다. 대부분의 프로그래밍 언어에서 등호(=)는 **대입연산자**로 사용되는데, 이는 등호 오른편에 있는 값을 등호 왼편에 있는 변수(객체)에 대입하라는 의미로 사용된다. R에서 수

표 1-1 실행한 명령어(스크립트)에 대한 설명

행	명령어	설명(내용)
1	x=1:5	x라는 변수(객체)에는 1부터 5까지 1씩 증가하는 5개의 원소로 이루어진 벡터 (1, 2, 3, 4, 5)를 대입(저장)
2	y=5:1	y라는 변수(객체)에는 5부터 1까지 1씩 감소하는 5개의 원소로 이루어진 벡터 (5, 4, 3, 2, 1)를 대입(저장)
3	z=x+y	두 벡터 x와 y를 더하여 z라는 변수(객체)에 대입(저장)
4	z	변수(객체) z의 값을 출력하라는 명령어로 print(z)와 동일

학적인 상등(두 값이 같음)을 나타내는 비교연산자는 "=="와 같이 등호 2개를 연속해서 사용한다.

R의 3.0 이전 버전에서는 대입연산자로 등호(=)보다 기호 "<-"(부등호와 마이너스 기호를 함께 사용)를 주로 사용해 왔다. 그 이유는 "<-"가 "="보다 연산 우선순위가 높았기 때문이었다고 한다. 그러나 지금은 그런 구분이 없어졌으나 아직도 많은 책이나 코드에서 "<-"을 많이 사용하고 있다. 지금은 대입연산자로 어떤 기호를 사용하는지가 중요하지 않다. 따라서 여러분들은 자기가 더 선호하는 연산자를 사용하면 된다. 본서에서는 등호(=)를 사용할 예정이다.

앞의 예에서 벡터인 x와 y를 더하는 과정을 조금 더 자세히 설명하면 다음과 같다. x의 첫 번째 원소 1에 y의 첫 번째 원소 5를 더해서 z의 첫 번째 원소인 6이 된다. 같은 방법으로, x의 두 번째 원소 2에 y의 두 번째 원소 4를 더해서 z의 두 번째 원소인 6이 된다. 나머지 원소들에도 같은 방법의 연산이 적용된다. R에서는 이렇게 수학적인 두 벡터의 합을 구하는 과정이 간단하게 정의된다. 이를 확장해 행렬의 합도 간단하게 정의되고 계산된다.

R에서는 내부적으로 벡터를 기본으로 활용하는 방법을 이용해 반복 구문을 사용하지 않고도 빠른 연산을 실행한다. 만약 C나 JAVA와 같은 프로그래밍 언어를 배워본 독자들은 벡터나 행렬의 합을 어찌 계산하는지 한번 생각해보면 R의 유용함을 느낄 수 있을 것이다.

기본적으로 적용된 RStudio의 창 배열을 바꾸고 싶거나 각 창에 포함(표시)할 탭의 내용을 바꾸고 싶다면 RStudio의 메뉴표시줄에서 [Tools] - [Global Options]를 선택해 나타나는 "Options" 대화상자에서 〈그림 1-5〉와 "Pane Layout"을 선택해 프로그램의 상하좌우에 표시할 창의 위치를 조정하거나 각 위치에 포함하고 싶은 창을 선택(체크박스에 √표시가 나타나게)해 표시할 창을 지정할

수도 있다.

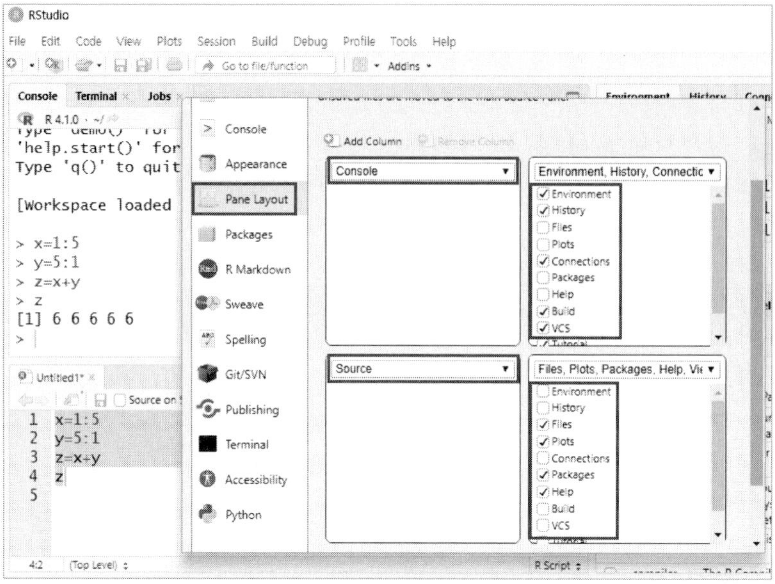

그림 1-5 "Options" 대화상자에서 "Pane Layout"을 선택해 창의 배치를 조정

1.2 R의 기본: 벡터, 함수, 연산자

우리가 앞으로 R을 이용한 데이터분석을 행하기 위해서 가장 기본적으로 이해해야 할 R의 기본문법과 함수들에 대해서 설명하고 R을 직접 실행한 예제들을 통해 이를 확인하는 과정을 소개하기로 한다.

1.2.1 R의 산술연산자와 벡터의 생성

가장 먼저 R의 대표적인 산술연산자들을 정리하면 〈표 1-2〉와 같으며 [보기 1-1]을 통해 이들을 연습해 보자.

표 1-2 R의 산술연산자

연산자	의미	설명 또는 예
+, −, *, /	덧셈, 뺄셈, 곱셈, 나눗셈	(*, /)이 (+, −)보다 연산 순위가 빠름, 동일 순위인 연산자는 왼편부터 순서대로 연산됨
a %/% b	a를 b로 나눈 몫	7 %/% 3 = 2 (7 = 3 * 2 + 1)
a %% b	a를 b로 나눈 나머지	7 %% 3 = 1
^ 또는 **	a^b = a**b (=a^b)	2^3 = 2^3 = 8

보기 1-1

```
> 12+3*5-3            # 12+15-3, #다음은 R이 무시함, 주석이나 설명을 위해 사용
[1] 24
> x=1:5               # x=c(1,2,3,4,5)와 동일, c()는 원소들을 묶어 벡터 생성
> x
[1] 1 2 3 4 5
> x*2                 # 벡터에 상수를 곱하면 벡터의 모든 원소에 상수를 곱함
[1]  2  4  6  8 10
> x^2                 # 벡터를 상수제곱하면 벡터의 모든 원소를 상수제곱
[1]  1  4  9 16 25
> y=2*x+5             # y=2x+5, 숫자와 문자 사이에도 곱셈(*) 기호 생략 불가
> y
[1]  7  9 11 13 15
> 7%/%3; 7%%3         # 한 줄에 명령어는 한 개가 원칙, 여러 개의 명령어는 ; 사용
[1] 2
[1] 1
```

[보기 1-1]에도 아주 중요한 내용들이 포함돼 있다. 가장 먼저 "#"을 사용하면 해당 행에서 "#"이 나온 이후의 내용은 모두 R이 실행에서 제외한다. 따라서 코드의 중간마다 설명을 추가하기 위해 #을 적절히 사용해 적절한 설명을 작성해두는 것도 좋은 습관이 될 수 있다.

여러 연산이 혼합된 경우라면 연산의 우선순위가 가장 높은 지수연산(^)이 가장 먼저 수행된다. 사칙 연산 중에서도 곱셈과 나눗셈(이 둘은 연산 우선순위가 같음)

이 덧셈과 뺄셈(이 둘도 연산 우선순위가 같음)보단 먼저 수행된다. 우선순위가 동일한 연산들은 왼쪽부터 순서대로 수행된다. 연산의 우선순위에 자신이 없는 경우에는 먼저 계산하고 싶은 부분에 괄호를 사용하면 된다. 항상 괄호 안을 먼저 계산하기 때문이다.

벡터(vector)는 R에서 가장 기본이 되는 데이터 객체로 같은 종류의 자료값을 갖는 2개 이상의 원소로 구성된다. 벡터에 어떤 상수를 곱하거나 더하는 경우의 결과를 살펴보면 벡터의 모든 원소에 상수가 곱해지거나 더해짐을 알 수 있다.

R은 한 줄에 하나의 명령어를 쓰는 것이 원칙이다. 만약 한 줄에 여러 개의 명령어를 입력하려면 각 명령어 사이에 세미콜론(;)을 붙이면 된다. 만약 명령어가 길어서 한 줄에 다 표시되지 못하는 경우라면 명령어를 여러 줄에 나누어 적어도 된다.

콜론(:) 연산자를 통해 연속된 숫자로 이루어진 벡터를 만드는 방법은 이미 소개하였다. 일반적으로 숫자나 문자 등을 모아서 벡터를 만드는 가장 기본적인 방법은 c( ) 함수를 사용하는 것이다. "c(1, 3, 5)"와 같이 벡터의 원소들을 c( ) 함수의 인자로 콤마(,)로 구분해 입력하면 된다. 숫자를 원소로 가지는 벡터뿐만 아니라 문자열이나 논리 값을 원소로 가지는 벡터도 가능하다. 다음 보기를 살펴보자.

보기 1-2

```
> v1=c(3, 2, 5, 8, 10)            # 숫자형 벡터 생성
> v1
[1]  3  2  5  8 10
> v2=c("R", "Excel", "SAS", "SPSS")  # 문자형 벡터 생성
> v2
[1] "R"     "Excel" "SAS"   "SPSS"
> v3=c(T, T, F, F)                # 논리형 벡터 생성
> v3
[1]  TRUE  TRUE FALSE FALSE
```

일정한 패턴이 있는 벡터들은 사용자가 일일이 값을 입력하지 않고도 벡터를 생성할 수 있다. 벡터 생성과 관련된 함수들을 정리하면 〈표 1-3〉과 같으며 [보기 1-3]은 이 함수들을 활용한 다양한 예제들을 담고 있다.

표 1-3 벡터 생성과 관련된 함수들

연산자 또는 함수	사용 양식 및 인수설명	설명
:	start: end	start부터 end까지 1씩 증가(감소)하는 값들을 원소로 하는 벡터를 생성
seq( )	seq(from=, to=, by/length.out=) • from: 시작 값 • to: 끝 값 •by: 증분 값 • length.out: from부터 to 사이에서 생성할 벡터의 개수	'seq(from= , to= , by=)' 또는 'seq(from= , to= , length.out=)'와 같은 형태로 이용되며, 각 인수의 순서에 따른다면 키워드 'from=', 'to=', 'by/length.out=' 등은 생략이 가능
rep( )	rep(x, times/each=) • x: 반복할 대상(벡터) • times: x를 전체 반복할 횟수 • each: x의 각 원소들을 반복할 횟수	'rep(x, times=)' 또는 'rep(x, each=)'와 같이 이용되며, 'times='는 생략이 가능하다. times 옵션에 벡터가 사용되면 x의 각 원소에 times의 각 원소가 대응되어 반복

보기 1-3

```
> v4=seq(1, 10, 2)          # seq(from=1, to=10, by=2)
> v4
[1] 1 3 5 7 9
> v5=rep(1:3, 3)            # rep(1:3, times=3)와 동일, (1:3)을 3번 반복
> v5
[1] 1 2 3 1 2 3 1 2 3
> v6=rep(1:3, each=3)        # 'each='는 생략 불가, (1:3)의 각 원소를 3번씩 반복
> v6
[1] 1 1 1 2 2 2 3 3 3
> v7=rep(1:3, 1:3)          # 1은 1번, 2는 2번, 3은 3번 반복
> v7
[1] 1 2 2 3 3 3
```

"1:5"는 "seq(from=1, to=5, by=1)"과 동일하며 이는 간단히 "seq(1, 5, 1)"로도 쓸 수 있다. 같은 방법으로 "5:1"은 "seq(5, 1, −1)"과 동일함을 알 수 있다.

seq( ) 함수에서 옵션 'by='를 사용하는지 또는 'length.out='를 사용하는지에 따라 생성된 벡터의 구성 원소와 개수가 서로 다를 수 있다. 벡터의 개수는 R의 내장함수 **length( )**를 이용해 구할 수 있다. 다음의 [보기 1-4]를 통해 알아보자.

보기 1-4

```
> v8=seq(0, 1, by=0.01)
> v8
 [1] 0.00 0.01 0.02 0.03 0.04 0.05 0.06 0.07 0.08 0.09 0.10 0.11 0.12
…(중간생략)…
[92] 0.91 0.92 0.93 0.94 0.95 0.96 0.97 0.98 0.99 1.00
> length(v8)
[1] 101
> v9=seq(0, 1, length.out=100)
> v9
 [1] 0.00000000 0.01010101 0.02020202 0.03030303 0.04040404 0.05050505
…(중간생략)…
[97] 0.96969697 0.97979798 0.98989899 1.00000000
> length(v9)
[1] 100
```

위의 [보기 1-4]에서 벡터 v9는 0과 1을 포함해서 원소의 개수가 100개여야 하므로 0과 1 사이를 균등하게 99등분 하여야 한다. 따라서 각 원소가 1/99=0.01010101 만큼의 간격을 갖는 원소들로 구성되었다.

1.2.2 R의 내장 상수 및 함수

〈표 1-4〉는 데이터분석에서 자주 사용되는 R의 내장 상수 및 함수들을 정리한 것이다. 이들 함수의 인수에 벡터를 사용하면 벡터의 모든 원소에 함수가 적용된다. [보기 1-5]를 통해 알아보자.

R 시스템이 디폴트로 정한 digit의 값은 7이다. 이는 계산 결과를 소수 이하 7번째 자리에서 반올림하여 6번째 자리까지 출력하라는 명령이다. 이 설정을 바꾸려면

표 1-4 데이터분석에서 자주 이용되는 R의 내장 상수 및 함수

내장 상수 또는 함수	설명	사용 예
pi	원주율 π의 참값(내장 상수)	3.141593
sum(x)	x의 모든 원소에 대한 합을 구함	
sqrt(x)	$\sqrt{x}$	sqrt(2*pi)= $\sqrt{2\pi}$
exp(x)	e^x, e=2.718282	exp(−1/2)=$e^{-1/2}=1/\sqrt{e}$
log(x)	$\ln x=\log_e x$, 밑이 e인 로그	
log(x, base=a)	$\log_a x$, 밑이 a인 로그	log(100,10)=$\log_{10}10^2=2$
log2(x)	log(x, base=2), log(x, 2)	
log10(x)	log(x, base=10), log(x, 10)	
factorial(x)	$x!=x(x-1)(x-2)\cdots 2\cdot 1$	factorial(5)=$5!=120$
choose(n,r)	$\binom{n}{r}=\frac{n!}{r!(n-r)!}$	choose(5,2)= $\binom{5}{2}=5!/(2!\cdot 3!)=10$
sin(x)	삼각함수, cos(x), tan(x)	

"options(digits=n)"과 같이 자릿수를 지정하는 옵션을 사용해야 한다. 시스템의 옵션은 변경하지 않고 "print(출력할 개체, digit=n)"를 사용하면 일시적으로 출력할 값의 자릿수만 조정할 수 있다.

보기 1-5

```
> pi                      # π값을 소수 6째 자리까지 표시, options(digits=7)가 기본 적용
[1] 3.141593
> x=1:5
> sum(x)                  # 1+2+3+4+5=15
[1] 15
> sqrt(x)                 # x의 모든 원소에 제곱근을 취함
[1] 1.000000 1.414214 1.732051 2.000000 2.236068
> options(digits=10)      # 소수점 이하 10번째 자리에서 반올림, 9째 자리까지 출력
> pi
[1] 3.141592654
> options(digits=7)       # 시스템 디폴트로 환원
```

```
> pi
[1] 3.141593
> print(pi,16)          # 일시적으로 pi 값을 소수점 이하 15번째 자리까지 출력
[1] 3.141592653589793
```

1.2.3 벡터의 특정 위치에 접근하기(서브 벡터 만들기)

원래 벡터의 원소들 중에서 일부분의 원소들로 이루어진 벡터를 서브 벡터(sub vector)라고 하는데, 벡터의 원소가 가지는 위치정보인 인덱스(index)를 이용하여 서브 벡터를 만들 수 있다. 인덱스는 1부터 시작하는 정수로 벡터의 이름 다음에 대괄호([ ]) 안에 기술한다. 이름이 x인 벡터의 첫 번째 원소는 x[1], 두 번째 원소는 x[2]와 같이 사용한다. 복수의 인덱스는 c( ) 함수를 이용하여 x[c(1,2)]와 같이 표현하면 벡터 x의 첫 번째 원소와 두 번째 원소로 구성된 서브 벡터를 나타낸다. 콜론 연산자(:)를 이용하여 x[2:5]와 같은 표현도 가능하며 이는 x[c(2,3,4,5)]와 동일하게 x[2], x[3], x[4], x[5]로 이루어진 벡터 x의 서브 벡터이다.

인덱스 앞에 마이너스(-)를 붙이면 해당 인덱스를 제외한 나머지 인덱스로 이루어진 서브 벡터가 된다. 즉, x[-3]은 x의 3번째 원소만 제외한 나머지 원소들로 만들어진 x의 서브 벡터를 의미하며, x[-c(3, 5, 7)]은 x의 3번째, 5번째, 7번째 원소를 제외한 나머지 원소들로 만들어진 x의 서브 벡터이다.

R에는 자주 사용되는 특수한 값들을 묶어서 내장벡터로 제공하고 있다. 〈표 1-5〉는 이러한 내장벡터들을 정리한 것이며 [보기 1-6]은 내장벡터의 인덱스를 이용하여 서브 벡터를 만드는 예제들을 담고 있다.

표 1-5 R의 특수한 내상벡터들

내장벡터	설명
LETTERS	'A'부터 'Z'까지 26개 알파벳 대문자를 원소로 가지는 벡터
letters	'a'부터 'z'까지 26개 알파벳 소문자를 원소로 가지는 벡터
month.name	'January'부터 'December'까지 12달의 이름을 원소로 가지는 벡터
month.abb	'Jan'부터 'Dec'까지 12달 이름의 약자를 원소로 가지는 벡터
state.name	미국 50개 주의 이름을 원소로 가지는 벡터("Alabama", …, "Wyoming")
state.abb	미국 50개 주 이름의 약어를 원소로 가지는 벡터("AL", …,"WY")

보기 1-6

```
> LETTERS[1:4]          # 알파벳 대문자 앞에서부터 4개
[1] "A" "B" "C" "D"
> LETTERS[c(5,7,9)]     # 알파벳 대문자 중 5, 7, 9번째 문자
[1] "E" "G" "I"
> letters[-(11:26)]     # 알파벳 소문자 중 11~26번째 문자를 제외, 1~10번째 문자
[1] "a" "b" "c" "d" "e" "f" "g" "h" "i" "j"
> month.name[10]        # 10번째 월의 영문명
[1] "October"
> month.abb[7:8]        # 7~8번째 월의 영문 약어
[1] "Jul" "Aug"
```

지금까지는 벡터가 가지는 위치정보인 인덱스(index)를 이용해서 서브 벡터를 만들었다. 이제 조건에 따라 벡터의 원소를 선택하는 방법에 대해 알아보자. 벡터에 관계연산자를 적용하면 벡터의 각 원소에 연산자가 적용되며, 그 결과들의 논리값(TRUE/FALSE)들로 이루어진 벡터를 결과로 돌려준다. 그리고 논리값이 TRUE인 인덱스에 대응되는 원소들만으로 구성된 서브 벡터를 만들 수도 있다.

다음의 [보기 1-7]은 조건식을 이용해서 서브 벡터를 만드는 방법을 다루고 있다. 여기에서 이용한 벡터 x는 내장함수 sample( )을 이용해 표본을 추출해 생성하였다. 〈표 1-6〉에는 무작위 난수를 이용해서 표본을 추출해 주는 내장함수 sample( )의 사용법을 정리하였다. 이 함수를 잘 활용하면 로또(Lotto)복권의 추첨 시스템을 만들 수 있다.

보기 1-7

```
> set.seed(12345)                # 초깃값으로 12345를 지정
> x=sample(5, 10, replace=T)     # 1:5 중에서 10개를 복원추출해서 x벡터 생성
> x
[1] 4 5 4 5 3 1 2 3 4 5
> x>=3                           # x의 모든 원소에 관계연산자가 적용돼 논리값 출력
```

```
[1]  TRUE  TRUE  TRUE  TRUE  TRUE FALSE FALSE  TRUE  TRUE  TRUE
> x[x>=3]                    # 조건을 만족하는 x의 원소만으로 만든 서브 벡터
[1] 4 5 4 5 3 3 4 5
> x[x%%2==0]                 # x를 2로 나눠 나머지가 0인 원소, 즉 짝수만 출력
[1] 4 4 2 4
```

표 1-6 내장함수 sample( )의 사용법

사용형식	sample(x, size, replace = FALSE, prob = NULL)
기능	x의 원소 중에서 size 개수만큼 (비)복원 추출해서 표본을 생성
인수설명	• x: 한 개 이상의 원소를 가진 벡터 또는 자연수, 만약 자연수를 사용했다면 1부터 그 자연수까지의 원소를 가진 벡터 • size: 추출할 표본의 개수 • replace: 중복을 허용할지의 여부, 디폴트는 FALSE(비복원추출)임, 만약 중복을 허용하는 복원추출을 하려면 이 옵션을 TRUE(or T)로 설정함 • prob: 각 원소가 뽑힐 확률을 지정할 때 사용

sample( ) 함수는 난수(random number)를 이용하기 때문에 실행할 때마다 결과가 달라진다. 컴퓨터가 생성하는 난수는 초깃값으로부터 일정한 알고리즘을 반복적으로 적용해서 난수들을 생성한다. 따라서 컴퓨터가 생성하는 난수는 진정한 의미의 난수가 아닌 **의사난수(pseudo random number)**라고 한다. 만약 실행할 때마다 항상 같은 난수를 생성하고 싶다면 동일한 초깃값을 사용하면 된다. R에게 초깃값을 전달하는 방법은 "set.seed(초깃값)"과 같이 **set.seed( ) 함수**를 이용한다.

벡터는 단순히 데이터를 담는 컨테이너가 아니라 R의 핵심이다. R을 벡터화 언어라고 부르는데 R은 벡터를 사용하여 어떤 연산을 실행할 때 개별 요소들을 순회하는 과정이 불필요하다는 것을 의미한다. 다른 프로그래밍 언어에서 반복문을 사용하여 수행해야 할 문제들을 R에서는 벡터를 이용해 간결하게 빠른 속도로 처리할 수 있다. 이는 발전된 개념의 강력한 기능으로 R을 돋보이게 하는 기능 중의 하나이다.

1.3 데이터프레임

R이 사용하는 주요 데이터 객체에는 벡터(vector) 이외에도 인자형 벡터(factor), 데이터프레임(data frame), 행렬(matrix), 배열(array), 리스트(list) 등이 있다. 이번 절에서는 데이터분석에서 가장 중요하게 다루어지는 데이터프레임에 대해 학습하겠다.

대부분의 통계 패키지는 〈그림 1-6〉과 같은 형태의 데이터구조를 이용한다. 이러한 구조는 많은 데이터베이스 프로그램들(DBMS; Data Base Management System)의 테이블(table)과도 같은 형식이다. R에서는 이런 형태의 자료구조를 **데이터프레임(data frame)**이라 부른다.

〈그림 1-6〉의 데이터는 R에 기본적으로 내장된 데이터프레임 "mtcars"를 필자가 엑셀에서 불러온 화면을 캡처한 것이다.

	A	B	C	D	E	F	G	H	I	J	K	L
1		mpg	cyl	disp	hp	drat	wt	qsec	vs	am	gear	carb
2	Mazda RX4	21	6	160	110	3.9	2.62	16.46	0	1	4	4
3	Mazda RX4 Wag	21	6	160	110	3.9	2.875	17.02	0	1	4	4
4	Datsun 710	22.8	4	108	93	3.85	2.32	18.61	1	1	4	1
5	Hornet 4 Drive	21.4	6	258	110	3.08	3.215	19.44	1	0	3	1
6	Hornet Sportabout	18.7	8	360	175	3.15	3.44	17.02	0	0	3	2
7	Valiant	18.1	6	225	105	2.76	3.46	20.22	1	0	3	1
8	Duster 360	14.3	0	360	245	3.21	3.57	15.84	0	0	3	4
9	Merc 240D	24.4	4	146.7	62	3.69	3.19	20	1	0	4	2
10	Merc 230	22.8	4	140.8	95	3.92	3.15	22.9	1	0	4	2
11	Merc 280	19.2	6	167.6	123	3.92	3.44	18.3	1	0	4	4
12	Merc 280C	17.8	6	167.6	123	3.92	3.44	18.9	1	0	4	4
13	Merc 450SE	16.4	8	275.8	180	3.07	4.07	17.4	0	0	3	3
14	Merc 450SL	17.3	8	275.8	180	3.07	3.73	17.6	0	0	3	3
15	Merc 450SLC	15.2	8	275.8	180	3.07	3.78	18	0	0	3	3
16	Cadillac Fleetwood	10.4	8	472	205	2.93	5.25	17.98	0	0	3	4
17	Lincoln Continental	10.4	8	460	215	3	5.424	17.82	0	0	3	4
18	Chrysler Imperial	14.7	8	440	230	3.23	5.345	17.42	0	0	3	4
19	Fiat 128	32.4	4	78.7	66	4.08	2.2	19.47	1	1	4	1
20	Honda Civic	30.4	4	75.7	52	4.93	1.615	18.52	1	1	4	2
21	Toyota Corolla	33.9	4	71.1	65	4.22	1.835	19.9	1	1	4	1
22	Toyota Corona	21.5	4	120.1	97	3.7	2.465	20.01	1	0	3	1
23	Dodge Challenger	15.5	8	318	150	2.76	3.52	16.87	0	0	3	2
24	AMC Javelin	15.2	8	304	150	3.15	3.435	17.3	0	0	3	2
25	Camaro Z28	13.3	8	350	245	3.73	3.84	15.41	0	0	3	4
26	Pontiac Firebird	19.2	8	400	175	3.08	3.845	17.05	0	0	3	2
27	Fiat X1-9	27.3	4	79	66	4.08	1.935	18.9	1	1	4	1
28	Porsche 914-2	26	4	120.3	91	4.43	2.14	16.7	0	1	5	2
29	Lotus Europa	30.4	4	95.1	113	3.77	1.513	16.9	1	1	5	2
30	Ford Pantera L	15.8	8	351	264	4.22	3.17	14.5	0	1	5	4
31	Ferrari Dino	19.7	6	145	175	3.62	2.77	15.5	0	1	5	6
32	Maserati Bora	15	8	301	335	3.54	3.57	14.6	0	1	5	8
33	Volvo 142E	21.4	4	121	109	4.11	2.78	18.6	1	1	4	2

그림 1-6 R에 내장된 "mtcars" 데이터프레임(데이터 세트)

데이터프레임은 〈그림 1-6〉과 같이 행(row)과 열(column)로 구성된 테이블 형태의 데이터 집합이다. 데이터프레임의 각 열은 **변수**(속성, DB 시스템에서는 **필드(field)**라 부름)라고 부른다. 〈그림 1-6〉에서 세로로 길게 표시한 사각형 C열은 실린더의 개수를 나타내는 변수(변수이름은 "cyl")를, J열은 변속기가 자동(0)인지 수동(1)인지를 나타내는 값을 담고 있는 변수(변수이름은 "am")를 각각 나타내고 있다. 또한, 데이터프레임의 각 행은 **레코드(Record)** 또는 **관측값(observation)**이라 부른다. 〈그림 1-6〉에서 가로로 길게 표시한 사각형 17행은 차량 "링컨 콘티넨탈"에 대한 자료들을, 20행은 차량 "혼다 씨빅"에 대한 자료들을 각각 나타내고 있다.

R에는 기본적으로 다양한 데이터 세트가 내장돼 있다. 〈그림 1-7〉과 같이 콘솔 창에서 "data( )" 함수를 입력하면 소스 창 영역에 새로운 "R data sets"라는 창이 추가된다. 추가된 창에는 R에 내장된 데이터 세트의 이름과 데이터에 대한 간단한 설명이 표시된다.

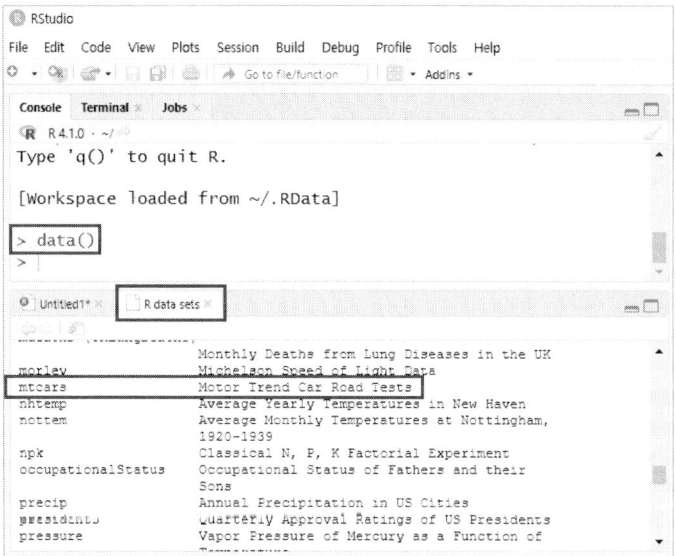

그림 1-7 data( ) 함수의 결과

데이터프레임과 관련된 함수로는 데이터프레임의 구조(structure) 정보를 보여주는 **str( )** 함수, 데이터프레임의 처음 6개의 행(레코드)을 출력해 주는 **head( )**, 마지막 6개 행을 출력하는 **tail( )** 함수 등이 있다. [보기 1-8]은 이 함수들의 사용 예를 보여준다. head( )나 tail( ) 함수의 인수에 "n=10"과 같이 옵션을 추가하면 출력되는 행의 수를 10행으로 바꿀 수 있다.

[보기 1-8]의 첫 번째 명령 "str(mtcars)"의 결과를 살펴보면 데이터 세트의 유형은 데이터프레임(data.frame)이며 32개 행, 11개의 변수(열)가 있음을 알려준다. 또한 각 열(변수)의 이름이 $ 다음에 표시되며 변수의 유형이 숫자 형인 "num"임을 알려준다. num은 numeric의 줄임말이다. 예를 들어, 첫 번째 변수는 이름이 "mpg"이며 숫자 자료인 변수임을 알려준다.

데이터 세트 mtcars에 대한 도움말을 원한다면 〈그림 1-8〉과 같이 Rstudio의 오른쪽 하단에 위치한 help 창의 검색어 입력란에 검색어를 입력해 도움말을 얻으면 된다. 〈그림 1-8〉은 출력된 도움말 화면을 스크롤해서 각 변수에 대한 설명을 참고한 화면 캡처이다.

보기 1-8

```
> str(mtcars)           # str(데이터)으로 자료구조(유형, 행과 열의 개수)를 출력
'data.frame': 32 obs. of  11 variables:
 $ mpg : num  21 21 22.8 21.4 18.7 18.1 14.3 24.4 22.8 19.2 ...
 $ cyl : num  6 6 4 6 8 6 8 4 4 6 ...
 $ disp: num  160 160 108 258 360 ...
 $ hp  : num  110 110 93 110 175 105 245 62 95 123
 $ drat: num  3.9 3.9 3.85 3.08 3.15 2.76 3.21 3.69 3.92 3.92 ...
 $ wt  : num  2.62 2.88 2.32 3.21 3.44 ...
 $ qsec: num  16.5 17 18.6 19.4 17 ...
 $ vs  : num  0 0 1 1 0 1 0 1 1 1 ...
 $ am  : num  1 1 1 0 0 0 0 0 0 0 ...
 $ gear: num  4 4 4 3 3 3 3 4 4 4 ...
 $ carb: num  4 4 1 1 2 1 4 2 2 4 ...
> head(mtcars, n=3)  # mtcars 데이터프레임의 처음 3개 행 출력
```

	mpg	cyl	disp	hp	drat	wt	qsec	vs	am	gear	carb
Mazda RX4	21.0	6	160	110	3.90	2.620	16.46	0	1	4	4
Mazda RX4 Wag	21.0	6	160	110	3.90	2.875	17.02	0	1	4	4
Datsun 710	22.8	4	108	93	3.85	2.320	18.61	1	1	4	1

```
> tail(mtcars)           # mtcars 데이터프레임의 마지막 6개 행(디폴트) 출력
```

	mpg	cyl	disp	hp	drat	wt	qsec	vs	am	gear	carb
Porsche 914-2	26.0	4	120.3	91	4.43	2.140	16.7	0	1	5	2

Lotus Europa	30.4	4	95.1	113	3.77	1.513	16.9	1	1	5	2
Ford Pantera L	15.8	8	351.0	264	4.22	3.170	14.5	0	1	5	4
Ferrari Dino	19.7	6	145.0	175	3.62	2.770	15.5	0	1	5	6
Maserati Bora	15.0	8	301.0	335	3.54	3.570	14.6	0	1	5	8
Volvo 142E	21.4	4	121.0	109	4.11	2.780	18.6	1	1	4	2

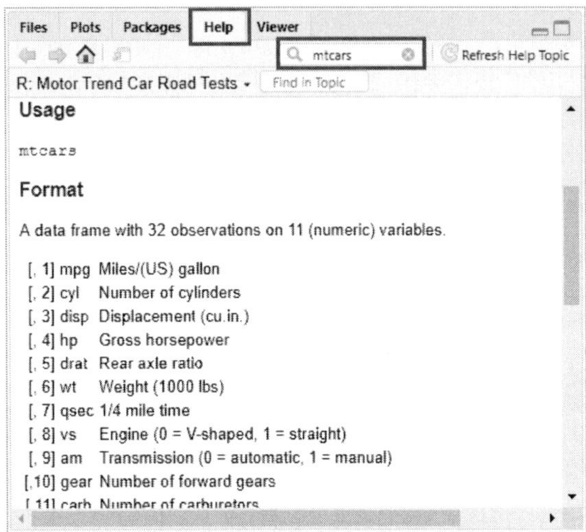

그림 1-8 help 윈도우에서 도움말 찾기

1.4 데이터프레임에서의 다양한 조작들

데이터분석을 하다 보면 데이터프레임의 임의의 열(변수)만 골라서 작업해야 하는 경우도 있고, 특별한 조건을 만족하는 행(레코드)들만 골라서 새로운 데이터프레임을 만들 필요도 있다. 또한 기존의 열(변수)들을 이용해 새로운 열(변수)을 만들어야 하는 경우도 있을 것이다. 이 절에서는 이렇게 데이터분석 과정에서 데이터프레임을 조작하는 다양한 방법들에 대해 알아보기로 한다.

1.4.1 대괄호([ ])를 이용한 행과 열의 선택

이미 벡터의 인덱스를 이용하는 과정에서 대괄호([ ])를 이용한 경험이 있다. 벡터에서는 대괄호([ ]) 안에 1차원에 해당하는 인덱스 한 개만을 사용하였다. 그러나 데이터프레임에서는 행과 열에 각각 인덱스를 사용하고 이를 콤마(,)로 분리해준다. 즉, "데이터프레임이름[행(들), 열(들)]"과 같이 행과 열 각각에 인덱스를 사용하며 복수의 행과 열을 다루려면 c( ) 함수를 이용하면 된다. 또한 연속인 행들이나 열들이라면 콜론(:) 연산자도 사용할 수 있고 특정 인덱스나 복수의 인덱스 집합을 제외하고 싶다면 그 앞에 마이너스(−) 부호를 이용하는 방법들은 벡터의 경우와 동일하다.

〈표 1-7〉은 데이터프레임 df의 행과 열을 조작하는 다양한 예들을 보여주고 있다. 이를 잘 이해한다면 다양한 활용도 가능하다. [보기 1-9]를 통해 df[,1]과 df[1]의 차이점을 이해하기 바란다.

표 1-7 대괄호([ ])를 이용한 데이터프레임의 행과 열 선택 예제들

표현	의미 설명
df[5, 3]	df의 5행 3열에 위치한 데이터의 값
df[, 3]	df의 3열과 모든 행으로 이루어진 벡터
df[, 1:3]	df의 1열부터 3열까지로 이루어진 데이터프레임
df[, c(1,3,5)]	df의 (1, 3, 5)열로 이루어진 데이터프레임
df[, −c(1,3,5)]	df의 (1, 3, 5)열을 제외한 나머지 모든 열로 이루어진 데이터프레임
df[1:50, c(1,3,5)]	df의 (1, 3, 5)열과 앞의 1행부터 50개 행으로 이루어진 데이터프레임

보기 1-9

```
> x=mtcars[,1]      # mtcars의 1열(mpg 변수)의 값으로 이루어진 벡터
> y=mtcars[1]       # x와 같으나 벡터가 아니라 열이 1개인 데이터프레임에 유의
> z=mtcars[,1:3]    # mtcars의 1~3열(mpg 변수)로 이루어진 데이터프레임
> str(x)            # 결과는 수치벡터
 num [1:32] 21 21 22.8 21.4 18.7 18.1 14.3 24.4 22.8 19.2 ...
```

```
> str(y)              # 결과는 데이터프레임
'data.frame': 32 obs. of  1 variable:
 $ mpg: num  21 21 22.8 21.4 18.7 18.1 14.3 24.4 22.8 19.2 ...
> str(z)              # 결과는 데이터프레임
'data.frame': 32 obs. of  3 variables:
 $ mpg : num  21 21 22.8 21.4 18.7 18.1 14.3 24.4 22.8 19.2 ...
 $ cyl : num  6 6 4 6 8 6 8 4 4 6 ...
 $ disp: num  160 160 108 258 360 ...
> x                   # 객체명을 입력하면 객체(벡터)의 모든 값이 출력됨
 [1] 21.0 21.0 22.8 21.4 18.7 18.1 14.3 24.4 22.8 19.2 17.8 16.4
[13] 17.3 15.2 10.4 10.4 14.7 32.4 30.4 33.9 21.5 15.5 15.2 13.3
[25] 19.2 27.3 26.0 30.4 15.8 19.7 15.0 21.4
> y                   # 데이터프레임은 행이름(차종)도 포함된 값이 출력됨
                    mpg
Mazda RX4           21.0
Mazda RX4 Wag       21.0
…(중간생략)…
Volvo 142E          21.4
```

[보기 1-8]의 head( )나 tail( ) 명령에 의한 출력 결과나 [보기 1-9]에서 벡터 y의 출력 결과를 살펴보면 차량의 이름이 담긴 열이 함께 출력된 것을 볼 수 있다. 이 열의 값은 각 행의 이름을 담고 있는데 내장함수 **rownames( )**에 의해 값을 지정할 수도 있으며, 반대로 이미 지정된 값을 읽어 올 수도 있다. 특별한 지정이 없으면 행의 이름은 행 번호(1, 2, 3, …)로 지정된다. "rownames(mtcars)"에 의해 mtcars 데이터프레임에 이미 지정된 행의 이름(차종) 32개가 담긴 벡터를 출력할 수 있다. 벡터의 값에도 별도의 이름을 붙일 수 있으며 이때에는 **names( )**를 이용한다. 다음의 [보기 1-10]을 통해 데이터프레임에서 행의 이름을 다루는 방법과 벡터에 별도의 이름을 붙이고 원소를 조회하는 방법에 대해 알아보자.

보기 1-10

```
> rownames(mtcars)          # mtcars 데이터프레임의 행 이름을 담은 벡터
```

```
 [1] "Mazda RX4"           "Mazda RX4 Wag"        "Datsun 710"
 …(중간 생략)…
[31] "Maserati Bora"       "Volvo 142E"
> x=sample(10:90, 12)      # 10~90 사이의 수 12개를 뽑아 벡터 x 생성
> x
 [1] 49 75 48 54 19 34 24 50 76 14 32 47
> names(x)=month.abb       # 벡터 x에 영문 월 약자로 이름을 붙임
> x                        # 벡터 x를 출력하면 이름도 함께 출력됨
Jan Feb Mar Apr May Jun Jul Aug Sep Oct Nov Dec
 49  75  48  54  19  34  24  50  76  14  32  47
> x["May"]                 # 벡터 x에서 이름이 "May"인 원소 출력, x[5]도 동일
May
 19
```

1.4.2 "$"를 이용한 데이터프레임의 각 열(변수)에 접근하기

[보기 1-9]에서 "x=mtcars[,1]"에 의해 객체 x는 mtcars 데이터프레임의 첫 번째 열루 이루어진 벡터이다. 이렇게 데이터프레임의 열(변수)은 대괄호([ ])를 이용할 수도 있으나 데이터프레임과 변수명 사이에 "$"를 이용해 "x=mtcars$mpg"와 같이 사용할 수도 있다. 물론 인덱스 번호를 사용하지 않고 변수명(열의 이름)을 이용해서 mtcars[,"mpg"]나 mtcars["mpg"]도 가능하다. [보기 1-9]에서 살펴본 바와 같이 전자는 결과가 벡터이지만 후자는 열이 1개인 데이터프레임이다.

만약 데이터프레임의 각 열(변수)에 대한 기초통계량(최솟값, 평균, 제1, 2, 3 사분위수, 최댓값)을 구하고 싶다면 데이터프레임에 **summary( ) 함수**를 적용하면 된다. summary( ) 함수는 데이터프레임을 인수에 사용할 수 있는 대표적인 함수이다. 같은 결과를 출력해 주는 R 함수에는 다섯 수치 요약을 출력하는 **fivenum( )**과 분위수를 출력하는 **quantile( )** 등이 있다. 그러나 이들 함수의 인수에는 벡터만을 사용해야 한다. summary( ) 함수처럼 인수에 데이터프레임을 사용하면 오류가 발생한다. 출력되는 통계량들에 대한 통계적 의미는 뒤에서 상세히 설명하도록 하겠다.

경우에 따라서는 열(변수)뿐만 아니라 행에 대한 통계량이 필요한 경우도 있을 것이다. 다음 〈표 1-8〉의 **apply( ) 함수**를 이용하면 아주 간단하게 행이나 열에 대

한 통계량(합, 평균, 중앙값, 분산, 표준편차 등)을 구할 수 있다. [보기 1-11]은 R에 내장된 "cars" 데이터 세트에 summary( )와 apply( ), quantile( ), fivenum( ) 함수들을 적용한 예들을 보여준다.

표 1-8 apply( ) 함수의 사용법

사용형식	apply(X, MARGIN, FUN, ...,)
기능	X의 행 또는 열에 FUN에 지정한 함수를 적용한 결과를 계산
인수설명	• X: 배열(데이터프레임, 행렬) • MARGIN: 1 또는 2, 1은 행에 2는 열에 적용 • FUN: 적용할 R 함수

보기 1-11

```
> str(cars)                # R에 내장된 cars 데이터프레임의 구조 확인
'data.frame': 50 obs. of  2 variables:
 $ speed: num  4 4 7 7 8 9 10 10 10 11 ...
 $ dist : num  2 10 4 22 16 10 18 26 34 17 ...
> summary(cars)            # cars 데이터프레임의 각 변수에 대한 기초통계량
     speed           dist
 Min.   : 4.0    Min.   :  2.00
 1st Qu.:12.0    1st Qu.: 26.00
 Median :15.0    Median : 36.00
 Mean   :15.4    Mean   : 42.98
 3rd Qu.:19.0    3rd Qu.: 56.00
 Max.   :25.0    Max.   :120.00
> quantile(cars$speed)   # cars 데이터프레임의 speed 변수에 대한 분위수들
  0%  25%  50%  75% 100%
   4   12   15   19   25
> fivenum(cars$dist)       # cars 데이터프레임의 dist 변수에 대한 다섯 수치 요약
[1]   2  26  36  56 120
> apply(cars,1,sum)        # cars 데이터프레임의 각 행의 합계(결과는 50개)
 [1]   6  14  11  29  24  19  28  36  44  28  39  26  32  36  40  39  47
[18]  47  59  40  50  74  94  35  41  69  48  56  49  57  67  60  74  94
[35] 102  55  65  87  52  68  72  76  84  88  77  94 116 117 144 110
```

```
> apply(cars,2,mean)      # cars 데이터프레임의 각 열(변수)에 대한 평균
speed  dist
15.40 42.98
> mean(cars$speed)        # cars 데이터프레임의 speed 변수에 대한 평균
[1] 15.4
```

1.4.3 조건에 맞는 행(레코드) 추출하기

데이터프레임의 대괄호([ ]) 안에 행에 적용할 조건을 기록하여 조건에 맞는 행(레코드)들을 선택하여 부분 데이터프레임을 만들 수 있다. 물론 행에 적용할 조건은 콤마(,) 앞에 적어야 하며 열의 선택과 관련된 조건은 콤마(,) 뒤에 적어야 한다. 내장함수 **subset( )**을 이용하면 더욱 편리하게 데이터프레임에서 조건에 맞는 행과 열을 추출해서 부분 데이터프레임을 만들 수 있다. 〈표 1-9〉는 subset( ) 함수의 사용법을 정리한 것이다.

표 1-9 subset( ) 함수의 사용법

사용형식	subset(x, subset, select, ...)
기능	데이터프레임 x에서 조건을 만족하는 행 또는 열을 골라 부분 데이터프레임을 결과로 돌려줌
인수설명	• x: 데이터프레임 • subset: 부분집합을 고르기 위한 조건(들) • select: 추출할 열(변수)들, 이 옵션이 사용되지 않으면 모든 열을 지정

보기 1-12

```
> str(iris)                       # 내장된 iris 데이터의 구조 확인
'data.frame': 150 obs. of  5 variables:
 $ Sepal.Length: num  5.1 4.9 4.7 4.6 5 5.4 4.6 5 4.4 4.9 ...
 $ Sepal.Width : num  3.5 3 3.2 3.1 3.6 3.9 3.4 3.4 2.9 3.1 ...
 $ Petal.Length: num  1.4 1.4 1.3 1.5 1.4 1.7 1.4 1.5 1.4 1.5 ...
 $ Petal.Width : num  0.2 0.2 0.2 0.2 0.2 0.4 0.3 0.2 0.2 0.1 ...
```

```
 $ Species : Factor w/ 3 levels "setosa","versicolor",..: 1 1 1 1 1 1 1
> iris[ ,5]                          # iris의 5번째 열벡터 확인
  [1] setosa    setosa    setosa    setosa    setosa    setosa    setosa
.. 생략..
[148] virginica  virginica  virginica
Levels: setosa versicolor virginica
> iris1=iris[iris$Species=="setosa",]    # 5번째 변수값이 setosa"인 행만 추출
> str(iris1)                         # iris1의 데이터의 구조 확인
'data.frame': 50 obs. of  5 variables:
 ..생략..
> iris2=subset(iris, Species=="setosa") # iris1과 같은 결과
> str(iris2)                         # iris1과 같은 결과임을 확인
```

[보기 1-12]의 첫 번째 명령인 str( )의 결과를 살펴보면 "iris" 데이터프레임의 마지막에 위치한 변수 "Species"는 붓꽃의 종류를 나타내는 Factor형임을 알려주고 있다. Factor형은 범주형인 변수(벡터)에 사용하는 자료형이다. 두 번째 명령인 iris[,5](또는 iris$Species)의 결과를 살펴보면 이 변수의 값은 ("setosa", "versicolor", "virginica")만으로 구성되었음을 결과에 포함된 "Levels:"를 통해 확인할 수 있다. **factor( ) 함수**를 이용해 벡터를 Factor형 변수로 지정할 수 있다. 나중에 다룰 통계분석 단계에서 반드시 factor형으로 선언해야 하는 경우도 있으므로 [보기 1-13]을 통해 factor형 지정에 대해 학습해 두자.

보기 1-13

```
> str(mtcars)                    # 내장된 mtcars 데이터의 구조 확인
'data.frame': 32 obs. of  11 variables:
 $ mpg : num  21 21 22.8 21.4 18.7 18.1 14.3 24.4 22.8 19.2 ...
 $ cyl : num  6 6 4 6 8 6 8 4 4 6 ...
 $ disp: num  160 160 108 258 360 ...
 $ hp  : num  110 110 93 110 175 105 245 62 95 123 ...
 $ drat: num  3.9 3.9 3.85 3.08 3.15 2.76 3.21 3.69 3.92 3.92 ...
 $ wt  : num  2.62 2.88 2.32 3.21 3.44 ...
 $ qsec: num  16.5 17 18.6 19.4 17 ...
```

```
 $ vs  : num  0 0 1 1 0 1 0 1 1 1 ...
 $ am  : num  1 1 1 0 0 0 0 0 0 0 ...
 $ gear: num  4 4 4 3 3 3 3 4 4 4 ...
 $ carb: num  4 4 1 1 2 1 4 2 2 4 ...
> mtcars$am=factor(mtcars$am)    # am 변수를 factor형으로 지정
> mtcars$cyl=factor(mtcars$cyl)  # cyl 변수를 factor형으로 지정
> str(mtcars)                    # 데이터의 구조 다시 확인
'data.frame': 32 obs. of  11 variables:
 $ mpg : num  21 21 22.8 21.4 18.7 18.1 14.3 24.4 22.8 19.2 ...
 $ cyl : Factor w/ 3 levels "4","6","8": 2 2 1 2 3 2 3 1 1 2 ...
 $ disp: num  160 160 108 258 360 ...
 $ hp  : num  110 110 93 110 175 105 245 62 95 123 ...
 $ drat: num  3.9 3.9 3.85 3.08 3.15 2.76 3.21 3.69 3.92 3.92 ...
 $ wt  : num  2.62 2.88 2.32 3.21 3.44 ...
 $ qsec: num  16.5 17 18.6 19.4 17 ...
 $ vs  : num  0 0 1 1 0 1 0 1 1 1 ...
 $ am  : Factor w/ 2 levels "0","1": 2 2 2 1 1 1 1 1 1 1 ...
 $ gear: num  4 4 4 3 3 3 3 4 4 4 ...
 $ carb: num  4 4 1 1 2 1 4 2 2 4 ...
```

[보기 1-13]에서 다룬 mtcars 데이터 세트의 변수 am은 0과 1이라는 수치로 표시되어 있지만, 이는 단지 변속기의 유형이 자동(0)인지 수동(1)인지를 구분하기 위한 범주형(Factor) 변수이다. 또한, 변수 cyl도 자동차 엔진의 실린더 개수를 나타내는 수치(4, 6, 8)를 담고 있지만 실제로 이 수치를 이용해 계산한다기보다는 4기통 차량, 6기통 차량, 8기통 차량을 구분하기 위한 용도로 사용되는 범주형(Factor) 변수이다.

1.5 데이터프레임 만들고 외부 파일로 저장하기

R에서 데이터 처리는 기본적으로 데이터프레임을 이용해 이루어진다. 데이터가 별도의 파일(txt, csv, xlsx 등)로 존재하는 경우에는 이들 파일로부터 데이터를 읽는

read.table( )이나 **read.csv( )**와 같은 기본 R 함수를 이용하면 그 결과가 바로 데이터프레임이 된다. 별도의 데이터 파일이 없는 경우에는 R에서 각 열(변수)에 사용될 벡터들을 구성하고 **data.frame( )** 함수를 이용해 데이터프레임을 만들 수도 있다.

1.5.1 data.frame( ) 이용하기

각 열에 사용될 벡터들을 묶어서 데이터프레임을 만드는 data.frame( ) 함수의 가장 기본적인 사용법은 다음의 〈표 1-10〉과 같다.

표 1-10 data.frame( ) 함수의 사용법

사용형식	df=data.frame(colname1=v1, colname2=v2, ...)
기능	열벡터 v1, v2,…을 이용해 각 열의 이름이 colname1, colname21,…인 데이터프레임 df를 생성함
인수설명	• colname1, colname2,…: 데이터프레임의 각 열 이름(변수이름), 생략하면 사용된 벡터의 이름 v1, v2,…이 사용됨 • v1, v2, …: 각 열에 사용될 벡터들

[보기 1-14]는 문자열로 이루어진 벡터 “mon”과 숫자로 이루어진 벡터 “cnt”를 묶어 열이 2개인 데이터프레임을 만드는 과정을 담고 있다. sample( ) 함수나 내장 벡터 month.abb 등은 이미 앞에서 설명한 바 있다.

보기 1-14

```
> cnt=sample(10:99, 12)                     # 10~99 사이의 12개의 수를 임의로 배정
> mon=month.abb                             # 영문 월의 3자리 약자로 이루어진 벡터
> df1=data.frame(month=mon, data=cnt)       # 변수(열) 이름을 지정한 경우
> str(df1)                                  # 데이터프레임의 구조를 보여줌
'data.frame': 12 obs. of  2 variables:
 $ month: chr  "Jan" "Feb" "Mar" "Apr" ...
 $ data : int  16 89 34 68 58 11 35 39 74 29 ...
> df2=data.frame(mon, cnt)                  # 변수(열) 이름을 지정하지 않은 경우
> str(df2)                                  # 벡터의 이름이 열 이름으로 지정됨
'data.frame': 12 obs. of  2 variables:
```

```
$ mon: chr  "Jan" "Feb" "Mar" "Apr" ...
$ cnt: int  16 89 34 68 58 11 35 39 74 29 ...
```

1.5.2 데이터 파일로부터 데이터프레임 만들기

텍스트파일(윈도우의 메모장으로 읽을 수 있는)에 저장된 데이터의 형태에 따라 사용하는 R 함수가 다르므로 데이터의 저장 형태에 대해 알아보자. 〈그림 1-9〉와 〈그림 1-10〉은 각각 텍스트파일이지만 데이터들 사이에 한 칸 이상의 공백이나 탭이 사용된 경우와 데이터들 사이를 콤마(,)를 사용해 구분한 경우를 보여주고 있다.

〈그림 1-9〉와 같이 데이터들 사이에 한 칸 이상의 공백이나 탭이 사용된 경우에는 read.table( ) 함수를 이용해서 자료를 읽는다. 특히, 파일의 첫 줄에 있는 "no weight height gender"를 **header**라고 하는데 이는 각 열(변수)의 이름에 해당한다.

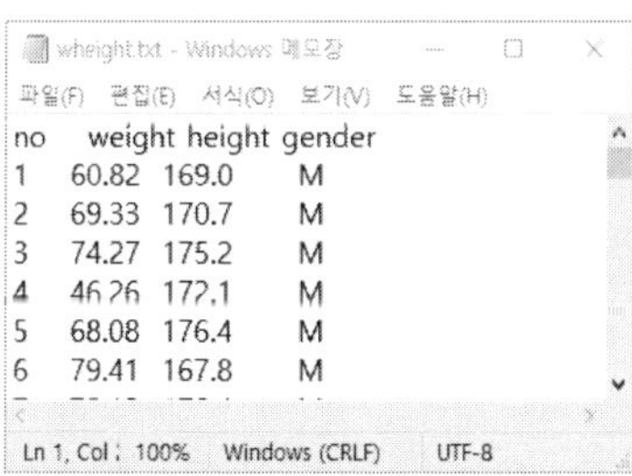

```
no   weight height gender
1    60.82  169.0    M
2    69.33  170.7    M
3    74.27  175.2    M
4    46.26  172.1    M
5    68.08  176.4    M
6    79.41  167.8    M
```

그림 1-9 데이터들 사이에 한 칸 이상의 공백이나 탭이 사용된 경우

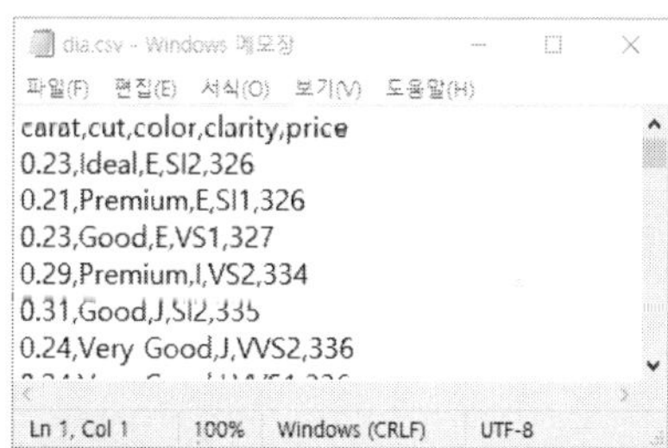

```
carat,cut,color,clarity,price
0.23,Ideal,E,SI2,326
0.21,Premium,E,SI1,326
0.23,Good,E,VS1,327
0.29,Premium,I,VS2,334
0.31,Good,J,SI2,335
0.24,Very Good,J,VVS2,336
```

그림 1-10 데이터들 사이를 콤마(,)로 구분한 csv 파일

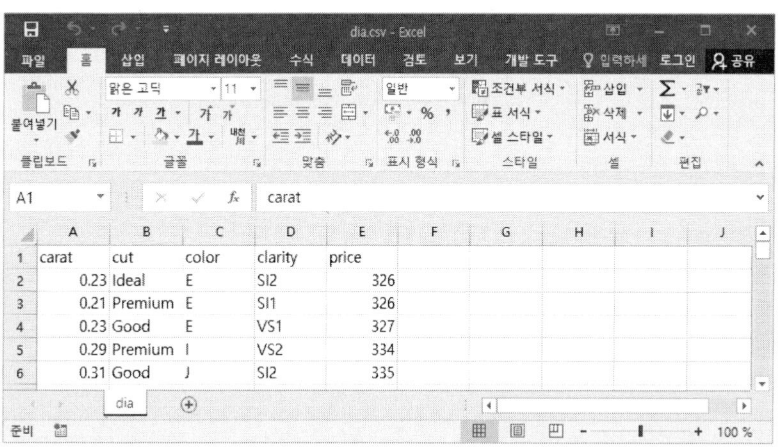

carat	cut	color	clarity	price
0.23	Ideal	E	SI2	326
0.21	Premium	E	SI1	326
0.23	Good	E	VS1	327
0.29	Premium	I	VS2	334
0.31	Good	J	SI2	335

그림 1-11 〈그림 1-10〉의 'dia.csv'를 엑셀에서 불러온 결과

표 1-11 read.table( ), read.csv( ) 함수의 사용법

사용형식	df=read.table(file, header = FALSE, sep = " ") df=read.csv(file, header = TRUE, sep = ",")
기능	구분자가 sep인 텍스트파일 file을 읽어 데이터프레임 df를 생성함 csv 파일 file을 읽어 데이터프레임 df를 생성함
인수설명	• file: 읽을 데이터 파일로 워킹 디렉터리 안에 있어야 함. 필수 인수 • header: 데이터 파일의 첫 줄에 변수명이 있는 경우는 TRUE로 선언 read.table( )과 read.csv( )가 이 속성의 기본 설정값이 다름 • sep : 데이터와 데이터를 구분하는 구분자의 값을 설정하는 속성

〈그림 1-10〉과 같이 데이터들 사이를 콤마(,)로 구분한 경우를 csv(comma separated value) 파일이라 부른다. 이 csv 파일은 텍스트파일이므로 용량이 적고 엑셀과 같은 응용프로그램에서도 읽을 수 있기 때문에 데이터분석에서 자주 이용된다. 〈그림 1-11〉은 〈그림 1-10〉의 'dia.csv'를 엑셀에서 불러온 결과이다.

〈표 1-11〉은 **read.table( )**과 **read.csv( )** 함수의 사용법을 정리한 것이다. 첫 번째 인수인 file은 기본적으로 R의 워킹 디렉터리(wd)에 있다고 가정된다. 현재 설정된 워킹 디렉터리를 확인하는 명령은 **getwd( )**이며, **setwd('폴더')**를 이용해 새로운 폴더를 워킹 디렉터리로 설정할 수 있다. R이 기본적으로 사용하는 워킹 디렉터리는 윈도우의 '문서' 폴더이다.

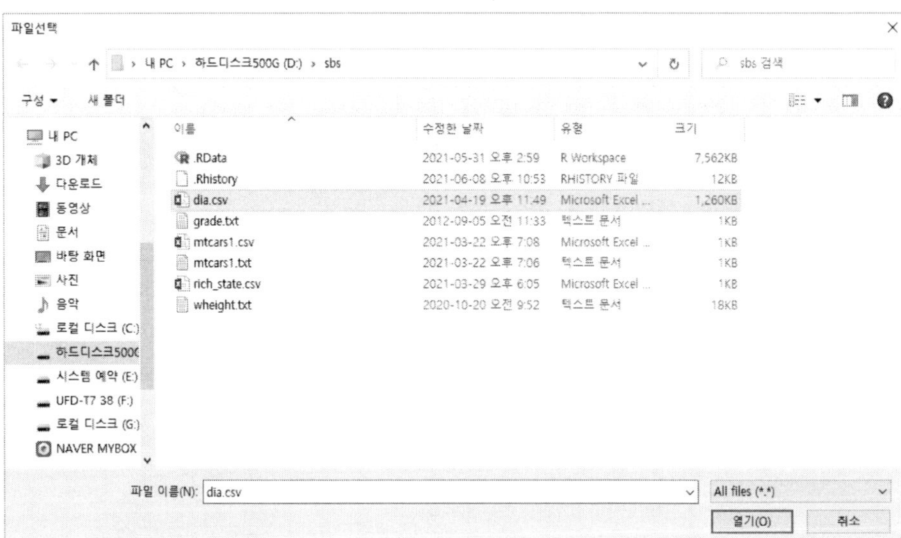

그림 1-12 '파일선택' 대화상자에서 읽을 파일을 선택

워킹 디렉터리의 설정과 관계없이 '파일선택' 대화상자를 통해 읽을 파일을 선택하려면 **file.choose( )** 함수를 read.table( )이나 read.csv( ) 함수의 첫 번째 인수에 사용하면 된다. [보기 1-15]를 통해 외부의 데이터파일을 읽어 데이터프레임을 만드는 과정을 잘 이해하기를 바란다.

보기 1-15

```
> getwd( )                    # 현재의 워킹 디렉터리 =>각 사용자의 문서 폴더
[1] "C:/Users/SBS_HOME/Documents"
> setwd('D:/sbs')             # 워킹 디렉터리를 'D:/sbs'로 바꿈. 'D:/sbs'가 존재해야 함
> getwd( )                    # 현재의 워킹 디렉터리가 변경된 것을 확인
[1] "D:/sbs"
> df3=read.table('wheight.txt', header=T)  # 기본으로 sep=' '가 적용
> str(df3)                     # 벡터의 이름이 열 이름으로 지정됨
'data.frame': 696 obs. of  4 variables:
 $ no     : int  1 2 3 4 5 6 7 8 9 10 ...
 $ weight: num  60.8 69.3 74.3 46.3 68.1 ...
 $ height: num  169 171 175 172 176 ...
 $ gender: chr  "M" "M" "M" "M" ...
> df4=read.csv('dia.csv')      # 기본으로 header=T, sep=','가 적용
> str(df4)
'data.frame': 53940 obs. of  5 variables:
 $ carat  : num  0.23 0.21 0.23 0.29 0.31 0.24 0.24 0.26 0.22 0.23 ...
 $ cut     : chr  "Ideal" "Premium" "Good" "Premium" ...
 $ color  : chr  "E" "E" "E" "I" ...
 $ clarity: chr  "SI2" "SI1" "VS1" "VS2" ...
 $ price  : int  326 326 327 334 335 336 336 337 337 338 ...
> df5=read.csv(file.choose( ))# <그림 1-12>'파일선택' 대화상자에서 파일을 선택
```

R의 기본 함수로는 엑셀파일을 읽을 수는 없다. 그래서 엑셀 파일을 읽을 수 있는 **xlsx 패키지**를 설치하고 이 패키지에 포함된 **read.xlsx( ) 함수**를 이용하면 된다. 그러나 필자는 이 방법을 별로 추천하고 싶지 않다. 엑셀 파일은 일반적으로 텍스트파일보다 파일의 용량이 몇 배나 더 크다. 그냥 데이터만을 저장하는 용도라면 굳이 엑

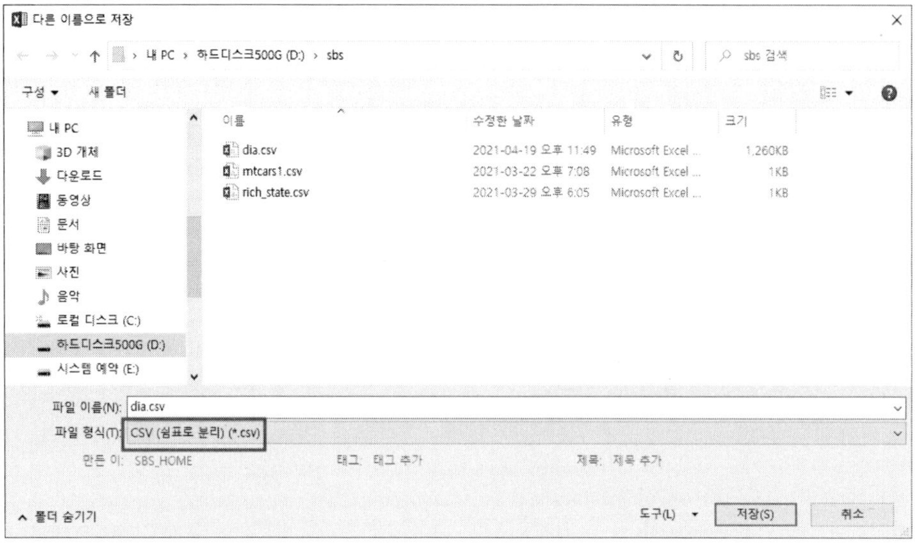

그림 1-13 엑셀의 '다른 이름으로 저장' 대화상자에서 파일 형식을 선택

셀의 통합문서에서 사용하는 포맷(확장자(.xlsx))으로 저장하지 말자. 엑셀에서 '다른 이름으로 저장'을 선택하고 파일 형식을 〈그림 1-13〉과 같이 'csv(쉼표로 분리) (*.csv)'를 선택하거나 '텍스트(탭으로 분리) (*.txt)' 형식으로 저장한 뒤에 앞에서 배운 read.table( )이나 read.csv( ) 함수를 이용하는 것이 더욱 효과적이다.

그럼에도 불구하고 꼭 엑셀파일로부터 자료를 읽어야 한다면 xlsx 패키지를 설치하고 이 패키지에 포함된 read.xlsx( ) 함수를 이용하면 된다. 〈표 1-12〉는 read.xlsx( ) 함수에서 꼭 필요한 인수들만 정리한 것으로 첫 번째와 두 번째 인수는 꼭 사용해야 하는 필수 인수이다. 〈그림 1-14〉는 [보기 1-16]에서 읽어 들이는 엑셀파일의 워크시트를 보여주고 있다. 간단한 사용 예를 살펴보자.

표 1-12 read.xlsx( ) 함수의 사용법

사용형식	df=read.xlsx(file, sheetIndex, header = TRUE)
기능	엑셀파일의 통합문서(file)에 포함된 워크시트(인덱스가 sheetIndex)에 있는 데이터를 읽어 데이터프레임 df를 생성함. xlsx 패키지 설치해야 함
인수설명	•file: 읽을 엑셀 파일로 워킹 디렉터리 안에 있어야 함. 필수 인수 •sheetIndex: 워크시트의 인덱스를 지정하는 속성. 필수 인수 •header: 데이터 파일의 첫 줄에 변수명이 있는지를 T/F로 지정함. 기본 설정값은 TRUE

보기 1-16

```
> install.packages("xlsx")              # 패키지 설치, 한 번만 설치하면 됨
> library(xlsx)                         # 패키지를 메모리로 로딩
> df6=read.xlsx('my_mtcars.xlsx', 1)    # 엑셀파일은 워킹 디렉터리에 있음
> str(df6)                              # 엑셀파일의 구성은 <그림 1-14>와 같음
'data.frame': 32 obs. of  5 variables:
 $ model: chr  "Mazda RX4" "Mazda RX4 Wag" "Datsun 710" "Hornet 4 Drive" ...
 $ mpg  : num  21 21 22.8 21.4 18.7 18.1 14.3 24.4 22.8 19.2 ...
 $ cyl  : num  6 6 4 6 8 6 8 4 4 6 ...
 $ disp : num  160 160 108 258 360 ...
 $ hp   : num  110 110 93 110 175 105 245 62 95 123 ...
```

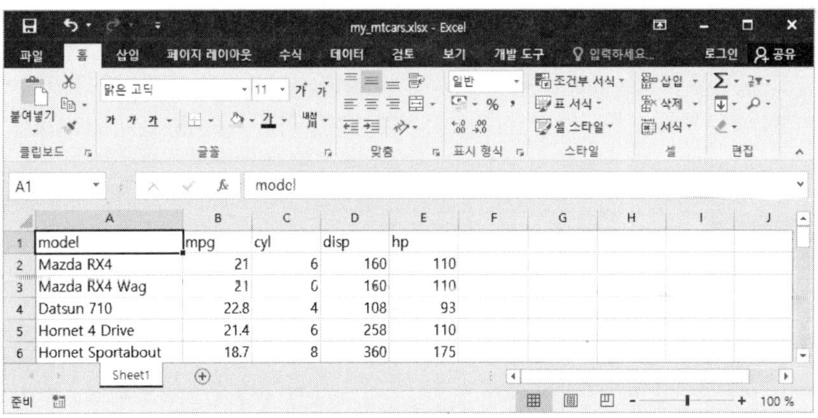

그림 1-14 [보기 1-16]에서 읽은 엑셀파일의 구성

1.5.3 R의 객체(데이터프레임)를 외부 데이터 파일로 만들기

R 데이터분석을 하다 보면 작업 중이던 데이터프레임의 데이터를 다른 프로그램에서 이용하기 위해 외부의 파일로 저장하는 경우도 필요하다. 이런 경우에는 파일에서 읽을 때와는 반대로 파일에 데이터를 출력하는 함수인 **write.table( )**과 **write.csv( )** 함수를 이용한다. 〈표 1-13〉은 이들 함수의 사용법을 정리한 것이며 [보기 1-17]의 사용 예를 살펴보자.

표 1-13 write.table( ), write.csv( ) 함수의 사용법

사용형식	write.table(df, file=" ", append = FALSE, quote = TRUE, sep = " ", row.names = TRUE, col.names = TRUE) write.csv(위와 동일, sep = ",")
기능	데이터프레임 df를 텍스트파일 file로 저장함 데이터프레임 df를 csv 파일 file로 저장함
인수설명	• df: 외부에 저장할 데이터를 담고 있는 데이터프레임. 필수 인수 • file: 저장할 텍스트파일 이름. 필수 인수 • append: 이미 존재하는 파일의 끝에 추가할지를 T/F로 지정. 기본 설정은 F로 파일의 처음부터 새로 쓰기를 함. 만약 이 속성이 T이면 이전 파일의 끝에 df의 내용을 추가함 • quote: 데이터를 큰따옴표("") 감쌀지를 T/F로 지정. 기본 설정은 T이며 문자형이나 팩터형인 열의 데이터는 큰따옴표("")로 감싸짐. 이 속성이 F이면 큰따옴표("") 사용하지 않음 • sep: 데이터와 데이터를 구분하는 구분자의 값을 설정하는 속성 • row.names: 행 이름을 추가할지를 지정하는 속성(기본은 TRUE) • col.names: 열 이름을 추가할지를 지정하는 속성(기본은 TRUE)

보기 1-17

```
> write.table(mtcars[,1:6], "mtcars6.txt")                 # 〈그림 1-15〉 참고
> write.table(mtcars[,1:6], "mtcars6qf.txt", quote=F)      # 〈그림 1-16〉 참고
> write.csv(mtcars[,1:6], "mtcars6.csv")                   # 〈그림 1-17〉 참고
```

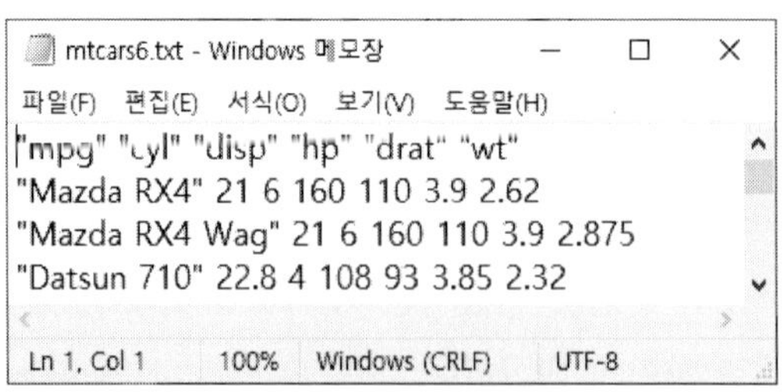

그림 1-15 write.table( )의 결과(quote=T인 경우)

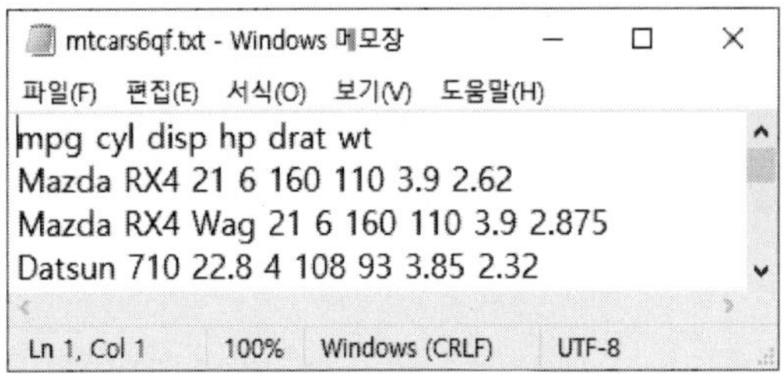

그림 1-16 write.table( )의 결과(quote=F인 경우)

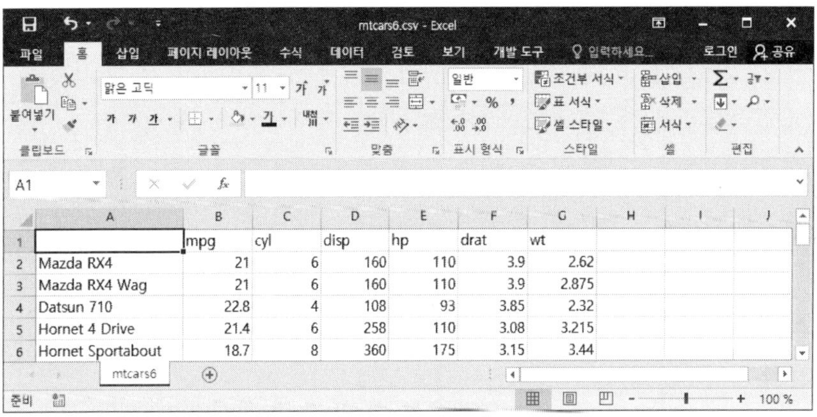

그림 1-17 write.csv( )의 결과(엑셀에서 확인한 모습)

[보기 1-17]은 R에 내장된 mtcars 데이터 세트에서 앞의 여섯 개 열만을 골라 외부의 텍스트파일로 저장하는 예제이다. 실행의 결과로 생성된 파일들("mtcars6.txt", "mtcars6qf.txt", "mtcars6.csv")은 모두 R의 워킹 디렉터리 안에 있다. 특별히 워킹 디렉터리를 따로 설정하지 않았다면 윈도우의 "문서" 폴더 안에 파일들이 있을 것이다.

〈그림 1-15〉의 결과를 살펴보면 열 이름이나 행의 이름에는 모두 큰따옴표(" ")가 사용되었음을 알 수 있다. mtcars 데이터 세트의 모든 열은 수치형이기 때문에 다른 어떤 데이터에 서도 큰따옴표(" ")가 사용된 흔적을 찾을 수 없다. 그러나 문자형이나 Factor형인 열(변수)이 있다면 해당 열의 모든 데이터에는 큰따옴표(" ")가 사용될 것이다. 큰따옴표를 사용하지 않도록 속성 quote=F를 사용한 〈그림 1-16〉의 결과에서는 열의 이름이나 행의 이름에서도 큰따옴표(" ")는 사용되지 않았음을 알 수 있다.

연습문제

1 다음과 같은 값을 가지는 벡터를 생성하고 해당 벡터의 개수(length)를 구하라.

1) 1, 3, 5, …, 149
2) 1, 2, 3, 4, 5, 1, 2, 3, 4, 5, 1, 2, 3, 4, 5, 1, 2, 3, 4, 5
3) 1, 1, 1, 1, 1, 2, 2, 2, 2, 2, 3, 3, 3, 3, 3, 4, 4, 4, 4, 4
4) 0, 0.001, 0.002, 0.003, …, 0.999, 1
5) 0 100개와 1 99개가 연속된 벡터

2 문제 1의 각 벡터들에 대해 모든 원소들의 합을 구하기 위한 R 코드를 작성해보라.

3 내장함수 sample( )을 이용하여 로또(Lotto) 복권 추첨시스템을 만들어보고 실행한 5회의 결과를 기록해보라. (힌트: 로또(Lotto)는 45개의 숫자(1부터 45까지)에서 6개 숫자를 중복을 허용하지 않고 뽑는 시스템을 이용)

4 벡터 a=c(1, 3, 5, 6, 8, 10)에 대하여 다음 각 문항의 출력 결과는 무엇인지 답하라. 그 이유도 설명하라.

1) a[3]
2) a[2:4]
3) a[c(1,3,5)]
4) a[-4]
5) a[-c(3,5)]
6) a[a>=5]
7) a[a<6]
8) a[a%%2==0]

5 다음 각 문항의 출력 결과를 구해보고 R이 어떤 법칙을 이용해서 연산하는지 설명하라. a와 b는 다음과 같이 생성된 벡터이다.

```
a=1:6, b=seq(2, 6, 2)
```

1) a+4
2) a+b
3) 2*a
4) a*b
5) a/b
6) 2*a−3*b

6 다음 각 문항의 결과를 구하기 위한 R 프로그램을 작성하라.

1) $1^2+3^2+5^2+\cdots+99^2$
2) $2^3+4^3+6^3+\cdots+98^3$
3) $\ln 2+\ln 4+\ln 8+\cdots+\ln 1024$, ($\ln x=\log_e x$, 즉 $\ln x$는 밑이 e인 log이다)

7 R에 내장된 데이터 세트 "mtcars"에 대한 다음 물음에 답하라.

1) 이 데이터 세트의 구조를 출력해보고 R의 도움말을 이용하여 이 데이터 세트의 각 변수(열)들은 어떤 값을 나타내는지 조사해보라.
2) 각 변수(열)들에 대한 기초통계량들을 하나의 명령을 이용해 구하라. (힌트: summary( ) 함수 이용)
3) 각 변수(열)들의 표준편차를 하나의 명령을 이용해 구하라. (힌트: apply( ) 함수 이용, 표준편차는 sd( )를 이용)
4) 2)의 결과를 참고하여 연비(변수 mpg)가 가장 좋은 차종과 연비가 가장 낮은 차종은 무엇인지 각각 구하라. (힌트: 차종은 행의 이름(rownames)에 담겨 있음)
5) 자동변속기 차량(변수 am의 값이 0인 경우)들만 골라 새로운 데이터프레임 auto를 작성하라. (힌트: 대괄호([ ]) 또는 subset( ) 함수 이용)
6) 5)에서 작성한 데이터프레임 auto를 외부에 csv 파일로 저장해 보라. 사용한 스크립트에 대해 설명하고 실제로 저장된 파일의 위치와 내용을 확인할 수 있도록 화면을 캡처하여 제출하라.

8 R에 내장된 데이터 세트 "iris"에 대한 다음 물음에 답하라.

1) 이 데이터 세트의 구조를 출력해보고 R의 도움말을 이용하여 이 데이터 세트의 각 변수(열)들은 어떤 값을 나타내는지 조사해보라.

2) 5번째 열(붓꽃의 종류를 담고 있는 factor형 변수)을 제외한 나머지 4개의 변수(열)들에 대한 기초통계량들을 하나의 명령을 이용해 구하라. (힌트: summary( ) 함수 이용)

3) 5번째 열을 제외한 나머지 4개의 변수(열)들의 분산을 하나의 명령을 이용해 구하라. (힌트: apply( ) 함수 이용, 분산은 var( )를 이용)

4) 붓꽃의 종류가 "setosa"인 행들과 처음 2개의 열(Sepal.Length Sepal.Width)만으로 이루어진 부분 데이터프레임을 작성하라. (힌트: 대괄호([ ]) 또는 subset( ) 함수 이용)

5) 4)에서 작성한 데이터프레임을 외부에 텍스트파일(데이터와 데이터 사이가 공백으로 구분된)로 저장해 보라. 사용한 스크립트에 대해 설명하고 실제로 저장된 파일의 위치와 내용을 확인할 수 있도록 화면을 캡처하여 제출하라.

9 제공된 텍스트파일("wheight.txt")을 이용해 다음 물음에 답하라.

1) 파일을 읽어 R의 데이터프레임으로 만들어라.

2) 1)의 데이터프레임의 구조를 출력하라.

3) 데이터프레임의 마지막 10개의 행을 출력해보고 제공된 텍스트파일("wheight.txt")의 자료와 일치하는지 확인해 보라.

4) 각 변수(열)들에 대한 기초통계량들을 하나의 명령을 이용해 구하라.

2장

탐색적 데이터 분석

오늘날 우리는 **빅 데이터(Big Data)**의 세상에서 살아가고 있다. 빅 데이터의 특징은 흔히 3V(V로 시작하는 3개의 단어)로 요약된다. 즉, 방대한 데이터의 **양(Volume)**, 매우 빠른 데이터의 생성 **속도(Velocity)**, 그리고 생성되는 데이터 종류의 **다양성(Variety)**이 그 세 가지이다. 어떤 학자는 여기에 **가치(Value)**를 추가하여 빅 데이터의 특징을 4V로 요약하기도 한다. 이는 빅 데이터는 결국 비즈니스나 연구에서 유용한 가치를 끌어낼 수 있어야 그 의미가 있음을 강조한 부분이다. 따라서 데이터를 수집할 때 그 데이터를 활용하여 무엇을 할 수 있을지에 대한 고민도 필요하다.

전통적인 통계학에서는 주로 적은 수의 표본(샘플)을 가지고 더 큰 모집단에 대한 결론을 끌어내기 위한 일련의 과정인 **통계적 추론(statistical inference)**에 관심을 가졌었다. 1977년 투키(Tukey, John W)는 그의 저서 『Exploratory Data Analysis』를 통해 요약통계량(평균, 중앙값, 분위수 등)과 함께 데이터 집합을 그림으로 표현하는 데 도움이 되는 간단한 그림들을 제시하며 **탐색적 데이터 분석(Exploratory Data Analysis; EDA)**을 정립하였다. 또한, 투키는 통계학을 공학과 컴퓨터 과학 분야에 접목하기 위해 많은 노력을 기울였는데 실제로 우리가 일상에서 빈번하게 사용하고 있는 "비트(bit)"나 "소프트웨어(software)"와 같은 용어들도 그에 의해 처음으로 사용되었다고 한다. 컴퓨터의 성능이 향상되고 누구나 손쉽게 사용할 수 있는 데이터분석용 소프트웨어들이 다양하게 등장하면서 오늘날 EDA의 영역은 원래의 범주를 뛰어넘어 훨씬 더 확장되고 진화되고 있다.

이번 장에서는 모든 데이터과학 프로젝트에서 첫 번째 단계에서 이루어지는 탐색적 데이터분석(Exploratory Data Analysis; EDA)에 대해 주로 다룬다. 정형 데이터의 일반적인 종류, 수치적 측도로 데이터의 특징을 나타내는 방법과 그래프를 이용해 자료를 요약하는 방법들을 소개한다. 이상점에 영향을 크게 받지 않는 **로버스트(robust)**한 요약통계량들을 이해하고 이 과정에서 R을 활용하는 절차들에 대해서도 다룰 것이다.

2.1 데이터의 종류와 R에서의 처리

사실 데이터과학에서 접하는 어려움 중에 하나는 엄청난 양의 **원시(raw, 가공되지 않은) 데이터**를 활용 가능한 형태의 정보로 변환하는 일이다. 오늘날은 텍스트 데이터나 이미지 데이터 등과 같이 정형화되지 않은 데이터들도 무수히 많이 발생되곤 한다. 앞으로 우리가 학습할 통계적 개념들을 활용해 데이터를 분석하려면 이런 비정형 원시 데이터를 잘 가공하여 정형화된 형태의 데이터로 변환하여야 한다. 가장 일반적인 정형화 데이터는 바로 행과 열이 있는 테이블형태이며 바로 R의 데이터 프레임이 여기에 해당한다.

정형화된 데이터의 가장 기본이 되는 종류는 **수치형(numeric)** 데이터와 **범주형(categorical)** 데이터이다. 수치형 데이터는 숫자로 측정되며 사칙연산이 가능하므로 합계, 평균, 분산 등으로 자료를 요약할 수도 있고 비교도 가능하다. 수치형 데이터는 다시 횟수와 같이 정수인 값만 취하는 **이산(discrete)형** 데이터와 키, 몸무게, 소득 등과 같이 일정한 범위 안에서 어떤 값이든 취할 수 있는 **연속형(continuous)** 데이터로 나눌 수 있다. 연속형 데이터는 많은 경우에 정확한 수치보다는 반올림 등을 통해 나타난 경우가 많다. 만약 측정한 키의 값이 172라는 것은 정확한 측정값이라기보다는 171.5와 172.5 사이의 값을 나타낸 것이다.

범주형 데이터는 문자로 표시되는 데이터로 혈액형(A, B, O, AB)과 같이 범주 간에 순서가 없는 **명목형(nominal)** 데이터와 학점(A, B, C, D, F)과 같이 범주 간에 순서가 있는 **순서형(ordinal)** 데이터가 있다. 순서형 데이터는 순서가 있기 때문에 수치화하여 계산할 수는 있으나 수치화 과정에 매우 세밀한 검토가 필요하다. 예를 들어, 지지도를 묻는 물음에 '보통', '지지', '매우 지지'와 같은 응답이 있다고 가정해 보자. 이 세 범주를 (1, 2, 3)으로 수치화하여 계산하는 경우와 (1, 2, 4)로 수치화하여 계산하는 경우는 결과에 차이가 존재한다. (1, 2, 3)의 경우는 '보통'과 '지지'의 차이가 '지지'와 '매우 지지'의 차이와 같다는 것을 의미한다. 그러나 (1, 2, 4)의 경우는 '보통'과 '지지'의 차이가 '지지'와 '매우 지지'의 차이의 절반과 같다는 것을 의미한다. R에서는 factor( ) 함수를 이용해 범주형 데이터를 처리하는 과정은 이미 1장에서 살펴보았다.

2.2 수치를 이용한 데이터의 요약

데이터들을 객관적으로 대표할 수 있는 측도(summary measure)에는 주로 주어진 데이터들이 어떤 값을 중심으로 분포되어 있는가를 나타내는 **위치와 관련된 측도**

(location measure, 흔히 **대푯값**이라 부름)와 각 대푯값을 중심으로 데이터들이 **흩어져 있는 정도를 나타내는 측도(dispersion measure, 산포도)**가 많이 이용되고 있다. 앞으로 데이터를 $x_1, x_2, \cdots, x_n$ 으로 나타내기로 하자.

2.2.1 대푯값

대푯값으로 많이 사용되는 측도에는 평균(mean), 중앙값(median), 최빈값(mode), 절사평균(trimmed mean), 백분위수(percentiles) 등이 있다. 이들 각각에 대해 조금 자세하게 알아보도록 하겠다.

1) (산술)평균(mean)

수학적으로 다루기 편하고 계산이 쉬운 장점이 있다. 일반적으로 대부분의 값들과 매우 다른 극단적인 값들을 **이상점(outlier, 특이점)**이라 한다. 평균은 데이터 중에 이상점이 포함된 경우에는 이들의 영향을 크게 받아 대푯값으로서의 기능을 상실하는 단점을 지니고 있다.

● R 함수: mean( )

$$\overline{x} = \frac{1}{n}(x_1 + x_2 + \cdots + x_n) = \frac{1}{n}\sum_{i=1}^{n} x_i$$

2) 중앙값(median)

데이터를 크기순으로 배열했을 때 중앙에 위치하는 값이다. 데이터의 개수 n 이 홀수이면 중앙값은 $(n+1)/2$ 번째 데이터이며, n 이 짝수이면 중앙에 위치한 두 개 데이터의 평균을 계산해서 중앙값으로 정한다. 중앙값은 평균보다 이상점에 덜 민감한 대푯값이다. 일반적으로 이상점이 존재하더라도 이의 영향을 덜 받아 대푯값으로서의 기능을 쉽게 잃지 않는 통계량(측도)을 **로버스트(robust) 통계량**이라고 부른다. 중앙값 $med(x)$ 은 대표적인 로버스트 통계량으로 수식으로 표현하면 다음과 같다.

● **R 함수 : median( )**

$$med(x)=\begin{cases} x_{(k+1)}, & n=2k+1 \ (n\text{이 홀수}) \\ \dfrac{x_{(k)}+x_{(k+1)}}{2}, & n=2k \ (n\text{이 짝수}), \end{cases}$$

여기서 $x_{(i)}$ 는 x_i 들을 크기에 따라 나열하여 i 번째로 작은 값이다.

3) 최빈값(mode)

가장 빈도가 많이 나타난 데이터 값을 최빈값이라 한다. 최빈값은 존재하지 않을 수도 있고 설사 존재한다고 하더라도 유일하지 않을 수도 있다. 최빈값은 범주형 데이터를 분석할 때 간단히 사용되며 일반적으로 연속형인 수치 데이터의 분석에서는 잘 사용하지 않는다. R의 기본 함수에도 최빈값을 계산하는 함수는 없으며 범주형 데이터인 경우에 table( ) 함수를 이용하면 최빈값을 구할 수 있다.

4) α −절사평균(trimmed mean)

데이터를 크기순으로 정렬한 후, 정렬된 자료의 양쪽 끝에서 절사비율(α)에 따라 $100\alpha\%$ 만큼의 데이터를 제외하고 가운데 위치한 나머지 $100(1-2\alpha)\%$ 데이터들만으로 계산한 평균이다. 이상점은 아주 큰 값이거나 아주 작은 값이므로 절사비율(α)에 따라 차이가 있긴 하지만 절사평균의 계산과정에서 이런 이상점들은 대부분 제거된다. 따라서 α −절사평균은 이상점에 영향을 덜 받게 되며 중앙값과 같이 로버스트한 성질을 갖는다. 올림픽 체조경기나 다이빙 경기, 예체능 계열 대학입시에서 실기고사의 채점방식 등은 항상 점수 중에서 최고점과 최저점을 제외하고 평가하는 방식을 취하고 있다. 이런 평가 방법은 바로 절사평균의 아이디어를 활용한 예이다. 〈표 2-1〉은 mean( ) 함수의 사용법을 설명하고 있다. 절사평균은 mean( ) 함수에서 **trim 인수**를 사용해 계산할 수 있다.

표 2-1 내장함수 mean( )의 사용법

사용형식	mean(x, trim = 0, na.rm = FALSE)
기능	x의 원소들에 대한 (절사)평균을 계산
인수설명	• x: 평균을 계산할 데이터를 담고 있는 벡터 • trim: 양 끝에서 잘라낼 비율(0~0.5). 기본 설정값은 0으로 잘라내는 비율이 없이 모든 데이터를 이용해 평균을 계산 • na.rm: 결측값(NA)을 제거하고 계산할지를 T/F로 지정, 디폴트는 FALSE(NA가 있으면 결과도 NA) NA를 제거하고 계산하려면 이 옵션을 TRUE(or T)로 설정

보기 2-1

```
> x=c(1:10, NA)              # 1~10에 결측값(NA)이 포함된 자료
> mean(x)                    # 결측값이 있는 경우 mean(x)의 결과도 NA
[1] NA
> mean(x, na.rm=T)           # 옵션(na.rm=T)을 사용해 결측값은 제거하고 평균 계산
[1] 5.5
> y=c(1:10, 1000)            # 1~10에 이상점(1000)이 포함된 자료
> mean(y)                    # 이상점의 영향으로 평균값이 매우 커짐
[1] 95.90909
> mean(y, trim=0.1)          # 10% 절사평균은 이상점의 영향을 받지 않음
[1] 6
> median(y)                  # 중앙값도 이상점의 영향을 받지 않음
[1] 6
```

5) 가중평균(weighted mean)

또 다른 종류의 평균으로 가중평균을 들 수 있다. 가중평균은 본인의 이번 학기 평균 평점을 계산하는 경우 이용된다. 수강한 과목들의 단위학점 1학점, 2학점, 3학점이 바로 가중치에 해당한다. 각 데이터의 값 x_i 에 가중치 w_i 을 곱한 값들의 총합을 모든 가중치의 총합으로 나누어 계산한다. 이를 수식으로 정리하면 다음과 같으며 R에서는 weighted.mean( ) 함수를 이용해 계산한다. 〈표 2-2〉는 weighted.mean( ) 함수의 사용법을 다루고 있다.

● R 함수 : weighted.mean( )

$$\overline{x_w} = \frac{(w_1 x_1 + w_2 x_2 + \cdots + w_n x_n)}{w_1 + w_2 + \cdots + w_n} = \frac{\sum_{i=1}^{n} w_i x_i}{\sum_{i=1}^{n} w_i}$$

여기서 w_i 는 x_i 에 적용되는 가중치이다.

표 2-2 내장함수 weighted.mean( )의 사용법

사용형식	weighted.mean(x, w, na.rm = FALSE)
기능	가중치 벡터가 w인 x의 원소들에 대한 가중평균을 계산
인수설명	• x: 평균을 계산할 데이터를 담고 있는 벡터 • w: 가중치를 담고 있는 벡터로 x의 개수와 같아야 함 • na.rm: 결측값(NA)을 제거하고 계산할지를 T/F로 지정. 디폴트는 FALSE(NA가 있으면 결과도 NA) NA를 제거하고 계산하려면 이 옵션을 TRUE(or T)로 설정

보기 2-2

```
> x=c(4.5, 4.0, 3.5, 2.5, 3.5, 4.0, 3.5)   # 과목별 평점
> w=c(rep(3,5),2,1)                         # 과목별 학점(가중치)
> wm1=sum(x*w)/sum(w)                       # R의 벡터연산으로 가중평균 계산
> wm1
[1] 3.638889
> weighted.mean(x,w)                        # 내장함수로 가중평균 계산 => 결과 일치
[1] 3.638889
```

6) 사분위수(quartile), 백분위수(percentile), 분위수(quantile)

중앙값의 개념을 확대해서 크기순으로 배열한 데이터를 4등분하는 수치값을 **사분위수(quartile)**라 한다. 이 개념을 더 확대해서 100등분하였을 때의 수치값을 **백분위수(percentile)**라 한다. 백분위수는 이를 분수 형태로 나타낸 **분위수(quantile)**와 근본적으로 같은 것이다. R에서는 0과 1 사이의 값에 대한 분위수를 구해주는 함수 **quantile( )**을 이용하여 사분위수나 (백)분위수들을 계산할 수 있다. 이들 사이의 관계를 다시 설명하면 다음과 같다.

● R 함수 : quantile( )

제P 백분위수 :

데이터를 작은 것부터 순서대로 배열하였을 때 적어도 P%의 데이터는 그 값보다 작거나 같고, 또한 적어도 (100−P)%의 데이터는 그 값보다 크거나 같게 되는 값으로 정의

사분위수와 백분위수, 분위수

제1 사분위수 Q_1 = 제25 백분위수 = 0.25 분위수

제2 사분위수 Q_2 = 제50 백분위수 = 0.5 분위수 = 중앙값

제3 사분위수 Q_3 = 제75 백분위수 = 0.75 분위수

〈표 2-3〉은 quantile( ) 함수의 사용법을 다루고 있으며 [보기 2-3]은 다양한 응용 예들을 보여주고 있다.

표 2-3 내장함수 quantile( )의 사용법

사용형식	quantile(x, probs = seq(0, 1, 0.25), na.rm = FALSE)
기능	확률 probs에 대응되는 x의 분위수들을 계산
인수설명	• x: (백)분위수를 계산할 데이터를 담고 있는 벡터 • probs: (백)분위수를 구할 확률(0~1)을 지정. 기본 설정값은 (0, 0.25, 0.5, 0.75, 1)로 최솟값, 사분위수, 최댓값을 출력 • na.rm: 결측값(NA)을 제거하고 계산할지를 T/F로 지정, 디폴트는 FALSE(NA가 있으면 결과도 NA) NA를 제거하고 계산하려면 이 옵션을 TRUE(or T)로 설정

보기 2-3

```
> mpg=mtcars$mpg          # mtcars 데이터세트의 mpg 변수
> median(mpg)             # 중앙값
[1] 19.2
> quantile(mpg)           # 최솟값, Q1, Q2=중앙값, Q3, 최댓값
   0%    25%    50%    75%   100%
```

```
10.400  15.425  19.200  22.800  33.900
> p=(1:9)/10                    # p=seq(0.1, 0.9, 0.1)과 동일
> quantile(mpg, probs=p)        # 벡터 p에 대응되는 백분위수들
  10%    20%    30%    40%    50%    60%    70%    80%    90%
14.34  15.20  15.98  17.92  19.20  21.00  21.47  24.08  30.09
```

2.2.2 산포의 측도(measure of dispersion)

대푯값과 더불어 분포의 형태를 나타내는 중요한 측도로서 **산포도(measure of dispersion)**를 생각해야 한다. 산포를 측정하는 측도는 개개의 자료가 중심위치에서 얼마만큼 떨어져 있는가를 나타내는 값이어야 한다. 이러한 개념에서 나온 측도들로 가장 간단한 범위(range)와 사분위범위(inter quartile range; IQR)를 비롯하여 분산(variance)과 표준편차(standard deviation) 등이 있다. 또한, 상대적인 산포의 측도인 변동계수(coefficient of variation; CV)와 추정량의 표준편차인 표준오차(standard error) 등이 있다.

1) 범위(range)

범위(range)는 가장 단순한 형태의 산포도로써 데이터가 펼쳐진 길이(최댓값-최솟값)로 정의된다. 다른 측도들과 함께 보조용으로 쓰이고 있으며 R의 range( ) 함수는 (최댓값-최솟값)의 값을 출력하는 대신 그냥 최솟값과 최댓값을 출력해준다.

● **R 함수 : range( )**

$$range(x) = x_{(n)} - x_{(1)}$$

여기서 $x_{(i)}$ 는 x_i 들을 크기에 따라 나열하여 i 번째로 작은 값이다.

2) 사분위범위(inter quartile range; IQR)

사분위범위(IQR)는 제3 사분위수와 제1 사분위수의 차인 $(Q_3 - Q_1)$로 정의한다. IQR도 중앙값의 경우와 마찬가지로 이상점에 의해 영향을 크게 받지 않는 측도이

기 때문에 다음 절에서 학습할 상자그림(box plot)에서도 중앙값과 IQR을 이용하여 데이터의 특성을 설명하는 데 사용한다. R의 IQR( ) 함수는 사분위범위(IQR)의 값을 구해주는 함수인데 대부분의 R 함수와는 다르게 함수 이름이 모두 대문자임에 유의하자. IQR의 값은 quantile( ) 함수의 결과인 벡터의 값 중에서 2번째와 4번째 원소의 값을 이용해서도 구할 수 있다.

● R 함수 : IQR( )

$$IQR(x) = Q_3 - Q_1$$

보기 2-4

```
> mpg=mtcars$mpg              # mtcars 데이터세트의 mpg 변수
> q=quantile(mpg)             # q=(최솟값, Q1, Q2, Q3, 최댓값)
> q
    0%     25%     50%     75%    100%
10.400  15.425  19.200  22.800  33.900
> range(mpg)                  # range( ) 함수는 최솟값과 최댓값만 출력
[1] 10.4 33.9
> rng=q[5]-q[1]               # 범위 = 최댓값-최솟값 = q의 5번째 값 - q의 1번째 값
> rng
100%
23.5
> iqr=q[4]-q[2]               # 사분위범위 = Q3-Q1 = q의 4번째 값 - q의 2번째 값
> iqr
  75%
7.375
> IQR(mpg)                    # IQR 함수 이용
[1] 7.375
```

3) 분산(variance)과 표준편차(standard deviation)

분산과 **표준편차**는 산포의 정도를 나타내는 측도 중에서 가장 널리 사용된다. 각 데

이터 x_i 와 중심위치 $\bar{x}$ 와의 차인 편차=$(x_i - \bar{x})$들의 합은 항상 0 $(\Sigma_{i=1}^{n}(x_i - \bar{x}) = 0)$이 때문에 이를 피하기 위해 편차 제곱들의 합 $(\Sigma_{i=1}^{n}(x_i - \bar{x})^2)$을 이용하거나 절대편차들의 합$(\Sigma_{i=1}^{n}|x_i - \bar{x}|)$을 이용하는 방법들이 고려될 수 있을 것이다. 만약 데이터들이 정규분포를 따른다면 편차 제곱들의 합을 이용해 정의한 분산 s^2 의 분포가 다루기 편하게 된다.

한편, 분산은 원 데이터를 제곱해서 얻어진 것이므로 원래 데이터가 가지고 있던 단위와 같지 않다. 따라서 자료와 같은 단위를 갖는 산포의 측도로서 분산에 양의 제곱근을 취해 표준편차를 정의하게 된다. 다음은 분산과 표준편차의 정의를 정리한 것으로 표본의 개수 n 대신 $(n-1)$ 을 사용하였다. 이는 자유도(degree of freedom)와 관련이 있으며 n 을 사용한 (모집단)분산과 구분하기 위해 "표본"을 붙여 표본분산, 표본표준편치라고 부르기도 한다.

● **R 함수 : var( ), sd( )**

(표본)분산

$$s^2 = \frac{1}{n-1}\sum_{i=1}^{n}(x_i - \bar{x})^2$$

(표본)표준편차

$$s = \sqrt{s^2}$$

4) 중간값의 중위절대편차(Median Absolute Deviation; MAD)

분산과 표준편차는 편차의 제곱을 사용하기 때문에 이상점(outlier)에 매우 민감하다. 따라서 평균과 같이 로버스트하지 못하다. 로버스트한 산포의 측도로 **중앙값을 이용한 중위절대편차(Median Absolute Deviation; MAD)**를 다음과 같이 정의한다. MAD는 중앙값을 이용한 편차의 절댓값들의 중앙값을 구한 것으로 중앙값의 로버스트성을 따라 이상점의 영향을 받지 않는다. R 함수 mad( )를 이용하면 MAD를 계산할 수 있다.

● R 함수 : mad( )

$$MAD = med\{\,|x_1 - med(x)|,\ |x_2 - med(x)|,\ \cdots,\ |x_n - med(x)|\,\}$$

여기서 $med(x)$ 는 x_i 들의 중앙값이다.

[보기 2-1]에서 이미 이상점이 있는 경우에 대푯값들의 로버스트성을 알아보았다. [보기 2-5]에서는 이상점이 있는 경우에 산포의 측도들의 값을 서로 비교해보기로 하자. R의 벡터 연산 및 기본 함수들을 이용한 방법들도 제시하여 R 벡터 활용의 장점을 설명하였다. 이들 벡터 연산의 결과와 해당 R 함수를 이용한 결과가 일치함을 참고하라. 또한 이상점이 하나 추가된 경우에 이 값의 영향으로 분산이나 표준편차는 크게 증가하나 MAD의 값은 큰 변화가 없음을 확인하라.

보기 2-5

```
> x=1:10                                 # 이상점이 없는 자료
> sd(x); mad(x)                          # 표준편차나 MAD의 값이 큰 차이 없음
[1] 3.02765
[1] 3.7065
> y=c(1:10, 1000)                        # 1~10에 이상점(1000)이 포함된 자료
> v1=sum((y-mean(y))^2)/(length(y)-1)    # 벡터를 이용한 분산의 표현
> v1; var(y)
[1] 89920.09
[1] 89920.09
> v2=sqrt(v1)          # 분산에 제곱근을 적용해 표준편차 계산
> v2; sd(y)            # 이상점(1000)이 포함된 자료에서 표준편차의 값은 매우 커짐
[1] 299.8668
[1] 299.8668
> mad(y)               # 이상점(1000)이 포함된 자료에서 MAD 값은 큰 변화 없음
[1] 4.4478
```

5) 변동계수(coefficient of variation; CV)

변동계수(CV)는 표준편차의 값을 평균으로 나눈 값이다. 즉, 평균에 대한 상대적인 크기인 표준편차의 값($CV = s/\bar{x}$)을 측도로 사용한다. 일반적으로 표준편차는 평균값이 큰 데이터 쪽이 커지는 경향이 있다. 따라서 평균값의 차이가 크게 나는 두 조의 데이터들(예를 들어 신생아와 성인의 체중)을 비교하는 경우이거나 또는 측정 단위가 다른 두 조의 데이터들(예를 들어 한 조는 측정 단위가 m이고 다른 한 조는 측정 단위가 cm인 경우)을 비교하는 경우에 평균의 차이를 고려하지 않고 단순히 표준편차만을 기준으로 비교하는 것은 적당하지 않다.

변동계수는 표준편차를 평균값으로 나눔으로써 이 평균값의 차이를 조정하게 되어 고유의 단위에 의존하지 않게 된다. 평균값의 차이가 심하게 차이 나는 집단이나 측정 단위가 다른 집단의 산포를 비교하는 경우에 유용하게 사용되는 측도이나 R 기본 함수에는 존재하지 않는다. 그러나 아주 간단하게 사용자정의함수로 작성할 수가 있다. 다음 [보기 2-6]에서 그 방법을 알아보자.

보기 2-6

```
> cv=function(x){                # 사용자정의함수 작성하기
+    return(sd(x)/mean(x))
+ }
> cv(mtcars$mpg)                 # 사용자정의함수 이용하기
[1] 0.2999881
```

6) 표준오차(standard error; SE)

표준오차(standard error; SE)는 일반적으로 추정량의 표준편차를 의미한다. 다루는 문제에 따라 관심의 대상인 추정량이 다르며 추정량이 바뀌면 그 표준편차도 달라진다. 일반적인 문제에서 표준오차는 중심위치의 추정량인 표본평균($\bar{x}$)의 표준편차인 $\sigma/\sqrt{n}$ 을 의미한다. 모집단의 표준편차인 σ을 모르는 경우가 많으므로 이때에는 표본으로부터 계산된 표본표준편차 s를 이용해 추정한 $s/\sqrt{n}$의 값을 표준오차라 부른다.

2.2.3 분포의 형태에 관한 측도

분포의 형태와 관련된 측도에는 비대칭의 정도를 나타내는 왜도(skewness)와 정규분포보다 중앙 부분이 뾰족한 모양인지 평평한 모양인지를 알려주는 첨도(kurtosis)가 있다. 앞으로 우리가 배울 통계적인 문제 중에는 데이터들이 정규분포를 따른다는 기본적인 가정으로부터 출발하는 경우가 상당히 많다. 이런 경우에는 데이터를 분석하기 전에 데이터가 정규분포를 따르는지에 대한 검토가 필요하다. 모집단이 정규분포를 따르는지를 검증하는 보다 통계적인 절차는 뒤에서 다루기로 한다. 여기서는 데이터의 분포를 탐색하는 방법의 하나로 왜도와 첨도의 값을 참고하려고 한다. R의 기본 함수에는 왜도와 첨도의 값을 계산해주는 함수가 없기 때문에 **"psych" 패키지의 describe( )** 함수를 이용하려고 한다. 이 함수를 이용하면 왜도와 첨도를 포함한 기초통계량들(summary( ) 함수의 결과 외에 표준편차, 범위 등)을 한꺼번에 출력할 수 있다.

1) 왜도(skewness)

왜도(skewness)는 데이터 분포의 비대칭성을 설명하는 측도로 대칭인 분포에서 왜도의 값은 0이다. 왜도의 절댓값이 클수록 비대칭의 정도가 심함을 나타낸다. 왜도의 값이 양수이면 오른쪽으로 꼬리가 긴 분포의 형태를 나타내며 반대로 왜도의 값이 음수이면 왼쪽으로 꼬리가 긴 분포의 형태를 나타낸다. 왜도의 정의를 살펴보면 대칭인 분포에서 왜도가 0이 되는 것은 자명하다. 데이터의 중심(평균)이 왼쪽으로 치우친(오른쪽으로 긴 꼬리를 가지는; right- skewed) 분포에서는 μ 보다 매우 큰 값이 나타날 수 있고, 이 값에 세제곱의 영향이 크게 미쳐서 대응되는 왜도의 값은 양수로 나타날 것이다. 반대로 오른쪽으로 치우친(왼쪽으로 긴 꼬리를 가진, left-skewed) 분포에서는 대응되는 왜도의 값은 음으로 나타나게 된다.

2) 첨도(kurtosis)

첨도(kurtosis)라는 용어는 뾰족한 정도라는 의미로 대칭인 분포에서 꼬리 부분의 정보를 나타내는 측도이며 정규분포에서 그 값이 0이 되도록 정의되었다. 첨도의 값이 양수이면 정규분포보다 긴 꼬리를 갖고 첨도의 값이 음수이면 정규분포보다 짧은 꼬리를 갖는다. 첨도의 값이 양수인(긴 꼬리를 갖는) 경우에는 분포의 밀도가 가운데 부분에 덜 집중하게 돼 중앙 부분이 뾰족한 형태가 된다. 반면에 첨도의 값이 음수인(짧은 꼬리를 갖는) 경우에는 분포의 밀도가 가운데 부분에 더 집중하게 돼 중앙 부분이 상대적으로 평평한 형태가 된다. 또한, 두터운 꼬리를 가지고 있는 분포는 그렇지 않은 분포에 비해 μ 보다 매우 큰 값이 나타날 가능성이 훨씬 더 클 것이며 여기에 네 제곱의 영향이 크게 작용하면 대응되는 첨도의 값이 훨씬 크게 나타날 것이다.

● **R 함수 : "psych" 패키지의 describe( ) 함수 이용**

왜도와 첨도는 일반적으로 확률변수 X 에 대해 다음과 같이 정의된다.

왜도(skewness)

$$E\,[(\frac{X-\mu}{\sigma})^3]$$

첨도(kurtosis)

$$E\,[(\frac{X-\mu}{\sigma})^4]-3$$

여기에서 μ 와 σ 는 각각 확률변수 X 의 기댓값과 표준편차이다.

보기 2-7

```
> library(psych)          # 해당 패키지 로딩(이미 설치된 경우)
> describe(cars)          # cars 데이터프레임에 describe( ) 함수 적용
      vars  n  mean    sd  median  trimmed   mad  min  max  range
speed    1 50  15.40  5.29     15    15.47  5.93    4   25     21
dist     2 50  42.98 25.77     36    40.88 23.72    2  120    118
       skew  kurtosis    se
speed -0.11     -0.67  0.75
dist   0.76      0.12  3.64
```

[보기 2-7]의 결과를 살펴보면 describe( ) 함수는 데이터프레임에도 적용할 수 있다. 인수에 데이터프레임을 사용하면 해당 데이터프레임에 포함된 모든 열(변수)

에 대해 다양한 통계량들(n(데이터의 개수), mean(평균), sd(표준편차), median(중앙값), trimmed(10% 절사평균), mad(MAD), min(최솟값), max(최댓값), range(범위), skew(왜도), kurtosis(첨도), se(표준오차))을 한꺼번에 출력해준다.

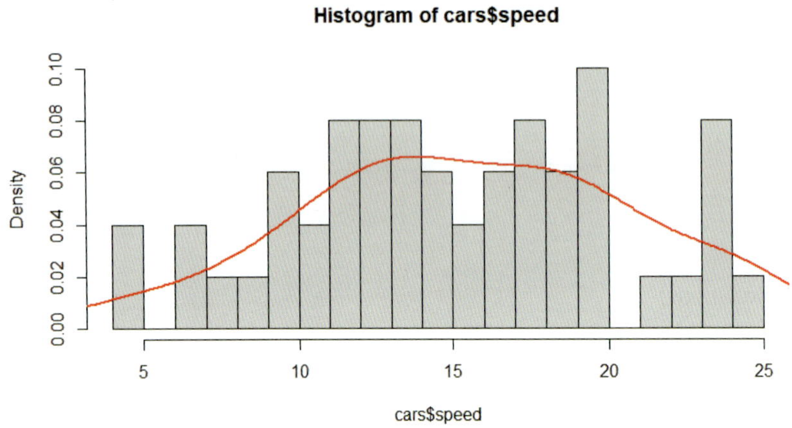

그림 2-1 변수 speed에 대한 히스토그램과 추정한 분포의 개형

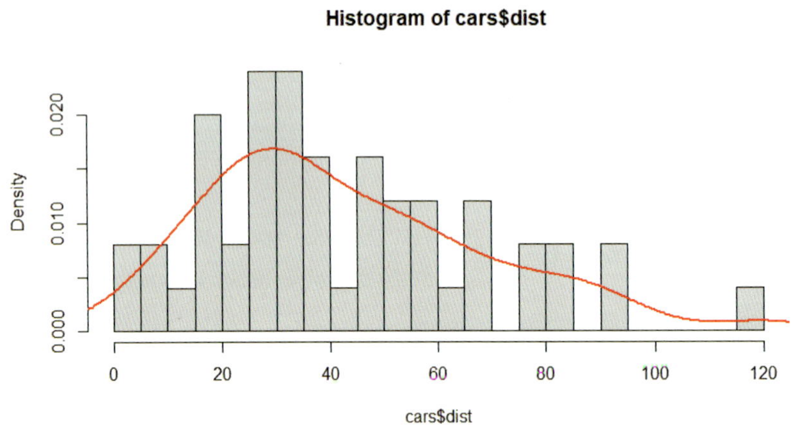

그림 2-2 변수 dist에 대한 히스토그램과 추정한 분포의 개형

〈그림 2-1〉과 〈그림 2-2〉는 데이터프레임 cars의 두 변수 speed와 dist에 대한 히스토그램에 데이터들을 이용해 추정한 분포의 개형을 추가한 그래프들이다. 이 그래프를 그리는 방법은 다음 절에서 다루기로 하고 여기에서는 분포의 개형과 출력된 통계량들을 비교해보기로 하자. 먼저 왜도의 결과부터 살펴보자. 변수

speed의 왜도는 0에 가깝지만 음수를 나타내고 있어 거의 대칭의 형태를 보이고 있다. 그러나 변수 dist의 왜도는 양수이며 분포의 개형 또한 오른쪽으로 긴 꼬리를 갖는 형태이다. 다음은 첨도에 대해 살펴보자. 변수 speed의 첨도는 음수를 나타내고 있어 분포의 가운데 부분이 정규분포에 비해 평평한 형태를 보이고 있다. 그러나 변수 dist의 첨도는 양수이며 분포의 가운데 부분이 정규분포보다 조금 더 뾰족한 형태를 갖는 것으로 볼 수 있겠다.

2.3 도표나 차트를 이용한 데이터의 요약

정형화된 수식이나 수치만을 이용한 경우에는 숨겨져 있던 내용이나 전달하기에 어려웠던 데이터 속에 내포된 정보들이 도표나 차트를 이용해서 표현하면 더욱 명료하게 보이기도 하고 훨씬 편하게 다른 사람들에게 정보를 전달할 수도 있게 된다. 범주형 데이터들은 도수분포표를 작성하고 막대그래프나 원그래프를 이용해 시각화하는 것이 일반적이나. 연속형인 수치 데이터는 히스토그램, 줄기 잎 그림, 상자그림 등을 이용해 데이터를 시각화할 수 있다.

2.3.1 범주형 데이터를 위한 차트: 막대그래프와 원그래프

범주형 데이터의 전체적인 구성 형태를 파악하기 위해 같은 항목이 몇 개 있는지를 정리한 **도수분포표(frequency table, 또는 빈도표)**를 만든다. 너무 항목들이 많은 경우에는 일부의 항목들을 통합하여 몇 개의 그룹으로 모으기도 한다. R에서는 **table( ) 함수**를 이용하여 도수분포표를 쉽게 만들 수 있다. table( ) 함수의 결과는 각 항목별 빈도들을 담고 있으며 그 결과의 names 속성에는 각 항목들의 이름이 담겨있다.

table( ) 함수의 결과인 테이블 개체를 각각 함수 **barplot( )**이나 **pie( )**에 전달하여 막대그래프나 파이차트를 작성할 수 있다. 〈표 2-4〉는 barplot( ) 함수에서 반드시 알아두어야 할 인수들에 대해 요약한 것이다. [보기 2-8]은 table( ) 함수의 결과를 이용해 작성한 가장 기본적인 barplot( ) 함수와 pie( ) 함수를 사용한 예이며 〈그림 2-3〉과 〈그림 2-4〉는 그래픽 창에 출력된 막대그래프와 파이차트이다.

barplot( ) 함수의 인수에 사용된 main, xlab, ylab, col 등은 대부분의 그래픽

관련 함수들에서 공통적으로 사용될 수 있는 인수들이다. 이외에도 차트의 부제목을 지정하는 sub, 각 축의 범위를 지정하는 xlim과 ylim 등도 대부분의 그래픽 관련 함수들에서 공통적으로 사용될 수 있는 인수들이다. 파이차트는 각 항목의 비율에 따른 면적을 그림으로 전달하기 때문에 단순히 도수를 비교하는 경우에는 직관적인 데이터의 해석에 크게 도움이 되지 않는다.

표 2-4 내장함수 barplot( )의 사용법

사용형식	barplot(height, width = 1, names.arg = NULL, legend.text = NULL, beside = FALSE, horiz = FALSE, density = NULL, angle = 45, ...)
기능	빈도를 담고 있는 height를 이용하여 막대그래프를 작성
인수설명	• height: 빈도를 담고 있는 벡터 또는 행렬, 행렬인 경우에는 beside의 값(T/F)에 따라 쌓인 형태(stack)인지 그룹화 형태인지 결정 • width: 막대의 폭을 지정하며 디폴트는 1 • names.arg: 항목 이름 • legend.text: 범례에 사용할 문자열 • beside: 디폴트는 FALSE로 쌓인 형태(stack)로 차트를 작성. 만약 그룹화 형태의 차트를 원하면 이 값을 TRUE(or T)로 설정 • horiz: 디폴트는 FALSE로 수직 막대그래프를 작성한다. 이 값을 TRUE(or T)로 설정하면 수평 막대그래프를 작성 • density: 인치당 적용할 빗금의 수 • angle: 빗금의 각도로 디폴트는 45도

보기 2-8

```
> cnt=table(mtcars$cyl)                # mtcars 데이터 세트의 변수 cyl의 도수분포표 작성
> cnt                                  # 도수분포표의 구성 살펴보기

 4  6  8
11  7 14
> names(cnt)                           # 테이블 개체의 names 속성은 항목들의 이름
[1] "4" "6" "8"
> barplot(cnt, main="실린더의 개수별 빈도",          # main="차트의 제목"
        xlab="실린더의 개수", ylab="빈도수",         # lab="x축 제목", ylab="y축 제목"
```

```
      col="skyblue")                                  # col="색상"
> pie(cnt, main="실린더의 개수별 빈도")                # 파이차트
```

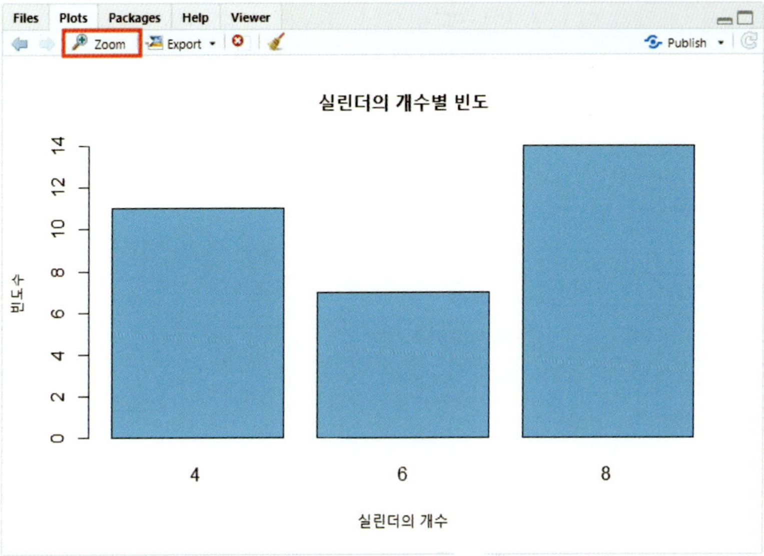

그림 2-3 테이블 개체로 그린 막대그래프

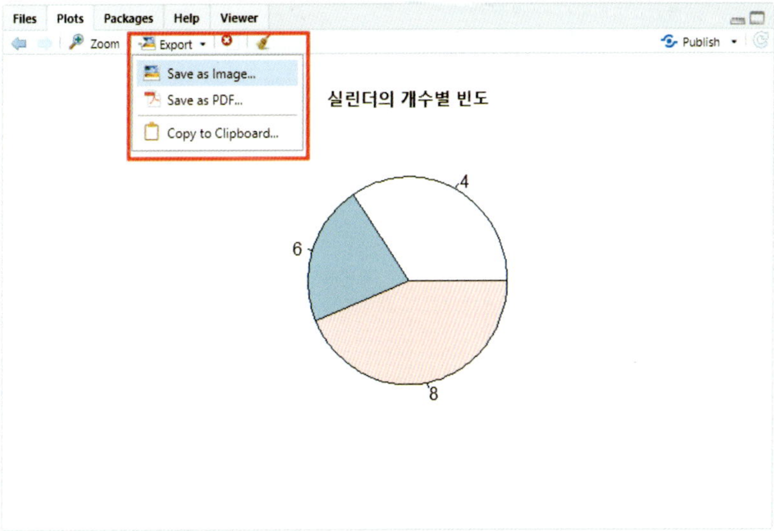

그림 2-4 테이블 개체로 그린 파이차트

〈그림 2-3〉에 사각형으로 표시된 [Zoom] 버튼을 누르면 차트 창만 확대해서 볼 수 있으며 〈그림 2-4〉의 사각형으로 표시된 부분을 이용하면 차트를 클립보드로 복사하거나 다양한 포맷의 이미지 파일이나 pdf 문서로 저장할 수도 있다.

기술통계학과 관련된 **패키지 "descr"**의 **freq( ) 함수**를 이용하면 테이블 개체를 만드는 과정을 거치지 않고도 빈도와 비율이 표시된 도수분포표와 막대그래프 등을 한 번에 작성할 수 있다. 〈그림 2-5〉는 [보기 2-9]의 freq( ) 함수의 결과로 출력된 막대그래프이다.

보기 2-9

```
> library(descr)          # 해당 패키지 로딩(이미 설치된 경우)
> freq(mtcars$gear)       # mtcars$gear 변수에 대한 빈도분석
mtcars$gear
      Frequency   Percent
3            15     46.88
4            12     37.50
5             5     15.62
Total        32    100.00
```

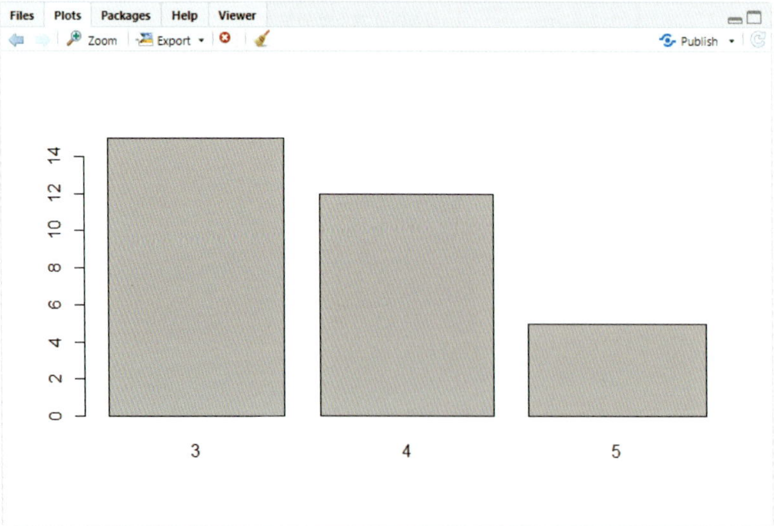

그림 2-5 freq( ) 함수의 결과로 출력된 막대그래프

2.3.2 2차원 분할표의 작성과 누적 막대그래프

둘 이상의 변수가 범주형 데이터인 경우일 때 이 자료들에 대한 2차원 또는 다차원 형태의 도수분포표를 **분할표(contingency table)**라고 부른다. table( ) 함수에 행과 열에 대한 2개의 인수를 입력하면 2차원 분할표도 작성할 수 있다.

[보기 2-10]은 2차원 분할표를 이용해 막대그래프를 작성할 때 옵션 horiz=T와 beside=T의 적용에 대한 차이를 보여주는 예제들이다.

보기 2-10

```
> tbl=table(mtcars$cyl, mtcars$gear)    # 2차원 분할표(행=실린더개수, 열=기어단수)
> tbl
```

```
    3  4  5
4   1  8  2
6   2  4  1
8  12  0  2
```

```
> barplot(tbl, main="행(실린더 개수)과 열(기어의 단수)의 분할표",      # <그림 2-6>
+         xlab="기어의 단수", col=c("pink","green","orange"),
+         legend,text=rownames(tbl))
> barplot(tbl, main="행(실린더 개수)과 열(기어의 단수)의 분할표",      # <그림 2-7>
+         ylab="기어의 단수", col=c("pink","green","orange"),
+         horiz=T, legend=rownames(tbl))
> barplot(tbl, main="행(실린더 개수)과 열(기어의 단수)의 분할표",      # <그림 2-8>
+         xlab="기어의 단수", col=c("pink","green","orange"),
+         beside=T, legend=rownames(tbl))
```

2차원 자료의 막대그래프는 기본적으로 열 변수에 대한 빈도수를 이용하여 작성된다. 〈그림 2-6〉을 살펴보면 알 수 있듯이 디폴트로 그려진 각 막대의 높이는 모든 행의 데이터 값들을 모두 쌓아서 결정된 것이다. 이런 내용들이 잘 전달되도록 열 변수를 xlab에 전달해 x축 제목에 표시하고 행 변수에 대한 내용으로 범례(legend)를 삽입하였다. 〈그림 2-8〉에서는 beside의 값을 TRUE로 설정해 쌓인 형태인 막대의 높이를 그룹별로 옆으로 나란히 붙인 형태로 바꾸었다. 〈그림 2-7〉

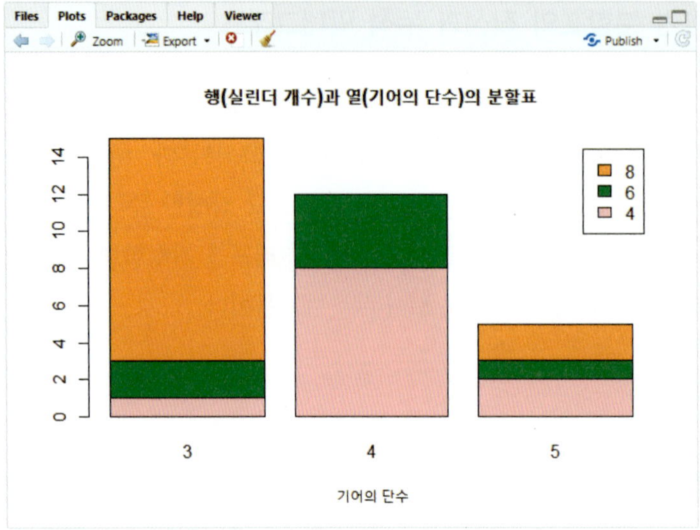

그림 2-6 행별 데이터들이 쌓인 형태(statck)로 출력된 수직 막대그래프

그림 2-7 horiz=T 옵션을 사용해 출력된 수평 막대그래프

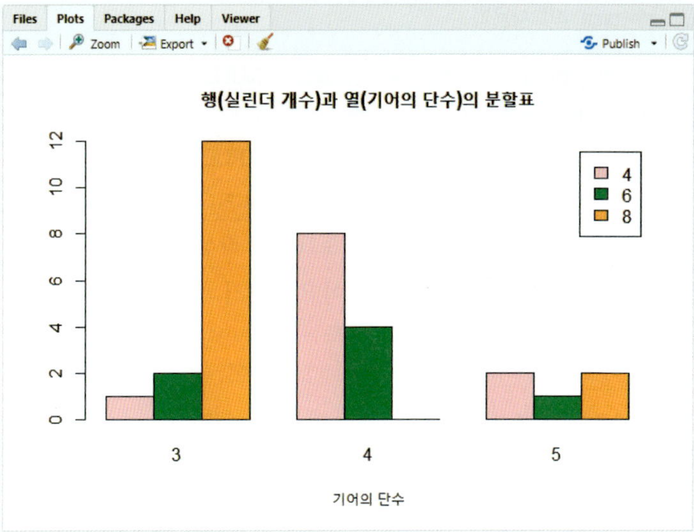

그림 2-8 beside=T 옵션을 사용해 그룹화 형태로 출력된 수직 막대그래프

에서는 horiz의 값을 TRUE로 설정해 수직인 막대를 수평으로 전환하였다. 이 경우에는 x축의 제목이 y축의 제목으로 변경해야만 한다.

2.3.3 히스토그램(histogram)

수치형 데이터를 도수분포표를 이용하여 그래프 형태로 나타낸 것이 **히스토그램(histogram)**이다. 히스토그램을 통해 데이터가 가진 특징이 대칭(왜도가 0)인지 한쪽으로 쏠려 있는지(왜도가 양수 또는 음수), 또는 봉우리(peak)가 하나인지 그 이상인지 등을 쉽게 발견할 수 있다. 막대그래프와 히스토그램이 유사해 보이지만 근본적인 차이점이 있다. 막대그래프의 x축은 각 범주를 나타내므로 그 순서를 바꾸어 그래프를 작성할 수도 있다. 그러나 히스토그램의 각 범주는 연속된 수치들을 구간으로 나눈 것이므로 그 순서를 바꾸는 것이 불가능하다. R에서 히스토그램은 **hist( ) 함수**를 이용해 작성할 수 있다. 히스토그램 개체에는 히스토그램을 작성하기 위해 사용된 여러 수치들을 포함하고 있다. 〈표 2-5〉는 hist( ) 함수의 사용법을 꼭 필요한 인수들 위주로 설명한 것이다. 〈그림 2-9〉와 〈그림 2-10〉은 [보기 2-11]을 통해 작성된 히스토그램들이다.

표 2-5 내장함수 hist( )의 사용법

사용형식	hist(x, breaks = "Sturges", nclass = NULL, freq = NULL, probability = !freq, include.lowest = TRUE, right = TRUE, density = NULL, angle = 45, col = "lightgray", ...)
기능	벡터 x에 담긴 데이터의 히스토그램을 작성
인수설명	• x: 히스토그램을 작성할 데이터가 담긴 벡터 • breaks: 범주의 개수. 디폴트는 Sturges의 수식을 이용해 자동으로 결정되며, 개수를 지정할 수도 있으며 이는 nclass와 동일 • freq: 빈도를 이용해 막대의 높이로 사용 • probability: freq와 부정의 관계인 논리값. freq=F는 probability=T • include.lowest: 디폴트는 TRUE로 최솟값을 포함 • right: 디폴트는 TRUE로 구간의 오른쪽이 폐구간인 (10, 15] 형태 • density: 인치당 적용할 빗금의 수 • angle: 빗금의 각도로 디폴트는 45도

보기 2-11

```
> hh=hist(mtcars$mpg)          # 히스토그램 개체를 hh에 저장. 〈그림 2-9〉
> hh                           # 개체 hh의 내용 확인
$breaks
[1] 10 15 20 25 30 35
$counts
[1]  6 12  8  2  4
$density
[1] 0.0375 0.0750 0.0500 0.0125 0.0250
$mids
[1] 12.5 17.5 22.5 27.5 32.5
...(이후 생략)
> hist(mtcars$mpg, freq=F, breaks=20, col="skyblue")     # 〈그림 2-10〉
> sort(mtcars$mpg)                                       # 정렬된 mpg 값
 [1] 10.4 10.4 13.3 14.3 14.7 15.0 15.2 15.2 15.5 15.8 16.4 17.3 17.8
[14] 18.1 18.7 19.2 19.2 19.7 21.0 21.0 21.4 21.4 21.5 22.8 22.8 24.4
[27] 26.0 27.3 30.4 30.4 32.4 33.9
```

```
> sum(hh$density*5)                    # 히스토그램 기둥들의 면적 합=1
[1] 1
```

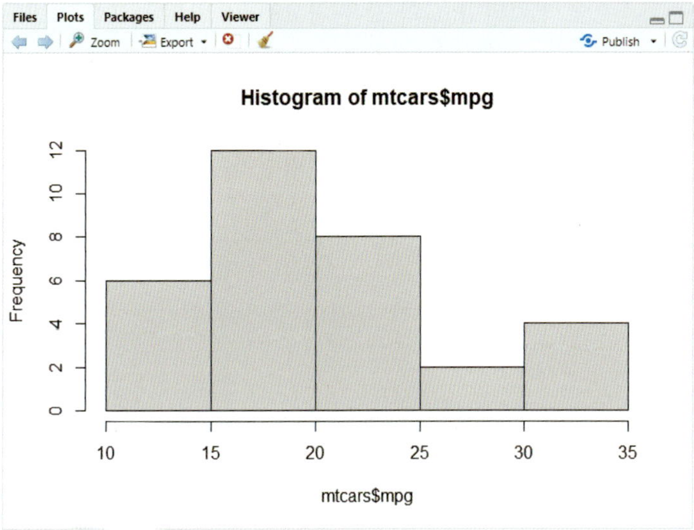

그림 2-9 디폴트로 작성한 히스토그램

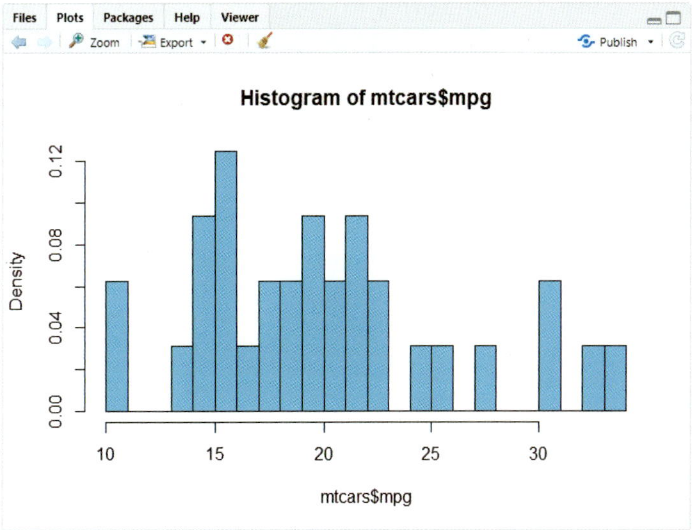

그림 2-10 freq=F 옵션을 사용해 빈도 대신 밀도로 작성한 히스토그램

[보기 2-11]에서 첫 번째 히스토그램 개체 hh에 대한 속성값들을 살펴보자. $breaks의 결과로부터 히스토그램을 그리기 위한 범주가 (10, 15], (15, 20], (20, 25], (25, 30], (30, 35]로 이루어져 있음을 알 수 있다. 이들 각 구간에 속하는 빈도(frequency)는 $counts에 있으며 이 값은 히스토그램 각 막대의 높이로 사용된다. 오름차순으로 정렬된 mpg의 값을 참고해 각 범주에 포함된 빈도수를 세어서 확인해 보자.

$density에는 히스토그램의 전체면적이 1이 되도록 빈도수에 대응되는 상대도수를 계산한 값이다. [보기 2-11]의 맨 마지막 명령어는 이를 확인한 것이다. 히스토그램의 전체면적은 각 기둥들의 면적을 합치면 된다. 각 기둥들의 밑면 길이는 모두 5이므로 총면적은 "5 × (0.0375 + 0.0750 + 0.0500 + 0.0125 + 0.0250) = 1"임을 알 수 있다. $mids에는 각 구간의 중간에 위치한 값들이 담겨 있다.

2.3.4 줄기-잎 전시(stem-and-leaf display)

투키(Tukey)에 의해 제안된 **줄기-잎 전시(stem-and-leaf display)**는 연속형인 수치 데이터를 시각적으로 나타내는 방법의 하나이며 히스토그램을 옆으로 돌려놓은 것과 같다. 줄기-잎 전시는 데이터의 큰 단위값을 나무의 줄기(stem)에 배치한 후 작은 단위값은 줄기에 딸린 잎(leaf)에 배치하는 방식을 따르며 모든 데이터를 다 사용하기 때문에 도수분포표에서와같이 집단화하는 과정에서 발생하는 정보의 손실을 줄일 수 있다. R에서 줄기-잎 전시는 **stem( ) 함수**를 이용해 작성할 수 있으며 그 결과는 콘솔 창에 바로 나타난다. stem( ) 함수의 인수 중에 **scale**의 디폴트 값은 1이며 이 값을 n배 또는 (1/n)배로 조정하여 줄기를 늘리거나 줄일 수 있다. [보기 2-12]는 cars 데이터세트의 dist 변수에 대한 줄기-잎 전시를 디폴트로 그린 경우와 scale을 조정한 경우를 담고 있다.

보기 2-12

```
> sort(cars$dist)                # 오름차순으로 정렬한 데이터
 [1]   2   4  10  10  14  16  17  18  20  20  22  24  26  26  26
[16]  26  28  28  32  32  32  34  34  34  36  36  40  40  42  46
[31]  46  48  50  52  54  54  56  56  60  64  66  68  70  76  80
[46]  84  85  92  93 120
```

```
> stem(cars$dist)                # 디폴트 줄기-잎 전시

  The decimal point is 1 digit(s) to the right of the |

   0 | 24004678
   2 | 002466668822244466
   4 | 002668024466
   6 | 046806
   8 | 04523
  10 |
  12 | 0
```

```
> stem(cars$dist, scale=2)       # scale=2가 적용된 줄기-잎 전시

  The decimal point is 1 digit(s) to the right of the |

   0 | 24
   1 | 004678
   2 | 0024666688
   3 | 22244466
   4 | 002668
   5 | 024466
   6 | 0468
   7 | 06
   8 | 045
   9 | 23
  10 |
  11 |
  12 | 0
```

[보기 2-12]의 디폴트 줄기-잎 전시의 2개 십의 자리를 줄기로 사용한다. 즉, 첫 번째 줄기는 0~19, 두 번째 줄기는 20~39, … 사이의 수치에 대한 줄기를 담당한다. scale=2를 적용한 두 번째 줄기-잎 전시는 이 간격을 줄여(전시의 길이는 2배로 늘어남) 각 십의 자리 수치가 줄기로 사용된다.

2.3.5 상자그림(box plot)

줄기-잎 전시와 더불어 탐색적 데이터 분석에서 많이 사용되는 시각화 방법은 **상**

자그림(box plot) 또는 **상자수염그림**(box-and-whisker plot)이라 불리는 그림이다. 다섯 개의 수치(최솟값, 제1 사분위수, 중앙값, 제3 사분위수, 최댓값)를 이용하여 데이터 전체를 요약하는 것을 **다섯수치요약**(five-number summary)이라 한다. 다섯 수치요약에 사용되는 R 함수는 이미 학습한 quantile( )과 summary( ) 이외에도 **fivenum( )**이 있다. 상자그림은 바로 이 다섯수치요약을 이용해 데이터를 시각화하는 방법으로 데이터 분포의 꼬리 부분의 설명에 관심이 많다. 특히 데이터에 포함된 이상점을 파악하는 데 매우 유용하다. 상자그림을 작성하는 방법은 다음과 같으며 완성된 상자그림의 각 항목들을 요약하면 〈그림 2-11〉과 같다.

● 상자그림의 작성 방법

1. Q_1과 Q_3의 값을 이용해 상자를 그리고 상자 안의 중앙값 위치에 선을 추가한다.
2. Q_1과 Q_3으로부터 1.5 × IQR만큼 떨어진 **안 울타리**(inner fence)의 하한과 상한을 계산하며 이 값은 이상점의 판단에만 사용되며 상자그림에는 표시되지 않는다.

$$\text{안 울타리} = (Q_1 - 1.5 \times \text{IQR},\ \ Q_3 + 1.5 \times \text{IQR})$$

3. 안 울타리 안에 있는 데이터들의 최솟값과 최댓값을 **인접값**(adjacent value)이라 부르는데 그 이유는 이들 값들이 안 울타리 하한이나 상한에 가장 가까운 값이기 때문이다.
4. 각 인접값의 위치에도 선을 긋고 상자의 양 끝에서 인접값까지 선으로 연결한다. 이 연결선을 **수염**(whisper)이라 부르며 이런 이유로 상자그림을 상자수염그림이라 부르기도 한다.
5. 안 울타리를 벗어나는 데이터는 이상점으로 간주하고 이를 동그란 점으로 나타낸다.

상자그림을 작성하는 R 함수는 **boxplot( )**이며 디폴트로 상자그림은 수직으로 작성된다. 만약 상자그림을 눕혀서 수평으로 작성하고 싶으면 **horizontal** 인수를 TRUE로 설정하면 된다. 또한, boxplot.stats( )를 이용하여 상자그림을 작성하는 데 필요한 통계량들을 참고할 수 있다. [보기 2-13]은 이 함수들을 사용한 예이다.

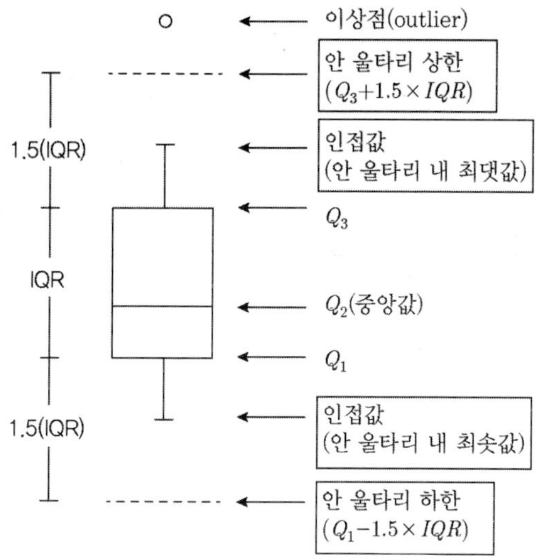

그림 2-11 상자그림의 작성 방법 및 형태

보기 2-13

```
> sort(cars$dist)                          # 오름차순으로 정렬한 데이터
 [1]   2   4  10  10  14  16  17  18  20  20  22  24  26  26  26
( 중간 생략) ....
[46]  84  85  92  93 120
> fivenum(cars$dist)                       # 다섯수치요약
[1]   2  26  36  56 120
> boxplot(cars$dist)                       # <그림 2-12> 디폴트 상자그림
> boxplot(cars$dist, horizontal = T)       # <그림 2-13> 수평으로 누운 상자그림
> boxplot.stats(cars$dist)                 # 상자그림에 대한 주요 통계량
$stats
[1]  2 26 36 56 93
$n
[1] 50
$conf
[1] 29.29663 42.70337
$out
[1] 120
```

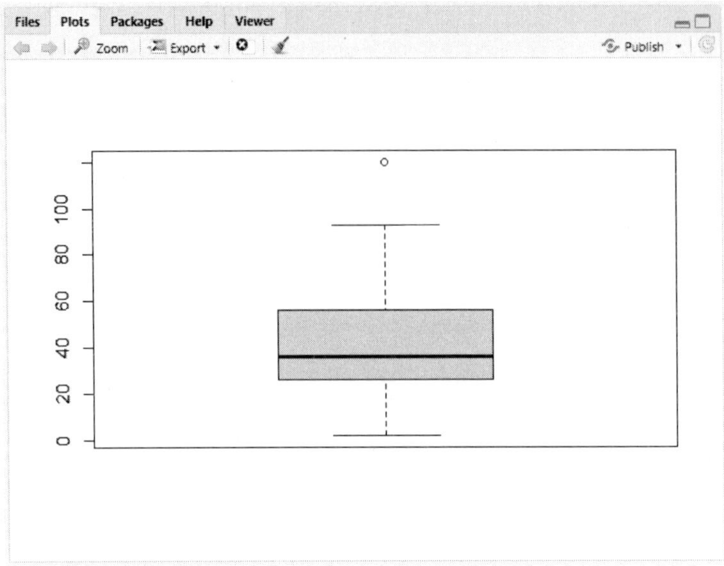

그림 2-12 디폴트로 작성된 상자그림

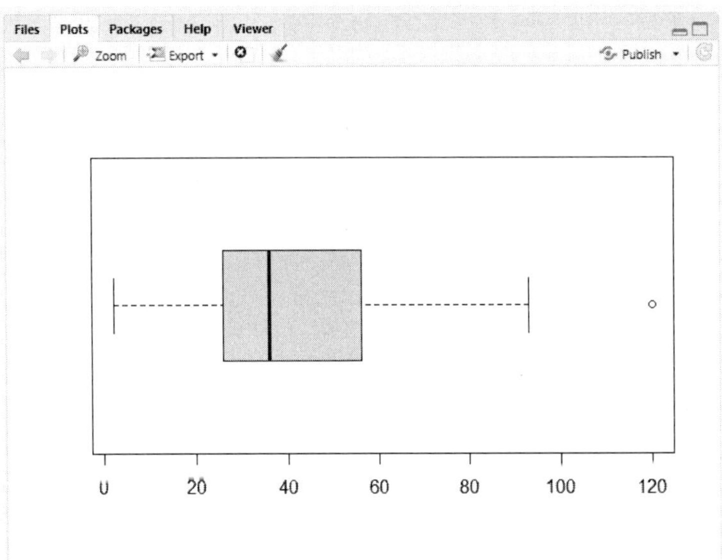

그림 2-13 "horizontal=T" 사용으로 수평으로 누운 상자그림

boxplot.stats( ) 함수의 결과의 $stats은 작은 인접값, 제1 사분위수, 중앙값, 제3 사분위수, 큰 인접값이 순서대로 출력된다. $n에는 데이터의 개수, $conf에는 중앙값에 대한 95% 신뢰구간, $out에는 이상점이 출력된다.

보기 2-14

```
> fence=function(x){               # 사용자정의함수의 작성 시작
+    f5=fivenum(x)                 # 다섯수치요약
+    lo=f5[2]-1.5*IQR(x)           # 안 울타리의 하한
+    up=f5[4]+1.5*IQR(x)           # 안 울타리의 상한
+    return(c(lo,up))              # 안 울타리의 하한과 상한을 반환
+ }                                # 사용자정의함수의 작성 끝
> fence(cars$dist)                 # 작성된 함수의 사용
[1] -19 101
```

[보기 2-14]에서는 안 울타리의 하한과 상한을 계산하는 사용자정의함수를 작성하고 이 함수를 이용해 [보기 2-13]에서 사용했던 cars$dist의 하한과 상한이 각각 -19와 101임을 계산하였다. 따라서 상한 101을 넘는 데이터인 120이 이상점으로 $out에 출력된 것이다.

보기 2-15

```
> boxplot(cars$dist, horizontal = T,     # <그림 2-14>, 수평 상자그림 작성
    xlab="정지거리")
> x=fivenum(cars$dist)                   # 다섯수치요약의 값을 담은 벡터
> text(x,0.65, labels=x)                 # 좌표 (x, 0.65) 위치에 x값 기록
> boxplot(cars$dist, ylab="정지거리")     # <그림 2-15>, 수직 상자그림 작성
> text(1.3, x, labels=x)                 # 좌표 (1.3, x) 위치에 x값 기록
```

[보기 2-15]에서는 상자그림과 같은 그래픽 개체의 내부에 텍스트를 추가하는 **text( ) 함수**를 이용해 다섯수치요약의 값을 상자그림 안에 삽입한 예를 보여주고 있다. 〈그림 2-14〉의 수평 상자그림에서는 5개의 수치가 x좌표로 사용되며 y좌표는 0.65가 반복 적용되었다. 상자그림의 중심을 가로지르는 수평선의 y좌표 값이 1임을 상기하면 y좌표의 값이 0.65인 이유는 알 수 있을 것이다.

〈그림 2-15〉의 수직 상자그림에서는 5개의 수치가 y좌표로 사용되며 x좌표는 1.3이 5번 반복적으로 적용되었다. 이번에는 상자그림의 중심을 가로지르는 수직

선의 x좌표 값이 1이다. 따라서 x좌표의 값으로 1.3이 사용된 이유를 짐작할 수 있을 것이다.

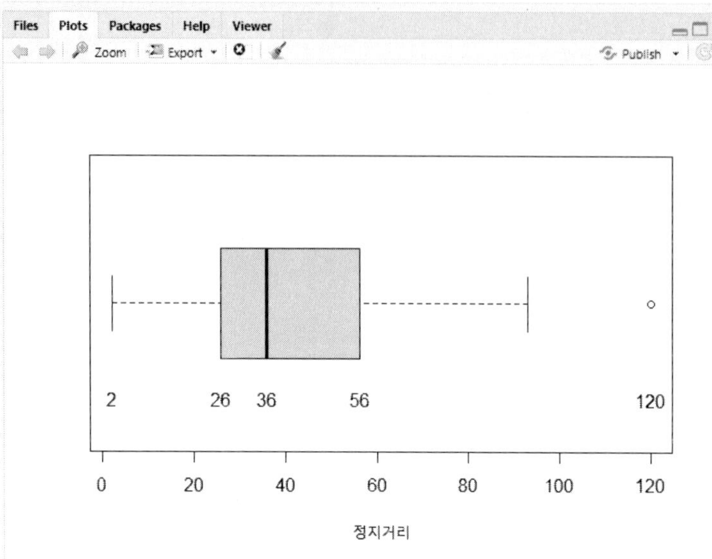

그림 2-14 다섯 수치요약을 텍스트로 추가한 수평 상자그림

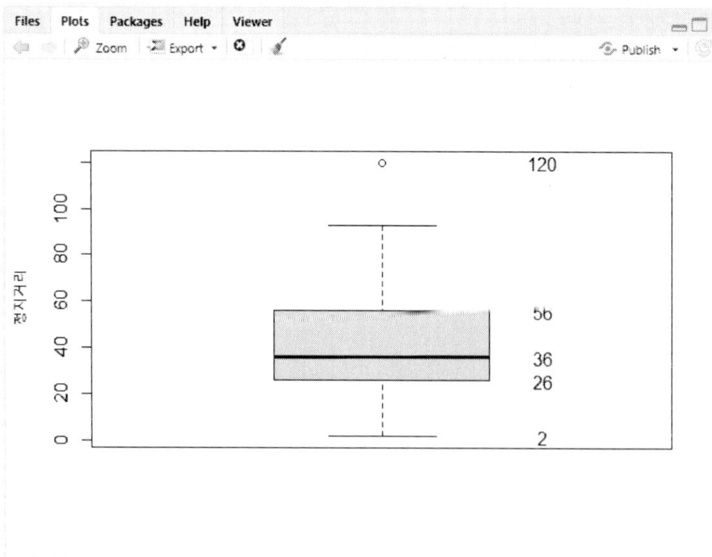

그림 2-15 다섯 수치요약을 텍스트로 추가한 수직 상자그림

이상점을 조금 더 구체적으로 나누어 다루는 경우도 있다. 안 울타리를 정의하기 위해 사용했던 1.5 × IQR 대신 그 값의 2배인 3 × IQR을 이용해 **바깥 울타리(outer fence)**를 정의하기도 한다. 즉, 바깥 울타리는 (Q_1 − 3 × IQR, Q_3 + 3 × IQR)과 같다. 안 울타리는 벗어났지만, 바깥 울타리 안쪽에 위치한 이상점은 **약한 이상점(mild outlier)**이라 부르고 바깥 울타리도 벗어난 이상점은 **심한 이상점(extreme outlier)**이라 부른다.

2.4 그룹별 데이터의 요약

데이터분석의 과정에서 많은 경우에 그룹별로 나누어서 요약통계량들을 작성하는 것이 자주 요구된다. 또한 그룹별로 어떤 변수의 값에 대한 상자그림을 그려서 그룹별로 비교하는 것이 효과적인 경우도 있다. 이번 절에서는 이런 문제들에 대해 학습하자.

2.4.1 집단별로 요약 통계량 계산하기

그룹별로 평균이나 분산 등의 요약통계량을 여러 변수에 대해 한꺼번에 계산해야 하는 작업을 **집계(aggregation)**라고 부르며 R의 aggregate( ) 함수를 이용하면 쉽게 작업할 수 있다. aggregate( ) 함수는 〈표 2-6〉과 같이 두 가지 유형으로 사용된다. 자신이 사용하려는 유형에 따라 편한 방법을 사용하면 된다.

표 2-6 aggregate( ) 함수의 사용법

사용형식	aggregate(formula, data, FUN, subset) aggregate(x, by, FUN, subset)
기능	그룹별로 나누어 집계함수 FUN의 값을 계산함
인수설명	• formula: 집계 대상인 변수(y)와 그룹변수(grp) 변수 사이의 관계식으로 y~grp와 같은 형태임 • data: 데이터프레임 • x: 집계의 대상인 데이터프레임 • by: 그룹으로 나누는 변수(들)로 반드시 list여야 함 • FUN: 집계에 사용할 함수 • subset : 조건에 해당하는 부분집합에 대해 적용할 때 사용

[보기 2-16]에서는 두 가지 유형이 모두 사용되었다. 변수들 사이의 관계식을 이용하는 유형인 ①과 ②의 경우는 데이터프레임의 이름이 data에 지정되었기 때문에 관계식에선 데이터프레임의 이름은 생략하고 변수명만 사용하면 된다. ②의 관계식에 사용된 마침표(.)는 ~ 다음에 나온 그룹변수를 제외한 나머지 모든 변수를 의미한다.

③과 ④의 경우처럼 by를 이용하는 유형에서는 by 다음에 여러 개의 변수를 사용할 수도 있다. ③에서는 변속기 유형을 나타내는 am(0=자동, 1=수동)과 실린더의 개수를 나타내는 cyl(4, 6, 8)의 조합인 6가지 경우에 대해 나머지 변수들에 대한 집계가 이루어진다. ④의 경우는 ⑤와 같이 사용하여도 같은 결과를 얻는다.

보기 2-16

```
> aggregate(mpg~cyl, data=mtcars, FUN=mean)                          # ①
  cyl      mpg
1   4 26.66364
2   6 19.74286
3   8 15.10000
> aggregate(.~gear, data=mtcars, FUN=max)                            # ②
  gear  mpg cyl  disp  hp drat    wt  qsec vs am carb
1    3 21.5   8 472.0 245 3.73 5.424 20.22  1  0    4
2    4 33.9   6 167.6 123 4.93 3.440 22.90  1  1    4
3    5 30.4   8 351.0 335 4.43 3.570 16.90  1  1    8
> aggregate(mtcars, by=list(mtcars$am,mtcars$cyl), FUN=min)          # ③
  Group.1 Group.2  mpg cyl  disp  hp drat    wt  qsec vs am gear carb
1       0       4 21.5   4 120.1  62 3.69 2.465 20.00  1  0    3    1
2       1       4 21.4   4  71.1  52 3.77 1.513 16.70  0  1    4    1
3       0       6 17.8   6 167.6 105 2.76 3.215 18.30  1  0    3    1
4       1       6 19.7   6 145.0 110 3.62 2.620 15.50  0  1    4    4
5       0       8 10.4   8 275.8 150 2.76 3.435 15.41  0  0    3    2
6       1       8 15.0   8 301.0 264 3.54 3.170 14.50  0  1
> aggregate(iris[,-5], by=list(iris[,5]), FUN=min)                   # ④
     Group.1 Sepal.Length Sepal.Width Petal.Length Petal.Width
1     setosa          4.3         2.3          1.0         0.1
2 versicolor          4.9         2.0          3.0         1.0
```

```
3     virginica          4.9          2.2          4.5          1.4
> aggregate(.~Species, data=iris, FUN=min)                      # ⑤
```

2.4.2 집단별로 상자그림 함께 그리기

원래 상자그림은 여러 개의 변수에 대한 상자그림을 동시에 그려 비교하는 것이 더 의미가 있다. 그룹별로 여러 개의 상자그림을 하나의 차트에 작성하려면 aggregate( ) 함수에서 사용했던 방식과 같이 관계식을 이용하면 된다. 즉, "상자그림을 그릴 변수~그룹변수"와 같이 인수에 관계식을 적는다. 물론 그룹의 개수가 많지 않을 때는 대상 변수들을 모두 인수에 적으면 되지만 그룹의 개수가 많을 때는 관계식을 이용하는 것이 훨씬 효과적이다.

보기 2-17

```
> boxplot(mpg~cyl, data=mtcars,                         # col에 번호 사용
        col=2:4, main="기통수별 연비의 상자그림")
> str(InsectSprays)                                     # InsectSprays의 구조 확인
'data.frame':       72 obs. of  2 variables:
 $ count: num  10 7 20 14 14 12 10 23 17 20 ...
 $ spray: Factor w/ 6 levels "A","B","C","D",..: 1 1 1 1 1 1 1 1 1 1 ...
> boxplot(count~spray, data=InsectSprays,               # col에 무지개색 사용
+         col=rainbow(6), main="스프레이 종류별 효과")
```

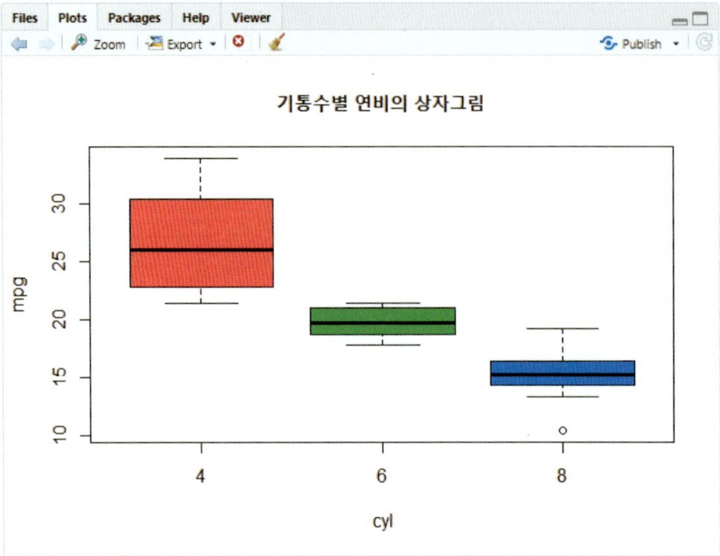

그림 2-16 실린더의 개수에 따른 연비의 상자그림

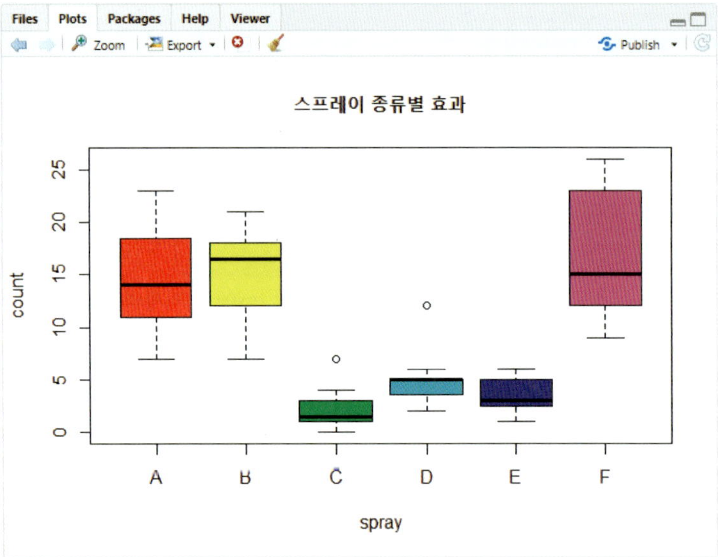

그림 2-17 실린더의 개수에 따른 연비의 상자그림

[보기 2-17]의 첫 번째 boxplot( )에서 col 속성에 2부터 4까지 번호를 사용하였다. 일반적으로 col 속성에는 색상의 이름을 따옴표 안에 전달한다. 그러나 이 예제처럼 시스템에서 내부적으로 미리 지정된 번호를 이용할 수도 있다. 〈그림

2-16〉의 상자그림에 나타난 색상과 같이 2번은 red, 3번은 green, 4번은 blue에 해당된다. 두 번째 boxplot( )에서는 col 속성에 무지개 색상을 담고 있는 팔레트를 이용하였다. 이는 rainbow( )의 인수에 색상의 가지 수를 지정하면 된다.

〈그림 2-16〉이나 〈그림 2-17〉과 같이 여러 개의 상자그림이 모여 있으면 그룹(변수) 간의 비교가 훨씬 직관적으로 이루어질 수 있다. 가장 먼저 상자의 중앙에 진하게 표시된 중앙값의 위치를 통해 대푯값(중심위치)을 비교한다. 다음으로 이상점이 있는지를 살펴보고 산포의 크기를 비교하기 위해 IQR(상자의 길이)이나 범위 등도 살펴보아야 한다.

2.5 밀도함수의 추정

데이터로부터 이 데이터 나온 모집단의 밀도함수를 추정하는 분야를 **밀도함수추정(density estimation)**이라 한다. 비교적 최근에 많은 발전을 이루었으며 이론적으로 상당히 어려운 분야이다. 그러나 R의 **density( ) 함수**를 이용하면 쉽게 그 결과를 이용할 수 있다. 일반적으로 작성된 히스토그램에 추정된 밀도함수의 그래프를 함께 그리면 모집단의 분포에 대해 이해하는 데 많은 도움이 된다. [보기 2-18]은 〈그림 2-2〉와 유사한 차트를 얻는 과정을 보여준다. 디폴트 히스토그램은 빈도수를 이용해 막대를 결정하므로 추정된 밀도함수를 히스토그램에 추가하려면 히스토그램의 높이도 밀도가 되도록 **probability=T**(또는 freq=F와 동일) 옵션을 사용해야 한다. 이미 존재하는 차트에 선을 추가하는 **lines( ) 함수**를 이용해 추정된 밀도함수를 추가한다. 이때 추가된 밀도함수가 두껍게 표시되도록 선의 두께(line width)를 지정하는 lwd 옵션에 3(디폴트는 1)을 지정하였다.

보기 2-18

```
> hist(cars$dist, freq=F, breaks=20, col="skyblue")
> lines(density(cars$dist), col="blue", lwd=3)
```

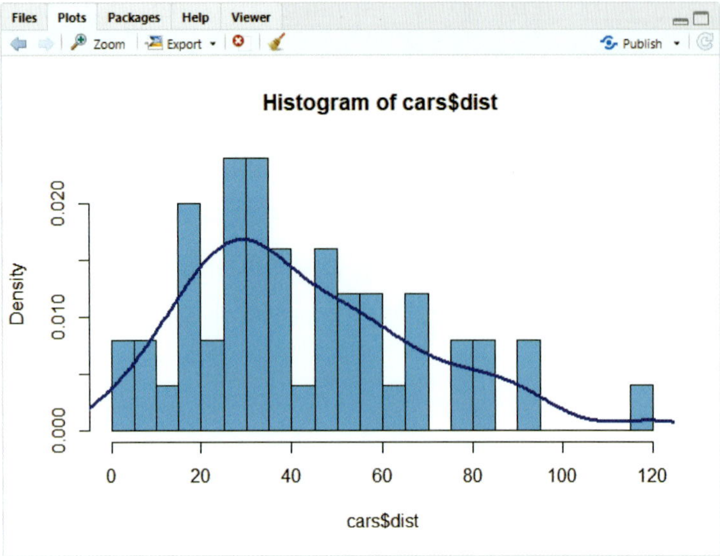

그림 2-18 히스토그램에 추정된 밀도함수를 추가한 차트

연습문제

1. 다음과 같은 값을 가지는 벡터에서 중심경향을 나타내는 측도인 대푯값들(평균, 중앙값, 10% 절사평균)을 구해보고 그 결과들을 비교해 설명해 보라.

1) 1, 2, 3, …, 100
2) 1, 2, 3, …, 10, 999
3) rep(1:10, 10:1)
4) c(rep(1:10, 1:10), 333)

2. 문제 1의 각 벡터들에 대해 산포의 측도인 범위, IQR, 분산, 표준편차, MAD 등을 구해보고 그 결과들을 비교해 설명해 보라.

3. R에 내장된 데이터 세트 trees를 이용해 다음 물음에 답하라.

1) trees의 구조를 알아보라.
2) trees의 모든 변수에 대해 기초통계량들을 한꺼번에 출력하라. (힌트: "psych" 패키지의 describe( ) 함수를 이용하라)
3) trees의 모든 변수에 대해 (30%, 60%, 80%) 분위수들을 구하라. (힌트: quantile( ) 함수를 이용하라)
4) trees의 모든 변수에 대해 히스토그램을 작성하라.
5) trees의 모든 변수에 대해 줄기-잎 전시를 작성하라. (힌트: 변수별로 scale 옵션을 조절해 보기 좋은 줄기-잎 전시가 되도록 조정하라)
6) 4)의 히스토그램 각각에 밀도함수를 추정해 추가하라. (힌트: 밀도함수와 동시에 표시하려면 히스토그램에 freq=F 옵션을 사용해야 하며 lines( )와 density( )를 이용한다)
7) trees의 모든 변수에 대해 상자그림을 작성하라.
8) trees의 모든 변수에 대한 상자그림과 관련된 통계량들을 출력하라. (힌트: boxplot.stats( ) 함수를 이용한다.)

9) trees의 모든 변수에 대해 안 울타리의 하한과 상한을 구하라. (힌트: [보기 2-14]의 fence( ) 함수를 이용한다.)

4. R에 내장된 데이터 세트 iris를 이용해 다음 물음에 답하라.

1) iris의 구조를 알아보라.
2) Factor형인 iris의 5번째 변수에 대한 도수분포표를 작성하라. (힌트: table( ) 함수를 이용하거나 "descr" 패키지의 freq( ) 함수를 이용하라)
3) iris 데이터프레임에서 5번째 변수만 제외한 새로운 데이터프레임 iris4를 만들고 이에 대한 구조를 확인하라. (힌트: iris4=iris[, −5])
4) iris4의 모든 변수에 대해 기초통계량들을 한꺼번에 출력하라. (힌트: "psych" 패키지의 describe( ) 함수를 이용하라)
5) iris4의 모든 변수에 대해 (11%, 77%, 89%) 분위수들을 구하라.
6) iris4의 모든 변수에 대해 히스토그램을 작성하라.
7) iris4의 모든 변수에 대해 줄기-잎 전시를 작성하라. (힌트: 변수별로 scale 옵션을 조절해 보기 좋은 줄기-잎 전시가 되도록 조정하라)
8) 6)의 히스토그램 각각에 밀도함수를 추정해 추가하라. (힌트: 밀도함수를 추가하려면 히스토그램에 freq=F 옵션을 사용해야 하며 lines( )와 density( )를 이용한다)
9) iris4의 모든 변수에 대해 상자그림을 작성하라.
10) iris4의 모든 변수에 대한 상자그림을 위한 통계량들을 출력하라. (힌트: boxplot.stats( )함수를 이용한다.)
11) iris4의 모든 변수에 대해 안 울타리의 하한과 상한을 구하라. (힌트: [보기 2-14]의 fence( ) 함수를 이용한다.)
12) iris 데이터프레임에서 5번째 변수의 값(붓꽃의 종류)에 따라 앞의 4개 변수에 대한 평균을 각각 구하라. (힌트: aggregate( ) 함수를 이용하라)
13) iris 데이터프레임에서 5번째 변수의 값(붓꽃의 종류)에 따라 앞의 4개 변수에 대한 표준편차를 각각 구하라. (힌트: aggregate( ) 함수를 이용하라)
14) iris 데이터프레임에서 5번째 변수의 값(붓꽃의 종류)에 따른 앞의 4개 변수에 대한 상자그림을 각각 작성하라. (힌트: boxplot(iris[,1]~iris[,5], data=iris, ...)와 같은 형식)

5. "reshape2" 패키지 안에 포함된 데이터 세트 tips를 이용해 다음 물음에 답하라.

1) 패키지를 설치하고 로딩한 후 tips의 구조를 알아보라.
2) Factor형인 day 변수에 대한 도수분포표를 작성하라. (힌트: table( ) 함수를 이용하거나 "descr" 패키지의 freq( ) 함수를 이용하라)
3) tips에서 수치형 변수인 첫 번째와 두 번째 변수만으로 부분 데이터프레임 tips2를 만들고 이에 대한 구조를 확인하라. (힌트: tips2=tips[, 1:2])
4) tips2의 모든 변수에 대해 기초통계량들을 한꺼번에 출력하라. (힌트: "psych" 패키지의 describe( ) 함수를 이용하라)
5) tips2의 모든 변수들에 대해 (30%, 60%, 80%) 분위수들을 구하라.
6) tips2의 모든 변수들에 대해 히스토그램을 작성하라.
7) tips2의 모든 변수들에 대해 줄기-잎 전시를 작성하라. (힌트: 변수별로 scale 옵션을 조절해 보기 좋은 줄기-잎 전시가 되도록 조정하라)
8) 6)의 히스토그램 각각에 밀도함수를 추정해 추가하라. (힌트: 밀도함수와 같이 그리려면 히스토그램에 freq=F 옵션을 사용해야 하며 lines( )와 density( )를 이용한다.)
9) tips2의 모든 변수에 대해 상자그림을 작성하라.
10) tips2의 모든 변수에 대한 상자그림을 위한 통계량들을 출력하라.(힌트: boxplot.stats( )함수를 이용한다.)
11) tips2의 모든 변수에 대해 안 울타리의 하한과 상한을 구하라. (힌트: [보기 2-14]의 fence( ) 함수를 이용한다.)
12) tips 데이터프레임에서 day 변수의 값에 따라 tip 변수에 대한 20% 절사평균을 구하라. (힌트: aggregate( ) 함수를 이용하기 위해서는 20% 절사평균을 구하는 사용자정의함수를 따로 작성하여야 한다.)
13) tips 데이터프레임에서 day 변수의 값에 따라 tip 변수에 대한 MAD를 구하라. (힌트: aggregate( ) 함수를 이용하라)
14) tips 데이터프레임에서 day 변수의 값에 따라 tip 변수에 대한 상자그림을 작성하라.

3장

확률분포와 R의 활용

데이터분석에서 사용되는 많은 방법들은 통계학의 다양한 개념들을 바탕으로 하고 있다. 또한 활용되는 통계적 개념들은 확률과 확률분포에 대한 기본적인 이해로부터 시작하게 된다. 이번 장에서는 데이터분석과 관련하여 이해가 필요한 통계적 개념들과 이를 위해 필요한 확률분포와 관련된 최소한의 내용만을 간단히 정리하려고 한다.

3.1 확률변수와 확률분포

어떤 시행에서 모든 가능한 결과들의 집합을 **표본공간(sample space)**이라 하며 흔히 S라는 기호를 사용한다. 표본공간 S의 임의의 부분집합을 **사건(event, 또는 사상)**이라고 한다. 이제 S의 원소인 s가 실수 x와 연관될 수 있는 규칙을 알아보기 위해 다음의 간단한 예를 살펴보자.

예제 3-1

동전 1개를 던져서 나오는 결과를 관측하는 실험에서 표본공간은 $S=\{뒷면,\ 앞면\}$ 이며 그 확률은

$$\Pr(뒷면) = \Pr(앞면) = \frac{1}{2}$$

로 주어진다. 이때, X을 $X(뒷면)=0$ 그리고 $X(앞면)=1$ 과 같이 S 위에서 정의되는 함수라고 하면 '$X=0$'과 '$X=1$'에 대응되는 확률은 (1/2)이라고 할 수 있다. 이 경우 X는 표본공간 S을 정의역으로, 실수 집합 $\{x \mid x=0,\ 1\}$을 치역으로 하는 실수값 함수(real valued function)이다.

일반적으로 표본공간에서 정의된 실수값 함수(real valued function)를 **확률변수(random variable)**라고 한다. 즉, 확률변수 X는 $X : S \rightarrow \mathbb{R}$와 같이 함수 표현이 가능하다. 확률변수는 실수인 값을 갖는 함수임에 유의해야 한다. 앞으로 우리가 다룰 확률변수들 중에는 시행을 마치고 성공한 횟수나 첫 번째 성공할 때까지 총 시행횟수와 같이 실수인 값을 갖는 다양한 경우들을 만나게 될 것이다. 확률변

수는 표본공간 위의 확률을 수직선 위의 확률에 대응시켜준다. 즉, 표본공간 S와 그 위에 주어진 확률이 함수 X에 의하여 수직선과 수직선 위의 확률에 대응하는 것이다. 이때 수직선의 부분집합 A에 대해 확률 $\Pr(X \in A)$을 대응시켜 주는 관계를 X의 **확률분포(probability distribution)** 또는 간단히 **분포(distribution)**라고 한다.

> **정의 3-1 확률변수(random variable)와 확률분포(probability distribution)**
>
> 표본공간에서 정의된 실수값을 갖는 함수를 확률변수(random variable)라고 한다. 즉, 확률변수 X는 $X : S \to \mathbb{R}$와 같이 함수 표현이 가능하며 $\mathbb{R}$의 부분집합 A에 대해 확률 $\Pr(X \in A)$을 대응시켜 주는 관계를 X의 확률분포 또는 간단히 분포라고 한다.

확률변수는 그것이 취할 수 있는 값들이 하나, 둘, 셋과 같이 셀 수 있느냐 없느냐에 따라 이산형(discrete type)과 연속형(continuous type)으로 구분한다. 유한(finite)개이거나 세는 것이 가능한(countable) 값을 갖는 확률변수들을 일컬어 **이산형 확률변수(discrete random variable)**라고 하며, 적절한 구간 내의 모든 값을 취할 수 있는 확률변수를 **연속형 확률변수(continuous random variable)**라고 한다.

3.1.1 이산형 확률변수의 확률질량함수(probability mass function)

이산형 확률변수 X의 값 $x_1, x_2, x_3, \cdots$의 각각에 대해 확률 $\Pr(X = x_1)$, $\Pr(X = x_2)$, $\Pr(X = x_3), \cdots$을 대응시켜 주는 관계를 X의 **확률질량함수(probability mass function; pmf)**라고 한다. 이산형 확률변수 X의 pmf f는 $f(x_j) = \Pr(X = x_j)$로 정의되며 X가 x_j값을 가질 확률이다. 따라서 그 각각의 확률값은 0과 1 사이의 값을 취하며 그 총합은 1이 된다. 이를 정리하면 다음과 같다.

> **정리 3-1 이산형 확률변수의 pmf(확률질량함수)의 성질**
>
> 이산형 확률변수 X의 pmf $f(x_j) = \Pr(X = x_j)$에 대하여 다음이 성립한다.
>
> 1) $0 \le f(x_j) \le 1, \quad \sum_{\text{모든 } x_j} f(x_j) = 1$

2) $P(a < X \leq b) = \sum_{a < x_j \leq b} f(x_j)$ (등호(=)가 있는 경우와 없는 경우에 값이 달라짐)

다음으로 이산형 확률변수의 **누적분포함수**(cumulative distribution function; cdf) $F(x)$는 다음과 같이 정의한다.

$$F(x) = \Pr(X \leq x).$$

즉, $F(x)$는 확률변수 X가 x보다 작거나 같은 값을 가질 확률을 나타낸다.

R의 분포관련 모든 함수에는 pmf의 값을 계산하는 "d-( )" 유형과 cdf의 값을 계산하는 "p-( )" 유형이 있다. "-"부분에는 분포의 이름이 온다. 특히, cdf의 값을 계산하는 "p-( )"유형이 매우 유용하게 이용되는데 이에 대해서는 뒤에서 상세히 설명하겠다.

3.1.2 연속형 확률변수의 확률밀도함수(probability density function)

확률변수 X가 가질 수 있는 값이 하나씩 셀 수 없는 경우로 어떤 구간 안에 있는 모든 값을 취할 수 있는 경우에 X는 연속형 확률변수라 부른다. 연속형 확률변수 X에 관한 확률은 다음을 만족하는 함수 $f(x)$에 의해 결정된다. 이 $f(x)$를 연속형 확률변수 X의 **확률밀도함수**(probability density function; pdf)라고 부른다.

정리 3-2 연속형 확률변수의 pdf(확률밀도함수)의 성질

연속형 확률변수 X에 대해 다음을 만족하는 $f(x)$을 X에 대한 pdf(확률밀도함수)라고 한다.

1) 모든 x에 대해 $f(x) \geq 0$, $\int_{-\infty}^{\infty} f(x)dx = 1$

2) $\Pr(a \leq X \leq b) = \int_a^b f(x)dx$, $(-\infty \leq a < b \leq \infty)$

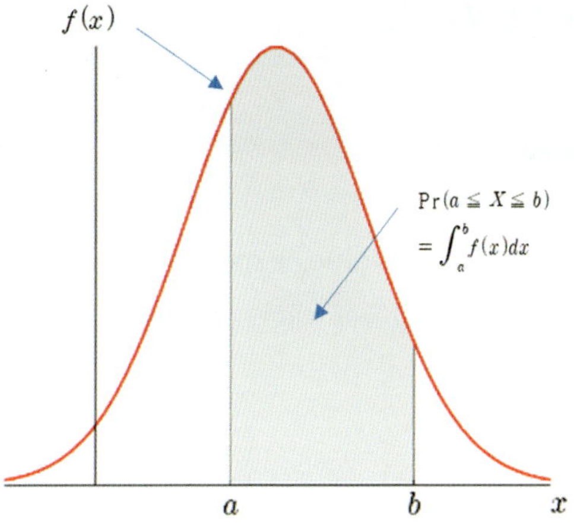

그림 3-1 연속형 확률변수의 pdf와 확률

연속형 확률변수의 확률 $\Pr(a \leqq X \leqq b)$은 pdf를 구간 $[a, b]$에서 적분해서 얻는다. 이는 〈그림 3-1〉에서 음영으로 표시된 영역의 면적이다. 연속형 확률변수의 경우에는 임의의 상수 c에 대해

$$\Pr(X=c)=\int_c^c f(x)dx=0$$

이 성립한다. 즉, 한 점에서의 확률은 0이기 때문에 다음도 성립한다.

$$\Pr(a \leqq X \leqq b)=\Pr(a \leqq X < b)=\Pr(a < X \leqq b)=\Pr(a < X < b).$$

연속형 확률변수의 누적분포함수(cumulative distribution function; cdf) $F(x)$는 이산형인 경우와 정의는 동일하나 적분에 의해 다음과 같이 계산된다.

$$F(x)=\Pr(X \leqq x)=\int_{-\infty}^{x} f(t)dt.$$

3.2 확률변수의 기댓값

3.2.1 기댓값의 정의

확률변수 X 의 기댓값(expected value, expectation)은 X 가 가지는 확률분포의 값을 가중치로 사용하여 X 의 값들에 대한 가중평균을 구한 것이다. 이산형 확률변수인 경우에

$$\sum_{j=1}^{\infty} x_j f(x_j) = x_1 \Pr(X = x_1) + x_2 \Pr(X = x_2) + \cdots$$

을 이산형 **확률변수 X 의 평균**(mean) 또는 **기댓값**(expected value, expectation)이라 하고 기호로 $E(X)$ 또는 μ 로 나타낸다. 만약 확률변수 X 가 연속형인 경우라면

$$E(X) = \int_{-\infty}^{\infty} x f(x) dx$$

을 연속형 확률변수 X 의 평균 또는 기댓값이라 한다. 이들을 정리하면 다음과 같다.

정리 3-3 확률변수의 기댓값(평균)

확률변수 X 의 pdf(or pmf)가 $f(x)$ 라 할 때,

$$\mu = \mu_X = E(X) = \begin{cases} \sum_{j=1}^{\infty} x_j f(x_j), & (\text{이산형}) \\ \int_{-\infty}^{\infty} x f(x) dx, & (\text{연속형}) \end{cases}$$

예제 3-2 이산형 균일분포

이산형인 확률변수 X 가 1부터 n 까지 정수인 값을 취하며 모든 확률이 동일한 분포를 **이산형 균일분포**(discrete uniform distribution)라 한다. 이 경우 pmf는

$$f(x) = \begin{cases} \dfrac{1}{n}, & x = 1, 2, \cdots, n\text{일 때} \\ 0, & x\text{의 다른 값} \end{cases}$$

와 같다. $E(X)$를 구하라.

|풀이| $$E(X)=\sum_{x=1}^{n}x\,f(x)=\sum_{x=1}^{n}x\frac{1}{n}=\frac{1}{n}\sum_{x=1}^{n}x=\frac{1}{n}\frac{n(n+1)}{2}=\frac{(n+1)}{2}$$

예제 3-3 **연속형 균일분포**

연속형인 확률변수 X가 다음과 같이 구간 (a, b)에서 균일한 분포를 **연속형 균일분포**(continuous uniform distribution)라 한다. 이 경우 pdf는

$$f(x)=\begin{cases}\dfrac{1}{b-a} & ,\ a<x<b\\ 0 & ,\ x\text{의 다른 값}\end{cases}$$

와 같다. $E(X)$를 구하라.

|풀이| $$E(X)=\int_a^b x\,f(x)dx=\int_a^b x\frac{dx}{b-a}$$

$$=\frac{1}{b-a}\int_a^b x\,dx=\frac{1}{b-a}\left[\frac{x^2}{2}\right]_a^b$$

$$=\frac{1}{b-a}\frac{(b^2-a^2)}{2}=\frac{1}{b-a}\frac{(b-a)(b+a)}{2}=\frac{a+b}{2}$$

확률변수 X의 함수 $h(X)$도 확률변수이므로 기댓값을 정의할 수 있으며 다음과 같은 사실은 매우 유용하게 이용될 수 있다.

정리 3-4 **확률변수의 함수에 대한 기댓값**

확률변수 X의 pdf(or pmf)가 $f(x)$라 할 때,

$$E\{h(X)\}=\begin{cases}\displaystyle\sum_{j=1}^{\infty}h(x_j)\,f(x_j) & (\text{이산형})\\ \displaystyle\int_{-\infty}^{\infty}h(x)f(x)dx & (\text{연속형})\end{cases}$$

3.2.2 기댓값의 성질과 분산

확률변수 X의 기댓값 $E(X)$을 이미 알고 있을 때 다음 성질들을 잘 활용하면 X의 선형함수나 함수 $h(X)$와 이들의 선형결합에 대한 기댓값을 편하게 계산할 수 있다.

> **정리 3-5 기댓값의 성질**
>
> 확률변수 X, X의 함수들인 $h_1(X)$과 $h_2(X)$, 그리고 상수 c, d에 대해 다음이 성립한다.
>
> 1) $E(cX+d) = cE(X)+d$
>
> 2) $E[ch_1(X)+dh_2(X)] = cE[h_1(X)] + dE[h_2(X)]$

이산형 확률변수인 경우에 위 성질의 증명은 Σ의 성질로부터 성립함을 쉽게 보일 수 있다. 또한 연속형 확률변수인 경우에도 정적분의 성질로부터 간단히 증명할 수 있다. 이는 연습문제로 남겨둔다.

확률변수 X의 기댓값 $\mu = E(X)$은 분포의 중심위치를 나타낸다. 이제 확률변수 X의 값들이 μ로부터 얼마나 흩어져 있는가를 가늠하는 측도인 X의 **분산**(variance) $Var(X)$과 **표준편차**(standard deviation) $sd(X)$의 정의에 대해 알아보자.

> **정의 3-2 분산과 표준편차의 정의**
>
> 확률변수 X의 기댓값을 $\mu = E(X)$라고 할 때, 확률변수 X의 분산(variance) $Var(X)$와 표준편차 $sd(X)$는 각각 다음과 같이 정의한다.
>
> $$Var(X) = E\{(X-\mu)^2\} = \begin{cases} \sum_{x_i}(x_i-\mu)^2 f(x_i)\ , & (\text{이산형}) \\ \int_{-\infty}^{\infty}(x-\mu)^2 f(x)dx\ , & (\text{연속형}) \end{cases}$$
>
> $$sd(X) = \sqrt{Var(X)} = \sqrt{E\{(X-\mu)^2\}}$$

한편, 분산의 정의와 기댓값의 성질을 이용하면 다음과 같은 분산의 간편 계산법을 유도할 수 있다.

$$\begin{aligned} Var(X) &= E\{(X-\mu)^2\} = E(X^2 - 2\mu X + \mu^2) \\ &= E(X^2) - 2\mu E(X) + \mu^2 \\ &= E(X^2) - \mu^2 = E(X^2) - \{E(X)\}^2 \end{aligned}$$

정리 3-6 분산의 간편 계산법

$$Var(X) = E(X^2) - \{E(X)\}^2$$

또한, 분산의 정의로부터 다음과 같은 성질이 성립함을 보일 수도 있다. 이에 대한 증명은 연습문제로 남겨둔다.

정리 3-7 분산의 성질

상수 a, b에 대해 다음이 성립한다.

$$Var(aX+b) = a^2\, Var(X)$$

앞에서 다루었던 두 예제를 계속 이어서 분산을 계산해 보자.

예제 3-4 이산형 균일분포; [예제 3-2] 계속

확률변수 X가 1부터 n까지 정수인 값을 취하는 이산형 균일분포(discrete uniform distribution)를 따를 때 $Var(X)$을 구하라.

|풀이| [예제 3-2]에서 $E(X) = \frac{(n+1)}{2}$이다.

$$\begin{aligned} E(X^2) &= \sum_{x=1}^{n} x^2 f(x) = \sum_{x=1}^{n} x^2 \frac{1}{n} = \frac{1}{n}\sum_{x=1}^{n} x^2 \\ &= \frac{1}{n}\frac{n(n+1)(2n+1)}{6} = \frac{(n+1)(2n+1)}{6} \end{aligned}$$

$$\therefore \; Var(X) = E(X^2) - \{E(X)\}^2 = \frac{(n+1)(2n+1)}{6} - \frac{(n+1)^2}{4}$$

$$= \frac{(n+1)(n-1)}{12} = \frac{n^2-1}{12}$$

예제 3-5 **연속형 균일분포; [예제 3-3] 계속**

확률변수 X가 구간 (a, b)에서 연속형 균일분포(continuous uniform distribution)를 따를 때 $Var(X)$을 구하라.

|풀이| [예제 3-3]에서 $E(X) = \frac{a+b}{2}$이다.

$$E(X^2) = \int_a^b x^2 f(x)dx = \int_a^b x^2 \frac{dx}{b-a}$$

$$= \frac{1}{b-a}\int_a^b x^2 dx = \frac{1}{b-a}\left[\frac{x^3}{3}\right]_a^b = \frac{1}{b-a}\frac{(b^3-a^3)}{3}$$

$$= \frac{1}{b-a}\frac{(b-a)(b^2+ab+a^2)}{3} = \frac{a^2+ab+b^2}{3}$$

$$\therefore \; Var(X) = E(X^2) - \{E(X)\}^2 = \frac{a^2+ab+b^2}{3} - \frac{(a+b)^2}{4}$$

$$= \frac{a^2-2ab+b^2}{12} = \frac{(b-a)^2}{12}$$

3.3 대표적인 이산 확률분포

이번 절에서는 일반적인 통계적 추론이나 실제 현장에서 많이 활용되는 몇 가지 대표적인 이산 확률분포들에 대해 알아보고 R을 이용한 확률의 계산에 대해 다루려고 한다.

3.3.1 베르누이 분포와 이항분포

어떤 실험에서 나타나는 결과가 오직 두 가지만 가능한 시행을 **베르누이 시행**

(Bernoulli trial)이라고 한다. 예를 들어, 동전을 던지는 실험은 그 결과가 '앞면(H)' 또는 '뒷면(T)'인 베르누이 시행이며, 자격시험에 응시한 결과는 '합격' 또는 '불합격'이 되는 베르누이 시행이다. 베르누이 시행의 표본공간 $\{s\,(성공),\ f\,(실패)\}$에서 $X(s)=1$로, $X(f)=0$인 확률변수 X는 **베르누이 확률변수**라 한다. 만약 성공할 확률이 p라면 실패할 확률은 $(1-p)$이므로 베르누이 확률변수 X의 pmf는

$$f(x)=p^x(1-p)^{1-x},\ \ x=0,1$$

와 같다. 따라서

$$E(X)=1\cdot p+0\cdot(1-p)=p,\quad E(X^2)=1^2\cdot p+0^2\cdot(1-p)=p$$

이므로 X의 분산은 다음과 같다.

$$Var(X)=E(X^2)-\{E(X)\}^2=p-p^2=p(1-p)$$

정리 3-8 성공률 p인 베르누이 분포의 pmf, 평균, 분산

pmf: $f(x)=p^x(1-p)^{1-x},\ \ x=0,1$

평균: $E(X)=p$, 분산: $Var(X)=p(1-p)$

이제 서로 독립인 성공률 p인 베르누이 분포에 따르는 n개의 확률변수 $X_1, X_2, \cdots, X_n$에 대해 이들의 합

$$X=\sum_{i=1}^{n}X_i=X_1+X_2+\cdots+X_n$$

의 값은 n개의 베르누이 확률변수 중에서 값이 1인 것이 몇 개인지(총 몇 번을 성공했는지)를 나타낸다. 즉, X의 값은 성공률 p인 베르누이 시행을 n번 독립적으로 시행하였을 때 성공한 횟수를 나타낸다. n번의 시행 중에 한 번도 성공하지 못할 수도 있고 모두 다 성공할 수도 있으므로 X의 값은 0, 1, 2, $\cdots$, n 중의 한 값을 가질 수 있을 것이다. X의 확률분포를 시행횟수 n, 성공률 p인 **이항분포**(binomial distribution)라고 하며 기호로 $X\sim B(n,p)$로 나타낸다. 분포의 표시에는 이항분포를 결정하는 주요 모수인 n과 p가 사용되었다.

n번의 시행에서 성공이 x번일 경우를 생각해보자. 만약 처음 x번을 모두 성공

하고 나머지 $(n-x)$ 번은 모두 실패하였을 경우의 확률을 구하면

$$\Pr(X=x)=p^x(1-p)^{n-x}$$

이다. 이번에는 처음 $(n-x)$ 번을 모두 실패하고 나머지 x 번을 모두 성공한 경우의 확률을 구해보아도 위의 확률과 같을 것이다. 더 나아가 특정한 x 번을 성공하고 나머지 $(n-x)$ 번은 실패할 확률은 성공과 실패의 순서와 관계없이 항상 $p^x(1-p)^{n-x}$ 임을 알 수 있다. 한편, x 번의 성공과 $(n-x)$ 번의 실패를 배열하는 방법은 $\binom{n}{x}$ 이므로 이항분포 $B(n, p)$ 의 pmf는

$$f(x)=\Pr(X=x)=\binom{n}{x}p^x(1-p)^{n-x}\ ,\ \ x=0,1,2,\cdots,n$$

와 같다.

$X \sim B(n, p)$ 일 때 X 의 기댓값과 분산은 베르누이 분포의 기댓값과 분산으로부터 다음과 같이 간단히 계산될 수 있다.

$$E(X)=E\left(\sum_{i=1}^{n}X_i\right)=\sum_{i=1}^{n}E(X_i)=\sum_{i=1}^{n}p=np$$

$$Var(X)=Var\left(\sum_{i=1}^{n}X_i\right)=\sum_{i=1}^{n}Var(X_i)=\sum_{i=1}^{n}p(1-p)=np(1-p)$$

이항분포에 대한 이상의 내용들을 정리하면 다음과 같다.

정리 3-9 $X \sim B(n, p)$ 일 때 X 의 pmf, 평균, 분산

pmf: $f(x)=\Pr(X=x)=\binom{n}{x}p^x(1-p)^{n-x}\ ,\ \ x=0,1,2,\cdots,n$

평균: $E(X)=np$, 분산: $Var(X)=np(1-p)$

예제 3-6 이항분포의 확률 계산

$X \sim B(10, 1/3)$ 일 때, $\Pr(X \le 2)$ 와 $\Pr(X \ge 3)$ 을 구하라.

|풀이|

$$\Pr(X \leq 2) = \Pr(X=0) + \Pr(X=1) + \Pr(X=2)$$

$$= \binom{10}{0}\left(\frac{1}{3}\right)^0\left(\frac{2}{3}\right)^{10} + \binom{10}{1}\left(\frac{1}{3}\right)^1\left(\frac{2}{3}\right)^9 + \binom{10}{2}\left(\frac{1}{3}\right)^2\left(\frac{2}{3}\right)^8$$

$$= 0.0173 + 0.0867 + 0.1951 = 0.2991$$

$$\Pr(X \geq 3) = 1 - \Pr(X \leq 2) = 1 - 0.2991 = 0.7009$$

위의 [예제 3-6]에서 살펴본 바와 같이 이항분포의 확률을 pmf의 수식을 통해 계산하는 것은 다소 복잡하고 불편하다. R에는 다양한 통계분포의 확률과 누적확률의 값을 계산하는 함수가 내장돼 있다. 이항분포와 관련된 함수로는 dbinom( ), pbinom( ), rbinom( ) 등이 있다. R의 분포 관련 함수들의 이름은 모두 법칙을 따르고 있다. 분포의 이름(이항분포의 경우는 binomial에서 "binom") 앞에 한 글자의 접두사를 붙인다. 사용된 접두사들 d, p, r은 각각 "density", "probability", "random number"에서 온 것으로 각 함수들의 역할을 예상할 수 있을 것이다. 이들 함수의 사용법을 정리하면 다음의 〈표 3-1〉과 같다. 함수의 설명에도 본문에서 사용한 분포의 주요 모수들을 그대로 사용해 설명하였다.

표 3-1 이항분포와 관련된 *binom( ) 함수의 사용법

사용형식	dbinom(x, n, p) pbinom(x, n, p, lower.tail = TRUE) rbinom(m, n, p)
기능	$X \sim B(n, p)$ 일 때 각 함수의 값은 다음과 같다. dbinom(x, n, p) = $\Pr(X=x)$ pbinom(x, n, p, lower.tail = TRUE) = $\Pr(X \leq x)$ rbinom(r, n, p) = $B(n, p)$ 에 따르는 난수 r개를 생성함
인수설명	• x: 확률 또는 누적확률을 계산할 값으로 0부터 n까지의 정수 • n: 시행 횟수 • p: 성공 확률 • lower.tail: 디폴트는 TRUE로 누적확률(왼쪽 확률)을 계산함. 이 옵션을 FALSE로 설정하면 상위확률 $\Pr(X > x)$ 을 구함. 등호는 포함하지 않음에 유의해야 함. • r: 생성할 난수의 개수

보기 3-1

```
> dbinom(0:2,10,1/3)              # 벡터 c(Pr(X=0), Pr(X=1), Pr(X=2))
[1] 0.01734153 0.08670765 0.19509221
> sum(dbinom(0:2,10,1/3))         # Pr(X=0)+Pr(X=1)+Pr(X=2) 계산
[1] 0.2991414
> pbinom(2,10,1/3)                # Pr(X<=2) 계산
[1] 0.2991414
> 1-pbinom(2,10,1/3)              # Pr(X>=3)=1-Pr(X<=2)
[1] 0.7008586
> pbinom(2,10,1/3, lower.tail=F)  # 이산형인 경우에는 Pr(X>=3)=Pr(X>2)
[1] 0.7008586
```

[보기 3-1]은 [예제 3-6]의 계산 과정을 R을 이용해 계산하는 과정을 소개하고 있다. 특히, dbinom( ) 함수의 첫 번째 인수에는 벡터도 사용이 가능함을 잘 알아두면 좋겠다. 누적확률을 구할 때는 dbinom( )의 결과에 sum( )을 적용할 수도 있지만 pbinom( )을 바로 이용하는 것이 훨씬 간편하다. 이산형 확률변수의 경우에 상위확률 계산을 위해 "lower.tail=FALSE" 옵션을 사용할 때 등호가 포함되지 않음에 유의하기 바란다.

이산형 확률분포의 경우에는 이항분포와 같이 pbinom( )을 이용하는 것이 훨씬 간편하기 때문에 다음과 같은 관계식을 잘 이해하기 바란다.

정리 3-10 이산형 분포의 확률과 누적확률의 관계

$$\Pr(X=c)=\Pr(X\le c)-\Pr(X\le c-1)$$

$$\Pr(X\ge c)=1-\Pr(X\le c-1)$$

$$\Pr(c\le X\le d)=\Pr(X\le d)-\Pr(X\le c-1)$$

$$\Pr(c<X<d)=\Pr(X\le d-1)-\Pr(X\le c)$$

예제 3-7 이항분포의 확률 계산

자유투 성공률이 20%인 대학생이 15번 자유투를 던져 성공한 횟수를 확률변수 X

라고 할 때, $\Pr(4 \leq X \leq 7)$을 구하라.

|풀이| $X \sim B(15, 0.2)$이며 $\Pr(4 \leq X \leq 7) = \Pr(X \leq 7) - \Pr(X \leq 3)$이므로 pbinom(7, 15, 0.2)−pbinom(3, 15, 0.2)=0.3475981임을 R에서 확인할 수 있다.

예제 3-8 이항분포의 확률 그래프 및 누적확률 계산

$X \sim B(10, 0.5)$일 때, X가 가질 수 있는 값 x, pmf $\Pr(X=x)$, cdf $\Pr(X \leq x)$의 값을 계산하고, pmf에 대한 그래프를 그려보라.

|풀이| [보기 3-2]의 스크립트 및 결과와 〈그림 3-2〉의 출력된 차트를 참고하라.

보기 3-2

```
> x=0:10                              # x는 0부터 n까지의 값을 가질 수 있음
> pmf=dbinom(x,10,0.5)                # pmf
> cdf=pbinom(x,10,0.5)                # cdf
> dist=data.frame(x,pmf,cdf)          # x, pmf, cdf를 묶어 데이터프레임을 구성
> print(round(dist,4))                # 데이터프레임 출력(소수점 이하 4자리)
    x    pdf    cdf
1   0 0.0010 0.0010
2   1 0.0098 0.0107
3   2 0.0439 0.0547
4   3 0.1172 0.1719
5   4 0.2051 0.3770
6   5 0.2461 0.6230
7   6 0.2051 0.8281
8   7 0.1172 0.9453
9   8 0.0439 0.9893
10  9 0.0098 0.9990
11 10 0.0010 1.0000
> names(pmf)=x                        # pmf 벡터에 이름 부여
> barplot(pmf, main="B(10, 0.5)의 확률") # pmf 벡터에 대한 막대그래프
```

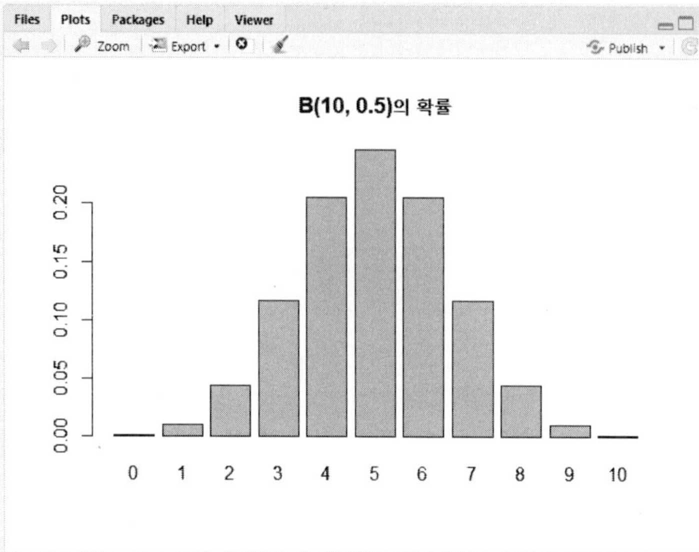

그림 3-2 출력된 이항 확률에 대한 막대그래프

3.3.2 포아송분포(Poisson distribution)

n 이 많이 크거나 p 가 아주 작은 경우에 $B(n,p)$ 에 따르는 확률변수 X에 대한 확률 계산은 매우 복잡하고 피곤한 일이다. 프랑스의 유명한 수학자이자 물리학자였던 포아송(Simeon Denis Poisson, 1781~1840)은 이런 이항확률을 쉽게 계산하기 위한 근사식을 발표하였다. 이항분포 $B(n,p)$ 의 평균을 m 으로 고정하고 ($np = m$) n 이 충분히 클 때의 근사분포를 생각하였으며 그 결과는 다음과 같다. n 이 충분히 크고 p 가 0에 가까운 경우에, $B(n,p)$ 에 따르는 확률변수 X 에 대해 x 가 n 에 비하여 상당히 작은 0 이상의 정수라면

$$\Pr(X = x) \approx \frac{e^{-m} m^x}{x!}$$

의 근사관계가 성립하게 된다. 이러한 근사관계로부터 **포아송분포(Poisson distribution)** 의 pmf를 정의할 수 있다.

$$f(x) = \Pr(X = x) = \frac{e^{-m} m^x}{x!}, \quad x = 0, 1, 2, \cdots$$

포아송분포의 pmf는 m 의 값에 의해 결정되며 모수가 m 인 포아송 확률변수의 기댓값과 분산이 모두 m 임을 보일 수 있다. 확률변수 X가 모수(평균)가 m 인 포

아송분포에 따를 때 기호로는 $X \sim Poi(m)$ 와 같이 나타내기로 한다. 포아송분포는 고정된 지역이나 시간 안에서 관심이 있는 사건의 관찰 수나 발생 횟수 등을 다룰 때 주로 이용된다. 예를 들면, 새벽 1시부터 2시 사이에 특정 기지국에 연결된 단말기의 대수, 고속도로의 특정 구간에서 하루에 발생하는 교통사고 건수, 작성된 보고서의 한 페이지에 포함된 오타의 수 등은 모두 포아송분포를 적용해 처리할 수 있다. $Poi(m)$ 분포에 대한 이상의 내용들을 정리하면 다음과 같다.

정의 3-3 $X \sim Poi(m)$ 일 때 X 의 pmf, 평균, 분산

$$\text{pmf: } f(x) = \Pr(X = x) = \frac{e^{-m} m^x}{x!}, \quad x = 0, 1, 2, \cdots$$

$$\text{평균: } E(X) = m, \quad \text{분산: } Var(X) = m$$

예제 3-9 포아송분포의 확률 계산

$X \sim Poi(2.2)$ 일 때, $\Pr(X = 0)$ 와 $\Pr(X \geq 2)$ 을 구하라.

|풀이|

$$\Pr(X=0) = \frac{e^{-2.2} 2.2^0}{0!} = e^{-2.2} = \frac{1}{e^{2.2}} = 0.1108$$

$$\begin{aligned}\Pr(X \geq 2) &= 1 - \Pr(X=0) - \Pr(X=1) \\ &= 1 - e^{-2.2} - 2.2e^{-2.2} = 1 - 0.1108 - 0.2438 = 0.6454\end{aligned}$$

표 3-2 포아송분포와 관련된 *pois( ) 함수의 사용법

사용형식	dpois(x, m) ppois(x, m, lower.tail = TRUE) rpois(r, m)
기능	$X \sim Poi(m)$ 일 때 각 함수의 값은 다음과 같다. dpois(x, m) = $\Pr(X = x)$ ppois(x, m, lower.tail = TRUE) = $\Pr(X \leq x)$ rpois(x, m) = $Poi(m)$ 에 따르는 난수 r개를 생성함
인수설명	• x: 확률 또는 누적확률을 계산할 값으로 0, 1, 2, … • m: 평균 • lower.tail: 디폴트는 TRUE로 누적확률(왼쪽 확률)을 계산함. 이 옵션을 FALSE로 설정하면 상위확률 $\Pr(X > x)$ 을 구함. 등호는 포함하지 않음에 유의해야 함. • r: 생성할 난수의 개수

보기 3-3

```
> dpois(0:1, 2.2)          # 벡터 c(Pr(X=0), Pr(X=1))
[1] 0.1108032 0.2437669
> 1-ppois(1, 2.2)          # Pr(X>=2)=1-Pr(X<=1) 계산
[1] 0.6454299
```

[보기 3-3]은 [예제 3-9]의 계산결과를 R을 사용해서 확인한 내용으로

$$\Pr(X=0)=e^{-2.2}=0.1108032,\ \Pr(X=1)=2.2\times e^{-2.2}=0.2437669$$

$$\Pr(X\geqq 2)=1-\Pr(X\leqq 1)=1-ppois(1,\ 2.2)=0.6454299$$

임을 보여주고 있다.

3.4 정규분포(normal distribution)

정규분포(normal distribution)는 대표적인 연속형 확률분포로 1700년대 초반 프랑스의 드므와브르(Abraham de Moivre; 1667-1754)에 의해 처음 제안되었다고 한다. 이후 가우스(C. Gauss; 1777-1855)는 물리학 실험에서의 계측오차에 대한 확률분포로 이를 제시하였는데, 그런 이유로 정규분포는 다른 이름으로 가우스분포라고 불리기도 한다. 통계학 발전단계의 초기에는 모든 데이터는 이런 모양의 분포곡선을 따르는 것만이 옳고(정상(normal)이고), 그렇지 않은 경우에는 데이터를 수집하는 과정에 문제가 있는 것으로 생각하기도 했다고 한다. 이런 이유로 분포 이름에 "normal"이 사용되었으며 아직도 일부의 사회과학 분야에서는 가우스분포라는 이름과 함께 정상분포라고 부르기도 한다. 한국통계학회에서 주관한 통계용어사전에서는 정규분포로 부르고 있다.

정규분포는 이후에 우리가 학습할 통계적 추정과 검정 과정에서 매우 중요한 역할을 하게 된다. 이번 절에서는 정규분포와 관련된 개념들을 정리하고 R을 이용한 확률의 계산, 분포표의 작성, 정규분포의 분위수 대 분위수(Q-Q) 그림 등에 대해 다루려고 한다.

3.4.1 정규분포의 pdf와 확률

규모가 큰 모집단을 관측하다 보면 많은 변수들에서 〈그림 3-3〉과 같이 평균을 중심으로 좌우대칭 형태인 종 모양(bell shape)의 히스토그램을 보게 된다. 정규분포는 평균 μ 와 표준편차 σ 에 의해 그 모양이 결정되는 다음과 같은 pdf(확률밀도함수)를 갖는다.

$$f(x) = \frac{1}{\sqrt{2\pi}\ \sigma} e^{-\frac{(x-\mu)^2}{2\sigma^2}}, \quad -\infty < x < \infty .$$

확률변수 X 가 평균이 μ 이고 분산이 σ^2 인 정규분포를 따를 때, 기호로 $X \sim N(\mu, \sigma^2)$ 와 같이 표시하기로 한다. 정규분포 $N(\mu, \sigma^2)$ 의 pdf는 평균값 μ 에 관해서 좌우대칭인 종 모양인 곡선으로 평균값 μ 에서 그 높이가 최고점이 된다.

정의 3-4 **$X \sim N(\mu, \sigma^2)$ 일 때 X 의 pdf, 평균, 분산**

$$\text{pdf: } f(x) = \frac{1}{\sqrt{2\pi}\ \sigma} e^{-\frac{(x-\mu)^2}{2\sigma^2}}, \quad -\infty < x < \infty .$$

$$\text{평균: } E(X) = \mu, \qquad \text{분산: } Var(X) = \sigma^2$$

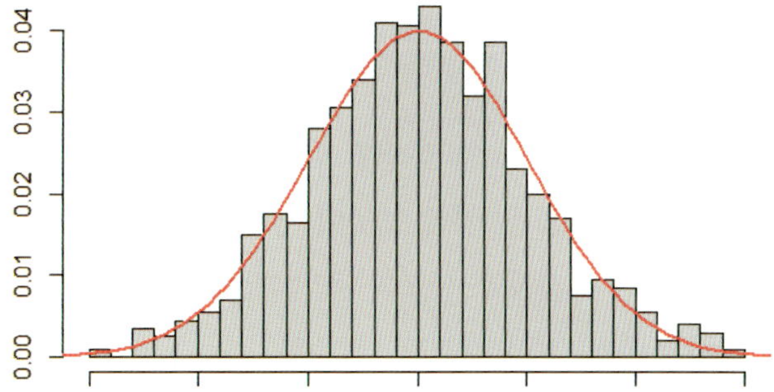

그림 3-3 평균을 중심으로 좌우대칭 형태인 종모양의 히스토그램

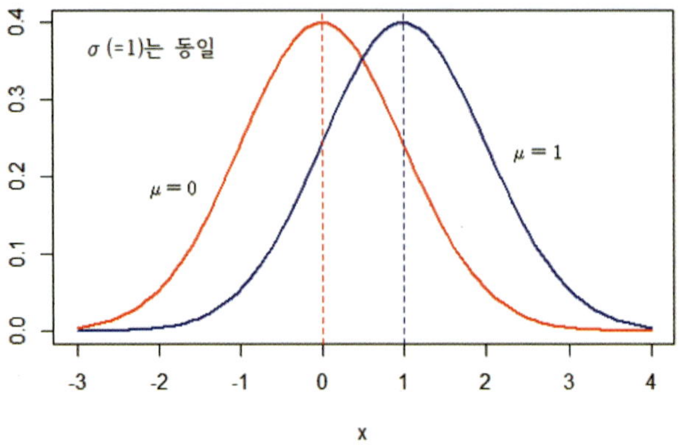

그림 3-4 표준편차는 같고 평균이 다른 경우의 정규분포 pdf

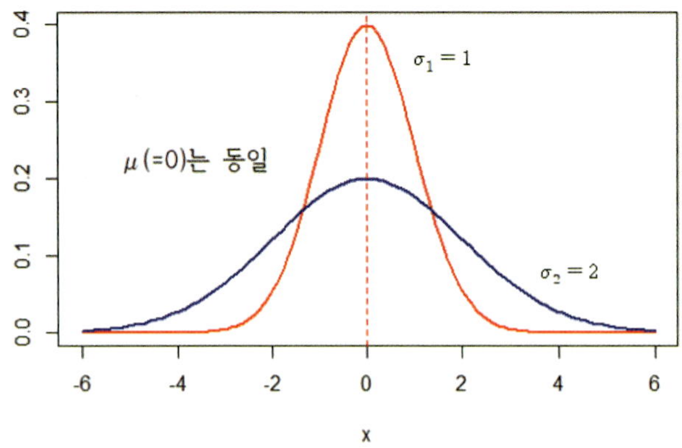

그림 3-5 평균은 같고 표준편차가 서로 다른 경우의 정규분포 pdf들

〈그림 3-4〉와 같이 표준편차 σ 가 동일할 때 평균값 μ 가 변하면 분포는 중심위치만 이동한다. 또한, 〈그림 3-5〉에서 보듯이 평균값 μ 가 일정할 때 표준편차 σ 의 변화는 중심의 위치는 동일하고 산포의 폭만 변하게 된다. 표준편차 σ 가 작아지면 평균값 μ 근처의 $f(x)$ 값이 커지고, 표준편차 σ 가 커짐에 따라 곡선의 형태가 점차 평평해진다.

연속형 확률변수의 확률을 계산하려면 주어진 구간에서 pdf 아래의 면적을 구하는 것으로 다음과 같이 주어진 범위에서 pdf의 정적분 값을 구하면 된다.

$$\Pr(a \leqq X \leqq b) = \int_a^b f(x)dx \equiv \int_a^b \frac{1}{\sqrt{2\pi}\,\sigma} e^{-\frac{(x-\mu)^2}{2\sigma^2}} dx$$

특히, 위의 식은 간단하게 그 값을 구할 수 있는 적분이 아니며 다양한 μ 와 σ 의 값에 따른 모든 적분값들을 미리 구해두는 것도 불가능하였다. 그러나 정규분포에 대한 다음 성질에 의해 μ 와 σ 에 무관한 **표준정규분포**(평균이 0, 표준편차가 1 인 정규분포)를 얻을 수 있다.

정리 3-11 정규분포의 성질

$X \sim N(\mu, \sigma^2)$ 일 때 임의의 상수 a 와 b 에 대해

1) $aX+b \sim N(a\mu+b,\ a^2\sigma^2)$

2) $Z = \dfrac{X-\mu}{\sigma} \sim N(0, 1)$: **표준정규분포**(standard normal distribution)

정규분포의 성질 1)은 정규분포에 따르는 확률변수에 어떤 상수를 곱하거나 더해도 정규분포를 따르게 되며 그 평균과 분산은 앞에서 배운 기댓값과 분산의 성질로부터 바로 유도될 수 있다. 성실 2)는 성질 1)을 이용하면 바로 보일 수 있다. 정규분포를 표준화하여 표준정규분포로 변환할 수 있으며 과거부터 이용하던 표준정규분포표를 이용할 수가 있다.

표 3-3 정규분포와 관련된 *norm( ) 함수의 사용법

사용형식	dnorm(x, μ , σ) pnorm(x, μ , σ , lower.tail = TRUE) qnorm(p, μ , σ , lower.tail = TRUE) rnorm(r, μ , σ)
기능	$X \sim N(\mu, \sigma^2)$ 일 때 각 함수의 값은 다음과 같다. dnorm(x, μ , σ) = $f(x)$: x의 pdf 값 pnorm(x, μ , σ , lower.tail = TRUE)= $\Pr(X \leqq x)$: x의 cdf 값 qnorm(p, μ , σ , lower.tail = TRUE)= $\Pr(X \leqq x_p) = p$ 인 x_p값 출력 ※ x_p를 p% (누적)백분위수라고 부름. 즉, 누적확률이 p인 분위수 rnorm(r, μ , σ) = $N(\mu, \sigma^2)$ 에 따르는 난수 r개를 생성함

표 3-3 정규분포와 관련된 *norm( ) 함수의 사용법 (계속)

인수설명	• x: 확률 또는 누적확률을 계산할 값 • μ : 평균값으로 생략하면 0이 사용됨. • σ : 표준편차의 값으로 생략하면 1이 사용됨. • lower.tail: 디폴트는 TRUE로 누적확률(왼쪽 확률)을 계산함. 이 옵션을 FALSE로 설정하면 상위확률 $\Pr(X > x)$ 을 구함 • p: 누적확률 • r: 생성할 난수의 개수

예제 3-10 **정규분포의 확률 계산**

$X \sim N(50, 10^2)$ 일 때, $\Pr(X \geq 75)$ 와 $\Pr(40 \leq X \leq 70)$ 을 구하라.

|풀이|

$$\Pr(X \geq 75) = 1 - \Pr(X \leq 75) = 1 - pnorm(75,50,10) = 0.0062$$

$$\begin{aligned}\Pr(40 \leq X \leq 70) &= \Pr(X \leq 70) - \Pr(X \leq 40)\\ &= pnorm(70,50,10) - pnorm(40,50,10)\\ &= 0.8186\end{aligned}$$

표준화 후에 [부록 B]의 표준정규분포를 이용하면

$$\begin{aligned}\Pr(X \geq 75) &= 1 - \Pr(X \leq 75) = 1 - \Pr(\frac{X-50}{10} \leq \frac{75-50}{10})\\ &= 1 - \Pr(Z \leq 2.5) = 1 - 0.9938 = 0.0062\end{aligned}$$

$$\begin{aligned}\Pr(40 \leq X \leq 70) &= \Pr(\frac{40-50}{10} \leq \frac{X-50}{10} \leq \frac{70-50}{10})\\ &= \Pr(-1 \leq Z \leq 2) = \Pr(Z \leq 2) - \Pr(Z \leq -1)\\ &= \Pr(Z \leq 2) - (1 - \Pr(Z \leq 1))\\ &= 0.9772 - (1 - 0.8413) \equiv 0.8185\end{aligned}$$

[보기 3-4]는 [예제 3-10]의 풀이를 R의 함수를 이용해 확인한 것이다. 표준정규분포표 대신 pnorm( )의 두 번째와 세 번째 인수를 모두 생략하면 표준정규분포의 누적확률을 계산한다.

보기 3-4

```
> 1-pnorm(75,50,10)                        # Pr(X>75)=1-Pr(X<75)
[1] 0.006209665
> 1-pnorm(2.5)                             # Pr(Z>(75-50)/10)=Pr(Z>2.5)=1-Pr(Z<2.5)
[1] 0.006209665
> pnorm(70,50,10)-pnorm(40,50,10)          # Pr(40<X<70)=Pr(X<70)-Pr(X<40)
[1] 0.8185946
> pnorm(2)-pnorm(-1)                       # Pr(-1<Z<2)=Pr(Z<2)-Pr(Z<-1)
[1] 0.8185946
```

과거에는 [부록 B]처럼 통계학 서적에서 제공되는 표준정규분포표를 이용하여 정규분포의 확률을 계산해야만 했다. 따라서 표준정규분포표를 이용하기 위해 반드시 표준화 과정이 필요했다. 그러나 R의 pnorm( ) 함수를 이용할 경우에는 굳이 표준화 과정을 거치지 않아도 된다.

〈그림 3-6〉은 표준정규분포에서 0을 중심으로 ±1, ±2, ±3 이내에 포함될 확률을 pdf와 면적관계인 그림으로 나타낸 것이다. [보기 3-5]에서는 이들 확률을 R에서 확인한 결과이다.

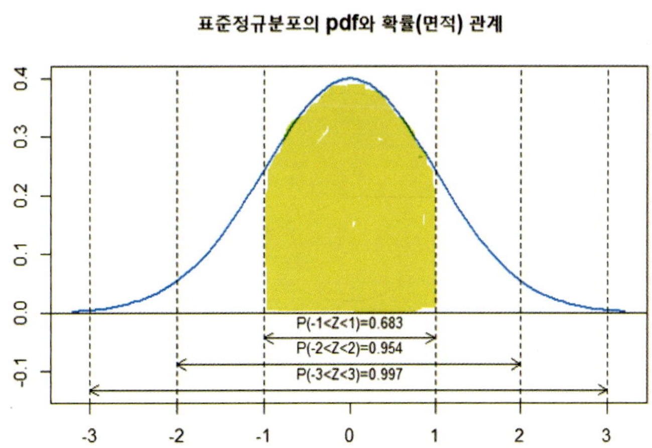

그림 3-6 표준정규분포에서 0을 중심으로 ±1, ±2, ±3 이내에 포함될 확률

보기 3-5

```
> pnorm(1)-pnorm(-1)                    # Pr(-1<Z<1)
[1] 0.6826895
> pnorm(2)-pnorm(-2)                    # Pr(-2<Z<2)
[1] 0.9544997
> pnorm(3)-pnorm(-3)                    # Pr(-3<Z<3)
[1] 0.9973002
```

이상의 결과를 정규분포에 적용하면 다음과 같다. 만약 어떤 데이터의 모집단이 정규분포에 따른다면 데이터들의 99.7%는 평균을 중심으로 표준편차의 3배 이내의 값을 가지며, 데이터들의 95.4%는 평균을 중심으로 표준편차의 2배 이내, 데이터들의 68.3%는 평균을 중심으로 표준편차 이내의 중심에 존재한다는 의미이다. 또한 평균으로부터 표준편차의 3배를 초과하는 아주 크거나 작은 값들이 나올 확률은 0.3%에 불과하므로 이상점의 가능성은 거의 없다고 판단할 수 있다.

정리 3-12 **정규분포의 확률**

$X \sim N(\mu, \sigma^2)$일 때 평균 μ를 중심으로 $\pm\sigma$배 이내에 포함될 확률들

$$\Pr(\mu - \sigma < X < \mu + \sigma) = 0.683$$
$$\Pr(\mu - 2\sigma < X < \mu + 2\sigma) = 0.954$$
$$\Pr(\mu - 3\sigma < X < \mu + 3\sigma) = 0.997$$

보기 3-6

```
> zcdf=matrix(pnorm(0:299/100), ncol=10, byrow=T) # 0~2.99에 대한 cdf값을 행렬로
> rownames(zcdf)=0:29/10                # 행에 0, 0.1, 0.2, …, 2.9로 이름을 붙임
> colnames(zcdf)=0:9/100                # 열에 0, 0.01, 0.02, …, 0.09로 이름을 붙임
> print(round(zcdf,4))                  # 값은 소수점 이하 4자리까지 출력
         0   0.01   0.02   0.03   0.04   0.05   0.06   0.07   0.08   0.09
0   0.5000 0.5040 0.5080 0.5120 0.5160 0.5199 0.5239 0.5279 0.5319 0.5359
0.1 0.5398 0.5438 0.5478 0.5517 0.5557 0.5596 0.5636 0.5675 0.5714 0.5753
```

0.2	0.5793	0.5832	0.5871	0.5910	0.5948	0.5987	0.6026	0.6064	0.6103	0.6141
0.3	0.6179	0.6217	0.6255	0.6293	0.6331	0.6368	0.6406	0.6443	0.6480	0.6517
0.4	0.6554	0.6591	0.6628	0.6664	0.6700	0.6736	0.6772	0.6808	0.6844	0.6879
0.5	0.6915	0.6950	0.6985	0.7019	0.7054	0.7088	0.7123	0.7157	0.7190	0.7224
0.6	0.7257	0.7291	0.7324	0.7357	0.7389	0.7422	0.7454	0.7486	0.7517	0.7549
0.7	0.7580	0.7611	0.7642	0.7673	0.7704	0.7734	0.7764	0.7794	0.7823	0.7852
0.8	0.7881	0.7910	0.7939	0.7967	0.7995	0.8023	0.8051	0.8078	0.8106	0.8133
0.9	0.8159	0.8186	0.8212	0.8238	0.8264	0.8289	0.8315	0.8340	0.8365	0.8389
1	0.8413	0.8438	0.8461	0.8485	0.8508	0.8531	0.8554	0.8577	0.8599	0.8621
1.1	0.8643	0.8665	0.8686	0.8708	0.8729	0.8749	0.8770	0.8790	0.8810	0.8830
1.2	0.8849	0.8869	0.8888	0.8907	0.8925	0.8944	0.8962	0.8980	0.8997	0.9015
1.3	0.9032	0.9049	0.9066	0.9082	0.9099	0.9115	0.9131	0.9147	0.9162	0.9177
1.4	0.9192	0.9207	0.9222	0.9236	0.9251	0.9265	0.9279	0.9292	0.9306	0.9319
1.5	0.9332	0.9345	0.9357	0.9370	0.9382	0.9394	0.9406	0.9418	0.9429	0.9441
1.6	0.9452	0.9463	0.9474	0.9484	0.9495	0.9505	0.9515	0.9525	0.9535	0.9545
1.7	0.9554	0.9564	0.9573	0.9582	0.9591	0.9599	0.9608	0.9616	0.9625	0.9633
1.8	0.9641	0.9649	0.9656	0.9664	0.9671	0.9678	0.9686	0.9693	0.9699	0.9706
1.9	0.9713	0.9719	0.9726	0.9732	0.9738	0.9744	0.9750	0.9756	0.9761	0.9767
2	0.9772	0.9778	0.9783	0.9788	0.9793	0.9798	0.9803	0.9808	0.9812	0.9817
2.1	0.9821	0.9826	0.9830	0.9834	0.9838	0.9842	0.9846	0.9850	0.9854	0.9857
2.2	0.9861	0.9864	0.9868	0.9871	0.9875	0.9878	0.9881	0.9884	0.9887	0.9890
2.3	0.9893	0.9896	0.9898	0.9901	0.9904	0.9906	0.9909	0.9911	0.9913	0.9916
2.4	0.9918	0.9920	0.9922	0.9925	0.9927	0.9929	0.9931	0.9932	0.9934	0.9936
2.5	0.9938	0.9940	0.9941	0.9943	0.9945	0.9946	0.9948	0.9949	0.9951	0.9952
2.6	0.9953	0.9955	0.9956	0.9957	0.9959	0.9960	0.9961	0.9962	0.9963	0.9964
2.7	0.9965	0.9966	0.9967	0.9968	0.9969	0.9970	0.9971	0.9972	0.9973	0.9974
2.8	0.9974	0.9975	0.9976	0.9977	0.9977	0.9978	0.9979	0.9979	0.9980	0.9981
2.9	0.9981	0.9982	0.9982	0.9983	0.9984	0.9984	0.9985	0.9985	0.9986	0.9986

[보기 3-6]은 [부록 B]의 표준정규분포표를 직접 만드는 과정이다. 표준정규분포표는 0부터 2.99까지 0.01간격으로 만들어진 벡터에 대해 누적확률을 계산한 표이다. 계산된 값을 보기 편하도록 한 행에 10개씩 값이 출력되도록 행렬 형태로 구성하였다. 이렇게 하면 각 행은 0, 0.1, 02, …로 시작하는 수부터 시작하여 0부터

0.09까지 0.01씩 증가하는 수에 대응되는 cdf 값들이 차례로 정리된 것이다. 예를 들어, 1.9로 시작하는 행에 기록된 수표는 차례대로 누적확률 $\Pr(Z \leq 1.90)$, $\Pr(Z \leq 1.91)$, $\Pr(Z \leq 1.92)$, …, $\Pr(Z \leq 1.99)$의 값들이다.

정규분포의 확률과 더불어 중요하게 이용되는 어떤 특정 확률이 나오게 될 경계값인 (백)분위수를 구하는 문제도 중요하다. [보기 3-6]의 표준정규분포 내용 중 두꺼운 글씨로 표시된 부분들을 참고하면 $\Pr(Z \leq 1.96) = 0.975$임을 알 수 있다. 이는 $\Pr(Z \geq 1.96) = 0.025$와도 같은 표현이다. 우리는 1.96을 97.5% (누적)백분위수라고 한다. 즉, 1.96은 누적확률이 0.975가 되는 분위수이다. 또한 상위확률이 0.025가 되도록 하는 분위수이기도 하다. 그래서 1.96은 97.5% 누적백분위수이며 2.5% 상위백분위수이다. 누적확률이 0.95가 되는 분위수는 1.64와 1.65 사이에 존재하므로 그 중간을 택해 1.645로 사용한다. 즉, 1.645는 95% 누적백분위수이며 5% 상위백분위수이다.

표준정규분포에서 상위확률이 α인 상위분위수를 z_α로 나타내며 상위α분위수라고 한다. 즉, z_α는 다음을 만족하는 값이다.

$$\Pr(Z \geq z_\alpha) = \alpha$$

또한 표준정규분포는 0에 관해 대칭이므로 다음 수식도 만족한다.

$$\Pr(Z \leq -z_\alpha) = \alpha$$

이를 그림으로 나타내면 〈그림 3-7〉과 같다. R에서 표준정규분포의 누적분위수를 계산하는 함수는 qnorm(누적확률)이며 이를 이용해 중요하게 사용되는 표준정규분포의 상위분위수들을 구해보면 다음과 같다.

정리 3-13 표준정규분포의 주요 상위분위수들

$z_{0.1} = 1.282$, $z_{0.05} = 1.645$, $z_{0.025} = 1.96$, $z_{0.01} = 2.326$, $z_{0.005} = 2.576$

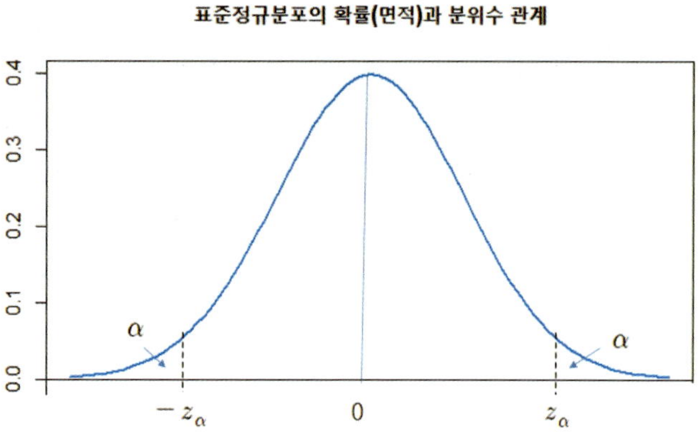

그림 3-7 표준정규분포의 상위분위수 z_α

보기 3-7

```
> p=c(0.9, 0.95, 0.975, 0.99, 0.995)      # 누적확률
> qnorm(p)                    # 누적확률을 이용한 10%, 5%, 2.5%, 1%, 0.5% 상위분위수
[1] 1.281552 1.644854 1.959964 2.326348 2.575829
> qnorm(1-p, lower.tail = F)              # 상위확률을 이용한 상위분위수
[1] 1.281552 1.644854 1.959964 2.326348 2.575829
```

[보기 3-7]에서 주의할 사항은 qnorm( ) 함수는 누적확률을 인수로 입력해 누적분위수를 얻는 것이 디폴트이다. 만약 상위확률을 직접 입력해서 상위분위수를 얻고 싶으면 lower.tail=F옵션을 사용하면 된다.

예제 3-11 **정규분포의 활용**

통계학 과목의 기말고사 시험성적은 평균이 75점이고 표준편차가 8점인 정규분포를 따른다고 한다. 다음 물음에 답하라.

1) 시험에서 88점을 받은 학생은 상위 몇 퍼센트에 해당하는가?
2) 상위 15% 이내에 포함되는 학생은 시험에서 몇 점 이상의 점수를 받아야 하는가?
3) 수강생이 100명이라고 할 때 60점 이하인 학생들은 몇 명이나 되는가?

|풀이| $X \sim N(75, 8^2)$ 일 때

1) $\Pr(X \geq 88) = 1 - \Pr(X \leq 88) = 1 - pnorm(88, 75, 8) = 0.052$이므로 88점은 상위 5.2%

에 해당한다.

2) 상위 15%는 누적 85%이므로 85% 백분위수를 구하면 된다. qnorm(0.85,75,8) = 83.29. 즉, 83.29점 이상을 맞으면 상위 15% 이내에 포함된다.

3) $\Pr(X \leq 60) = pnorm(60, 75, 8) = 0.0304$이므로 100명의 학생 중 약 3명에 해당한다.

3.4.2 이항분포의 정규근사

이항분포에서 시행횟수 n이 크고 성공 확률 p가 아주 작은 경우에는 평균이 $m(=np)$인 포아송분포를 이용해서 확률을 근사계산 할 수 있음은 이미 설명하였다. 그러나 n은 크지만 p가 작지 않은 경우에는 포아송분포에 의한 근사는 그리 효과적이지 않다. 이번 절에서는 n이 충분히 클 경우에 이항분포의 확률을 정규분포로 근사시켜 계산할 수 있음을 보이려고 한다.

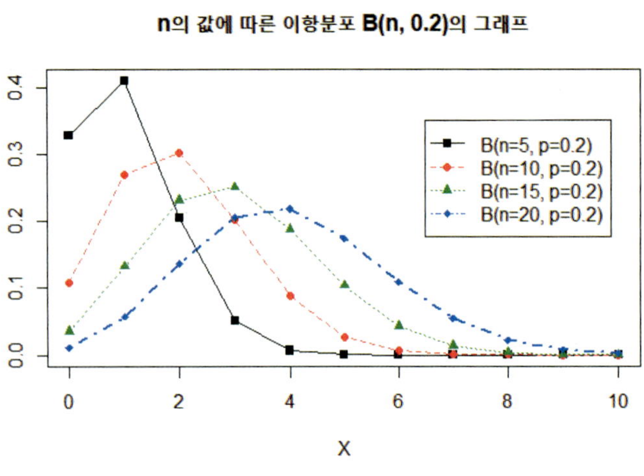

그림 3-8 $p=0.2$인 이항분포에서 n=5, 10, 15, 20인 경우의 확률 그래프

〈그림 3-8〉은 성공 확률 $p=0.2$인 이항분포에서 시행횟수 n을 5, 10, 15, 20으로 늘려가며 각 확률들을 점으로 표시하고 이들을 선으로 연결한 차트이다. 이 차트로부터 이항분포의 그래프는 n이 증가함에 따라 점점 대칭인 형태로 변화해감을 알 수 있다. 실제로 $B(n, p)$에 따르는 확률변수는 n이 증가함에 따라 평균이 np이고 분산이 $np(1-p)$인 정규분포에 가까워짐이 알려져 있다. 이러한 근사는 $np>5$이고 $n(1-p)>5$인 조건을 만족할 때 매우 우수하다고 한다. 이를 정리하

면 다음과 같다.

정리 3-14 이항분포의 정규근사

$X \sim B(n,p)$ 일 때, $np > 5$ 이고 $n(1-p) > 5$ 인 조건을 만족하고 n 이 증가함에 따라 $N(np, np(1-p))$ 에 근사하게 된다. 즉

$$\frac{X-np}{\sqrt{np(1-p)}} \xrightarrow[n\to\infty]{d} N(0, 1)$$

이며 따라서

$$\begin{aligned}\Pr(a \leqq X \leqq b) &= \Pr\left(\frac{a-np}{\sqrt{np(1-p)}} \leqq \frac{X-np}{\sqrt{np(1-p)}} \leqq \frac{b-np}{\sqrt{np(1-p)}}\right) \\ &\approx \Pr\left(\frac{a-np}{\sqrt{np(1-p)}} \leqq Z \leqq \frac{b-np}{\sqrt{np(1-p)}}\right)\end{aligned}$$

R을 이용한 다음 예제를 통해 이항분포를 이용한 확률과 정규분포로 근사시켜 구한 확률의 차이를 살펴보자.

예제 3-12 이항분포의 확률과 정규분포를 이용한 근사확률

$X \sim B(15, 0.4)$ 일 때, $\Pr(7 \leqq X \leqq 9)$ 을 다음 각 방법으로 계산하라

1) pbinom( )을 이용해 정확한 확률을 구하라.
2) 정규분포로 근사한 근사확률을 구하라
3) 정규분포로 근사하여 $\Pr(6.5 \leqq X \leqq 9.5)$ 을 구하라.

|풀이|

1) $\Pr(7 \leqq X \leqq 9) = \Pr(X \leqq 9) - \Pr(X \leqq 6)$

$$= pbinom(9, 15, 0.4) - pbinom(6, 15, 0.4)$$

$$= 0.3563535$$

2) 확률변수 X의 평균 $\mu = np = 15 \times 0.4 = 6$, 분산 $\sigma^2 = np(1-p) = 15 \times 0.4 \times 0.6 = 3.6$ 이므로 정규분포 $Y \sim N(6, 3.6)$을 이용해 근사하면 다음과 같다.

$$\begin{aligned}\Pr(7 \leq X \leq 9) &\approx \Pr(Y \leq 9) - \Pr(Y \leq 7)\\ &= pnorm(9, 6, \sqrt{3.6}) - pnorm(7, 6, \sqrt{3.6})\\ &= 0.2421576\end{aligned}$$

또는 표준화를 통해

$$\begin{aligned}\Pr(7 \leq X \leq 9) &= \Pr(\frac{7-6}{\sqrt{3.6}} \leq \frac{X-6}{\sqrt{3.6}} \leq \frac{9-6}{\sqrt{3.6}})\\ &\approx \Pr(\frac{7-6}{\sqrt{3.6}} \leq Z \leq \frac{9-6}{\sqrt{3.6}})\\ &= \Pr(0.527 \leq Z \leq 1.581)\\ &= \Pr(Z \leq 1.581) - \Pr(Z \leq 0.527)\\ &= pnorm(1.581) - pnorm(0.527)\\ &= 0.2421578\end{aligned}$$

3) $\Pr(6.5 \leq X \leq 9.5) \approx \Pr(Y \leq 9.5) - \Pr(Y \leq 6.5)$

$$\begin{aligned}&= pnorm(9.5, 6, \sqrt{3.6}) - pnorm(6.5, 6, \sqrt{3.6})\\ &= 0.3635303\end{aligned}$$

보기 3-8

```
> pbinom(9,15,0.4)-pbinom(6,15,0.4)                # 1)이항분포 이용
[1] 0.3563535
> pnorm(9,6,sqrt(3.6))-pnorm(7,6,sqrt(3.6))        # 2)정규분포 이용
[1] 0.2421576
> pnorm(1.581)-pnorm(0.527)                        # 2)표준정규분포 이용
[1] 0.2421578
> pnorm(9.5,6,sqrt(3.6))-pnorm(6.5,6,sqrt(3.6))    # 3)연속성 보정을 한 정규근사
[1] 0.3635303
```

[보기 3-8]은 [예제 3-12]의 확률을 R을 이용해서 확인하는 과정이다. [예제 3-12]에서 1)의 이항분포를 이용해서 구한 정확한 확률은 0.3564이다. 반면에 2)의 정규분포를 이용해 구한 근사 확률은 0.2422로 정확한 확률 0.3564와는 다소

차이가 있다. 그러나 3)에서 구한 확률 0.3635는 2)의 근사확률보다 정확한 확률인 0.3564에 더 근사한 값임을 알 수 있다.

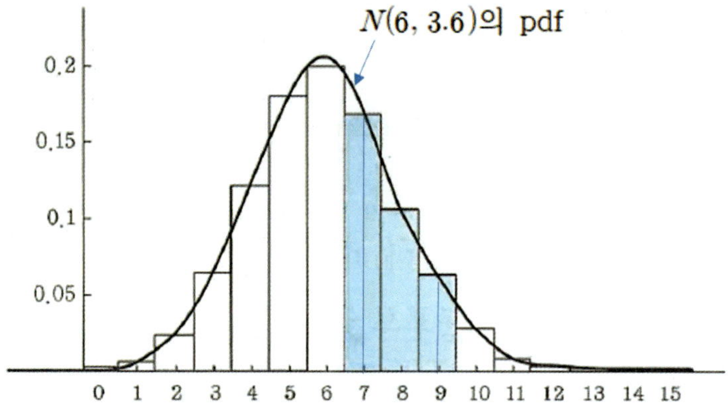

그림 3-9 이항분포의 확률과 정규분포로 근사하는 확률 사이의 관계

[예제 3-12]에서 3)의 확률이 2)의 확률보다 더 근사한 결과를 나타내는 이유는 〈그림 3-9〉를 통해 이해해보자. 〈그림 3-9〉는 이산적인 값을 가지는 이항분포에서의 확률과 연속형인 정규분포에서의 확률의 차이점을 보여주는 그림이다. 구하려는 확률 $\Pr(7 \leq X \leq 9)$은 〈그림 3-9〉에서 색칠된 6.5부터 9.5까지의 직사각형들의 면적을 합친 값이며, pdf의 적분으로 정의되는 연속형 확률변수의 확률을 $\Pr(6.5 \leq X \leq 9.5)$으로 근사하는 것이 더 타당하다. 이를 적분으로 설명하면 $\Pr(7 \leq X \leq 9) = \int_7^9 f(x)dx$보다 $\Pr(7-0.5 \leq X \leq 9+0.5) = \int_{6.5}^{9.5} f(x)dx$을 이용하는 것이 훨씬 더 참값에 가까울 것이다. 확률을 구하려는 이산형 확률변수 구간의 하한에서 0.5를 빼고 상한에는 0.5를 더해서 연속형인 분포로 전환해 확률을 구하는 과정을 **연속성 보정(continuity correction)**이라 한다. 이상의 내용을 정리하면 다음과 같다.

정리 3-15 **이항분포의 정규근사(연속성 보정을 하는 경우)**

$X \sim B(n, p)$일 때, $np > 5$이고 $n(1-p) > 5$인 조건을 만족하면

$$X \xrightarrow[n \to \infty]{d} Y \sim N(np, np(1-p)) \text{이며 } Z = \frac{Y-np}{\sqrt{np(1-p)}} \xrightarrow[n \to \infty]{d} N(0, 1)$$

이고 연속성 보정을 통해 다음이 성립한다.

$$\begin{aligned}\Pr(a \leq X \leq b) &\approx \Pr(a-0.5 \leq Y \leq b+0.5)\\ &= \Pr\left(\frac{a-0.5-np}{\sqrt{np(1-p)}} \leq Z \leq \frac{b+0.5-np}{\sqrt{np(1-p)}}\right)\end{aligned}$$

$$\begin{aligned}\Pr(X=k) &\approx \Pr(k-0.5 \leq Y \leq k+0.5)\\ &= \Pr\left(\frac{k-0.5-np}{\sqrt{np(1-p)}} \leq Z \leq \frac{k+0.5-np}{\sqrt{np(1-p)}}\right)\end{aligned}$$

예제 3-13 **연속성 보정을 한 이항분포의 정규근사**

$X \sim B(20,\ 0.4)$일 때, 다음 각 물음에 대해 이항분포를 이용한 정확한 확률을 구하고 연속성 보정을 한 정규근사의 확률도 구하여 두 값을 비교하라.

1) $\Pr(X=5)$　　2) $\Pr(X \leq 5)$

3) $\Pr(X \geq 15)$　　4) $\Pr(7 \leq X \leq 11)$

|풀이| $np = 20 \times 0.4 = 8 > 5$이고 $n(1-p) = 20 \times 0.6 = 12 > 5$을 만족한다.
$\mu = np = 8$이고 $\sigma^2 = np(1-p) = 20 \times 0.4 \times 0.6 = 4.8$인 정규분포 $Y \sim N(8,\ 4.8)$로 근사할 수 있다.

1) ① 이항분포 이용: $\Pr(X=5) = dbinom(5,20,0.4) = 0.0746$

② 정규근사(연속성보정) 이용:

$$\begin{aligned}\Pr(X=5) &\approx \Pr(4.5 \leq Y \leq 5.5) = \Pr(Y \leq 5.5) - \Pr(Y \leq 4.5)\\ &= pnorm(5.5, 8, \sqrt{4.8}) - pnorm(4.5, 8, \sqrt{4.8}) = 0.0718\end{aligned}$$

2) ① 이항분포 이용: $\Pr(X \leq 5) = pbinom(5,20,0.4) = 0.1256$

② 정규근사(연속성보정) 이용:

$$\Pr(X \leq 5) \approx \Pr(Y \leq 5.5) = pnorm(5.5,\ 8,\ \sqrt{4.8}) = 0.1269$$

3) ① 이항분포 이용: $\Pr(X \geq 15) = 1 - \Pr(X \leq 14) = 1 - pbinom(14,20,0.4) = 0.0016$

② 정규근사(연속성보정) 이용:

$$\begin{aligned}\Pr(X \geq 15) &\approx \Pr(Y \geq 14.5) = 1 - \Pr(Y \leq 14.5)\\ &= 1 - pnorm(14.5,\ 8,\ \sqrt{4.8}) = 0.0015\end{aligned}$$

4) ① 이항분포 이용:

$$\begin{aligned}\Pr(7 \le X \le 11) &= \Pr(X \le 11) - \Pr(X \le 6)\\ &= pbinom(11,20,0.4) - pbinom(6,20,0.4)\\ &= 0.6935\end{aligned}$$

② 정규근사(연속성보정) 이용:

$$\begin{aligned}\Pr(7 \leqq X \leqq 11) &\approx \Pr(6.5 \leqq Y \leqq 11.5)\\ &= \Pr(Y \leqq 11.5) - \Pr(Y \leqq 6.5)\\ &= pnorm(11.5,\ 8,\ \sqrt{4.8}) - pnorm(6.5,\ 8,\ \sqrt{4.8})\\ &= 0.6981\end{aligned}$$

보기 3-9

```
> dbinom(5,20,0.4)                                  # 1)이항분포 이용
[1] 0.07464702
> pnorm(5.5,8,sqrt(4.8))-pnorm(4.5,8,sqrt(4.8))     # 1)정규근사(연속성보정)
[1] 0.07184205
> pbinom(5,20,0.4)                                  # 2)이항분포 이용
[1] 0.125599
> pnorm(5.5,8,sqrt(4.8))                            # 2)정규근사(연속성보정)
[1] 0.1269165
> 1-pbinom(14,20,0.4)                               # 3)이항분포 이용
[1] 0.001611525
> 1-pnorm(14.5,8,sqrt(4.8))                         # 3)정규근사(연속성보정)
[1] 0.001504434
> pbinom(11,20,0.4)-pbinom(6,20,0.4)                # 4)이항분포 이용
[1] 0.693463
> pnorm(11.5,8,sqrt(4.8))-pnorm(6.5,8,sqrt(4.8))    # 4)정규근사(연속성보정)
[1] 0.6981441
```

[보기 3-9]는 [예제 3-13]의 확률을 R을 이용해서 확인하는 과정이다. [예제 3-13]의 모든 문제에서 이항분포를 이용해서 구한 정확한 확률과 연속성 보정을

포함한 정규근사를 이용한 근사 확률이 소수 이하 둘째 자리까지 일치함을 알 수 있다.

3.4.3 정규분포의 Q-Q 그림

앞으로 우리가 학습할 대부분의 통계분석방법들은 데이터들이 정규분포를 따른다는 가정으로부터 유도된 방법들인 경우가 많다. 그러나 데이터들의 분포가 정규분포와는 심각하게 다른 경우에 이처럼 정규분포를 가정하고 유도된 통계분석방법들을 적용한다면 그 결과를 그대로 신뢰하기는 어려울 것이다. 따라서 우리가 분석할 데이터가 정규분포를 따르는지에 대한 검토가 필요하다. 이미 2장에서 학습한 대로 줄기-잎 전시나 히스토그램, 상자그림 등을 살펴보거나 왜도나 첨도 등의 통계 수치들을 보조적으로 사용해서 대략적으로 검토할 수도 있을 것이다. 이번 절에서는 정규분포의 **분위수 대 분위수(quantile-quantile plot; Q-Q 그림)**에 대해 알아보려고 한다.

Q-Q 그림은 데이터들이 특정 분포(예를 들어 정규분포)를 따르는지 또는 두 데이터 집단이 동일한 분포를 따르는지를 알아보는 시각적인 방법이다. 만약 데이터가 어떤 특정 분포를 따르는지를 알아보는 과정을 간단히 소개하면 다음과 같다. 먼저 데이터들로부터 계산한 분위수를 y축 값으로, 이론적으로 계산된 특정 분포의 분위수를 x축 값으로 산점도를 그려보는 것이다. 만약 데이터들이 해당 분포를 따른다면 x축과 y축에 위치한 두 값이 거의 같은 값을 가지게 될 것이므로 산점도의 점들의 대부분이 직선 $y=x$ 상에 나타나게 될 것이다. R의 qqnorm( ) 함수는 정규분포에 대한 Q-Q 그림을 출력해주며 qqline( ) 함수는 출력된 Q-Q 그림에 보조 직선을 추가해준다. 만약 데이터들이 정규분포를 따른다면 정규 Q-Q 그림에 그려진 보조선을 따라 점들이 표시될 것이다.

보기 3-10

```
> x=rnorm(100,50,10)     # 정규분포 N(50,10^2)에 따르는 난수 100개 생성
> qqnorm(x)              # 정규 Q-Q 그림
> qqline(x)              # 정규 Q-Q 그림에 보조선 추가
> dat=cars$dist          # cars 데이터세트의 dist 변수
> qqnorm(dat)            # 정규 Q-Q 그림
```

```
> qqline(dat)                    # 정규 Q-Q 그림에 보조선 추가
```

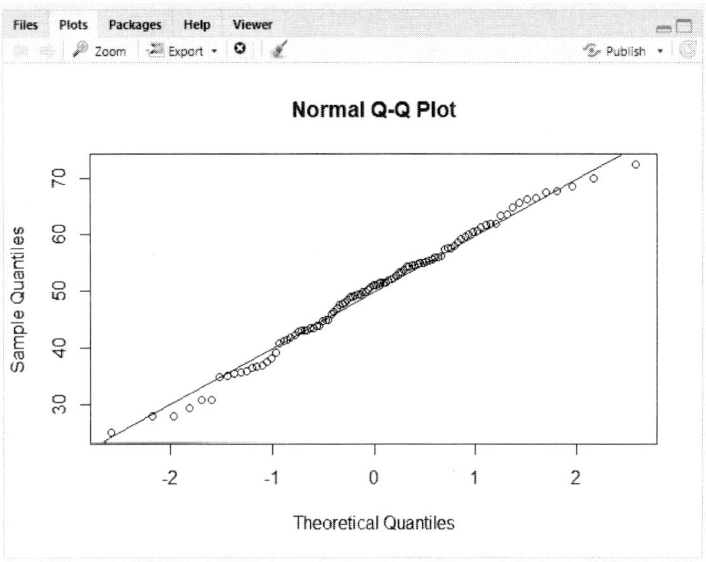

그림 3-10 정규분포로부터의 난수에 대한 정규 Q-Q 그림

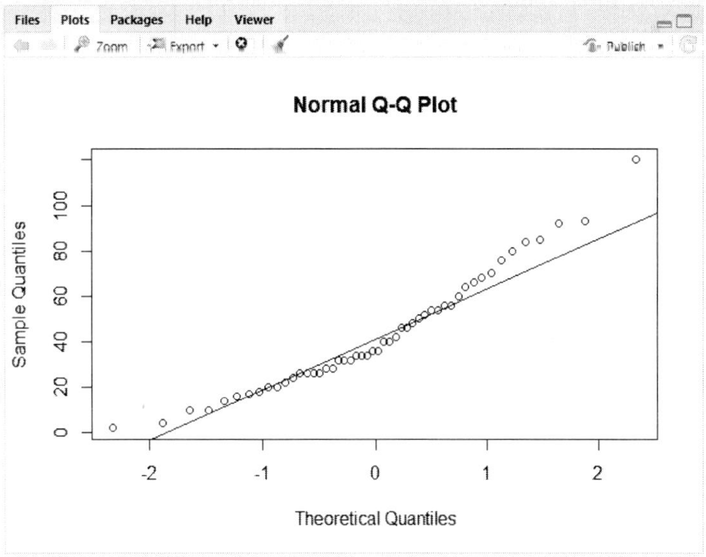

그림 3-11 오른쪽으로 조금 긴 꼬리를 가지는 자료에 대한 정규 Q-Q 그림

〈그림 3-10〉은 정규분포를 따르는 난수를 생성해서 작성한 정규 Q-Q 그림으로 대부분의 점들이 보조 직선을 따라 표시된 것을 볼 수 있다. 그러나 〈그림 3-11〉의 경우는 [보기 2-18]에서 살펴본 바와 같이 약간 오른쪽으로 긴 꼬리를 갖는 형태의 분포 데이터에 대한 정규 Q-Q 그림으로 오른쪽 상단에는 보조 직선을 벗어나는 점들이 표시됨을 알 수 있다.

연습문제

1. 다음과 같은 $f(x)$가 이산형 확률변수 X의 pmf가 될 수 있도록 상수 a의 값을 결정하라.

1) $f(x) = x/a\,,\quad x = 1, 2, 3, 4$

2) $f(x) = x/a\,,\quad x = 1, 2, 3, \cdots, n$

3) $f(x) = ax\,,\quad x = 1, 2, 3, \cdots, 10$

4) $f(x) = a(x+1)^2\,,\quad x = 0, 1, 2, 3$

5) $f(x) = a(\frac{1}{4})^x\,,\quad x = 1, 2, 3, \cdots$

6) $f(x) = \dfrac{a}{(x+1)(x+2)}\,,\quad x = 0, 1, 2, 3.$

(힌트: $\dfrac{1}{(x+1)(x+2)} - \dfrac{1}{(x+1)} - \dfrac{1}{(x+2)}$ 인 관계를 이용하라)

2. 다음과 같은 $f(x)$가 연속형 확률변수 X의 pdf가 될 수 있도록 상수 a의 값을 결정하라.

1) $f(x) = 4x^a\,,\quad 0 < x < 1.$

2) $f(x) = a\sqrt{x}\,,\quad 0 < x < 4.$

3) $f(x) = \dfrac{a}{x^{3/4}}\,,\quad 0 < x < 1.$

4) $f(x) = \dfrac{a}{x^3}\,,\quad 1 < x < \infty.$

3. 3.2.2절 [기댓값 성질]에 정리된 두 수식 1)과 2)를 확률변수가 이산형일 경우를 가정하고 증명하라.

4. 3.2.2절 [기댓값 성질]에 정리된 두 수식 1)과 2)를 확률변수가 연속형일 경우를 가정하고 증명하라.

5. 문제 1의 각 pmf를 가지는 이산형 확률변수 X에 대해 기댓값 $E(X)$을 구하라.

6. 문제 2의 각 pdf를 가지는 연속형 확률변수 X에 대해 기댓값 $E(X)$을 구하라.

7. 분산의 정의를 이용하여 3.2.2절 [분산의 성질]을 증명하라.

8. 다음과 같이 표준화(standardized)된 확률변수 Z의 평균은 0, 분산은 1임을 증명하라.

$$Z = \frac{X-\mu}{\sigma}, \quad \mu = E(X),\ \sigma = sd(X)$$

9. 확률변수 X의 기댓값과 분산이 각각 $E(X)=2$와 $Var(X)=8$일 때, 다음 물음에 답하라.

1) $E(X^2)$을 구하라.

2) 확률변수 $Y=3X+4$에 대해 $E(Y)$와 $Var(Y)$을 구하라.

10. 불량률이 0.02인 생산라인에서 30개의 표본을 뽑아 이들 중에 나타난 불량품의 개수를 X라고 할 때, 다음 물음에 답하라.

1) X의 분포에 대해 설명하라.

2) X의 기댓값과 분산을 구하라.

3) 불량품이 2개일 확률을 식으로 기술하고, 실제 계산은 R을 이용하라.

4) 불량품이 2개 이하일 확률을 식으로 기술하고, 실제 계산은 R을 이용하라.

5) 불량품이 3개 이상일 확률을 식으로 기술하고, 실제 계산은 R을 이용하라.

11. 1시간 동안에 평균적으로 40명 정도의 손님이 다녀가는 편의점이 있다. 이 편의점에 1시간 동안 다녀간 손님의 수를 X라고 할 때 다음 물음에 답하라.

1) X의 분포에 대해 설명하라.

2) 9시부터 10시 사이에 40명 이상의 손님이 다녀갈 확률은 얼마인가?

3) 9시부터 10시 사이에 40명 이상, 50명 이하의 손님이 다녀갈 확률은 얼마인가?

12. 다음 확률들을 R을 이용하여 구하라. (힌트: [예제 3-8]과 [보기 3-2]를 참고하라)

1) $X \sim B(20, 0.45)$ 일 때, X가 가질 수 있는 값 x, pmf $\Pr(X=x)$, cdf $\Pr(X \leq x)$의 값을 계산하고, pmf에 대한 그래프를 그려보라.

2) $X \sim Poi(3)$ 일 때, x의 값이 0부터 15사이의 값에 대해 pmf $\Pr(X=x)$와 cdf $\Pr(X \leq x)$의 값을 계산하고, pmf에 대한 그래프를 그려보라.

13. $X \sim N(70, 16)$일 때, 다음 확률을 R을 이용해 구하라.

1) $\Pr(X \leq 74)$ 2) $\Pr(X > 78)$

3) $\Pr(58 \leq X \leq 82)$

14. 문제 13의 각 확률을 표준정규분포표를 이용해 구해보라.

15. [보기 3-6]의 표준정규분포표는 누적확률을 계산해서 표시된 수표이다. 이 수표의 누적확률 대신 상위확률을 이용한 표준정규분포표를 작성해보라.

16. $Z \sim N(0, 1)$일 때, $X = 10Z + 50$에 대해 다음 물음에 답하라.

1) X는 어떤 분포를 따르는가? 그 이유도 설명하라.

2) $\Pr(30 \leq X \leq 70)$을 구하라.

3) X의 상위 α-분위수 x_α는 $\Pr(X \geq x_\alpha) = \alpha$을 만족하는 값이다. $x_{0.1}$의 값을 구하라.

4) 3)의 $x_{0.1}$의 값을 표준정규분포의 상위분위수 $z_{0.1}$을 이용해서 구하라.

17. $X \sim B(30, 0.3)$일 때, 다음 각 물음에 대해 이항분포를 이용한 정확한 확률을 구하고 연속성 보정을 한 정규근사의 확률도 구하여 두 값을 비교하라.

1) $\Pr(X=8)$ 2) $\Pr(X \leq 8)$

3) $\Pr(X \geq 12)$ 4) $\Pr(7 \leq X \leq 15)$

18. R에 내장된 airquality 데이터 세트를 이용한 다음 물음에 답하라.

1) 변수(열) Wind에 대한 히스토그램을 그리고, 히스토그램 위에 데이터로부

터 추정한 pdf(확률밀도함수)도 함께 표시하라.

2) 변수(열) Wind에 대한 정규 Q-Q 그림을 그리고, 이 데이터의 정규성에 대해 설명하라.

3) 변수(열) Temp에 대한 히스토그램을 그리고, 히스토그램 위에 데이터로부터 추정한 pdf(확률밀도함수)도 함께 표시하라.

4) 변수(열) Temp에 대한 정규 Q-Q 그림을 그리고, 이 데이터의 정규성에 대해 설명하라.

4장

표본분포

통계학에서 중요하게 다루는 모집단과 표본과의 관계를 알아보고 대표적인 표본분포에 대해 알아보자. 특히, 표본평균과 표본비율의 분포 및 중심극한정리에 대해 학습하고 정규모집단으로부터의 표본분포인 χ^2, t, F 분포에 대해서도 소개한다.

4.1 랜덤표본과 표본분포

통계학에서 **모집단**(population)이란 관심의 대상으로 연구할 개체나 집단 전체를 의미한다. 모집단의 모든 원소가 표본으로 추출될 가능성이 같도록 표본을 추출하는 방법을 **랜덤추출**(random sampling, 또는 **임의추출**이라고도 부름)이라 부르며, 이렇게 추출한 표본을 **랜덤표본**(random sample)이라 한다. $X_1, X_2, \cdots, X_n$ 이 모집단에서 추출한 n 개의 랜덤표본이라면 이들은 확률변수들로서 서로 독립이고 모두 모집단과 동일한 분포를 따른다. 랜덤표본 $X_1, \cdots, X_n$ 은 뽑는 과정에서 나타날 수 있는 모든 값을 택할 수 있으며, 확률변수 $X_1, \cdots, X_n$ 의 실제 관측값은 소문자를 사용하여 $x_1, \cdots, x_n$ 으로 나타내기로 하자.

정의 4-1 랜덤표본(random sample)

$X_1, X_2, \cdots, X_n$ 이 모집단에서 추출한 n 개의 랜덤표본이라는 뜻은

1) 이들은 확률변수들로서 서로 독립이고
2) 모두 모집단과 동일한 분포를 따른다.

확률변수 $X_1, \cdots, X_n$ 을 실제로 관측한 값은 소문자를 사용하여 $x_1, \cdots, x_n$ 으로 나타내기로 하자.

모집단의 평균(μ)이나 분산(σ^2), 또는 모집단의 비율(p)과 같이 모집단의 특성을 나타내는 값들을 **모수**(parameter)라고 한다. 랜덤표본들의 정보를 수치로 나타낸 특성들의 값, 즉 랜덤표본들의 함수를 **통계량**(statistic)이라 한다. 모집단의 어떤 모수에 관심이 있느냐에 따라 고려되는 통계량도 달라진다. 대표적인 통계량들의 예를 들어보면 다음과 같으며 이들의 정의를 살펴보면 통계량들도 확률변수이며 따

라서 확률분포를 갖는다. 통계량의 확률분포를 **표본분포(sample distribution)**라고 한다.

정의 4-2 **통계량(statistic)**

통계량이란 랜덤표본 $X_1, X_2, \cdots, X_n$ 들의 정보를 수치로 나타낸 특성들의 값, 즉 랜덤표본들의 함수로 모수의 추론에 사용된다.

- 표본평균: $\overline{X} = (\sum_{i=1}^{n} X_i)/n$, 모평균 μ 의 추론에 사용
- 표본분산: $S^2 = \sum_{i=1}^{n} (X_i - \overline{X})^2/(n-1)$, 모분산 σ^2 의 추론에 사용
- 표본비율: $\hat{p} = (\sum_{i=1}^{n} X_i)/n$, 모비율 p 의 추론에 사용,

  (X_i가 베르누이 확률변수일 때의 $\overline{X}$ 는 결국 $\hat{p}$이다)

4.2 표본평균의 분포와 중심극한정리

4.2.1 표본평균의 분포

$X_1, X_2, \cdots, X_n$ 을 모평균이 μ 이고 모분산이 σ^2 인 어떤 모집단으로부터의 랜덤표본이라고 할 때, 이 랜덤표본들로 계산한 표본평균

$$\overline{X} = \frac{1}{n}\sum_{i=1}^{n} X_i$$

의 기댓값과 분산을 구해보자. 기댓값의 성질로부터

$$\begin{aligned} E(\overline{X}) &= \frac{1}{n} E(X_1 + X_2 + \cdots + X_n) \\ &= \frac{1}{n}\{E(X_1) + E(X_2) + \cdots + E(X_n)\} \\ &= \frac{1}{n}(n\mu) = \mu \end{aligned}$$

이며, $X_1, X_2, \cdots, X_n$ 들이 서로 독립인 사실과 분산의 가법성을 이용하면

$$\begin{aligned} Var(\overline{X}) &= \frac{1}{n^2} Var(X_1 + X_2 + \cdots + X_n) \\ &= \frac{1}{n^2}\{ Var(X_1) + Var(X_2) + \cdots + Var(X_n)\} \\ &= \frac{1}{n^2}(n\sigma^2) = \frac{\sigma^2}{n} \end{aligned}$$

이다.

이 사실로부터 표본의 개수인 n 이 커지면 $\overline{X}$의 분산은 0에 가까워지며, 따라서 $\overline{X}$의 분포는 모평균 μ 의 근처에 밀집된 분포를 가지게 된다. 이제 독립인 정규확률변수들의 선형결합에 대한 다음 성질을 살펴보자.

> 정리 4-1 **독립인 두 정규분포의 선형결합에 대한 분포**
>
> $X_1 \sim N(\mu_1, \sigma_1^2)$ 이고 $X_2 \sim N(\mu_2, \sigma_2^2)$ 이며 확률변수 X_1 과 X_2 는 서로 독립일 때, 상수 a, b 에 대해 다음이 성립한다.
>
> $$aX_1 + bX_2 \sim N(a\mu_1 + b\mu_2\,,\ a^2\sigma_1^2 + b^2\sigma_2^2)$$

위의 성질은 서로 독립인 두 정규확률변수의 선형결합도 정규분포를 따르며 기댓값과 분산은 앞에서 배운 성질들에 의해 쉽게 유도될 수 있음을 알 수 있다. 이제 이 성질을 n 개의 서로 독립인 정규확률변수들인 랜덤표본으로 확장하면 다음과 같다.

> 정리 4-2 **정규모집단으로부터의 표본평균 $\overline{X}$ 의 분포**
>
> 정규분포 $N(\mu, \sigma^2)$을 따르는 모집단으로부터의 표본평균 $\overline{X}$ 의 분포는 $N(\mu, \frac{\sigma^2}{n})$에 따르며, 이를 표준화하면
>
> $$\frac{\overline{X} - \mu}{\sigma / \sqrt{n}} \sim N(0, 1)$$
>
> 이다.

예제 4-1 **표본평균의 분포**

정규분포 $N(75, 100)$에 따르는 모집단에서 25개의 랜덤표본을 추출한 경우에 다음 확률을 구하라.

1) $\Pr(\overline{X} \geq 79)$ 2) $\Pr(71 \leq \overline{X} \leq 77)$

|풀이| $n=25$, $\mu=75$, $\sigma^2=100$ 이므로

$$\overline{X} \sim N(\mu, \frac{\sigma^2}{n}) = N(75, \frac{100}{25}) = N(75, 2^2)$$

1) $\Pr(\overline{X} \geq 79) = 1 - \Pr(\overline{X} \leq 79) = 1 - pnorm(79,75,2) = 0.02275013$

2) $\Pr(71 \leq \overline{X} \leq 77) = \Pr(\overline{X} \leq 77) - \Pr(\overline{X} \leq 71)$

$= pnorm(77,75,2) - pnorm(71,75,2)$

$= 0.8185946$

4.2.2 중심극한정리

정규모집단으로부터의 표본평균 $\overline{X}$의 분포는 $N(\mu, \sigma^2/n)$임을 이미 학습하였다. 모집단이 정규분포를 따르지 않는 경우에는 $\overline{X}$의 분포는 일반적으로 정규분포가 아니다. 그러나 표본의 크기 n이 충분히 커지면 평균과 분산이 존재하는 임의의 모집단으로부터의 표본평균의 분포이더라도 근사적으로 정규분포를 따르게 된다. 이를 **중심극한정리(Central Limit Theorem; CLT)**라고 부른다. 이를 정리하면 다음과 같다.

> 정리 4-3 **중심극한정리(Central Limit Theorem; CLT)**
>
> 평균 μ와 분산 σ^2이 존재하는 임의의 모집단으로부터 크기 n인 랜덤표본을 추출한 경우에 표본평균 $\overline{X}$의 분포는 n이 충분히 커지면 정규분포 $N(\mu, \sigma^2/n)$을 근사적으로 따른다. 이를 표준화하면
>
> $$\frac{\overline{X} - \mu}{\sigma/\sqrt{n}} \sim N(0, 1)$$
>
> 이 성립한다.

중심극한정리의 핵심은 모집단이 어떤 분포를 따르는지와 무관하게 표본의 개수를 늘리면 표본평균의 분포가 근사적으로 정규분포를 따르게 된다는 사실이다. 즉, 모집단의 분포와 무관하게 표본평균의 분포로 정규분포를 이용할 수 있다는 것이다. 이런 이유로 정규분포나 표본평균이 통계적 추론에서 중요하게 활용됨을 알 수 있다.

[보기 4-1]은 정규분포와는 전혀 닮지 않은 0과 12 사이의 균일분포 U(0, 12)에 따르는 분포에서 n=12인 표본을 뽑는 과정을 500번 반복하면서 표본평균들을 계산하고, 500개 표본평균들에 대한 히스토그램을 그려서 그 분포가 정규분포에 가까워짐을 보여주는 과정이다. 히스토그램에 정규분포의 확률밀도함수를 추가해서 이해를 높이도록 하고 있다. 〈그림 4-1〉은 [보기 4-1]의 결과로 출력된 히스토그램과 밀도함수의 그래프이다.

보기 4-1

```
> rnd=runif(500*12,0,12)                             # ①U(0,12)에 따르는 난수 500*12개 생성
> mat=matrix(rnd,ncol=12)                            # ②생성된 난수들을 500*12 행렬로 작성
> x=apply(mat,1,mean)                                # ③각 행의 평균을 계산해 벡터 x에 담음
> hist(x, breaks=20, freq=F, ylim=c(0,0.4))          # ④히스토그램 작성
> curve(dnorm(x,6,1), add=T, col="red", lwd=2)       # ⑤히스토그램에 정규곡선 추가
```

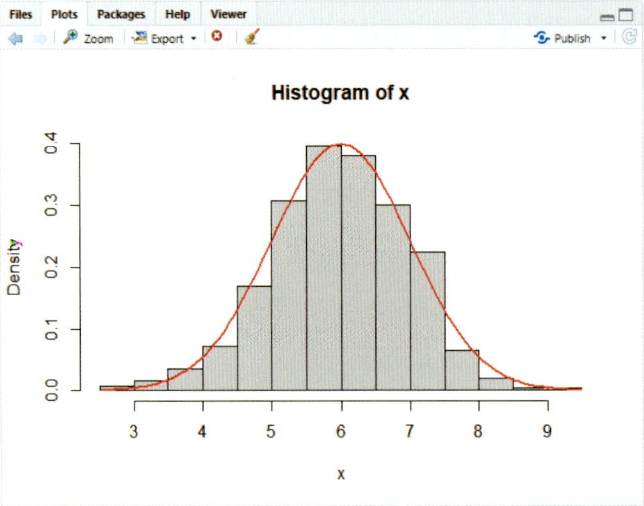

그림 4-1 표본평균값 500개의 히스토그램과 N(6,1)의 밀도함수

[보기 4-1]의 각 행에 대해 추가로 설명하면 다음과 같다.

① 표본 수 n=12인 표본을 500번 뽑는 과정을 모의실험하기 위해 U(0,12)인 난수 500*12개를 생성하였음. U(0,12)의 기댓값 $\mu = (0+12)/2 = 6$, 분산 $\sigma^2 = (12-0)^2/12 = 12$이다.

② 생성된 난수를 500개의 행과 12개의 열을 가진 행렬로 변환함. 한 행은 12개 표본을 나타내며, 이렇게 12개의 표본을 뽑는 과정을 500번 반복하도록 구성함. 표본평균의 분포를 구하기 위해서는 표본평균의 반복된 값이 있어야 한다.

③ apply( ) 함수의 두 번째 인수에 1을 사용하여 각 행에 대한 평균(12개 표본의 표본평균)을 구해 벡터 x를 만들었음. 즉, x는 500개의 표본평균들로 구성된 벡터임.

④ 나중에 밀도함수를 추가하기 위해 히스토그램을 빈도수가 아닌 확률로 작성함. 이를 위해 freq=F 옵션이 사용됨.

⑤ 표본평균의 평균은 $\mu = 6$, 분산은 $\sigma^2/n = 12/12 = 1$ 이기에 N(6,1)의 확률밀도함수를 히스토그램에 추가(add=T)하였다. 선의 두께(line width)는 2배(lwd=2)로 색상은 빨간색(col="red")을 이용하였음.

만약 R이 아닌 다른 프로그래밍 언어를 이용해서 위와 같은 모의실험을 실행한다면 반드시 반복문을 이용해야 할 것이다. 그러나 이번 예제에서 경험한 것과 같이 R에서 행렬과 apply( ) 등을 이용해서 반복문을 사용하지 않고 간결하게 반복구조를 실험할 수 있다.

4.2.3 표본비율의 정규근사

우리는 이미 3.4.2절에서 이항분포의 정규근사에 대해서 학습하였다. 이항분포 $B(n, p)$에 따르는 확률변수 X는 서로 독립이고 성공률이 p인 베르누이 확률변수 $X_i \sim B(1, p)$들의 합을 이용해 $X = \sum_{i=1}^{n} X_i$와 같이 표현될 수 있다. **표본비율** $\hat{p} = X/n = (\sum_{i=1}^{n} X_i)/n$은 베르누이 확률변수 X_i들의 표본평균과 같다. 따라서 이항분포의 정규근사는 베르누이 확률변수 X_i들로부터의 표본평균인 $\hat{p} = (\sum_{i=1}^{n} X_i)/n$에 대한 중심극한정리에 해당한다. 또한, $E(X_i) = p$이며 $Var(X_i) = p(1-p)$이므로 중심극한정리에 의해 $\overline{X} = \hat{p}$의 기댓값과 분산은 다음과 같다.

$$E(\overline{X}) = E(\hat{p}) = p\,,\quad Var(\overline{X}) = Var(\hat{p}) = p(1-p)/n\,.$$

정리 4-4 이항분포의 정규근사($X_i \sim B(1,\,p)$의 중심극한정리)

$B(1,\,p)$에 따르는 확률변수 X_i들로부터 계산된 표본평균 $\hat{p} = X/n = (\sum_{i=1}^{n} X_i)/n$의 분포는 n이 증가함에 따라 $N(p,\,p(1-p)/n)$에 근사하게 된다. 즉

$$\frac{X-np}{\sqrt{np(1-p)}} = \frac{X/n-p}{\sqrt{np(1-p)/n^2}} = \frac{\hat{p}-p}{\sqrt{p(1-p)/n}} \xrightarrow[n\to\infty]{d} N(0,\,1)$$

4.3 정규모집단에서의 표본분포

이번 절에서는 모집단이 정규분포 $N(\mu,\,\sigma^2)$인 경우에 통계적 추론에서 자주 이용되는 몇 가지 중요한 표본분포인 카이제곱분포, t-분포, F-분포에 대해 알아보려고 한다.

4.3.1 카이제곱분포

카이제곱분포(chi-squared distribution)는 정규모집단에서의 랜덤표본 $X_1, X_2, \cdots, X_n$ 들로부터 정의된 표본분산

$$S^2 = \frac{1}{n-1}\sum_{i=1}^{n}(X_i - \overline{X})^2$$

과 연관된 분포로 모분산 σ^2의 추론에 유용하게 이용된다. 먼저 다음과 같은 카이제곱분포에 대한 정의 및 기댓값과 분산은 다음과 같다.

정의 4-3 카이제곱분포의 정의, 기댓값과 분산

확률변수 $Z_1, Z_2, \cdots, Z_k$ 이 각각 표준정규분포 $N(0,1)$ 을 따르고 서로 독립일 때,

$$Z_1^2 + Z_2^2 + \cdots + Z_k^2$$

의 분포를 **자유도**(degrees of freedom; df) k **인 카이제곱분포**라 하며, 기호로는

$$Z_1^2 + Z_2^2 + \cdots + Z_k^2 \sim \chi^2(k)$$

로 나타낸다. 또한 $X \sim \chi^2(k)$ 일 때, $E(X) = k$ 이며 $Var(X) = 2k$ 이다.

카이제곱분포와 관련된 R 함수는 〈표 4-1〉과 같다. 이미 앞에서 학습한 정규분포와 모든 개념이 동일하다. 확률밀도함수의 그래프를 위해서는 dchisq( ), 확률과 관련해서는 pchisq( ), 분위수 계산에는 qchisq( )를 각각 이용하게 될 것이다.

표 4-1 카이제곱분포와 관련된 *chisq( ) 함수의 사용법

구분	내용
사용형식	dchisq(x, k) pchisq(x, k, lower.tail = TRUE) qchisq(p, k, lower.tail = TRUE) rchisq(r, k)
기능	$X \sim \chi^2(k)$ 일 때 각 함수의 값은 다음과 같다. dchisq(x, k) = $f(x)$: x의 pdf 값 pchisq(x, k, lower.tail = TRUE)= $\Pr(X \leq x)$: x의 cdf 값 qchisq(p, k, lower.tail = TRUE)= $\Pr(X \leq x_p) = p$ 인 x_p값 출력 ※ x_p을 p% (누적)백분위수라고 부름. 즉, 누적확률이 p인 분위수 rchisq(r, k) = $\chi^2(k)$에 따르는 난수 r개를 생성함
인수설명	• x: 확률 또는 누적확률을 계산할 값 • k: 자유도 • lower.tail: 디폴트는 TRUE로 누적확률(왼쪽 확률)을 계산함. 이 옵션을 FALSE로 설정하면 상위확률 $\Pr(X > x)$ 을 구함 • p: 누적확률 • r: 생성할 난수의 개수

표준정규분포를 따르는 확률변수들의 제곱의 합으로 정의되었으니 카이제곱분포는 음수인 값은 갖지 않는다. 또한 〈그림 4-2〉에서 보는 바와 같이 오른쪽으로 꼬리가 긴 형태의 확률밀도함수를 갖는다. 자유도가 증가할수록 확률밀도함수의 모양은 점점 오른쪽으로 이동하면서 대칭에 가까운 형태가 된다. [보기 4-2]는 〈그림 4-2〉를 얻기 위한 스크립트이다.

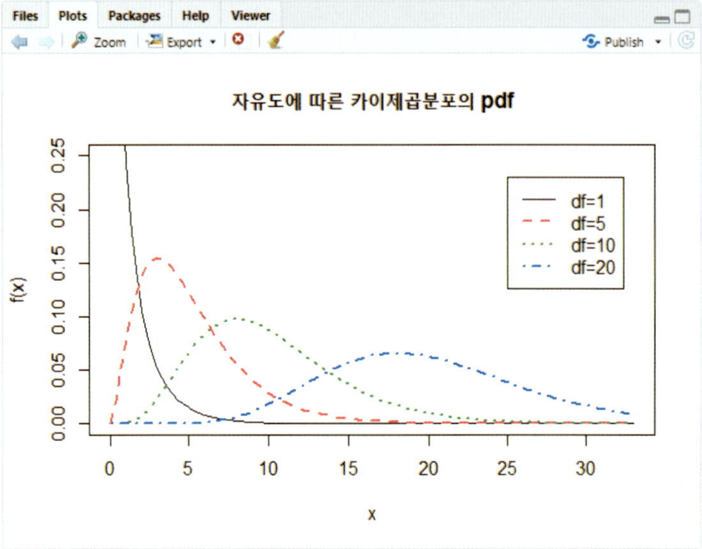

그림 4-2 자유도에 따른 카이제곱분포의 pdf 형태

보기 4-2

```
> df=c(1, 5, 10, 20)                          # 4가지 자유도를 담은 벡터
> f1=function(x) dchisq(x, df[1])             # 자유도 1인 카이제곱분포의 pdf 정의
> f2=function(x) dchisq(x, df[2])             # 자유도 5인 카이제곱분포의 pdf 정의
> f3=function(x) dchisq(x, df[3])             # 자유도 10인 카이제곱분포의 pdf 정의
> f4=function(x) dchisq(x, df[4])             # 자유도 20인 카이제곱분포의 pdf 정의
> curve(f1, xlim=c(0, 33), ylim=c(0, 0.25),   # x축, y축 영역을 설정
+        col=1, lty=1, ylab="f(x)",           # f1을 먼저 그리고
+        main="자유도에 따른 카이제곱분포의 pdf")
> curve(f2, add=T, col=2, lty=2, lwd=2)       # f2 추가
> curve(f3, add=T, col=3, lty=3, lwd=2)       # f3 추가
> curve(f4, add=T, col=4, lty=4, lwd=2)       # f4 추가
```

```
> legend(25, 0.23, col=1:4, lty=1:4, lwd=c(1,2,2,2), # 범례 추가
+          c("df=1", "df=5", "df=10", "df=20"))
```

〈그림 4-3〉은 카이제곱분포의 분위수에 대한 내용을 보여주고 있다. $X \sim \chi^2(k)$일 때, 상위 α-분위수 $\chi^2_\alpha(k)$는 다음을 만족하는 값이다.

$$\Pr\left\{X \geq \chi^2_\alpha(k)\right\} = \alpha$$

누적 α-분위수는 누적확률이 α(상위확률이 $1-\alpha$)인 분위수이므로 상위 α-분위수의 개념을 적용하면 $\chi^2_{1-\alpha}(k)$로 표시하게 됨을 알아두자.

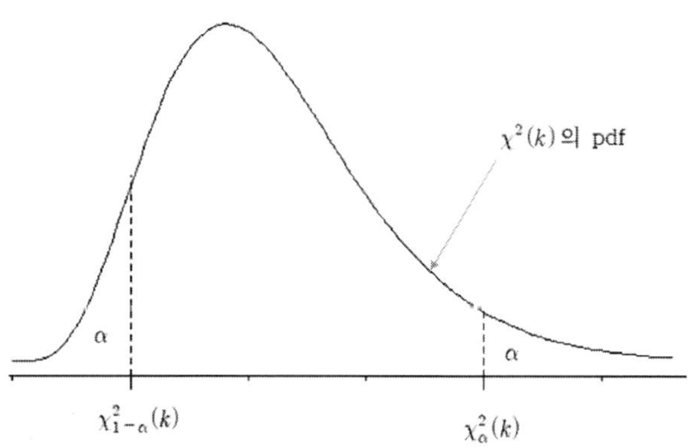

그림 4-3 카이제곱분포의 상위분위수와 누적분위수

보기 4-3

```
df=c(1:30, seq(40,100,10))
nr=length(df)
p=c(0.005, 0.01, 0.025, 0.05, 0.1, 0.9,0.95,0.975,0.99,0.995)
nc=length(p)
q=matrix(rep(0,nr*nc), ncol=nc)
for (i in 1:nr){        # 행
  df_i=df[i]
```

```
    for (j in 1:nc){    # 열
      q[i,j]=round(qchisq(1-p[j],df_i),4)
    }
  }colnames(q)=p      #상위확률
  rownames(q)=df
  print(q)
```

[부록 C]에는 자주 사용되는 상위확률 α=0.1, 0.05, 0.025, 0.01, 0.005와 0.9, 0.95, 0.975, 0.99, 0.995에 대응되는 분위수들이 자유도에 따라 수표로 정리돼있다. [보기 4-3]은 [부록 C]의 카이제곱분포표의 작성과정을 담고 있다.

예제 4-2 카이제곱분포의 분위수

[부록 C]에서 자유도 7인 카이제곱분포의 상위 2.5% 분위수 $\chi^2_{0.025}(7)$과 누적 5% 분위수 $\chi^2_{0.95}(7)$을 구하고 R을 이용해서 확인해 보라.

|풀이| [부록 C]에서 $\chi^2_{0.025}(7) = 16.013$, $\chi^2_{0.95}(7) = 2.167$. 이를 R에서 확인하면

qchisq(0.975, 7) = 16.01276, qchisq(0.05, 7) = 2.16735

카이제곱분포에 따르는 서로 독립인 확률변수들의 합도 카이제곱분포를 따르며, 이때 자유도는 각 분포의 자유도를 합하면 된다. 이를 **카이제곱분포의 가법성**이라 한다. 이를 정리하면 다음과 같다.

정리 4-5 카이제곱분포의 가법성

$V_1 \sim \chi^2(k_1)$, $V_2 \sim \chi^2(k_2)$이고 V_1과 V_2가 서로 독립이면

$$V_1 + V_2 \sim \chi^2(k_1 + k_2)$$

가 성립한다.

이제 정규모집단 $N(\mu, \sigma^2)$ 으로부터의 랜덤표본을 $X_1, X_2, \cdots, X_n$ 이라 하면

$$\frac{X_i - \mu}{\sigma} \sim N(0, 1)$$

이고 $i = 1, 2, \cdots, n$ 에 대해 이들은 서로 독립이다. 카이제곱분포의 정의에 따라

$$\sum_{i=1}^{n}\left(\frac{X_i - \mu}{\sigma}\right)^2 \sim \chi^2(n)$$

이다. 한편 $X_i - \mu = (X_i - \overline{X}) + (\overline{X} - \mu)$이므로

$$\sum_{i=1}^{n}(X_i - \mu)^2 = \sum_{i=1}^{n}(X_i - \overline{X})^2 + n(\overline{X} - \mu)^2 + 2(\overline{X} - \mu)\sum_{i=1}^{n}(X_i - \overline{X})$$

$$= \sum_{i=1}^{n}(X_i - \overline{X})^2 + n(\overline{X} - \mu)^2$$

이 성립한다. 따라서

$$\sum_{i=1}^{n}\left(\frac{X_i - \mu}{\sigma}\right)^2 = \sum_{i=1}^{n}\left(\frac{X_i - \overline{X}}{\sigma}\right)^2 + n\left(\frac{\overline{X} - \mu}{\sigma}\right)^2$$

$$= \frac{(n-1)S^2}{\sigma^2} + \left(\frac{\overline{X} - \mu}{\sigma/\sqrt{n}}\right)^2$$

이다. 여기에서 $\sum_{i=1}^{n}\left(\frac{X_i - \mu}{\sigma}\right)^2 \sim \chi^2(n)$ 이고 $\left(\frac{\overline{X} - \mu}{\sigma/\sqrt{n}}\right)^2 = Z^2 \sim \chi^2(1)$이므로 카이제곱분포의 가법성에 의해

$$\frac{(n-1)S^2}{\sigma^2} \sim \chi^2(n-1)$$

이 성립함을 보일 수 있다. 이는 정규모집단에서의 표본분산에 대한 분포로 통계적 추론에서 매우 중요하게 사용된다. 이를 정리하면 다음과 같다.

정리 4-6 정규모집단에서의 표본분산에 대한 분포

$X_1, X_2, \cdots, X_n$ 이 정규모집단 $N(\mu, \sigma^2)$ 으로부터의 랜덤표본일 때, 표본분산

$$S^2 = \frac{1}{n-1}\sum_{i=1}^{n}(X_i - \overline{X})^2$$

에 대해

$$\frac{(n-1)S^2}{\sigma^2} = \frac{\sum_{i=1}^{n}(X_i - \overline{X})^2}{\sigma^2} \sim \chi^2(n-1)$$

가 성립한다.

만약에 분산이 동일하고 서로 독립인 두 정규모집단 $N(\mu_1, \sigma^2)$ 과 $N(\mu_2, \sigma^2)$ 으로부터 각각 m 개의 X 표본과 n 개의 Y 표본을 얻었다고 하자. 이들의 평균과 분산은 각각 다음과 같이 정의된다.

$$\overline{X} = \frac{1}{m}\sum_{i=1}^{m}X_i,\quad \overline{Y} = \frac{1}{n}\sum_{i=1}^{n}Y_i,\quad S_1^2 = \frac{1}{m-1}\sum_{i=1}^{m}(X_i - \overline{X})^2,$$

$$S_2^2 = \frac{1}{n-1}\sum_{i=1}^{n}(Y_i - \overline{Y})^2$$

위의 표본분산에 대한 분포를 이용하면

$$\frac{(m-1)S_1^2}{\sigma^2} \sim \chi^2(m-1),\quad \frac{(n-1)S_2^2}{\sigma^2} \sim \chi^2(n-1)$$

이며 이들은 서로 독립이다. 카이제곱분포의 가법성에 의해

$$\frac{(m-1)S_1^2}{\sigma^2} + \frac{(n-1)S_2^2}{\sigma^2} = \frac{(m-1)S_1^2 + (n-1)S_2^2}{\sigma^2} \sim \chi^2(m+n-2)$$

이 성립한다.

이는 분산이 동일한 두 모집단의 추론에서 중요하게 사용된다. 다시 정리하면 다음과 같다.

정리 4-7 등분산이며 독립인 두 정규모집단에서 표본분산의 분포

서로 독립인 두 정규모집단 $N(\mu_1, \sigma^2)$과 $N(\mu_2, \sigma^2)$으로부터 각각 m개의 X 표본과 n개의 Y표본을 뽑아 평균과 분산이 각각

$$\overline{X} = \frac{1}{m}\sum_{i=1}^{m} X_i,\quad \overline{Y} = \frac{1}{n}\sum_{i=1}^{n} Y_i,\quad S_1^2 = \frac{1}{m-1}\sum_{i=1}^{m}(X_i - \overline{X})^2,$$

$$S_2^2 = \frac{1}{n-1}\sum_{i=1}^{n}(Y_i - \overline{Y})^2$$

일 때

$$\frac{(m+n-2)S_p^2}{\sigma^2} \sim \chi^2(m+n-2)$$

이 성립한다. 여기서 $S_p^2 = \dfrac{(m-1)S_1^2 + (n-1)S_2^2}{m+n-2}$은 σ^2에 대한 합동추정량이라 부른다.

4.3.2 t-분포

t-분포는 W.S. Gosset(1876~1937)이 Student라는 가명으로 발표한 논문에서 처음으로 등장하였으며 표본의 크기가 작을 때 정규모집단의 모표준편차 σ을 표본표준편차 S로 추정하는 경우에 유용하게 쓰이는 분포이다. t-분포의 일반적인 정의 및 기댓값과 분산은 다음과 같다.

정의 4-4 t-분포의 정의, 기댓값과 분산

$Z \sim N(0,1)$이고 $V \sim \chi^2(k)$이며 Z와 V는 서로 독립일 때,

$$T = \frac{Z}{\sqrt{V/k}}$$

의 분포를 **자유도 k인 t-분포**라 하며, 기호로

$$T \sim t(k)$$

와 같이 나타낸다. 또한 $X \sim t(k)$ 일 때, $E(X)=0$, $Var(X)=\frac{k}{k-2}$, $(k>2)$이다.

t-분포와 관련된 R 함수는 〈표 4-2〉와 같다. 이미 앞에서 학습한 정규분포나 카이제곱분포와 모든 개념이 동일하다. 확률밀도함수의 그래프를 그리기 위해서는 dt( ), 누적확률과 관련해서는 pt( ), 분위수 계산에는 qt( )를 각각 이용하면 된다.

표 4-2 t-분포와 관련된 *t( ) 함수의 사용법

사용형식	dt(x, k) pt(x, k, lower.tail = TRUE) qt(p, k, lower.tail = TRUE) rt(r, k)
기능	$X \sim t(k)$일 때 각 함수의 값은 다음과 같다. dt(x, k) = $f(x)$: x의 pdf 값 pt(x, k, lower.tail = TRUE)= $\Pr(X \le x)$: x의 cdf 값 qt(p, k, lower.tail = TRUE)= $\Pr(X \le x_p)=p$ 인 x_p값 출력 ※ x_p을 p% (누적)백분위수라고 부름, 즉, 누적확률이 p인 분위수 rt(r, k) = $t(k)$에 따르는 난수 r개를 생성함
인수설명	• x: 확률 또는 누적확률을 계산할 값 • k: 자유도 • lower.tail: 디폴트는 TRUE로 누적확률(왼쪽 확률)을 계산함. 이 옵션을 FALSE로 설정하면 상위확률 $\Pr(X>x)$을 구함 • p: 누적확률 • r: 생성할 난수의 개수

t-분포는 표준정규분포의 그래프와 같이 0에 대해 대칭이다. 또한 〈그림 4-4〉에서 보는 바와 같이 일반적으로 t-분포는 표준정규분포보다 더 두꺼운 꼬리를 가지고 있다. pdf가 되기 위해서는 pdf 아래의 전체 면적은 1이어야 하므로 꼬리가 두꺼운 대신 중심부분은 표준정규분포보다 더 낮은 형태이다. 자유도가 증가할수록 확률밀도함수의 모양은 점점 표준정규분포의 pdf 모양을 닮아간다. [보기 4-4]는 〈그림 4-4〉를 얻기 위한 스크립트이다.

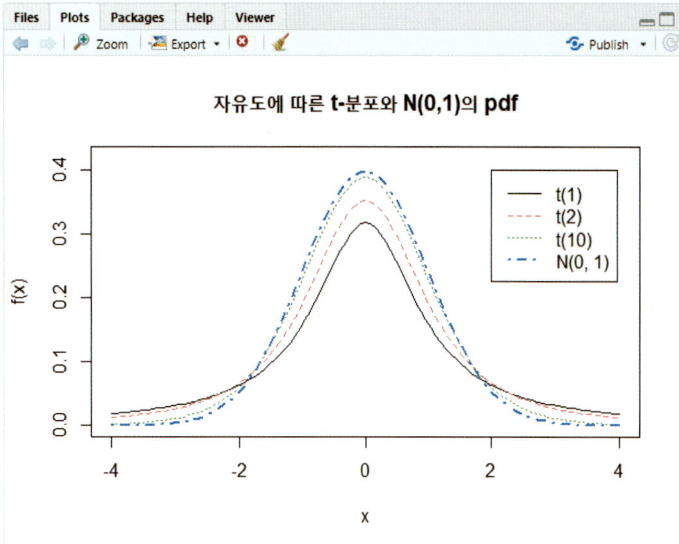

그림 4-4 자유도에 따른 t-분포와 표준정규분포의 pdf 형태

보기 4-4

```
df=c(1, 2, 10)
f1=function(x) dt(x, df[1])
f2=function(x) dt(x, df[2])
f3=function(x) dt(x, df[3])
f4=function(x) dnorm(x)
curve(f1, xlim=c(-4, 4), ylim=c(0, 0.42), col=1, lty=1, ylab="f(x)",
      main="자유도에 따른 t-분포와 N(0,1)의 pdf")
curve(f2, add=T, col=2, lty=2)
curve(f3, add=T, col=3, lty=3)
curve(f4, add=T, col=4, lty=4, lwd=2)
legend(2, 0.4, col=1:4, lty=1:4, lwd=c(1, 1, 1, 2),
      c("t(1)", "t(2)", "t(10)", "N(0, 1)"))
```

〈그림 4-5〉는 t-분포의 분위수에 대한 내용을 보여주고 있다. $X \sim t(k)$일 때, 상위 α-분위수 $t_\alpha(k)$는 다음을 만족하는 값이다.

$$\Pr\{X \geq t_\alpha(k)\} = \alpha$$

t−분포의 pdf는 0에 관해 대칭이므로 누적 α−분위수는 상위 α−분위수 $t_\alpha(k)$와 부호가 반대임을 알아두자.

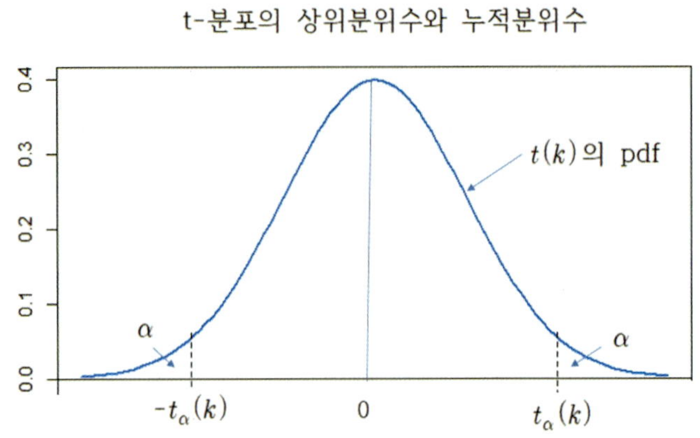

그림 4–5 t–분포의 상위분위수와 누적분위수

[부록 D]에는 자주 사용되는 상위확률 α=0.1, 0.05, 0.025, 0.01, 0.005에 대응되는 t−분포의 상위분위수들이 자유도에 따라 수표로 정리돼있다. [보기 4−5]는 [부록 D]의 t−분포표의 작성과정을 담고 있다. 특히, [부록 D]의 마지막 줄에 있는 값은 표준정규분포의 분위수와 거의 일치함을 알 수 있다. t−분포는 자유도가 증가하면 표준정규분포로 수렴하기 때문이다.

보기 4-5

```
df=c(1:30, 40, 60, 120, Inf)
nr=length(df)
p=c(0.6, 0.75, 0.9, 0.95, 0.975, 0.99, 0.995, 0.9975, 0.999, 0.9995)
nc=length(p)
q=matrix(rep(0,nr*nc), ncol=nc)
for (i in 1:nr){                    # 행
  df_i=df[i]
  for (j in 1:nc){                  # 열
    q[i,j]=round(qt(p[j],df_i),3)
  }
```

```
}colnames(q)=round(1-p, 5)    #상위확률
rownames(q)=df
print(q)
```

예제 4-3 **t-분포의 분위수**

[부록 D]에서 자유도 7인 t-분포의 상위 2.5% 분위수와 누적 5% 분위수를 구하고 R을 이용해서 확인해 보라.

|풀이| [부록 D]에서 자유도 7인 경우 $t_{0.025}(7)=2.365$, $t_{0.05}(7)=1.895$ 이다. 따라서 상위 2.5% 분위수=$t_{0.025}(7)=2.365$ 이고 누적 5% 분위수=$-t_{0.05}(7)=-1.895$ 이다. 이를 R에서 확인하면 qt(0.975, 7)=2.364624, qt(0.05, 7)=-1.894579

$X_1, X_2, \cdots, X_n$ 이 정규모집단 $N(\mu, \sigma^2)$ 으로부터의 랜덤표본일 때,

$$\frac{\dfrac{\overline{X}-\mu}{\sigma/\sqrt{n}}}{\sqrt{\dfrac{(n-1)S^2}{\sigma^2}/(n-1)}}=\frac{\overline{X}-\mu}{S/\sqrt{n}}$$

이고

$$\frac{\overline{X}-\mu}{\sigma/\sqrt{n}} \sim N(0,1),\ \frac{(n-1)S^2}{\sigma^2} \sim \chi^2(n-1)$$

이며 $\overline{X}$ 와 S^2 은 서로 독립임이 알려져 있으므로 t-분포의 정의에 따라

$$\frac{\overline{X}-\mu}{S/\sqrt{n}} \sim t(n-1)$$

임을 알 수 있다. 이는 모집단의 표준편차를 모르는 단일표본에서 모평균과 관련된 추론에서 매우 중요하게 이용된다.

정리 4-8 스튜던트화된 표본평균의 분포

$X_1, X_2, \cdots, X_n$ 이 정규모집단 $N(\mu, \sigma^2)$ 으로부터의 랜덤표본일 때, 다음이 성립한다.

$$\frac{\overline{X}-\mu}{S/\sqrt{n}} \sim t(n-1)$$

앞에서 다루었던 분산이 동일하고 서로 독립인 두 정규모집단 $N(\mu_1, \sigma^2)$과 $N(\mu_2, \sigma^2)$ 으로부터 각각 m 개의 X 표본과 n 개의 Y 표본을 추출한 경우에 대해 생각해 보자.

$$\overline{X} \sim N(\mu_1, \sigma^2/m), \quad \overline{Y} \sim N(\mu_2, \sigma^2/n)$$

가 성립하며 $(\overline{X}-\overline{Y})$에 대한 평균과 분산이 각각

$$E(\overline{X}-\overline{Y}) = E(\overline{X}) - E(\overline{Y}) = \mu_1 - \mu_2 \ ,$$
$$Var(\overline{X}-\overline{Y}) = Var(\overline{X}) + Var(\overline{Y}) = \sigma^2(1/m+1/n)$$

인 정규분포에 따르므로

$$Z = \frac{(\overline{X}-\overline{Y}) - (\mu_1 - \mu_2)}{\sigma\sqrt{1/m+1/n}} \sim N(0,1)$$

이다. 또한,

$$\chi^2 = \frac{(m+n-2)S_p^2}{\sigma^2} \sim \chi^2(m+n-2)$$

이 성립함을 이미 학습하였으므로 t−분포의 정의로부터

$$T = Z/\sqrt{\chi^2/(m+n-2)} = \frac{(\overline{X}-\overline{Y}) - (\mu_1 - \mu_2)}{S_p\sqrt{1/m+1/n}} \sim t(m+n-2)$$

임을 알 수 있다.

정리 4-9 등분산인 두 정규모집단에서 표본평균의 차에 대한 분포

분산이 동일하고 서로 독립인 두 정규모집단 $N(\mu_1, \sigma^2)$과 $N(\mu_2, \sigma^2)$으로부터 각각 m개의 X표본과 n개의 Y표본을 추출한 경우에 두 표본평균의 차에 대한 분포는 다음과 같다.

$$\frac{(\overline{X}-\overline{Y})-(\mu_1-\mu_2)}{S_p\sqrt{1/m+1/n}} \sim t(m+n-2)$$

4.3.3 F-분포

서로 독립인 두 정규모집단의 분산이 같은지를 다루는 문제나 분산분석표를 다루는 많은 문제들에서 사용되는 F-분포에 대해 알아보자. F-분포는 다음과 같이 카이제곱분포에 따르는 두 확률변수의 비에 의해 정의된다.

정의 4-5 F-분포의 정의

U과 V가 각각 자유도 r_1, r_2인 카이제곱분포에 따르는 서로 독립인 확률변수들이라 할 때,

$$F=\frac{U/r_1}{V/r_2}$$

의 분포를 **자유도 (r_1, r_2)인 F-분포**라 하며 기호로는 $F \sim F(r_1, r_2)$ 와 같이 나타낸다.

F-분포와 관련된 R 함수는 〈표 4-3〉과 같다. 이미 앞에서 학습한 모든 연속형 분포와 모든 개념들이 동일하다. 확률밀도함수의 그래프를 그리기 위해서는 df( ), 누적확률과 관련해서는 pf( ), 분위수 계산에는 qf( )를 각각 이용하면 된다.

표 4-3 F-분포와 관련된 *f( ) 함수의 사용법

사용형식	df(x, k1, k2) pf(x, k1, k2, lower.tail = TRUE) qf(p, k1, k2, lower.tail = TRUE) rf(r, k1, k2)
기능	$X \sim F(k_1, k_2)$일 때 각 함수의 값은 다음과 같다. df(x, k1, k2) = $f(x)$: x의 pdf 값 pf(x, k1, k2, lower.tail = TRUE)= $\Pr(X \le x)$: x의 cdf 값 qf(p, k1, k2, lower.tail = TRUE)= $\Pr(X \le x_p) = p$인 x_p값 출력 ※ x_p를 p% (누적)백분위수라고 부름. 즉, 누적확률이 p인 분위수 rf(r, k1, k2) = $F(k_1, k_2)$에 따르는 난수 r개를 생성함
인수설명	• x: 확률 또는 누적확률을 계산할 값 • k1: 분자의 자유도 • k2: 분모의 자유도 • lower.tail: 디폴트는 TRUE로 누적확률(왼쪽 확률)을 계산함. 이 옵션을 FALSE로 설정하면 상위확률 $\Pr(X > x)$을 구함 • p: 누적확률 • r: 생성할 난수의 개수

F-분포는 카이제곱분포들의 비를 이용해 정의된 분포이므로 양수인 값만 가지며 두 자유도의 값에 따라 차이가 있긴 하지만 〈그림 4-6〉에서 보는 바와 같이 일반적으로 왼쪽에 밀도가 몰려있으며 오른쪽으로 긴 꼬리를 갖는 형태이다. 분자와 분

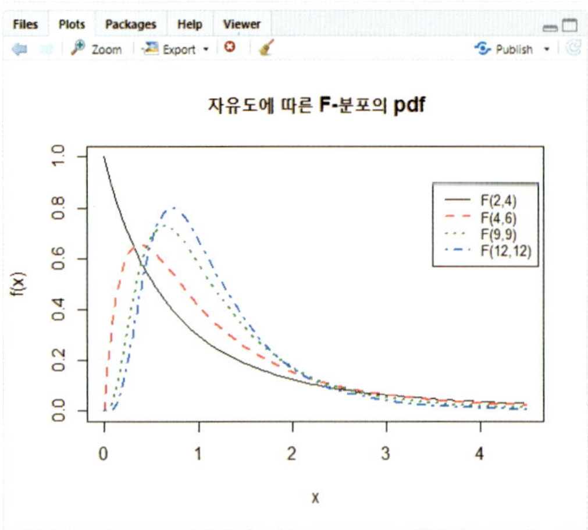

그림 4-6 자유도에 따른 F-분포의 pdf 형태

모의 자유도가 증가할수록 확률밀도함수의 모양은 점점 대칭인 모양으로 변화해간다. [보기 4-6]은 〈그림 4-6〉을 얻기 위한 스크립트이다.

보기 4-6

```
df1=c(2, 4, 9, 12)
df2=c(4, 6, 9, 12)
f1=function(x) df(x, df1[1], df2[1])
f2=function(x) df(x, df1[2], df2[2])
f3=function(x) df(x, df1[3], df2[3])
f4=function(x) df(x, df1[4], df2[4])
curve(f1, xlim=c(0,4.5), ylim=c(0, 1), col=1, lty=1, ylab="f(x)",
      main="자유도에 따른 F-분포의 pdf")
curve(f2, add=T, col=2, lty=2)
curve(f3, add=T, col=3, lty=3)
curve(f4, add=T, col=4, lty=4)
legend(3.5, 0.9, col=1:4, lty=1:4, cex=0.8,
       c("F(2,4)", "F(4,6)", "F(9,9)", "F(12,12)"))
```

〈그림 4-7〉은 F-분포의 분위수와 확률(면적) 관계를 보여준다. $F \sim F(r_1, r_2)$ 일 때, 상위 α-분위수 $F_\alpha(r_1, r_2)$는 다음을 만족하는 값이다.

$$\Pr\{F \geq F_\alpha(r_1, r_2)\} = \alpha.$$

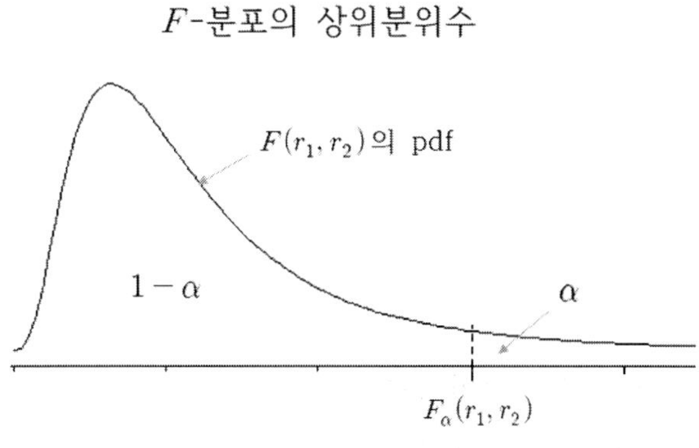

그림 4-7 F-분포의 분위수와 확률(면적) 관계

. [부록 E]에는 자주 사용되는 상위확률 α=0.1, 0.05, 0.025, 0.01, 0.005 각각에 대응되는 F-분포의 수표가 여러 장에 나눠어 수표로 정리돼있다. F-분포표는 분자와 분모의 자유도를 각각 열과 행에 배치하여 상위분위수를 행렬 형태로 출력한 수표이다. [보기 4-7]은 [부록 E]의 F-분포표 중 상위확률 α=0.05인 (B)의 첫 페이지(분자의 자유도가 1부터 10까지인)의 작성과정을 담고 있다.

보기 4-7

```
df1=1:10                                   # 분자의 자유도
df2=c(1:30, 40, 60, 120, Inf)              # 분모의 자유도
nr=length(df2)
nc=length(df1)
pp=0.05    # 상위확률(현재는 0.05인 수표, 이 값을 바꾸면서 다른 수표 작성)
q=matrix(rep(0,nr*nc), ncol=nc)
for (i in 1:nr){                           # 행(분모의 자유도)
  for (j in 1:nc){                         # 열(분자의 자유도)
    q[i,j]=round(qf(1-pp, df1[j], df2[i]), 2)
  }
}
colnames(q)=df1
rownames(q)=df2
pp                                         # 상위확률(현재는 0.05)
print(q)
```

행에 기록된 분모의 자유도(1~30, 40, 50, 60, 100, 200, 1000)는 하나의 페이지에 모두 출력이 가능하나 열에 기록된 분자의 자유도는 공간이 부족하여 다음 장에 나누어 출력해야 한다. 그래서 [보기 4-7] 스크립트의 첫 번째 줄만 다음과 같이 고쳐서 프로그램을 다시 실행하면 연결된 다음 쪽의 수표를 얻을 수 있다.

df1=c(12, 15, 20, 24, 30, 40, 60, 120, Inf)

또한, 상위확률 α의 값은 [보기 4-7]의 다섯 번째 줄에 위치한 변수 pp의 값이므로 다른 pp 값에 따라 2쪽씩 총 10쪽의 수표를 얻을 수 있다. 그러나 이는 상위확률에만 해당하며 동일한 쪽수의 누적확률에 대한 수표도 작성해야만 한다. R을

이용하면 누적확률이 0.1, 0.05, 0.025, 0.01, 0.005 각각에 대한 수표도 같은 방법으로 출력할 수 있다. 그러나 대부분의 통계 관련 서적에는 누적분위수를 담고 있는 분포표는 제공하지 않는다. 그 이유는 다음과 같은 F-분포의 성질 때문이다.

F-분포에 따르는 확률변수의 역수도 역시 F-분포에 따르며 이때 분자와 분모의 자유도가 서로 바뀌게 된다. 즉, $F \sim F(r_1, r_2)$이면 $1/F \sim F(r_2, r_1)$이 성립함은 F-분포의 정의에 따라 쉽게 성립함을 보일 수 있다. F-분포의 이러한 성질을 이용하면 다음과 같은 성질을 얻을 수 있다.

정리 4-10 F-분포의 성질

$$F_{1-\alpha}(r_1, r_2) = \frac{1}{F_\alpha(r_2, r_1)}$$

즉, 누적 α-분위수는 분자와 분모의 자유도를 바꾼 상위 α-분위수의 역수를 이용해 구할 수 있다.

위의 성질은 자유도 (r_2, r_1)인 F-분포표를 이용해서 자유도 (r_1, r_2)인 누적 분위수를 계산하는 데 유용하게 이용될 수 있다.

예제 4-4 F-분포의 분위수

[부록 E]에서 자유도 (4, 5)인 F-분포의 상위 2.5% 분위수와 누적 5% 분위수를 구하고 R을 이용해서 확인해 보라.

|풀이| [부록 E]의 α=0.025인 표에서 $F_{0.025}(4, 5) = 7.39$, α=0.05인 표에서 $F_{0.05}(5, 4) = 6.26$이다. 따라서 누적 5% 분위수=$F_{0.95}(4, 5) = 1/F_{0.05}(5, 4) = 1/6.26 = 0.16$이다. 이를 R에서 확인하면 qf(0.975, 4, 5)=7.387886, qf(0.05, 4, 5)= 0.1598451.

F-분포와 t-분포가 서로 관련이 있음을 알아보자. 만약 $T \sim t(r)$이라면 t-분포의 정의에 따라

$$T = \frac{Z}{\sqrt{V/r}}, \quad (Z \sim N(0, 1),\ V \sim \chi^2(r) \text{ 이며 서로 독립})$$

로 표시되며,

$$T^2 = \frac{Z^2}{V/r} = \frac{Z^2/1}{V/r}$$

이다. $Z^2 \sim \chi^2(1)$ 이고 Z와 V는 서로 독립이다. F-분포의 정의에 따라 $T^2 \sim F(1, r)$ 이 성립한다.

정리 4-11 t-분포와 F-분포와의 관계

$$\{t(r)\}^2 \equiv F(1, r)$$

즉, 자유도 r인 t-분포의 제곱과 $F(1, r)$ 은 동일한 분포를 따른다.

서로 독립인 두 정규모집단 $N(\mu_1, \sigma_1^2)$과 $N(\mu_2, \sigma_2^2)$으로부터 각각 m개의 X 표본과 n개의 Y표본을 추출한 경우 표본분산의 분포는 각각

$$\frac{(m-1)S_1^2}{\sigma_1^2} \sim \chi^2(m-1), \quad \frac{(n-1)S_2^2}{\sigma_2^2} \sim \chi^2(n-1)$$

이며 이들은 서로 독립이다.

$$\frac{\dfrac{(m-1)S_1^2}{\sigma_1^2}/(m-1)}{\dfrac{(n-1)S_2^2}{\sigma_2^2}/(n-1)} = \frac{S_1^2/\sigma_1^2}{S_2^2/\sigma_2^2} = \frac{\sigma_2^2}{\sigma_1^2} \cdot \frac{S_1^2}{S_2^2} \sim F(m-1, n-1)$$

임을 알 수 있다. 이 성질은 두 정규모집단의 분산의 비에 대한 추론에서 매우 중요하게 이용된다.

정리 4-12 두 정규모집단에서의 표본분산의 비에 대한 분포

서로 독립인 두 정규모집단 $N(\mu_1, \sigma_1^2)$과 $N(\mu_2, \sigma_2^2)$으로부터 각각 m개의 X 표본과 n개의 Y표본을 추출한 경우 각 표본분산의 비와 관련된 분포는

$$\frac{\sigma_2^2}{\sigma_1^2} \cdot \frac{S_1^2}{S_2^2} \sim F(m-1, n-1)$$

연습문제

1. 다음 각 분포에서 100개의 난수를 생성하여 히스토그램을 그려보라.

1) U(0, 10)
2) N(50, 100)
3) t(1)
4) $\chi^2(3)$
5) $\chi^2(15)$
6) F(2, 5)
7) F(8, 2)
8) F(15, 15)

2. 문제1의 각 히스토그램에 데이터로부터 추정한 확률밀도함수의 그래프를 추가해 보라.(힌트: 히스토그램을 그릴 때 freq=F 옵션을 사용하고, lines( )의 인수에 density( )를 사용하라)

3. 다음 각 분포에서 상위 2.5% 분위수와 누적 5% 분위수를 구하라.

1) N(0, 1)
2) N(50, 100)
3) t(5)
4) $\chi^2(3)$
5) F(2, 5)
6) F(5, 2)

4. $N(70, 160)$에 따르는 모집단에서 랜덤표본 $X_1, X_2, \cdots, X_{10}$ 을 추출하였을 때, 다음 확률을 R을 이용해 구하라.

1) $\Pr(X_1 \leq 80)$
2) $\Pr(\overline{X} > 78)$
3) $\Pr(62 \leq \overline{X} \leq 80)$

5. $X \sim \chi^2(5)$일 때, 다음 물음에 답하라.

1) $\Pr(X \leq a) = 0.95$ 을 만족하는 a의 값을 구하라.
2) $\Pr(X \geq b) = 0.95$ 을 만족하는 b의 값을 구하라.
3) $\Pr(b \leq X \leq a)$의 값은 얼마인가?

6. $X \sim F(3, 4)$일 때, 다음 물음에 답하라.

1) $\Pr(X \leq a) = 0.95$ 을 만족하는 a의 값을 구하라.

2) $\Pr(4 \leq X \leq 7)$의 값은 얼마인가?

7. 모분산이 $\sigma^2 = 10$ 인 정규모집단에서 25개의 랜덤표본 $X_1, \cdots, X_{25}$ 을 추출하였다고 할 때, $Y = \sum_{i=1}^{25}(X_i - \overline{X})^2$ 에 대한 다음 물음에 답하라.

1) $\Pr(Y \leq a) = 0.025$ 을 만족하는 a의 값을 구하라.

2) $\Pr(Y \geq b) = 0.025$ 을 만족하는 b의 값을 구하라.

3) 1)과 2)의 a, b 값에 대해 $\Pr(a \leq Y \leq b)$의 값은 얼마인가?

8. 서로 독립인 두 정규모집단 $N(\mu_1, 10)$과 $N(\mu_2, 15)$으로부터 각각 10개의 X표본과 11개의 Y표본을 추출하여 구한 표본분산을 각각 S_1^2, S_2^2이라 할 때, 다음 물음에 답하라.

1) $\Pr(S_1^2/S_2^2 \geq a) = 0.025$ 을 만족하는 a의 값을 구하라.

2) $\Pr\left(\dfrac{S_1^2}{S_2^2} \geq \dfrac{1}{3}\right)$ 값을 구하라.

9. 서로 독립인 두 정규모집단 $N(\mu_1, 10)$과 $N(\mu_2, 10)$으로부터 각각 8개의 X표본과 5개의 Y표본을 추출하여 구한 표본분산을 각각 S_1^2, S_2^2이라 할 때, 다음 물음에 답하라.

1) $\Pr(S_1^2/S_2^2 \geq a) = 0.05$ 을 만족하는 a의 값을 구하라.

2) $\Pr\left(\dfrac{S_1^2}{S_2^2} \leq \dfrac{1}{3}\right)$ 값을 구하라.

5장

단일 모집단에 대한 추론

일상생활에서 우리는 주어진 정보를 토대로 어떤 현상에 대한 추측이 필요하거나, 또는 어떤 현상에 대한 기존의 주장이 옳은지 그른지를 판단해야 하는 경우를 마주하며 살아가고 있다. 이런 경우에 우리는 추론의 대상인 모집단으로부터 표본을 택해 얻어지는 정보를 분석하고 이를 이용하여 과학적인 추론에 이르려고 하는데 이는 통계학의 목적이기도 하다. 이렇게 표본으로부터의 정보를 이용하여 모집단에 대한 추측이나 의사결정을 하는 과정을 **통계적 추론**(statistical inference)이라고 한다. 통계적 추론은 추측통계학에서 가장 핵심적인 영역으로 크게 **추정**(estimation)과 **가설검정**(hypothesis testing)으로 나눌 수 있다.

통계적 추론에서는 모집단의 분포로 확률분포를 가정한 이론적 모형을 세우고 이 모형에 사용된 분포의 평균, 비율, 분산 등과 같이 모집단의 특성을 나타내는 수치적인 측도를 **모수**(population parameter)라고 한다. 모집단은 그 모수들에 의해 특징지어지므로 통계적 추론은 결국 모수에 관한 추론인 셈이다.

이번 장에서는 추정과 검정의 기본 원리를 이해하고 단일표본에서 주요 모수인 모평균, 모비율, 모분산에 대한 추론에 대해 학습한다. 또한, 이 과정에서 사용되는 R 함수와 이의 활용법에 대해서도 다루려고 한다.

5.1 점추정

점추정(point estimation)이란 표본에서 얻어지는 정보를 이용하여 모수의 참값으로 생각되는 값을 일정한 방법에 따라 택하는 방법이다. 만약 모집단의 분포가 우리가 관심이 있는 미지의 모수 θ 에 의하여 특정된다고 하자. $X_1, X_2, \cdots, X_n$ 은 이 모집단으로부터의 랜덤표본이며 이들을 실제로 관측한 값을 $x_1, x_2, \cdots, x_n$ 이라 하면, 지정된 방법 h 에 의해 계산된 값 $h(x_1, \cdots, x_n)$ 을 θ 의 참값으로 추측하는 것이 점추정의 일반적인 절차이다. 이때 $h(X_1, \cdots, X_n)$ 은 통계량(statistic)으로서 θ 의 추정을 목적으로 사용되기 때문에 θ 의 **추정량**(estimator)이라 하고, 기호로는 $\hat{\theta}(X_1, \cdots, X_n)$ 또는 간단히 $\hat{\theta}$ 과 같이 나타낸다. 또한 추정량 $\hat{\theta}(X_1, \cdots, X_n)$ 을 실제로 관측한 값 $\hat{\theta}(x_1, \cdots, x_n)$ 을 θ 의 **추정치**(estimate)라 하며 추정량과 특별히 구분할 필요가 없다면 추정량과 마찬가지로 $\hat{\theta}$ 로 나타내기도 한다.

정의 5-1 추정량(estimator)과 추정치(estimate)

θ : 우리의 관심인 모집단 분포의 미지(unknown)인 모수로 추정의 대상

$X_1, X_2, \cdots, X_n$: 모집단에서 추출한 n개의 랜덤표본

$x_1, x_2, \cdots, x_n$: $X_1, X_2, \cdots, X_n$을 실제로 관측한 값

지정된 방법 h에 의해 계산된 값 $h(x_1, \cdots, x_n)$을 θ의 참값으로 추측할 때 다음과 같은 용어를 사용한다.

$\hat{\theta}(X_1, \cdots, X_n) = h(X_1, \cdots, X_n)$는 통계량(statistic)으로서 θ의 추정을 목적으로 사용되므로 θ의 **추정량**(estimator)이라 부르고, 추정량의 실제 관측 값 $\hat{\theta}(x_1, \cdots, x_n) = h(x_1, \cdots, x_n)$는 θ의 **추정치**(estimate)라 부른다.

[정의 4-2]에서 다룬 통계량들 $\overline{X}$, S^2, $\hat{p}$은 각각 모집단의 평균(μ), 분산(σ^2), 모비율(p)에 대한 대표적인 추정량이다. 또한, 이들 통계량의 확률분포(표본분포라 부름)에 대해서도 이미 4장에서 학습하였다.

추정량은 표본이 얻어진 이후에는 하나의 수치로 계산되지만 표본이 얻어지기 전에는 어떤 값이 나올지 모르는 확률변수이다. 일반적으로 모수 θ에 대한 추정량은 무수히 많으며 우리는 이들 중 좋은 추정량을 선택해 사용해야 할 것이다. 예를 들어, 모평균 μ에 대한 추정량으로 표본평균, 표본중앙값, 절사평균 등의 통계량들이 고려될 수 있을 것이다. 각 추정량들마다 장점과 단점도 있을 것이며, 또 상황에 따라 특정 추정량이 두드러진 효과를 나타내는 경우도 있을 것이다.

지금부터는 좋은 추정량들이 갖추어야 할 바람직한 성질들에 대해서 알아보려고 한다. 일반적으로 중요하게 다루어지는 3가지 성질인 비편향성(unbiasedness), 유효성(efficiency), 일치성(consistency)에 대해 설명하도록 하겠다.

5.1.1 바람직한 추정량의 성질1: 비편향성

표본으로부터 얻어지는 점추정은 항상 **표집오차**(sampling error)가 생긴다. 이는 모집단 전체를 관측하지 않고 일부분인 표본만을 이용하기 때문에 생기는 오차이다. 관심 모수 θ에 대한 추정량을 $\hat{\theta}$라 하면 추정량의 오차는 다음과 같이 **변동**(variation)과 **편향**(bias, **치우침**)으로 분해된다. 추정량의 오차에 대한 정의는 다음과 같다.

정의 5-2 **추정량의 표집오차**

$$\text{추정량 } \hat{\theta} \text{ 의 표집오차} = \hat{\theta} - \theta = \{\hat{\theta} - E(\hat{\theta})\} + \{E(\hat{\theta}) - \theta\}$$
$$= \{\text{변동}\} + \{\text{편향}\}$$

$\hat{\theta}(X_1,\cdots,X_n)$의 분포가 어느 한쪽으로 치우치지 않고 참값 θ 을 균형점으로 하여 나타난다면 이는 바람직한 일이다. 즉, 추정량 $\hat{\theta}$ 의 기댓값이 참값 θ 가 되는 성질은 매우 바람직한 것이다. 이와 같이 모수 θ 의 모든 참값에 대해 $E(\hat{\theta}) = \theta$ 을 만족하는 추정량 $\hat{\theta} = \hat{\theta}(X_1,\cdots,X_n)$ 을 **비편향추정량(unbiased estimator)**이라 한다. 비편향추정량의 편향은 0이다.

정의 5-3 **비편향추정량(unbiased estimator)**

모수 θ 의 모든 참값에 대해 $E(\hat{\theta}) = \theta$ 을 만족하는 추정량 $\hat{\theta} = \hat{\theta}(X_1,\cdots,X_n)$ 을 **비편향추정량**(unbiased estimator)이라 한다.

예제 5-1 **표본평균의 비편향성**

$X_1, X_2, \cdots, X_n$ 을 평균이 μ 이고 분산이 σ^2 인 임의의 모집단으로부터의 랜덤표본이라고 할 때, 표본평균 $\overline{X}$ 는 모평균 μ 에 대한 비편향추정량임을 보여라.

|풀이| $E(\overline{X}) = \mu$ 임을 보이면 된다. 기댓값의 성질로부터

$$E(\overline{X}) = \frac{1}{n}E(X_1 + X_2 + \cdots + X_n)$$
$$= \frac{1}{n}\{E(X_1) + E(X_2) + \cdots + E(X_n)\}$$
$$= \frac{1}{n}n\mu = \mu$$

예제 5-2 **표본분산의 비편향성**

평균이 μ 이고 분산이 σ^2 인 임의의 모집단으로부터의 랜덤표본을 $X_1, X_2, \cdots, X_n$

이라고 할 때, 표본분산 $S^2 = \sum_{i=1}^{n}(X_i - \overline{X})^2/(n-1)$ 은 모분산 σ^2 에 대한 비편향 추정량임을 보이라.

|풀이| $E(S^2) = \sigma^2$ 임을 보이면 된다. 기댓값의 성질로부터

$$\begin{aligned} E\left\{\sum_{i=1}^{n}(X_i - \overline{X})^2\right\} &= E\left\{\sum_{i=1}^{n}X_i^2 - n\overline{X}^2\right\} \\ &= \sum_{i=1}^{n}E(X_i^2) - nE(\overline{X}^2) \\ &= \sum_{i=1}^{n}E(X_1^2) - nE(\overline{X}^2) \\ &= n\left[Var(X_1) + \{E(X_1)\}^2\right] - n\left[Var(\overline{X}) + \{E(\overline{X})\}^2\right] \\ &= n(\sigma^2 + \mu^2) - n(\sigma^2/n + \mu^2) \\ &= (n-1)\sigma^2 \end{aligned}$$

이 성립한다. 식의 양변을 $(n-1)$ 로 나누면 $E(S^2) = \sigma^2$ 이다.

예제 5-3 표본비율의 비편향성

$X_1, X_2, \cdots, X_n$ 을 모비율 p 인 베르누이 분포로부터의 랜덤표본이라고 할 때, 표본비율(표본평균) $\hat{p} = \overline{X} = (\sum_{i=1}^{n} X_i)/n = X/n$ 은 모비율 p 에 대한 비편향추정량임을 보여라.

|풀이| $E(\hat{p}) = p$ 임을 보이면 된다. $\hat{p} = X/n$, $X = \sum_{i=1}^{n} X_i \sim B(n, p)$ 이므로 $E(X) = np$ 이다. $E(\hat{p}) = E(\frac{X}{n}) = \frac{1}{n}E(X) = \frac{np}{n} = p$

5.1.2 바람직한 추정량의 성질2: 유효성

비편향성은 추정량의 분포에서 중심위치에 대한 내용만을 포함할 뿐이며 추정량의 분포에 대한 흩어짐의 정도는 나타내지 못한다. 이런 문제를 보완하기 위해 흩어짐을 나타내는 측도로서 흔히 추정량의 표준편차를 사용한다. 이를 추정량의 **표준오**

차(standard error)라고 하며, 두 비편향추정량 중에서 표준오차가 작은 추정량을 더 **유효한**(efficient) **추정량**이라고 한다. 이들 사이의 관계는 〈그림 5-1〉과 같다.

> **정의 5-4 표준오차와 추정량의 유효성**
>
> 추정량 $\hat{\theta}$ 의 표준편차를 **표준오차**(standard error)라고 하며
>
> $$S.E.(\hat{\theta}) = \sqrt{Var(\hat{\theta})}$$
>
> 로 나타낸다. 두 비편향추정량 $\hat{\theta}_1$, $\hat{\theta}_2$ 의 표준오차 사이에
>
> $$S.E.(\hat{\theta}_1) < S.E.(\hat{\theta}_2)$$
>
> 인 관계가 있다면 $\hat{\theta}_1$가 $\hat{\theta}_2$보다 더 **유효한 추정량**이라고 한다.

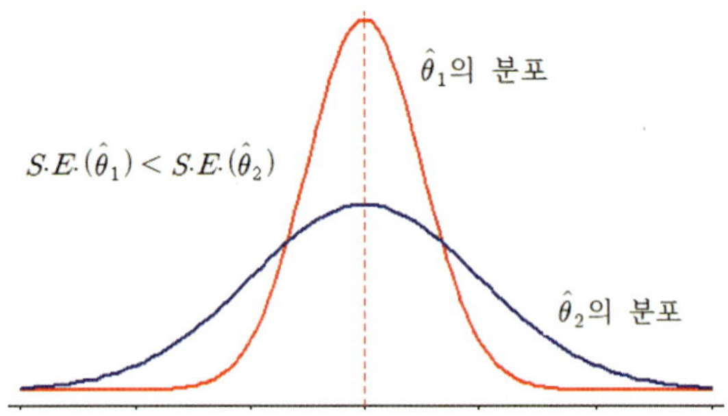

그림 5-1 두 비편향추정량의 유효성

이상과 같은 비편향성과 유효성을 동시에 고려하여 가장 좋은 추정량을 찾는 방법을 **최소분산비편향추정량**(minimum variance unbiased estimator; MVUE)이라 하며, 이는 일반적으로 점추정에서 가장 이상적으로 추구하는 추정량이다.

5.1.3 바람직한 추정량의 성질3: 일치성

표본평균 $\overline{X}$ 의 분산은 $Var(\overline{X}) = \sigma^2/n$ 으로 표본의 크기가 커지면 0으로 수렴한다. 어떤 추정량의 분산이 0으로 수렴한다는 것은 해당 추정량의 표본 추출에 의한

변동이 점점 줄어들고 결국 그 추정량의 평균으로 수렴한다는 뜻입니다. 이와 같은 확률변수의 수렴을 **확률적 수렴**(convergence in probability)이라 부르며 표본평균 $\overline{X}$가 모평균 μ에 확률적으로 수렴한다고 한다. 표본평균 $\overline{X}$와 같이 표본의 크기가 커지면 추정하려는 모수의 참값에 확률적으로 수렴하는 추정량을 **일치추정량**(consistent estimator)이라 하는데, 좀 더 엄밀한 정의는 다음과 같다.

정의 5-5 일치추정량(consistent estimator)

크기 n 인 표본을 이용한 추정량 $\widehat{\theta_n} = \hat{\theta}(X_1, \cdots, X_n)$ 에 대해

$$\lim_{n \to \infty} \Pr\{|\widehat{\theta_n} - \theta| \geq \epsilon\} = 0, \ (\epsilon \text{ 은 임의의 양수})$$

이 성립하면 $\widehat{\theta_n}$ 은 θ **에 확률적으로 수렴한다**고 하며 기호로 $\widehat{\theta_n} \xrightarrow{p} \theta$로 나타낸다. 또한, $\widehat{\theta_n}$ 을 θ **의 일치추정량**이라 한다.

이상과 같이 일치추정량의 정의는 확률적 수렴을 이용하고 있으며, 이와 관련된 다음의 부등식을 이용하면 추정량의 일치성을 쉽게 보일 수 있다.

정리 5-1 체비셰프의 부등식(Chebyshev's inequality)

만약 확률변수 X 의 평균 $\mu = E(X)$, 분산을 $\sigma^2 = Var(X)$ 이라 하면, 모든 $k \geq 1$ 에 대해 다음이 성립한다.

$$\Pr\{|X - \mu| \geq k\sigma\} \leq \frac{1}{k^2}.$$

체비셰프의 부등식에 의하면 확률변수 X 가 자신의 평균으로부터 표준편차의 k 배 이상 떨어져 있을 확률은 최소 $1/k^2$ 이하라는 것을 의미한다. [정리 5-1]에서 $k\sigma = \epsilon$ 이라 하면 다음과 같은 따름정리를 얻는다. 이 부등식의 형태가 추정량의 일치성을 보이는 데 훨씬 유용하다.

정리 5-2 **체비셰프의 부등식 ([정리 5-1]의 따름정리)**

확률변수 X 의 평균 $\mu = E(X)$, 분산을 $\sigma^2 = Var(X)$ 이라 하면, 임의의 양수 ϵ 에 대해 다음이 성립한다.

$$\Pr\{|X-\mu| \geq \epsilon\} \leq \frac{\sigma^2}{\epsilon^2}.$$

예제 5-4 **표본평균의 일치성**

$X_1, X_2, \cdots, X_n$ 이 평균이 μ 이고 분산이 σ^2 인 임의의 모집단으로부터의 랜덤표본이라고 할 때, 표본평균 $\overline{X}$는 모평균 μ에 대한 일치추정량임을 보이라.

|풀이| $\overline{X} \xrightarrow{p} \mu$ 임을 보이자. 즉, 임의의 $\epsilon > 0$ 에 대해 $\lim_{n\to\infty}\Pr\{|\overline{X}-\mu| \geq \epsilon\}=0$을 보이면 된다. $E(\overline{X}) = \mu$ 이고 $Var(\overline{X}) = \frac{\sigma^2}{n}$이므로 체비셰프의 부등식을 이용하면

$$0 \leq \Pr\{|\overline{X}-\mu| \geq \epsilon\} \leq \frac{Var(\overline{X})}{\epsilon^2} = \frac{\sigma^2}{n\epsilon^2} \to 0 \ (n \to \infty)$$

이 성립하므로 $\lim_{n\to\infty}\Pr\{|\overline{X}-\mu| \geq \epsilon\}=0$이다. 따라서 $\hat{\mu} = \overline{X}$는 μ 의 일치추정량이다.

예제 5-5 **표본비율의 일치성**

$X_1, X_2, \cdots, X_n$ 을 모비율 p 인 베르누이 분포로부터의 랜덤표본이라고 할 때, 표본비율(표본평균) $\hat{p} = \overline{X} = (\sum_{i=1}^{n} X_i)/n = X/n$ 은 모비율 p 에 대한 일치추정량임을 보이라.

|풀이| [예제 5-3]에서 $\hat{p} = X/n$, $X = \sum_{i=1}^{n} X_i \sim B(n, p)$ 이며 $E(\hat{p}) = p$ 임을 알고 있다. 또한 $Var(X) = np(1-p)$ 임을 이용하여

$$Var(\hat{p}) = Var\left(\frac{X}{n}\right) = \frac{1}{n^2}Var(X) = \frac{np(1-p)}{n^2} = \frac{p(1-p)}{n}$$

이다. 임의의 $\epsilon > 0$ 에 대해

$$0 \leq \Pr\{|\hat{p} - p| \geq \epsilon\} \leq \frac{Var(\hat{p})}{\epsilon^2} = \frac{p(1-p)}{n\epsilon^2} \to 0 \ (n \to \infty)$$

이 성립하므로 $\lim_{n\to\infty}\Pr\{|\hat{p}-p| \geq \epsilon\}=0$이다. 따라서 $\hat{p}$ 는 p 의 일치추정량이다.

5.2 주요 모수의 추정량

5.2.1 모평균의 추정

모평균 μ 의 추정량으로는 표본에서의 평균, 중앙값, 절대편차의 평균 등 여러 가지를 생각할 수 있지만 가장 일반적으로 표본평균 $\overline{X}$ 을 사용한다. 그 이유는 계산이 간편할 뿐만 아니라 정규모집단에서는 가장 좋은 추정량으로 알려져 있기 때문이다. [예제 5-1]과 [예제 5-4]를 통해 표본평균 $\overline{X}$ 는 모평균 μ 에 대한 비편향추정량이며 일치추정량임을 알고 있다. 더 나아가 모집단이 정규분포를 따르는 경우에 $\overline{X}$ 는 모평균 μ 에 대한 MVUE(최소분산비편향추정량) 임이 알려져 있다.

또한 $\overline{X}$ 의 분산은 $Var(\overline{X}) = \sigma^2/n$ 이므로 표준오차는 $S.E.(\overline{X}) = \sigma/\sqrt{n}$ 이다. 모표준편차 σ 을 모르는 경우에는 σ 대신 표본표준편차 S 을 사용하여 추정한다. 만약 모집단이 정규분포 $N(\mu, \sigma^2)$ 을 따른다면 $\overline{X}$ 의 분포는 정규분포 $N(\mu, \sigma^2/n)$ 을 따르며, [정리 3-12]에 의하면

$$\Pr\left\{|\overline{X} - \mu| \leq \frac{2\sigma}{\sqrt{n}}\right\} = 0.954$$

임을 알 수 있다. 즉, $\hat{\mu} = \overline{X}$ 을 사용하여 μ 을 추정하는 과정을 1000번 반복한다면 그 중 오차가 $2\sigma/\sqrt{n}$ 이내인 경우가 954번 정도라고 할 수 있다. 이 경우 $2\sigma/\sqrt{n}$ 을 $\hat{\mu} = \overline{X}$ 의 95.4% **오차한계(limit of error)**라고 한다.

모집단이 정규분포를 따르지 않더라도 표본의 크기가 충분히 큰 경우에는 중심극한정리에 의해 $\overline{X}$ 의 분포는 근사적으로 정규분포 $N(\mu, \sigma^2/n)$ 에 따르게 된다. 따라서 이때 $2\sigma/\sqrt{n}$ 은 95.4% **근사오차한계(limit of error)**라고 한다. 추정량 $\hat{\mu} = \overline{X}$ 에 대한 내용들을 모두 정리하면 다음과 같다.

정리 5-3 모평균 μ에 대한 추정

- 추정량: $\hat{\mu}=\overline{X}$
- 표준오차: $S.E.(\hat{\mu})=\sigma/\sqrt{n}$
- 표준오차의 추정량: $\widehat{S.E.(\hat{\mu})}=S/\sqrt{n}$
- $\hat{\mu}=\overline{X}$의 95.4% 오차한계(정규모집단일 때): $2\times S.E.(\hat{\mu})=2\sigma/\sqrt{n}$
- $\hat{\mu}=\overline{X}$의 95.4% 근사오차한계(표본크기가 큰 경우): $2\times S.E.(\hat{\mu})=2\sigma/\sqrt{n}$

5.2.2 모분산의 추정

모집단 분포의 산포를 나타내는 측도로 범위, 분산과 표준편차, MAD 등이 있음을 이미 2장에서 학습하였다. 랜덤표본을 이용해 모분산 σ^2 에 대한 정보를 제공하는 통계량으로

$$\max X_i-\min X_i\,,\quad \sum_{i=1}^{n}(X_i-\overline{X})^2\,,\quad \sum_{i=1}^{n}|X_i-\overline{X}|$$

등을 생각할 수 있으나 표본분산 S^2 을 일반적으로 가장 많이 사용한다. [예제 5-2]에서 임의의 분포에서 S^2 은 σ^2 에 대한 비편향추정량임을 보였다. 모집단이 정규분포를 따를 때는 더 간단하게 $E(S^2)=\sigma^2$ 이 성립함을 보일 수 있으며 이는 연습문제로 남겨둔다. S^2 을 정의할 때 분모를 $(n-1)$ 로 나누는 이유는 S^2 이 σ^2 에 대한 비편향추정량이 되도록 만들기 위함이다. 그러나 S 은 σ 에 대한 비편향추정량은 아니다. 즉, $E(S)\neq\sigma$ 임에 유의하자. S 은 σ 에 대한 편향추정량으로 $E(S)<\sigma$ 이며, 그 편향(bias)은 표본크기가 커지면 무시할 수 있다고 알려져 있으며, S^2 이나 S 은 각각 σ^2 과 σ 에 대한 일치추정량임도 알려져 있다.

> 정리 5-4 **모분산 σ^2 에 대한 추정**
>
> • σ^2 의 추정량: $\widehat{\sigma^2} = S^2$, σ^2 에 대한 비편향추정량이며 일치추정량
>
> • σ 의 추정량: $\hat{\sigma} = S$, σ 에 대한 비편향추정량은 아니지만 일치추정량

5.2.3 모비율의 추정

흡연율이나 찬성률과 같이 모집단에서 특정한 속성을 갖는 비율에 대한 이론적 모형은 모비율 p 인 베르누이 분포로부터의 랜덤표본을 사용한다. 표본비율 $\hat{p} = X/n = (\Sigma_{i=1}^{n} X_i)/n$ 은 베르누이 확률변수 X_i 들의 표본평균과 같다. 따라서 베르누이 확률변수 X_i 들로부터의 표본평균인 $\hat{p} = (\Sigma_{i=1}^{n} X_i)/n$ 에 대한 분포는 $E(X_i) = p$ 이며 $Var(X_i) = p(1-p)$ 이므로 중심극한정리에 의해 $\overline{X} = \hat{p}$ 의 기댓값과 분산은 다음과 같다.

$$E(\overline{X}) = E(\hat{p}) = p,\quad Var(\overline{X}) = Var(\hat{p}) = p(1-p)/n.$$

[예제 5-3]과 [예제 5-5]로부터 $\hat{p}$ 은 모비율 p 에 대한 비편향추정량이며 일치추정량이다. 또한 표본의 크기가 클 경우에 $\hat{p}$ 의 분포는 근사적으로 $N(p, p(1-p)/n)$ 을 따르므로 95.4% 근사 오차한계는 $2\sqrt{p(1-p)/n}$ 이다. 표준오차나 오차한계에서 p 는 알지 못하므로 $\hat{p}$ 를 대신 사용하여 추정한다.

> 정리 5-5 **모비율 p 에 대한 추정**
>
> • p 의 추정량: $\hat{p} = X/n = (\Sigma_{i=1}^{n} X_i)/n$, p 에 대한 비편향추정량이며 일치추정량
>
> • 표준오차: $S.E.(\hat{p}) = \sqrt{p(1-p)/n}$
>
> • 표본크기가 큰 경우에 95.4% 근사오차한계: $2 \times \widehat{S.E.}(\hat{p}) = 2\sqrt{\hat{p}(1-\hat{p})/n}$

5.3 구간추정

점추정에서는 랜덤표본들이 어떤 값을 가지는지에 따라 추정량의 값이 달라진다. 예를 들어, 모평균 μ의 추정량으로 표본평균 $\overline{X}$을 사용하는 경우를 생각해 보면 $\overline{X}$의 값이 μ보다 클 수도 있고, 작을 수도 있다. 가끔은 일치할 수도 있을 것이다. 이렇게 추정량은 확률변수로서 모수의 참값과 정확히 일치하는 점추정량 값이 나온다는 보장이 없다. 따라서 모수의 참값을 포함하는 구간을 제시하는 것이 의사결정에 더 도움이 될 수 있다.

모르는 모수 θ에 따른 모집단으로부터 랜덤표본 $X_1,\cdots,X_n$을 관측하여 얻어진 값 $x_1,\cdots,x_n$와 지정된 방법 L과 U을 이용하여 $L(x_1,\cdots,x_n)$, $U(x_1,\cdots,x_n)$을 계산하고 θ의 참값이 구간 $(L(x_1,\cdots,x_n),\ U(x_1,\cdots,x_n))$에 속하게 될 것으로 추측하는 것이 구간추정의 일반적인 과정이다. 이때, $L(X_1,\cdots,X_n)$과 $U(X_1,\cdots,X_n)$는 통계량으로서 θ의 구간추정에 사용되고 있음을 강조하기 위하여 $\widehat{\theta_L}(X_1,\cdots,X_n)$, $\widehat{\theta_U}(X_1,\cdots,X_n)$와 같이 나타내기도 하며 간단히 $\widehat{\theta_L}$, $\widehat{\theta_U}$와 같이 나타내기도 한다. 구간 $(\widehat{\theta_L},\ \widehat{\theta_U})$을 θ의 **구간추정량(interval estimator)** 또는 **신뢰구간(confidence interval)**이라 한다.

어떤 구간추정 방법이 좋고 나쁜지를 결정하는 것은 특정한 데이터 값에 따른 하나의 신뢰구간을 기준으로 하는 것이 아니다. 동일한 구간추정 방법을 반복적으로 사용하여 얻어진 신뢰구간들이 참값 θ을 품게 되는 횟수가 미리 정해진 한계 이상이 되도록 하는 것이 통계학의 전통적인 형식이다. 즉, 미리 지정된 확률 $(1-\alpha)$에 대해

$$\Pr\{\theta \in (\widehat{\theta_L},\ \widehat{\theta_U})\} \geq 1-\alpha$$

가 성립하도록 신뢰구간 $(\widehat{\theta_L},\ \widehat{\theta_U})$을 정한다. 이때 $(1-\alpha)$을 **신뢰수준(confidence level)**이라 하고 신뢰구간 $(\widehat{\theta_L},\ \widehat{\theta_U})$을 **모수 θ에 대한 100$(1-\alpha)$% 신뢰구간**이라 한다. 신뢰수준으로는 흔히 99%, 95%, 90% 등을 많이 사용한다.

정의 5-6 신뢰구간 및 신뢰수준의 의미

모평균 μ 에 대한 90% 신뢰구간의 의미: 만일 동일한 방법으로 100번 표본을 추출하여 신뢰구간을 구했다면, 그 100개의 신뢰구간 중 90개가 모수 μ 를 포함하게 됨을 의미한다.

여기서 신뢰구간이 모수를 포함할 비율, 즉 90%를 구간추정의 신뢰수준이라 한다.

구간추정에서 중요한 문제는 신뢰수준과 구간의 폭(크기)이다. 신뢰수준이란 "반복적으로 구한 신뢰구간 중 추정하려는 모수를 포함하는 신뢰구간의 비율"을 의미한다. 따라서 신뢰구간은 신뢰수준이 높을수록 좋고, 구간의 폭은 작을수록 좋다. 모수 θ 는 우리가 모르긴 하지만 변하는 값이 아니다. 이를 추정하기 위해 표본을 추출한다면 매번 추출할 때마다 그 표본에 의한 신뢰구간은 달라질 것이다. 〈그림 5-2〉는 표본에 따라 신뢰구간이 달라지는 예를 보여주고 있다. 빨간색으로 표시된 신뢰구간은 모수의 참값 θ 을 포함하지 않으며 나머지 신뢰구간들은 참값 θ 을 포함하고 있는 경우이다. 이와 같이 신뢰구간은 표본에 따라 달라질 수 있으므로 "모수가 신뢰구간에 포함될 확률"이 아니라 "신뢰구간이 모수를 포함할 비율"을 고려하게 되며 이 비율이 바로 신뢰수준이 된다.

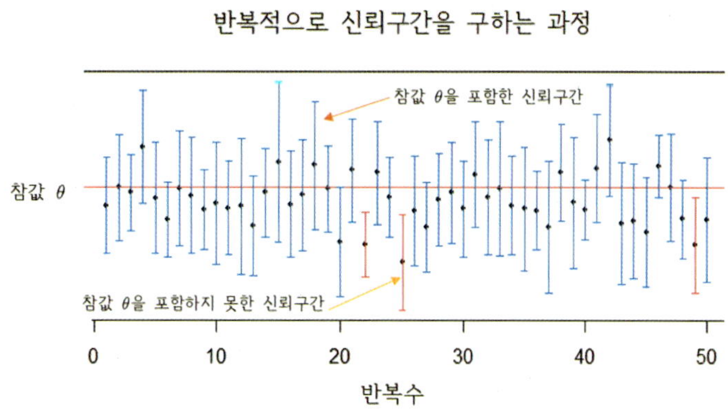

그림 5-2 신뢰구간과 신뢰수준의 의미

앞에서 신뢰수준은 높을수록 좋고, 구간의 폭은 작을수록 좋다고 하였다. 그러나 신뢰구간을 구성하는 이 두 가지 요소인 신뢰수준과 구간의 폭은 서로 상충되는 문제를 일으킨다. 즉, 신뢰수준을 높이면 구간의 폭이 증가하게 되며 반대로 정교한 신뢰구간을 만들기 위해 구간의 폭을 줄이면 신뢰수준이 떨어지게 된다. 따라서 구간추정에서는 상충되는 이 두 가지 요소에 대한 절충이 요구된다. 일반적으로 문제의 특성에 따라 신뢰수준을 먼저 고정하고 그 신뢰수준을 만족하면서 구간의 폭을 줄이는 방법을 선택하게 된다. 같은 신뢰수준에서 신뢰구간의 폭은 추정량의 표준오차와 관련되며 표준오차는 표본의 개수에 따라 달라진다. 따라서 신뢰구간의 폭을 줄이려면 표본의 개수를 늘려야 하지만 이는 비용 등의 문제와도 연결되어 있으니 적절한 조정이 필요하다.

5.3.1 모평균에 대한 신뢰구간

(1) 분산 σ^2을 아는 정규모집단인 경우

분산 σ^2 이 알려진 정규모집단 $N(\mu, \sigma^2)$에서 모평균 μ 에 대한 구간추정을 생각해 보자. 크기 n 인 랜덤표본들의 평균 $\overline{X}$ 에 대해

$$\overline{X} \sim N(\mu, \frac{\sigma^2}{n}) \;\Rightarrow\; \frac{\overline{X}-\mu}{\sigma/\sqrt{n}} \sim N(0,1)$$

가 성립한다. 따라서 표준정규분포에서 상위확률이 $\alpha/2$ 인 상위 분위수 $z_{\alpha/2}$ 에 대해

$$\Pr\left\{-z_{\alpha/2} \leqq \frac{\overline{X}-\mu}{\sigma/\sqrt{n}} \leqq z_{\alpha/2}\right\} = 1-\alpha$$

이 성립한다. 이를 μ에 대해 정리하면

$$\Pr\left\{\mu \in (\overline{X}-z_{\alpha/2}\frac{\sigma}{\sqrt{n}},\ \overline{X}+z_{\alpha/2}\frac{\sigma}{\sqrt{n}})\right\} = 1-\alpha$$

이므로 μ 에 대한 $100(1-\alpha)\%$ 신뢰구간은

$$\left(\overline{X}-z_{\alpha/2}\frac{\sigma}{\sqrt{n}},\ \overline{X}+z_{\alpha/2}\frac{\sigma}{\sqrt{n}}\right)$$

이 된다. 이를 간단히 $\overline{X} \pm z_{\alpha/2} \cdot \frac{\sigma}{\sqrt{n}}$ 로 나타내기도 한다.

정리 5-6 모분산을 아는 정규모집단에서 모평균에 대한 신뢰구간

• 통계량에 대한 분포: $\overline{X} \sim N(\mu, \frac{\sigma^2}{n}) \Rightarrow \frac{\overline{X}-\mu}{\sigma/\sqrt{n}} \sim N(0,1)$

• μ에 대한 $100(1-\alpha)\%$ 신뢰구간: $\overline{X} \pm z_{\alpha/2} \cdot \frac{\sigma}{\sqrt{n}}$

모집단의 분포가 정규분포와 같이 종모양의 좌우대칭인 분포에서는 위와 같이 $(\overline{X} \pm d)$ 형태로 신뢰구간을 작성하는 것이 가장 바람직하다. 그 이유는 표본평균을 중심으로 같은 거리만큼 가감하는 형태의 신뢰구간의 폭이 가장 작기 때문이다. 다음 [예제 5-6]은 표준정규분포의 확률을 통해 구간의 길이를 비교한 예이다.

예제 5-6 표준정규분포에서 확률이 0.95인 구간의 길이

다음 상수 a, b에 대해 확률 $\Pr(a \leq Z \leq b)$을 구하고 구간 (a, b)의 길이 $l=b-a$ 의 값도 구하라. Z는 표준정규분포에 따르는 확률변수이다.

1) $a=-1,\ b=1$

2) $a=-2,\ b=0.54$

|풀이|

1) $\Pr(-1 \leq Z \leq 1)=0.683,\ l=b-a=2$

2) $\Pr(-2 \leq Z \leq 0.54)=0.683,\ l=b-a=2.54$

R을 이용해 pnorm(1)−pnorm(−1)=0.6826895, pnorm(0.54)−pnorm(−2)=0.6826514 임을 확인해볼 수도 있다.

[예제 5-6]에서 두 구간의 확률(면적)은 0.683으로 동일하지만 평균 0에 대해 (0 ± 1)인 형태의 구간이 길이(폭)가 더 작음을 알 수 있다. 모집단의 분포가 정규분포와 같이 종모양의 좌우대칭인 분포에서는 [정리 5-6]에서와 같이 $(\overline{X} \pm d)$ 형태로 신뢰구간을 작성하는 것이 가장 바람직하다.

(2) 분산 σ^2을 모르는 정규모집단인 경우

분산 σ^2 을 모르는 정규모집단 $N(\mu, \sigma^2)$ 에서 모평균 μ 에 대한 구간추정을 생각해 보자. 일반적으로 모분산 σ^2 을 아는 경우는 거의 없으며, 당연히 표본으로부터 계산한 표본분산 S^2 을 이용해 추정할 것이다. 모르는 σ 대신 표본표준편차 S 을 이용해 추정한 스튜던트화된 통계량의 분포에 대한 [정리 4-8]에 의하면

$$\frac{\overline{X}-\mu}{S/\sqrt{n}} \sim t(n-1)$$

가 성립한다. 따라서 $t_{\alpha/2}(n-1)$ 을 자유도 $(n-1)$ 인 t-분포에서 상위확률이 $\alpha/2$ 인 백분위수라면

$$\Pr\left\{-t_{\alpha/2}(n-1) \leq \frac{\overline{X}-\mu}{S/\sqrt{n}} \leq t_{\alpha/2}(n-1)\right\} = 1-\alpha$$

이 성립한다. 즉,

$$\Pr\left\{\mu \in \left(\overline{X}-t_{\alpha/2}(n-1)\frac{S}{\sqrt{n}},\ \overline{X}+t_{\alpha/2}(n-1)\frac{S}{\sqrt{n}}\right)\right\} = 1-\alpha$$

이므로 μ 에 대한 $100(1-\alpha)\%$ 신뢰구간은

$$\left(\overline{X}-t_{\alpha/2}(n-1)\frac{S}{\sqrt{n}},\ \overline{X}+t_{\alpha/2}(n-1)\frac{S}{\sqrt{n}}\right)$$

과 같다. 이를 간단히 $\overline{X} \pm t_{\alpha/2}(n-1) \cdot \frac{S}{\sqrt{n}}$ 로 나타내기도 한다.

정리 5-7 모분산을 모르는 정규모집단에서 모평균에 대한 신뢰구간

- 통계량에 대한 분포: $\frac{\overline{X}-\mu}{S/\sqrt{n}} \sim t(n-1)$
- μ 에 대한 $100(1-\alpha)\%$ 신뢰구간: $\overline{X} \pm t_{\alpha/2}(n-1) \cdot \frac{S}{\sqrt{n}}$

실제로 데이터들이 주어졌을 때 모평균에 대한 신뢰구간을 구하려면 데이터들로

부터 표본평균과 표본표준편차를 구하고, 자유도에 따른 t-분포의 상위 분위수도 구해야 한다. 즉, 분석할 데이터들을 벡터에 저장하고 표본평균은 mean( ), 표준편차는 sd( ), t-분포의 상위 분위수는 qt( )를 이용하면 된다. 그러나 이렇게 각각의 통계량을 따로 구하지 않고도 한 개의 함수를 이용해 신뢰구간을 구할 수도 있다. 이는 다음 절에서 배울 가설검정에 사용되는 함수이나 이 함수를 이용하면 검정뿐만 아니라 신뢰구간도 구할 수 있다.

예제 5-7 **모평균에 대한 95% 신뢰구간**

정규분포 $N(\mu, \sigma^2)$ 을 따르는 모집단으로부터 다음과 같은 5개의 데이터를 얻었다.

$$2.5,\ 2.8,\ 2.9,\ 3.0\ 3.7$$

다음 물음에 답하라.

1) 모평균 μ 에 대한 점추정치를 구하라.

2) 분산 σ^2은 모른다고 할 때, 모평균 μ 에 대한 95% 신뢰구간을 구하라.

|풀이|

1) $\hat{\mu} = \bar{x} = 2.98$

2) $s = 0.4438$, [부록 D]의 t-분포표로부터 $t_{0.025}(4) = 2.776$, $n = 5$ 이므로

$$2.98 \pm 2.776 \cdot \frac{0.4438}{\sqrt{5}} = (2.429,\ 3.531)$$

다음의 [보기 5-1]은 [예제 5-7]을 R을 이용해서 확인하는 과정이다. R 명령어를 시작과 끝을 괄호로 감싸면 대입과 함께 대입된 결과도 출력해주는 문장이다. 마지막에 사용된 t.test( ) 함수에 데이터를 인수로 지정하면 디폴트로 95% 신뢰구간도 함께 출력된다. 만약 90% 신뢰구간을 구하려면 **t.test( ) 함수**의 인수에 **conf.level = 0.9**와 같이 옵션을 추가해 신뢰수준을 바꾸면 된다. t.test( ) 함수의 출력결과 제일 마지막 줄에는 모평균의 추정치인 표본평균의 값도 출력된 것을 볼 수 있다. 이 함수의 자세한 사용법에 대해서는 검정을 다룰 때 다시 설명하도록 하겠다.

보기 5-1

```
> x=c(2.5, 2.8, 2.9, 3.0, 3.7)  # 데이터 벡터
> (xbar=mean(x))                 # 표본평균 계산
[1] 2.98
> (s=sd(x))                      # 표본표준편차 계산
[1] 0.4438468
> n=5
> (t=qt(0.975,4))                # t-분포의 상위 2.5% 분위수
[1] 2.776445
> xbar-s*t/sqrt(n)               # 신뢰구간의 하한
[1] 2.428891
> xbar+s*t/sqrt(n)               # 신뢰구간의 상한
[1] 3.531109
> t.test(x)                      # t.test(x)로 95% 신뢰구간을 구함
          One Sample t-test

data:  x
t = 15.013, df = 4, p-value = 0.0001147
alternative hypothesis: true mean is not equal to 0
95 percent confidence interval:
 2.428891 3.531109
sample estimates:
mean of x
     2.98
```

[보기 5-2]는 신뢰구간의 의미를 알아보고 모집단에 대한 가정이 만족할 때 신뢰수준이 잘 지켜지는지를 알아보기 위한 통계적 모의실험의 한 방법을 보여준다. R의 장점을 잘 활용한 몬테카를로 모의실험(Monte Carlo simulation; 확률분포에 따르는 난수를 생성해 이루어지는 모의실험)의 전형적인 내용을 담고 있으니 그 내용을 잘 이해해 보기 바란다. 예를 들어, [정리 5-7]의 방법으로 모평균 μ에 대한 90% 신뢰구간을 구하는 과정을 1000번 반복했다면 1000개의 신뢰구간 중 약 900개의 신뢰구간이 μ의 참값을 포함하고 있을 것이라 기대할 수 있을 것이다. 이를 모의실험을 통해 확인해보자. 이 모의실험은 모평균 μ의 참값이 0인 표준정규

분포로부터 10개의 표본을 뽑아 μ에 대한 90% 신뢰구간 $\overline{X} \pm t_{\alpha/2}(n-1) \cdot S/\sqrt{n}$을 계산하는 과정을 1000번 반복한다. 구해진 1000개의 신뢰구간 중 μ의 참값인 0을 포함하고 있는 신뢰구간의 개수를 구하는 과정이다. [보기 5-2]의 마지막 출력 결과를 살펴보면 정확하게 900이 나왔으나 이는 난수를 생성할 때마다 다른 난수들이 생성되므로 반드시 900이 나오지는 않을 수 있다. 그러나 항상 900 근처의 값이 출력될 것이다. 만약 900과 차이가 크게 나는 결과가 나타난다면 모의 실험에 다른 오류가 있을 가능성이 크다.

보기 5-2

```
> r=rnorm(1000*10)                # ① 10000개의 정규난수 생성(참값 μ = 0)
> x=matrix(r, ncol=10)            # ② 1000행 10열의 행렬(표본 10개씩 1000번 반복)
> xbar=apply(x,1,mean)            # ③ 각 행(표본)의 표본평균 계신
> s=apply(x,1,sd)                 # ④ 각 행(표본)의 표본표준편차 계산
> t=qt(0.95,9)                    # ⑤ t-분포의 상위 5% 분위수
> ci.low=xbar-s*t/sqrt(10)        # ⑥ 각 행(표본)의 신뢰하한 계산
> ci.hi=xbar+s*t/sqrt(10)         # ⑦ 각 행(표본)의 신뢰상한 계산
> sgn=ci.low*ci.hi                # ⑧ 각 행(표본)의 하한과 상한의 부호를 계산
> sum(sgn<0)                      # ⑨ 각 행(표본)에서 참값 0을 포함한 경우 계산
[1] 900
```

[보기 5-2]에 사용된 스크립트들의 각 라인에 대해 조금 더 보충하여 설명하면 다음과 같다.

① N(0,1)에 따르는 난수 10개씩 1000세트를 생성한다. 이때 모평균의 참값은 0이다.

② 생성된 난수를 표본의 개수(n=10)를 열에 배치하고 반복수 1000을 행에 배치한 행렬로 작성하였다. 이렇게 배치된 행렬의 한 행은 10개의 표본으로 이루어져 있다. 이 표본 10개를 이용해 신뢰구간을 구하는 과정을 모든 행에 대해 1000번 반복할 예정이다.

③ 각 행에서 표본 10개로 추정량인 표본평균을 apply( ) 함수를 이용해 구했다. xbar는 1000개의 표본평균을 담고 있는 벡터이다.

④ ③과 같은 방법으로 표본표준편차를 구했다. 벡터 s는 1000개의 표본표준편차를 담고 있다.

⑤ 90% 신뢰구간을 구하기 위해 자유도 n−1=9인 t−분포의 상위 5% 분위수(누적 95% 분위수)의 값을 계산하였다. [부록 D]의 t−분포표를 이용할 수도 있다.

⑥ 각 표본(행)의 90% 신뢰하한 ($\overline{X}-t_{\alpha/2}(n-1)\cdot S/\sqrt{n}$)의 값들을 계산한다. 벡터 ci.low에는 1000개의 신뢰하한이 담겨있다. 여기에도 R의 독특한 벡터 연산이 적용되었다.

⑦ ⑥과 같은 방법으로 각 표본(행)의 90% 신뢰상한 ($\overline{X}+t_{\alpha/2}(n-1)\cdot S/\sqrt{n}$)의 값들을 계산한다. 벡터 ci.hi에는 1000개의 신뢰상한이 담겨있다.

⑧ 신뢰구간이 참값 0을 포함한다는 것은 신뢰하한은 음수이고 신뢰상한이 양수인 경우이므로 신뢰하한과 신뢰상한을 곱해서 이들의 부호가 음수인지를 조사하면 된다.

⑨ 신뢰하한과 신뢰상한을 곱해서 부호가 음수인 경우에는 조건이 참이므로 true(1) 값을 가지며 이런 경우를 모두 합하면 조건을 만족하는 경우가 모두 몇 개인지를 구할 수 있다.

(3) 표본크기가 충분히 큰 경우

앞의 두 경우는 모집단의 분포가 정규분포를 따른다는 가정이 필요했다. 그러나 실제 데이터분석에서 모집단이 정확하게 정규분포를 따르는 경우는 극히 드물다. 따라서 표본크기 n 이 충분히 클 때, 임의의 모집단에 대한 모평균의 구간추정에 대해 알아보자. 우선 모분산 σ^2 을 아는 경우에는 모집단이 정규분포를 따르지 않더라도 표본평균의 분포는 중심극한정리로부터 근사적으로 정규분포를 따르므로 모평균 μ 에 대한 $100(1-\alpha)\%$ 근사 신뢰구간은 정규모집단의 경우와 같이

$$\overline{X} \pm z_{\alpha/2} \cdot \frac{\sigma}{\sqrt{n}}$$

을 그대로 사용할 수 있다. 또한 모분산 σ^2 을 모르는 경우라도 표본크기 n 이 충분히 크다면 표본표준편차 S 가 모표준편차 σ 에 대한 일치추정량이므로 두 값은 매우 가까우리라 생각할 수 있다. 따라서 t−분포 대신 표준정규분포를 이용한 신뢰구간

$$\overline{X} \pm z_{\alpha/2} \cdot \frac{S}{\sqrt{n}}$$

을 모평균 μ 의 $100(1-\alpha)\%$ 근사 신뢰구간으로 사용할 수 있다.

정리 5-8 표본크기가 충분히 큰 모집단에서 모평균에 대한 근사신뢰구간

- σ^2 을 아는 경우: $\overline{X} \pm z_{\alpha/2} \cdot \frac{\sigma}{\sqrt{n}}$
- σ^2 을 모르는 경우: $\overline{X} \pm z_{\alpha/2} \cdot \frac{S}{\sqrt{n}}$

5.3.2 모분산에 대한 신뢰구간

모평균 μ 와 모분산 σ^2 을 모두 모르는 정규모집단 $N(\mu, \sigma^2)$ 에서 모분산 σ^2 에 대한 구간추정을 생각해 보자. 이 경우 [정리 4-6]으로부터 표본분산 S^2 에 대해

$$\frac{(n-1)S^2}{\sigma^2} \sim \chi^2(n-1)$$

이 성립함을 알고 있다. $\chi^2_{\alpha/2}(n-1)$ 을 자유도 $(n-1)$ 인 카이제곱분포에서 상위 확률이 $\alpha/2$ 인 백분위수라 할 때

$$\Pr\left\{\chi^2_{1-\alpha/2}(n-1) \leq \frac{(n-1)S^2}{\sigma^2} \leq \chi^2_{\alpha/2}(n-1)\right\} = 1-\alpha$$

이 성립한다. 이를 σ^2 에 대해 정리하여 나타내면

$$\Pr\left\{\sigma^2 \in \left(\frac{(n-1)S^2}{\chi^2_{\alpha/2}(n-1)}, \frac{(n-1)S^2}{\chi^2_{1-\alpha/2}(n-1)}\right)\right\} = 1-\alpha$$

이다. 따라서 모분산 σ^2 에 대한 $100(1-\alpha)\%$ 신뢰구간은

$$\left(\frac{(n-1)S^2}{\chi^2_{\alpha/2}(n-1)}, \frac{(n-1)S^2}{\chi^2_{1-\alpha/2}(n-1)}\right)$$

와 같이 주어진다.

정리 5-9 정규모집단에서 모분산에 대한 신뢰구간

- 통계량에 대한 분포: $\dfrac{(n-1)S^2}{\sigma^2} \sim \chi^2(n-1)$
- σ^2 에 대한 $100(1-\alpha)\%$ 신뢰구간: $\left(\dfrac{(n-1)S^2}{\chi^2_{\alpha/2}(n-1)},\ \dfrac{(n-1)S^2}{\chi^2_{1-\alpha/2}(n-1)}\right)$

5.3.3 모비율에 대한 신뢰구간

모수 p 인 베르누이 시행을 독립적으로 n 번 시행하였을 때 성공한 횟수를 확률변수 X 라고 하면 $X \sim B(n, p)$ 임을 알고 있다. 표본의 크기 n 이 클 경우에 $\hat{p} = X/n$ 의 분포는 근사적으로 $N(p, p(1-p)/n)$ 을 따른다. 따라서

$$\frac{\hat{p}-p}{\sqrt{p(1-p)/n}} \sim N(0, 1), \ (n \to \infty \text{일 때 근사적으로})$$

이 성립한다. 그러나 p 의 값을 알지 못하므로 $\hat{p}$ 을 이용해 추정할 수도 있다. 왜냐하면 $\hat{p}$ 은 p 에 대한 일치추정량이므로 n 이 충분히 클 경우에는 두 값이 매우 근사할 것이기 때문이다. 따라서

$$\frac{\hat{p}-p}{\sqrt{\hat{p}(1-\hat{p})/n}} \sim N(0, 1), \ (n \to \infty \text{일 때 근사적으로})$$

이 성립한다. 이를 이용하면

$$\Pr\left\{-z_{\alpha/2} \leq \frac{\hat{p}-p}{\sqrt{\hat{p}(1-\hat{p})/n}} \leq z_{\alpha/2}\right\} \approx 1-\alpha$$

이며, 위 부등식을 p 에 대해 정리하면

$$\Pr\left\{p \in \left(\hat{p}-z_{\alpha/2}\sqrt{\frac{\hat{p}(1-\hat{p})}{n}},\ \hat{p}+z_{\alpha/2}\sqrt{\frac{\hat{p}(1-\hat{p})}{n}}\right)\right\} \approx 1-\alpha$$

가 성립한다. 따라서 p 에 대한 $100(1-\alpha)\%$ 근사 신뢰구간은

$$\left(\hat{p}-z_{\alpha/2}\sqrt{\frac{\hat{p}(1-\hat{p})}{n}},\ \hat{p}+z_{\alpha/2}\sqrt{\frac{\hat{p}(1-\hat{p})}{n}}\right)$$

와 같이 주어진다. 이와 같은 신뢰구간은 $n\hat{p} \geq 5$, $n(1-\hat{p}) \geq 5$인 경우에 근사정도가 좋다고 알려져 있다.

> **정리 5-10 모비율 p에 대한 근사신뢰구간(표본의 크기가 충분히 큰 경우)**
>
> • 통계량에 대한 분포:
>
> $$\frac{\hat{p}-p}{\sqrt{\hat{p}(1-\hat{p})/n}} \sim N(0,1), \text{ (}n\to\infty\text{일 때 근사적으로)}$$
>
> • p에 대한 $100(1-\alpha)\%$ 근사 신뢰구간:
>
> $$\hat{p} \pm z_{\alpha/2}\sqrt{\frac{\hat{p}(1-\hat{p})}{n}} \quad (n\hat{p} \geq 5,\ n(1-\hat{p}) \geq 5\text{인 경우에 근사정도 좋음})$$

다음 [예제 5-8] 실제로 데이터들이 주어졌을 때 모비율에 대한 신뢰구간을 구하려면 데이터들로부터 표본비율을 계산하고 표준정규분포표를 이용해야 한다. 그러나 다음 절에서 배울 가설검정에 사용되는 함수를 이용해 신뢰구간도 구할 수 있다.

예제 5-8 모비율에 대한 95% 근사 신뢰구간

어느 자동차회사에서는 친환경 차에 대한 고객들의 반응을 알아보기 위해 1000명의 고객을 대상으로 1년 이내에 전기차를 구매할 의향을 조사하였다. 조사 결과 240명이 구매 의사가 있음을 확인하였다. 1년 이내에 전기차를 구매할 고객의 비율 p에 대한 95% 근사 신뢰구간을 구하라.

|풀이| $n=1000$, $X=240$, $\hat{p}=X/n=240/1000=0.24$

$n\hat{p}=1000\times0.24=240 \geq 5$, $n(1-\hat{p})=1000\times0.76=760 \geq 5$이 성립하므로 정규분포로 근사하는 데 문제는 없다. [부록 B] 표준정규분포표로부터 $z_{0.025}=1.96$이므로 95% 근사 신뢰구간은 다음과 같다.

$$0.24 \pm 1.96 \cdot \sqrt{\frac{0.24\times0.76}{1000}} = 0.24 \pm 0.0265 = (0.2135,\ 0.2665)$$

다음의 [보기 5-3]은 [예제 5-8]의 풀이를 R을 이용해서 확인하는 과정이다. 마지막에 사용된 **prop.test( )** 함수에 인수 n과 X를 지정하면 디폴트로 95% 신뢰구간도 함께 출력된다. 이 함수는 연속성 보정을 사용한 결과를 사용하므로 우리가 구한 표준정규분포를 이용한 결과와 조금의 차이는 있음을 이해해야 한다. 만약 신뢰수준을 바꾸려면 인수 'conf.level ='에 확률로 지정하면 된다. prop.test( ) 함수의 출력결과 제일 마지막 줄에는 모비율의 추정치인 표본비율의 값도 출력된 것을 볼 수 있다. 이 함수의 자세한 사용법에 대해서는 검정을 다룰 때 다시 설명하도록 하겠다.

보기 5-3

```
> n=1000                          # 시행횟수 = n
> x=240                           # 특성을 나타내는 횟수 = X
> (phat=x/n)                      # 표본비율 p̂= X/n
[1] 0.24
> n*phat                          # np̂
[1] 240
> n*(1-phat)                      # n(1-p̂)
[1] 760
> (z=qnorm(0.975))                # 상위 2.5% 분위수 z_0.025
[1] 1.959964
> (lmt=z*sqrt(phat*(1-phat)/n))   # 오차한계
[1] 0.0264704
> phat-lmt                        # 신뢰하한
[1] 0.2135296
> phat+lmt                        # 신뢰상한
[1] 0.2664704
> prop.test(x=240,n=1000)         # 비율에 대한 검정을 시행하는 함수
        1-sample proportions test with continuity correction


data:  240 out of 1000, null probability 0.5
X-squared = 269.36, df = 1, p-value < 2.2e-16
alternative hypothesis: true p is not equal to 0.5
95 percent confidence interval:
 0.2140772 0.2679502
```

```
sample estimates:
   p
0.24
```

5.4 가설검정

표본으로부터의 정보를 이용하여 모집단의 어떤 현상에 대한 예상 또는 주장이 옳은지 그른지를 판단하는 과정을 **통계적 가설검정**(statistical hypothesis testing) 또는 간단히 **검정**이라고 한다. 모집단에 대한 예상 또는 주장은 모수를 이용해 표현된다. 따라서 가설검정은 표본에서 얻은 통계량을 기초로 모수에 대한 주장의 타당성이나 진위여부를 판정하는 과정이다. 가설검정의 원리를 이해하는 데 필요한 관련 용어들에 대해 먼저 알아보자.

5.4.1 가설검정의 원리와 주요 용어

가설검정에서 다루는 모수에 대한 예상이나 주장 등을 **통계적 가설**(statistical hypothesis) 또는 간단히 **가설**이라고 부른다. 특히, 표본으로부터 얻어진 정보로부터의 강력한 증거를 바탕으로 입증하려는 가설을 **대립가설**(alternative hypothesis) 또는 **대안가설**이라고 하며 흔히 H_1 또는 H_a 로 나타낸다. 주장(입증)하려는 대립가설 H_1 에 상반되는 가설을 **귀무가설**(null hypothesis) **또는 영가설**이라고 하며 H_0 로 나타낸다. 가설검정의 목적은 표본으로부터 얻어진 정보를 근거로 귀무가설에 반대되며 대립가설 H_1 을 지지하는 증거를 찾는 데 있다. 만약 H_1 을 지지하는 증거가 뚜렷하다면 이를 바탕으로 대립가설 H_1 의 주장을 받아들이고 귀무가설은 없던 것으로 간주하면 된다. 귀무가설에서 "null"의 의미는 원래는 없던 가설이란 의미이며 대립가설의 주장을 무효화(nullify)하는 가설이란 뜻으로 이해할 수 있다. 다음 예제에서와 같이 두 가설은 모수에 대한 제한으로 표시된다.

예제 5-9 **가설 설정의 예**

다음 각 문항에 대한 귀무가설과 대립가설을 설정해 보라.

1) 어떤 교과목의 점수는 평균이 70, 표준편차가 8인 정규분포를 따른다고 알려져 있다. 이번에 치른 시험은 유난히 어렵게 출제돼 평균이 이전보다 크게 하락할 것으로 예상된다고 한다. 이번에 시험에 응시한 25명을 임의로 선정해 표본평균을 조사하였더니 67점이라고 한다.
2) 어느 지자체의 단체장 입후보자에 대한 지지율은 항상 30% 이하였다고 한다. 이번에는 새로운 정책과 비전을 제시하고 디지털 홍보를 강화하여 지지율 향상을 위해 노력하였다고 한다. 이러한 노력의 효과가 있는지를 알아보기 위해 유권자들 가운데 400명을 임의로 추출하여 조사한 결과 153명이 지지한다고 한다. 지지율 향상을 위해 노력한 효과가 있다고 할 수 있는가?

|풀이|

1) 점수의 평균을 μ라고 하면, 귀무가설 $H_0 : \mu = 70$, 대립가설 $H_1 : \mu < 70$
2) 입후보자에 대한 지지율을 p라고 하면, 귀무가설 $H_0 : p \leq 0.3$, 대립가설 $H_1 : p > 0.3$

[예제 5-9]의 1)에서 대립가설이 $H_1 : \mu < 70$으로 주어지므로 이에 상반되는 귀무가설을 H_1의 부정인 $H_0 : \mu \geq 70$으로 표현하는 것이 모든 가능한 모평균의 값을 고려한다는 점에서 논리적으로 더 타당할 것이다. 그러나 귀무가설로 $H_0 : \mu = 70$을 사용하던 $H_0 : \mu \geq 70$을 사용하던 두 검정의 절차는 동일함을 보일 수 있다. 따라서 본서에서는 간결한 단순가설 형태의 귀무가설인 $H_0 : \mu = 70$을 이용하기로 한다. 2)의 경우에도 대립가설 $H_1 : p > 0.3$에 대한 귀무가설로 $H_0 : p = 0.3$을 이용하여도 검정의 절차는 동일하게 된다.

[예제 5-9]의 1)에서 귀무가설과 대립가설 중 어느 하나를 선택하려고 할 때 모평균 μ의 추정량인 표본평균 $\overline{X}$을 이용하려는 생각은 너무나 당연하다. 또한, $\overline{X}$의 값이 작으면 작을수록 대립가설 $H_1 : \mu < 70$에 대한 더 뚜렷한 증거가 될 것이다. 같은 맥락으로 [예제 5-9]의 2)에서는 모비율 p의 추정량인 표본비율 $\hat{p}$을 이용하는 것이 직관적으로 타당하며 $\hat{p}$의 값이 크면 클수록 대립가설 $H_1 : p > 0.3$을 더 강력하게 지지함을 알 수 있다. 가설검정의 최종 단계는 귀무가설과 대립가설 중 어느 하나를 선택하여 의사결정을 내리는 것이다. 이와 같이 귀무가설과 대립가

설 중 어느 하나를 택하는 과정에서 사용되는 통계량을 **검정통계량(test statistic)**이라 한다. 위의 예와 같이 검정통계량은 모수에 대한 추정량(또는 추정량의 함수)으로 주어진다. 또한 표본의 데이터로부터 계산된 검정통계량의 실제 값은 표본의 데이터가 대립가설을 지지하는 강도가 어느 정도인지를 나타낸다.

검정통계량의 값을 계산한 후 그 값에 따라 H_1 을 택하게 될 때 우리는 "귀무가설 H_0 을 기각(reject)한다"라고 하며, 귀무가설 H_0 을 택할 때는 "귀무가설 H_0 을 채택(accept)한다" 또는 "귀무가설 H_0 을 기각할 수 없다"와 같이 관례적으로 귀무가설 H_0 을 중심으로 표현한다. 귀무가설 H_0 을 기각하게 하는 검정통계량의 영역을 **기각영역(rejection region)**이라 하며, 검정법은 결국 검정통계량과 기각영역에 의해서 결정되는 셈이다. [예제 5-9]의 문제 1)과 2)의 기각영역은 각각 "$\overline{X} \leq c_1$"와 "$\hat{p} \geq c_2$"와 같은 형태가 될 것이다.

다음 〈표 5-1〉은 두 가설 H_0 나 H_1 중 어느 하나를 택하는 검정의 결과에 따라 발생하는 두 가지 오류를 보여주고 있다.

표 5-1 실세 현싱과 검정 결과에 따른 의사결정의 옳고 그름

실제 현상 / 검정 결과	H_0 가 참	H_1 이 참
H_0 을 채택	옳은 결정	제 2종의 오류
H_0 을 기각(H_1 을 택함)	제 1종의 오류	옳은 결정

〈표 5-1〉에서 보는 바와 같이 어떤 가설을 택하더라도 반드시 두 가지의 오류 중에서 한 가지는 범하게 되어 있다. 바람직한 검정법이란 이와 같은 오류를 범할 확률들을 가능한 한 작게 만들어야 될 것이다. 그러나 표본크기가 일정할 때 두 가지 오류를 범할 확률을 동시에 최소가 되게 하는 검정법은 존재하지 않음이 알려져 있다. 가설검정의 목적이 입증하려는 H_1 을 택하는 것이므로 두 종류의 오류 중에 H_1 을 택하는 경우의 오류인 제 1종의 오류를 범할 확률이 실제로 더 중요한 의미를 가지게 된다. 따라서 1종의 오류를 범할 확률을 미리 정한 확률 이하가 되도록 하는 검정법 중에서 제 2종의 오류를 범할 확률을 최소로 하는 검정법을 찾는 것이 통계학의 전통적인 형식이다. 이렇게 제 1종의 오류를 범할 확률의 최대 허용한계를 **유의수준(significance level)**이라 하며, α =0.01, α =0.05 등이 자주 이용된다.

유의수준이 5%인 검정법이란 제 1종의 오류를 범할 확률은 5% 이하(20번 중에 1번 정도 오류일 가능성이 있는 정도)인 검정법을 의미한다.

〈그림 5-3〉은 제 1종의 오류를 범할 확률 $\alpha = \Pr(H_0 \text{기각} \mid H_0 \text{참})$와 제 2종의 오류를 범할 확률 $\beta = \Pr(H_0 \text{채택} \mid H_1 \text{참})$의 관계를 그림으로 표현한 것이다. 만약 기각영역과 채택영역을 나누는 선을 오른쪽으로 옮겨놓으면 제 1종의 오류를 범할 확률은 줄어들지만 제 2종의 오류를 범할 확률은 늘어나게 되며, 반대로 나누는 선을 왼쪽으로 옮긴다면 제 1종의 오류를 범할 확률은 늘어나고 제 2종의 오류를 범할 확률은 줄어들게 됨을 알 수 있을 것이다. 따라서 두 오류를 동시에 줄일 수는 없으며 따라서 제 1종의 오류를 범할 확률을 미리 정한 유의수준 이하가 되도록 하는 방법을 이용하게 된 것이다.

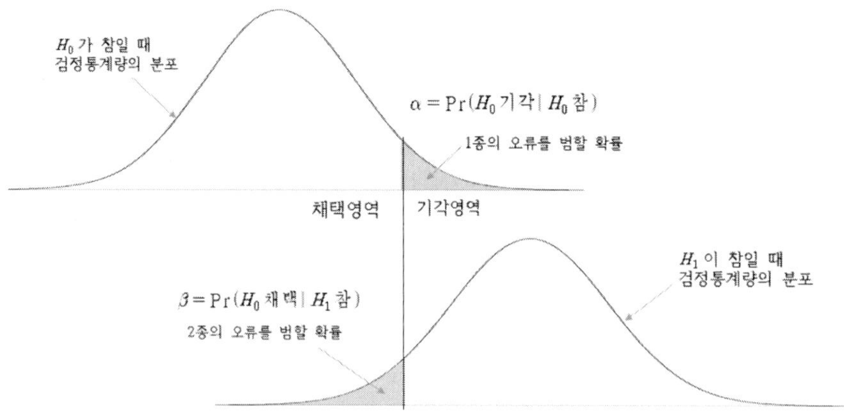

그림 5-3 $\alpha = \Pr(H_0 \text{기각} \mid H_0 \text{참})$와 $\beta = \Pr(H_0 \text{채택} \mid H_1 \text{참})$의 관계

정의 5-7 가설검정과 관련된 용어

- 대립가설 H_1: 표본의 데이터로부터 얻은 정보를 이용한 강력한 증거를 가지고 주장(또는 입증)하려는 가설
- 귀무가설 H_0: 대립가설 H_1에 상반되는 가설로 주로 기존의 통념 등을 나타내며, 사실은 기각을 목적으로 설정하는 가설
- 검정통계량: 귀무가설과 대립가설 중 어느 하나를 택하는 과정에서 사용되는 통계량으로 모수에 대한 추정량(또는 추정량의 함수)으로 주어짐

- 기각영역: 귀무가설 H_0 을 기각하게 하는 검정통계량의 영역
- 제 1종의 오류 : 귀무가설 H_0 가 참인데도 이를 기각하는 오류
- 제 2종의 오류 : 대립가설 H_1 이 참일 때 H_0 을 채택하는 오류
- 유의수준 : 1종의 오류를 범할 확률의 최대 허용한계

예제 5-10 제 1종의 오류를 범할 확률 계산하기

[예제 5-9]의 1)번 문항에서 다음과 같은 기각영역 "$\overline{X} \leqq 66$"으로 주어지는 검정법이 유의수준 5%인 검정법인지를 설명하라.

|풀이| 귀무가설 $H_0: \mu = 70$, 대립가설 $H_1: \mu < 70$ 이고 모집단은 $N(70, 8^2)$에서 $n=25$ 인 표본을 추출하였으므로 $\overline{X} \sim N(70, (8/5)^2)$

$$
\begin{aligned}
\text{1종의 오류를 범할 확률} &= \Pr(H_0\text{가 참일 때 } H_0\text{를 기각}) \\
&= \Pr(\overline{X} \leqq 66 \mid \mu = 70) \\
&= \Pr\left(\frac{\overline{X}-\mu}{\sigma/\sqrt{n}} \leqq \frac{66-70}{8/5}\right),\quad Z - \frac{\overline{X}-\mu}{\sigma/\sqrt{n}} \sim N(0,1) \\
&= \Pr(Z \leqq -2.5) \\
&= pnorm(-2.5) = 0.006209665 < 0.05
\end{aligned}
$$

1종의 오류를 범할 확률이 0.05보다 작으므로 기각영역이 $\overline{X} \leqq 66$ 으로 주어지는 검정법은 유의수준이 5%인 검정법이다.

[예제 5-10]에서 본 바와 같이 1종의 오류를 범할 확률을 계산하려면 검정통계량 $\overline{X}$의 분포를 이용하게 된다. $\overline{X}$의 표준화 확률변수 Z에 대해, $\Pr(Z \leqq -z_{0.05}) = 0.05$ 이므로 기각영역이 $Z \leqq -z_{0.05}$ (=−1.645)로 주어지는 검정법은 유의수준 5%인 검정법이다. 만약 Z의 값이 $-z_{0.025}$ (=−1.96)보다 작다면 유의수준 2.5%인 검정법이 되며, $-z_{0.01}$(=−2.326)보다 더 작아진다면 유의수준 1%인 검정법이 된다. [예제 5-10]에서 Z의 값이 실제로 −2.5이므로 유의수준 1%인 검정법이며 유의수준 1%에서 귀무가설 H_0 을 기각한다.

검정통계량의 실제 계산된 값을 이용하여 H_0 을 기각할 수 있는 유의수준이 얼

마나 작은지는 매우 중요한 의미가 있다. 왜냐하면 더 작은 유의수준에서 H_0 을 기각할 수 있을수록 그 데이터는 H_1 에 대한 더욱 뚜렷한 증거(또한, H_0 에 대한 반증의 강도)로 생각될 수 있기 때문이다. 이와 같이 검정통계량을 계산한 값에 대해 H_0 을 기각할 수 있는 최소의 유의수준을 **유의확률(significance probability)** 또는 **p−값(p−value)**이라고도 한다. H_0 을 기각할 수 있는 유의수준의 최솟값은 계산된 검정통계량의 실제 값보다 대립가설을 지지하는 방향으로 더욱 치우칠 확률을 귀무가설 H_0 이 참일 때 계산하면 된다.

유의확률이 작게 나온 경우는 H_0 이 참일 때 나타나기 희박한 경우가 벌어진 것이라 할 수 있다. 즉, 유의확률이 작게 나올수록 H_0 이 나타나기 희박한 경우(H_1 에 대한 더욱 뚜렷한 증거를 주는 경우)이므로 H_0 을 기각하는 쪽으로 신뢰를 갖게 된다. 그러면 얼마나 나오기 힘든 경우가 나왔을 때 H_0 을 기각해야 하는지는 미리 정한 유의수준 α 을 이용하면 된다. 따라서 만약 계산된 유의확률이 α 보다 작다면 우리는 유의수준 α 에서 귀무가설 H_0 을 기각할 수 있다. 또한 계산된 유의확률이 α 보다 크다면 유의수준 α 에서는 귀무가설 H_0 을 기각할 수 없다고 판단하면 될 것이다. 실제로 [예제 5−10]에서 계산한 1종의 오류를 범할 확률이 바로 유의확률이며 구해진 유의확률=0.0062(<0.01)이므로 유의수준 1%에서 귀무가설 H_0 을 기각할 수 있다.

정의 5-8 유의확률과 가설검정

- 유의확률(또는 p−값)

  검정통계량의 실제 계산된 값보다 대립가설을 지지하는 방향으로 더욱 치우칠 확률을 귀무가설 H_0 이 참일 때 계산한다. 즉, 유의확률은 H_0 을 기각할 수 있는 최소의 유의수준이므로 이 값이 작으면 작을수록 H_1 에 대한 더 뚜렷한 증거(H_0 에 대한 더 뚜렷한 반증의 강도)가 된다.

- 유의확률(또는 p−값)을 이용한 가설검정의 절차

  계산된 유의확률이 유의수준 α 보다 작은 경우에는 유의수준 α 에서 귀무가설 H_0 을 기각한다. 또한 계산된 유의확률이 α 보다 크다면 유의수준 α 에서는 귀무가설 H_0 을 기각할 수 없다.

통계수표에만 의존해서 행하는 확률계산에는 분명한 한계가 있다. 따라서 다양한 형태로 주어지는 유의확률을 직접 계산하는 것은 실제로 불가능하였다. 그래서 통계수표에서 정해진 유의수준에서 요구되는 기각영역의 임계값을 찾아 계산된 검정통계량의 값과 비교하는 방식으로 가설검정을 진행하였다. 그러나 지금 우리가 사용하는 R을 포함한 대부분의 통계 소프트웨어에서는 기본적으로 유의확률을 계산해 출력해준다. 심지어 엑셀의 추가기능인 데이터 분석도구를 사용하여도 유의확률이 출력된다. 따라서 오늘날은 유의확률을 이용해서 가설을 검정하고 유의성을 논하는 것이 일반적인 추세이다.

실제로 유의확률을 이용하는 것이 주어진 유의수준에서 귀무가설의 기각여부만을 결정하는 검정결과보다 더 많은 정보를 제공한다. 이미 앞에서 설명한 대로 유의확률이 작을수록 대립가설 H_1 이 참이라는 근거를 데이터가 제공해 주고 있음을 의미하며 유의확률이 커질수록 H_1 이 참이라는 근거가 약해짐을 뜻한다. 통계 소프트웨어가 출력해주는 유의확률의 값을 이용하는 것은 당연한 일이지만 이 값이 어떻게 계산된 것인지를 이해하는 것도 매우 중요하다.

5.4.2 모평균에 대한 가설검정

정규모집단 $N(\mu, \sigma^2)$ 으로부터의 표본을 이용하여 다음과 같이 모평균에 관한 가설을 검정하는 문제를 생각해 보자.

$$H_0 : \mu = \mu_0 \ , \quad H_1 : \mu > \mu_0 \ (\text{또는 } \mu < \mu_0) \quad (\mu_0 \text{ 는 주어진 상수})$$

위의 대립가설과 같은 가설은 **한쪽가설(one-sided hypothesis)**이라고 부르며, 이에 반하여 $H_1 : \mu \neq \mu_0$ 와 같은 가설을 **양쪽가설(two-sided hypothesis)**이라고 부른다. 모집단으로부터의 n 개의 랜덤표본을 얻고 이를 이용한 표본평균 $\overline{X}$ 의 값이 크면 클수록 $H_1 : \mu > \mu_0$이 사실이라는 증거가 명백해짐을 직관적으로도 알 수 있다. 또한 $\overline{X}$ 의 값이 구체적으로 얼마나 커야 H_0 을 기각할 수 있는지는 표본평균 $\overline{X}$ 의 분포를 이용해야 한다. $\overline{X}$ 의 분포는 모분산 σ^2 을 알고 있는 경우와 모르는 경우에 따라 달라지므로 나누어 설명하도록 하겠다.

1) 모분산 σ^2 을 알고 있는 경우

정규모집단에서의 표본평균에 대해

$$\overline{X} \sim N(\mu,\, \sigma^2/n) \;\Rightarrow\; \frac{\overline{X}-\mu}{\sigma/\sqrt{n}} \sim N(0,1)$$

가 성립함을 알고 있으며 특히, 귀무가설 $H_0 : \mu = \mu_0$ 이 성립할 때 검정통계량의 분포가

$$Z = \frac{\overline{X}-\mu_0}{\sigma/\sqrt{n}} \sim N(0,1)$$

와 같으며 이를 이용하면

$$\Pr(Z \geq z_\alpha) = \Pr(Z \leq -z_\alpha) = \Pr(|Z| \geq z_{\alpha/2}) = \alpha$$

가 성립함을 알 수 있으며, 따라서 대립가설의 종류에 따라 유의수준 α 인 검정법(기각영역)과 유의확률 계산 방법을 정리하면 다음 〈표 5-2〉와 같다.

표 5-2 σ^2 을 알고 있는 정규모집단에서 모평균에 대한 검정

- 귀무가설 $H_0 : \mu = \mu_0$
- 검정통계량 $Z = \dfrac{\overline{X}-\mu_0}{\sigma/\sqrt{n}}$, Z의 실제 계산된 값을 z_0 라 할 때

대립가설	유의수준 α 인 기각영역	유의확률 ($X \sim N(0, 1)$ 이용)
$H_1 : \mu > \mu_0$	$z_0 \geq z_\alpha$	$\Pr(X \geq z_0)$
$H_1 : \mu < \mu_0$	$z_0 \leq -z_\alpha$	$\Pr(X \leq z_0)$
$H_1 : \mu \neq \mu_0$	$\lvert z_0 \rvert \geq z_{\alpha/2}$	$\Pr(\lvert X \rvert \geq \lvert z_0 \rvert)$

표준정규분포는 0에 관해 대칭이므로 $\Pr(|X| \geq |z_0|) = 2 \times \Pr(X \geq |z_0|)$가 성립한다. 양쪽검정의 유의확률은 한쪽검정의 유의확률에 2배를 취하여 얻을 수 있다.

예제 5-11 유의확률 계산하기

캔에 포장해 판매하는 쿠키를 생산하는 회사에서 각 캔에 표시된 중량 800(그램)이

되도록 포장하고 있다. 최근 이 회사에서 생산되는 제품 16개를 랜덤하게 골라 중량을 조사하였더니 평균이 792(그램)이었다. 이 자료로부터 제품의 중량이 표시된 중량에 미달된다고 할 수 있는가를 알아보려고 한다. 각 캔의 중량은 표준편차가 16(그램)인 정규분포에 따른다고 할 때 다음 물음에 답하라.

1) 가설을 설정하라.
2) 1)의 가설에 대한 검정의 유의확률을 계산하라.
3) 2)의 결과를 바탕으로 유의수준 5%에서 1)의 가설을 검정하라.

|풀이| 문제로부터 각 캔의 중량 $X \sim N(800, 16^2)$이며 $\overline{X} \sim N(800, 16^2/16)$, $\overline{x}=792$

1) 귀무가설 $H_0 : \mu = 800$, 대립가설 $H_1 : \mu < 800$

2) 검정통계량의 계산된 값 $z_0 = \dfrac{\overline{x}-\mu_0}{\sigma/\sqrt{n}} = \dfrac{792-800}{16/\sqrt{16}} = -2$

유의확률=$\Pr(Z \leq z_0) = \Pr(Z \leq -2) = pnorm(-2) = 0.02275013$

3) 유의확률=0.02275013<0.05이므로 유의수준 5%에서 귀무가설을 기각한다. 즉, 제품 중량이 표시된 중량에 미달된다고 할 수 있다.

---

2) 모분산 σ^2 을 모르는 경우

앞에서 설명한 경우처럼 모분산을 알고 있는 경우는 실제로는 거의 없다. 단지 이론적으로 가장 간단한 형태이기 때문에 검정법을 설명하기 위한 도입부에서 주로 사용된다. σ^2 을 모르는 경우에는 σ 의 값 대신 표본표준편차 S로 추정한 통계량을 이용한다. [정리 4-8]의 결과로부터

$$\frac{\overline{X}-\mu}{\hat{\sigma}/\sqrt{n}} = \frac{\overline{X}-\mu}{S/\sqrt{n}} \sim t(n-1)$$

가 성립함을 알고 있으며 특히, 귀무가설 $H_0 : \mu = \mu_0$ 이 성립할 때 검정통계량의 분포가

$$T = \frac{\overline{X}-\mu_0}{S/\sqrt{n}} \sim t(n-1)$$

와 같으며 이를 이용하면

$$\Pr\{T \geq t_\alpha(n-1)\} = \Pr\{T \leq -t_\alpha(n-1)\} = \Pr\{|T| \geq t_{\alpha/2}(n-1)\} = \alpha$$

가 성립함을 알 수 있다. 따라서 대립가설의 종류에 따라 유의수준 α 인 검정법(기각영역)과 유의확률 계산 방법을 정리하면 다음 〈표 5-3〉과 같다.

표 5-3 σ^2 을 모르는 정규모집단에서 모평균에 대한 검정

- 귀무가설 H_0 : $\mu = \mu_0$
- 검정통계량 $T = \dfrac{\overline{X} - \mu_0}{S/\sqrt{n}}$, T 의 실제 계산된 값을 t_0 라 할 때

대립가설	유의수준 α 인 기각영역	유의확률 ($X \sim t(n-1)$ 이용)
H_1 : $\mu > \mu_0$	$t_0 \geq t_\alpha(n-1)$	$\Pr(X \geq t_0)$
H_1 : $\mu < \mu_0$	$t_0 \leq -t_\alpha(n-1)$	$\Pr(X \leq t_0)$
H_1 : $\mu \neq \mu_0$	$\lvert t_0 \rvert \geq t_{\alpha/2}(n-1)$	$\Pr(\lvert X \rvert \geq \lvert t_0 \rvert)$

예제 5-12 데이터로부터 유의확률 계산하기

[예제 5-7]의 데이터를 이용하여 다음 각 대립가설에 대한 검정의 유의확률을 계산하고 이를 이용하여 유의수준 5%에서 검정하라.

2.5, 2.8, 2.9, 3.0 3.7

1) 귀무가설 $H_0 : \mu = 2.8$, 대립가설 $H_1 : \mu > 2.8$

2) 귀무가설 $H_0 : \mu = 2.8$, 대립가설 $H_1 : \mu \neq 2.8$

|풀이| 데이터로부터 $\overline{x} = 2.98$, $s = 0.4438$

검정통계량의 계산된 값 $t_0 = \dfrac{\overline{x} - \mu_0}{s/\sqrt{n}} = \dfrac{2.98 - 2.8}{0.4438/\sqrt{5}} = 0.9069$

1) 귀무가설 $H_0 : \mu = 2.8$, 대립가설 $H_1 : \mu > 2.8$

유의확률은 자유도 4인 t-분포를 따르는 확률변수 T에 대해

$$\Pr(T \geq t_0) = \Pr(T \geq 0.9069) = 1 - \Pr(T \leq 0.9069) = 1 - pt(0.9069, 4) = 0.2079$$

유의확률=0.2079>0.1이므로 유의수준 10%에서도 귀무가설을 기각할 수 없다. 당연히 유의수준 5%에서는 귀무가설을 기각할 수 없다.

참고로 t-분포표로부터 유의수준 5%에서 요구되는 임계값은 $t_{0.05}(4)=2.132$이며 검정통계량의 계산된 값 t_0=0.9069가 임계값을 넘지 못하므로 유의수준 5%에서는 귀무가설을 기각할 수 없다.

2) 대립가설 $H_1 : \mu \neq 2.8$

양쪽검정인 경우의 유의확률은 한쪽검정 유의확률의 2배이므로 유의확률=2×0.2079=0.4158>0.1이므로 유의수준 10%에서도 귀무가설을 기각할 수 없다. 당연히 유의수준 5%에서는 귀무가설을 기각할 수 없다.

[예제 5-12]에서와 같이 실제 데이터들이 주어진 경우에는 R의 내장함수 t.test( )를 이용해 가설검정을 시행할 수 있다. [보기 5-1]에서 모평균에 대한 신뢰구간을 구하기 위해 t.test( )를 잠깐 사용하였지만 본래 이 함수의 목적은 모분산을 모르는 경우에 모평균에 대한 검정을 시행하는 것이다. 이 함수는 이번 장에서 다루는 단일표본뿐만 아니라 다음 장에서 다룰 표본이 2개인 경우에서도 사용되는 함수이므로 이번에 제대로 알고 넘어가면 좋겠다. t.test( )의 상세한 내용은 다음과 같다.

표 5-4 모평균에 대한 검정을 시행하는 t.test( ) 함수의 사용법

사용형식	t.test(x, y = NULL, alternative = c("two.sided", "less", "greater"), mu = 0, paired = FALSE, var.equal = FALSE, conf.level = 0.95, ...)
기능	다음을 사용한 검정의 결과로 검정통계량의 값, 유의확률, 신뢰구간 등을 출력해줌 귀무가설 $H_0 : \mu = \mu_0$, 검정통계량 $T=\dfrac{\overline{X}-\mu_0}{S/\sqrt{n}}$
인수설명	• x: 검정에 사용할 데이터가 담긴 벡터 • y: 표본이 두 개일 때 사용, 디폴트는 단일표본임 • alternative: 대립가설의 형태, 디폴트는 양쪽검정(two.sided) • mu: 귀무가설에 사용될 μ_0값으로 디폴트는 0 • paired: 대응표본(짝을 이룬 표본)일 때 사용 • var.equal: 두 표본의 분산이 같은지의 여부, 디폴트는 이분산 • conf.level: 출력할 신뢰구간의 신뢰수준, 디폴트는 95%

다음의 [보기 5-4]는 [예제 5-12]를 R을 이용해 확인하는 과정을 담고 있다. 귀무가설에 사용된 μ_0 의 값과 대립가설의 부등호 방향을 설정하는 방법을 잘 알아두기 바란다. [예제 5-12]에서 우리가 직접 계산했던 검정통계량의 값과 유의확률 등을 t.test( )의 결과에서 확인해보라. 양쪽검정인 경우의 유의확률이 한쪽검정인 유의확률의 2배인 것도 확인해볼 수 있겠다.

보기 5-4

```
> x=c(2.5, 2.8, 2.9, 3.0, 3.7)                       # 데이터를 담고 있는 벡터
> t.test(x, mu=2.8, alternative = "great")           # 대립가설 H1 : μ > 2.8

          One Sample t-test

data:  x
t = 0.90683, df = 4, p-value = 0.2079
alternative hypothesis: true mean is greater than 2.8
95 percent confidence interval:
 2.55684      Inf
sample estimates:
mean of x
     2.98
> t.test(x, mu=2.8)                                  # 디폴트 대립가설 H1 : μ ≠ 2.8

          One Sample t-test

data:  x
t = 0.90683, df = 4, p-value = 0.4158
alternative hypothesis: true mean is not equal to 2.8
95 percent confidence interval:
 2.428891 3.531109
sample estimates:
mean of x
     2.98
```

5.4.3 모분산에 대한 가설검정

μ 와 σ^2 을 모두 모르는 정규모집단 $N(\mu, \sigma^2)$ 으로부터의 표본을 이용하여 σ^2 에 대한 다음과 같은 가설을 검정하는 문제를 생각해 보자.

$$H_0 : \sigma^2 = \sigma_0^2 \ , \quad H_1 : \sigma^2 > \sigma_0^2 \quad (\sigma_0^2 \text{ 은 양수인 상수})$$

σ^2 에 대한 비편향추정량인 표본분산 S^2 의 값이 크면 클수록 H_1 이 사실이라는 증거가 명백함은 직관적으로 알 수 있다. 또한 [정리 4-6]에서 S^2 에 대해

$$\frac{(n-1)S^2}{\sigma^2} \sim \chi^2(n-1)$$

이 성립함을 이용하면 $H_1 : \sigma^2 > \sigma_0^2$ 을 검정하기 위한 유의수준 α 인 기각영역은

$$\frac{(n-1)S^2}{\sigma_0^2} \geq \chi_\alpha^2(n-1)$$

와 같이 주어진다. 대립가설의 종류에 따라 유의수준 α 인 검정법(기각영역)과 유의확률 계산방법을 정리하면 다음 〈표 5-5〉와 같다.

표 5-5 정규모집단에서 모분산에 대한 검정

- 귀무가설 $H_0 : \sigma^2 = \sigma_0^2$
- 검정통계량 $\chi^2 = \dfrac{(n-1)S^2}{\sigma_0^2}$, χ^2 의 실제 계산된 값을 c_0 라 할 때

대립가설	유의수준 α 인 기각영역	유의확률 ($X \sim \chi^2(n-1)$ 이용)
$H_1 : \sigma^2 > \sigma_0^2$	$c_0 \geq \chi_\alpha^2(n-1)$	$\Pr(X \geq c_0)$
$H_1 : \sigma^2 < \sigma_0^2$	$c_0 \leq \chi_{1-\alpha}^2(n-1)$	$\Pr(X \leq c_0)$
$H_1 : \sigma^2 \neq \sigma_0^2$	$\begin{cases} c_0 \geq \chi_{\alpha/2}^2(n-1) \text{ 또는} \\ c_0 \leq \chi_{1-\alpha/2}^2(n-1) \end{cases}$	$\begin{cases} 2\Pr(X \geq c_0), \text{ 또는} \\ 2\Pr(X \leq c_0) \text{ 중에} \end{cases}$ 1보다 작은 값을 선택

5.4.4 모비율에 대한 가설검정

모비율 p에 대한 다음과 같은 가설을 검정하는 문제를 생각해 보자.

$$H_0 : p = p_0 \ , \quad H_1 : p > p_0 \quad (0 < p_0 < 1)$$

모수 p인 베르누이 시행을 독립적으로 n번 시행하였을 때 성공한 횟수를 확률변수 X라고 하면 $X \sim B(n, p)$임을 알고 있다. 표본의 크기 n이 클 경우에 $\hat{p} = X/n$의 분포는 근사적으로 $N(p, p(1-p)/n)$을 따른다. 따라서

$$\frac{\hat{p} - p}{\sqrt{p(1-p)/n}} \sim N(0, 1), \ (n \to \infty \text{일 때 근사적으로})$$

이 성립한다. 따라서 H_0을 만족하고 n이 충분히 클 경우에

$$\frac{\hat{p} - p_0}{\sqrt{p_0(1-p_0)/n}} \sim N(0, 1), \ (n \to \infty \text{일 때 근사적으로})$$

이 성립한다. 이와 같은 정규근사를 이용해 대립가설의 종류에 따른 유의수준 α인 검정법(기각영역)과 유의확률 계산 방법을 정리하면 다음 〈표 5-6〉와 같다. $np_0 \geq 5$와 $n(1-p_0) \geq 5$을 동시에 만족하는 경우에 근사 정도가 우수하다고 알려져 있다.

표 5-6 대표본 근사를 이용한 모비율에 대한 검정

• 귀무가설 $H_0 : p = p_0$

• 검정통계량 $Z = \dfrac{\hat{p} - p_0}{\sqrt{p_0(1-p_0)/n}}$, Z의 실제 계산된 값을 z_0라 할 때

대립가설	유의수준 α인 기각영역	유의확률($X \sim N(0, 1)$ 이용)
$H_1 : p > p_0$	$z_0 \geq z_\alpha$	$\Pr(X \geq z_0)$
$H_1 : p < p_0$	$z_0 \leq -z_\alpha$	$\Pr(X \leq z_0)$
$H_1 : p \neq p_0$	$\lvert z_0 \rvert \geq z_{\alpha/2}$	$\Pr(\lvert X \rvert \geq \lvert z_0 \rvert)$

예제 5-13 **[예제 5-8] 계속, 유의확률 계산하기**

[예제 5-8]의 자료를 이용하여 친환경차를 구매하려는 비율이 20%를 넘는다고 할 수 있는지 가설을 설정하고 유의확률 구하라. 그 결과를 이용하여 가설을 검정하라.

|풀이| $n=1000$, $X=240$, $\hat{p}=X/n=240/1000=0.24$

$$\text{귀무가설 } H_0: p=0.2, \text{ 대립가설 } H_1: p>0.2$$

$np_0=1000\times0.2=200\geq5$, $n(1-p_0)=1000\times0.8=800\geq5$이 성립하므로 정규분포를 이용해 확률계산이 가능하다.

검정통계량의 계산된 값 $z_0=\dfrac{\hat{p}-p_0}{\sqrt{p_0(1-p_0)/n}}=\dfrac{0.24-0.2}{\sqrt{0.2\times0.8/1000}}=3.1623$

유의확률은 $\Pr(Z\geq z_0)=\Pr(Z\geq3.1623)=\Pr(Z\leq-3.1623)$

$$=pnorm(-3.1623)=0.0007826411$$

유의확률=0.0007826411<0.01이므로 유의수준 1%에서도 귀무가설을 기각한다. 즉, 친환경차를 구매하려는 비율이 20%를 넘는다고 할 수 있다.

[보기 5-3]에서 모비율에 대한 95% 신뢰구간을 구하기 위해 prop.test( )를 잠깐 사용하였다. 이 함수는 원래 모비율에 대한 가설검정을 위해 사용된다. 이 함수 역시 이번 장에서 다루는 단일표본뿐만 아니라 다음 장에서 다룰 표본이 두 표본의 모비율 차에 대한 검정에서도 사용되는 함수이므로 이번에 제대로 알고 넘어가면 좋겠다. prop.test( )의 상세한 내용은 다음과 같다.

표 5-6 모비율에 대한 검정을 시행하는 prop.test( ) 함수의 사용법

사용형식	prop.test(x, n, p = NULL, alternative = c("two.sided", "less", "greater"), conf.level = 0.95, correct = TRUE)
기능	다음을 사용한 검정의 결과로 검정통계량의 값, 유의확률, 신뢰구간 등을 출력해줌 귀무가설 $H_0: p=p_0$, 검정통계량 $Z=\dfrac{\hat{p}-p_0}{\sqrt{p_0(1-p_0)/n}}$

표 5-6 모비율에 대한 검정을 시행하는 prop.test( ) 함수의 사용법 (계속)

인수설명	• x: 성공 횟수, 이 표본에서는 벡터로 입력 • n: 표본의 개수, 이 표본에서는 벡터로 입력 • p: 귀무가설에 사용될 p_0값으로 생략하면 0.5가 사용됨 • alternative: 대립가설의 형태, 생략하면 양쪽검정(two.sided) • conf.level: 출력할 신뢰구간의 신뢰수준, 디폴트는 95% • correct: 연속성 보정의 사용여부, 디폴트는 연속성 보정 사용

보기 5-5

```
> pnorm(-3.1623)                          # 데이터를 담고 있는 벡터
[1] 0.0007826411
> prop.test(x=240, n=1000, p=0.2, alternative = "great")

        1-sample proportions test with continuity correction

data:  240 out of 1000, null probability 0.2
X-squared = 9.7516, df = 1, p-value = 0.0008959
alternative hypothesis: true p is greater than 0.2
95 percent confidence interval:
 0.2180229 1.0000000
sample estimates:
   p
0.24
```

[보기 5-5]는 [예제 5-13]을 R을 이용해 확인하는 과정을 담고 있다. 귀무가설에 사용된 p_0 의 값과 대립가설의 부등호 방향을 설정하는 방법을 잘 알아두기 바란다. [예제 5-13]에서 우리가 직접 계산했던 검정통계량의 값과 유의확률이 조금 차이가 있을 것이다. 우리는 정규근사를 통한 근사를 사용하였으나 이 함수는 연속성 보정을 추가하고 우리가 사용한 통계량을 제곱한 형태인 자유도 1인 카이제곱분포로 근사한 통계량을 이용한다.

5.5 신뢰구간과 가설검정의 관계

5.4.2절에서 다루었던 양쪽가설에 대한 검정 문제를 생각해 보자.

$$H_0 : \mu = \mu_0 \ , \quad H_1 : \mu \neq \mu_0$$

〈표 5-2〉에 의하면 위의 귀무가설을 채택하는 영역(기각영역과 반대)은

$$\left| \frac{\overline{X} - \mu_0}{\sigma / \sqrt{n}} \right| \leqq z_{\alpha/2} \Leftrightarrow \left| \overline{X} - \mu_0 \right| \leqq z_{\alpha/2} \cdot \frac{\sigma}{\sqrt{n}}$$

이를 μ_0 에 관해 정리하면

$$\overline{X} - z_{\alpha/2} \cdot \frac{\sigma}{\sqrt{n}} \leqq \mu_0 \leqq \overline{X} + z_{\alpha/2} \cdot \frac{\sigma}{\sqrt{n}}$$

이다. 이는 [정리 5-6]에서 구한 μ 에 대한 $100(1-\alpha)\%$ 신뢰구간이다. 따라서 $H_0 : \mu = \mu_0$ 의 채택영역과 신뢰구간은 동일함을 알 수 있다. 즉, μ_0 가 μ 에 대한 $100(1-\alpha)\%$ 신뢰구간 안에 포함되면 유의수준 α 에서 귀무가설 $H_0 : \mu = \mu_0$ 을 채택하며, μ_0 가 신뢰구간에 포함되지 않으면 유의수준 α 에서 귀무가설 H_0 을 기각한다. 이를 정리하면 다음과 같다.

정리 5-10 신뢰구간과 가설검정의 관계

- 귀무가설 $H_0 : \mu = \mu_0$, 신뢰수준=$100(1-\alpha)\%$, 유의수준 α 인 경우

1) μ_0 가 μ 의 $100(1-\alpha)\%$ 신뢰구간 안에 포함되면 유의수준 α 에서 H_0 을 채택

2) μ_0 가 μ 의 신뢰구간 안에 포함되지 않으면 유의수준 α 에서 H_0 을 기각

연습문제

1. 평균이 μ 이고 분산이 σ^2 인 모집단으로부터의 3개의 랜덤표본 X_1, X_2, X_3 에 대해 다음과 같은 세 개의 추정량을 고려할 때, 다음 물음에 답하라.

$$\hat{\theta_1} = \frac{X_1 + X_2 + X_3}{3},\ \hat{\theta_2} = \frac{X_1 + 2X_2 + X_3}{4},\ \hat{\theta_3} = \frac{2X_1 + X_2 + 2X_3}{4}$$

1) 세 개 추정량의 비편향성에 대해 설명하라.

2) 세 추정량들의 분산을 각각 구하고 이들 추정량의 유효성에 대해 설명하라.

3) 1)과 2)의 결과로부터 세 추정량들 중 어떤 추정량이 가장 바람직한가?

2. 정규모집단 $N(\mu, \sigma^2)$ 으로부터의 랜덤표본 $X_1, X_2, \cdots, X_n$ 을 이용한 표본분산

$$S^2 = \frac{1}{n-1}\sum_{i=1}^{n}(X_i - \overline{X})^2$$

은 모분산 σ^2 에 대한 비편향추정량임을 보이라. (힌트: [정리 4-6]과 [정의 4-3]에서 카이제곱분포에 따르는 확률변수의 기댓값은 자유도와 같음을 활용하라)

3. 문제2와 같은 상황일 때 표본분산 S^2 의 분산 $Var(S^2)$ 을 구하라. (힌트: [정리 4-6]과 [정의 4-3]에서 카이제곱분포에 따르는 확률변수의 분산은 자유도의 2배와 같음)

4. X 의 평균이 25이고 분산이 16이라 할 때 다음 각 확률의 하한 또는 상한을 구하라. (힌트: 체비셰프의 부등식을 활용하라)

1) $\Pr(17 < X < 33)$

2) $\Pr(13 < X < 37)$

5. 모수가 p 인 베르누이 분포에서 다음의 가설을 고려하자.

$$\text{귀무가설 } H_0 : p = 0.5, \text{ 대립가설 } H_1 : p > 0.5$$

10회를 시행한 후 성공한 총횟수 X 을 이용해 이 검정을 진행하려고 한다. 다음과 같은 기각영역을 사용한다고 할 때 제 1종의 오류를 범할 확률을 구하라.

1) $X \geq 9$

2) $X \geq 8$

6. 문제 5의 각 기각영역에서 $p = 0.7$ 일 때 제 2종의 오류를 범할 확률을 구하라.

7. 문제 5와 같은 상황에서 양쪽검정

$$\text{귀무가설 } H_0 : p = 0.5, \text{ 대립가설 } H_1 : p \neq 0.5$$

을 검정하려고 한다. 다음과 같은 기각영역을 사용한다고 할 때, 제 1종의 오류를 범할 확률을 구하라.

1) $X = 0$ 또는 $X = 10$

2) $X \leq 1$ 또는 $X \geq 9$

8. 문제 7의 각 기각영역에서 $p = 0.7$ 일 때 제 2종의 오류를 범할 확률을 구하라.

9. 신생아 36명을 랜덤으로 추출하여 몸무게를 조사하였더니 평균은 3.5(kg)이고 표준편차는 0.6(kg)이었다. 신생아 체중의 평균에 대한 95% 신뢰구간을 구하라.

10. R에 내장된 mtcars 데이터세트에서 수동변속기 차량(am 변수의 값이 1) 13대의 연비(변수 mpg)를 데이터 x라고 할 때, 다음 물음에 답하라. (힌트: x=subset(mtcars, am==1, select=mpg)로 데이터 x를 설정하고 t.test( ) 함수를 적절히 활용하라)

1) x 데이터의 평균에 대한 90% 신뢰구간을 구하라.

2) x 데이터의 평균이 20보다 큰지를 검정하려고 한다. 가설을 설정하라.

3) 2)의 가설에 대한 검정의 유의확률을 구하고 가설을 검정하라.

4) x 데이터의 평균이 20과 다른지를 검정하려고 한다. 가설을 설정하라.
5) 4)의 가설에 대한 검정의 유의확률을 구하고 가설을 검정하라.

11. R에 내장된 mtcars 데이터세트에서 8기통 차량(cyl 변수의 값이 8) 14대의 마력(변수 hp)을 데이터 y라고 할 때, 다음 물음에 답하라. (힌트: y=subset (mtcars, cyl==8, select=hp)로 데이터 y를 설정하고 t.test( ) 함수를 적절히 활용하라)
1) y 데이터의 평균에 대한 90% 신뢰구간을 구하라.
2) y 데이터의 평균이 180보다 큰지를 검정하려고 한다. 가설을 설정하라.
3) 2)의 가설에 대한 검정의 유의확률을 구하고 가설을 검정하라.
4) y 데이터의 평균이 180과 다른지를 검정하려고 한다. 가설을 설정하라.
5) 4)의 가설에 대한 검정의 유의확률을 구하고 가설을 검정하라.

12. 0과 1을 동일한 확률로 생성하는 컴퓨터 난수발생기를 이용해 1000개의 난수를 생성하였더니 0이 462개였다고 한다. 이 난수발생기는 0과 1을 균등하게 생성한다고 할 수 있는가? 다음 물음에 답하라.
1) 가설을 설정하라.
2) 1)의 가설에 대한 유의확률을 구하고 이를 이용해 가설을 검정하라.
3) 0을 발생할 확률에 대한 95% 신뢰구간을 구하라.
4) 2)와 3)의 결과를 이용해 신뢰구간과 가설검정의 연관성에 대해 설명하라.

13. 자동차 내장제로 사용되는 플라스틱판을 생산하는 공장에서는 제품의 두께가 균일하게 생산되도록 공정을 유지한다고 한다. 판 두께의 표준편차가 1(mm)을 넘어가면 공정에 이상이 있다고 간주한다. 9개의 표본을 추출해 두께를 측정한 자료가 다음과 같다.

22.6, 22.8, 25.3, 25.6, 23.2, 22.9, 24.5, 23.5, 22.7

과거의 경험에 의하면 판 두께는 정규분포에 따른다고 가정하여도 무관하다고 한다. 다음 물음에 답하라.
1) 공정에 이상이 있는가를 검정하기 위한 가설을 설정하라.
2) 1)의 가설을 검정하기 위한 검정의 유의확률을 구하라.

3) 2)의 유의확률을 이용하여 1)의 가설을 검정하라.

4) 판 두께의 분산에 대한 90% 신뢰구간을 구하라.

5) 4)의 결과를 이용하여 판 두께의 표준편차에 대한 90% 신뢰구간을 구하라.

6장

두 모집단에 대한 추론

5장에서는 단일 모집단의 모수에 대한 추론을 다루었으나 실제로 우리가 실생활 중에 접하는 대부분의 문제들은 두 모집단이거나 두 개 이상의 모집단 특성을 서로 비교하는 경우들이다. 예를 들어, 두 학습 방법의 효과에 차이가 있는지를 조사하거나 새로 출시한 연료첨가제를 사용하기 전과 후에 연비의 차이가 있는지를 알아보는 경우들이 이에 해당한다. 이번 장에서는 두 모집단의 평균, 비율, 분산을 비교하는 통계적 절차에 대해 다루려고 한다.

정규분포 $N(\mu_1, \sigma_1^2)$에 따르는 첫 번째 모집단에서 m개의 랜덤표본 $X_1, X_2, \cdots, X_m$을 얻었으며 이와 독립이며 $N(\mu_2, \sigma_2^2)$에 따르는 두 번째 모집단에서 n개의 랜덤표본 $Y_1, Y_2, \cdots, Y_n$을 얻었을 때, 각 표본에서 계산한 통계량들은 다음과 같다고 하자.

$$\overline{X} = \frac{1}{m}\sum_{i=1}^{m} X_i, \quad \overline{Y} = \frac{1}{n}\sum_{i=1}^{n} Y_i, \quad S_1^2 = \frac{1}{m-1}\sum_{i=1}^{m}(X_i - \overline{X})^2,$$

$$S_2^2 = \frac{1}{n-1}\sum_{i=1}^{n}(Y_i - \overline{Y})^2.$$

6.1 두 모평균에 대한 추론

두 모평균 μ_1과 μ_2 간에 유의한 차이가 있는가를 검정하는 문제는 다음과 같은 가설들로 정의할 수 있다.

귀무가설 $H_0 : \mu_1 - \mu_2 = \mu_0$

대립가설 $H_1 : \mu_1 - \mu_2 \neq \mu_0$ (혹은 $\mu_1 - \mu_2 > \mu_0$, $\mu_1 - \mu_2 < \mu_0$)

두 모평균의 차 $(\mu_1 - \mu_2)$의 추론에는 직관적으로 각 모평균의 추정량인 표본평균들의 차를 이용한 통계량 $(\overline{X} - \overline{Y})$를 사용하는 것이 너무도 당연하다. 또한, 표본평균들은 서로 독립이며 각각 다음과 같이 정규분포를 따름은 이미 학습하였다.

$$\overline{X} \sim N(\mu_1, \frac{\sigma_1^2}{m}), \quad \overline{Y} \sim N(\mu_2, \frac{\sigma_2^2}{n})$$

6.1.1 두 모분산을 모두 알고 있는 경우

σ_1^2과 σ_2^2을 모두 알 때, 통계량 $(\overline{X}-\overline{Y})$의 평균과 분산은 각각

$$E(\overline{X}-\overline{Y}) = E(\overline{X}) - E(\overline{Y}) = \mu_1 - \mu_2$$

$$Var(\overline{X}-\overline{Y}) = Var(\overline{X}) + Var(\overline{Y}) = \frac{\sigma_1^2}{m} + \frac{\sigma_2^2}{n}$$

이며 정규분포에 따른다. 즉

$$(\overline{X}-\overline{Y}) \sim N\left(\mu_1 - \mu_2,\ \sigma_1^2/m + \sigma_2^2/n\right)$$

이 성립한다. 이를 표준화한 통계량은

$$\frac{(\overline{X}-\overline{Y}) - (\mu_1 - \mu_2)}{\sqrt{\sigma_1^2/m + \sigma_2^2/n}} \sim N(0,\ 1)$$

이므로

$$\Pr\left\{-z_{\alpha/2} \leq \frac{(\overline{X}-\overline{Y}) - (\mu_1 - \mu_2)}{\sqrt{\sigma_1^2/m + \sigma_2^2/n}} \leq z_{\alpha/2}\right\} = 1 - \alpha$$

이 성립한다. 이를 $(\mu_1 - \mu_2)$에 대해 정리하면 $(\mu_1 - \mu_2)$에 대한 $100(1-\alpha)\%$ 신뢰구간은

$$(\overline{X}-\overline{Y}) \pm z_{\alpha/2} \cdot \sqrt{\frac{\sigma_1^2}{m} + \frac{\sigma_2^2}{n}}$$

와 같이 주어진다.

정리 6-1 σ_1^2과 σ_2^2을 모두 알 때, $(\mu_1 - \mu_2)$의 신뢰구간

$(\mu_1 - \mu_2)$에 대한 $100(1-\alpha)\%$ 신뢰구간은

$$(\overline{X}-\overline{Y}) \pm z_{\alpha/2} \cdot \sqrt{\frac{\sigma_1^2}{m} + \frac{\sigma_2^2}{n}}$$

대립가설의 형태에 따라 유의수준 α 인 기각역과 유의확률의 계산법을 정리하면 〈표 6-1〉과 같다.

표 6-1 분산을 모두 알며, 독립인 두 정규모집단의 모평균에 대한 검정

- 귀무가설 $H_0 : \mu_1 - \mu_2 = \mu_0$
- 검정통계량 $Z = \dfrac{(\overline{X} - \overline{Y}) - \mu_0}{\sqrt{\sigma_1^2/m + \sigma_2^2/n}}$, Z의 실제 계산된 값을 z_0 라 할 때

대립가설	유의수준 α 인 기각영역	유의확률($X \sim N(0, 1)$ 이용)
$H_1 : \mu_1 - \mu_2 > \mu_0$	$z_0 \geqq z_\alpha$	$\Pr(X \geqq z_0)$
$H_1 : \mu_1 - \mu_2 < \mu_0$	$z_0 \leqq -z_\alpha$	$\Pr(X \leqq z_0)$
$H_1 : \mu_1 - \mu_2 \neq \mu_0$	$\lvert z_0 \rvert \geqq z_{\alpha/2}$	$\Pr(\lvert X \rvert \geqq \lvert z_0 \rvert)$

예제 6-1 **두 분산을 모두 알고 있는 경우에 모평균 차에 대한 추론**

모평균이 각각 μ_1, μ_2 인 두 모집단으로부터 각각 10개씩 표본을 뽑아 평균을 계산하니 21과 15 이었다. 각 모집단은 정규분포를 따르고 분산은 각각 40과 50이라 알려져 있다고 할 때, 다음 물음에 답하라.

1) $\mu_1 - \mu_2$ 에 대한 95% 신뢰구간을 구하라.
2) μ_1 이 μ_2 보다 크다고 할 수 있는지를 검정하려고 한다. 가설을 설정하라.
3) 2)의 가설에 대한 검정의 유의확률을 계산하고 이를 이용해 가설검정의 결과를 기술하라.

|풀이| 문제로부터 $m = n = 10$, $\overline{x} = 21$, $\overline{y} = 15$, $\sigma_1^2 = 40$, $\sigma_2^2 = 50$

1) $\mu_1 - \mu_2$에 대한 95% 신뢰구간은

$$(\overline{x} - \overline{y}) \pm z_{0.025} \cdot \sqrt{\frac{\sigma_1^2}{m} + \frac{\sigma_2^2}{n}} \Rightarrow (21-15) \pm 1.96 \times \sqrt{\frac{40}{10} + \frac{50}{10}}$$
$$\Rightarrow 6 \pm 5.88 \Rightarrow (0.12,\ 11.88)$$

2) 귀무가설 $H_0 : \mu_1 = \mu_2$ $(\mu_1 - \mu_2 = 0)$, 대립가설 $H_1 : \mu_1 > \mu_2$

3) 검정통계량의 실제 값은 $z_0 = \dfrac{\overline{x} - \overline{y}}{\sqrt{\sigma_1^2/m + \sigma_2^2/n}} = \dfrac{6}{\sqrt{40/10 + 50/10}} = 2$

유의확률은 $\Pr(Z \geq z_0) = \Pr(Z \geq 2) = \Pr(Z \leq -2) = pnorm(-2) = 0.0228$

유의확률=0.0228<0.05이므로 유의수준 5%에서 귀무가설을 기각한다.

6.1.2 두 분산을 모르지만 동일한 경우

두 분산을 미리 알고 있는 경우는 사실 없다고 보는 것이 현실적이다. 대부분의 실제 문제에서 분산을 아는 경우는 거의 없다. 이번 절에서는 분산을 모르긴 하지만 두 분산이 σ^2 으로 동일한 경우에 대해 알아보기로 하자. 통계량 $(\overline{X} - \overline{Y})$의 평균과 분산은 각각

$$E(\overline{X} - \overline{Y}) = E(\overline{X}) - E(\overline{Y}) = \mu_1 - \mu_2$$

$$Var(\overline{X} - \overline{Y}) = Var(\overline{X}) + Var(\overline{Y}) = \sigma^2\left(\frac{1}{m} + \frac{1}{n}\right)$$

인 정규분포에 따르므로

$$Z = \frac{(\overline{X} - \overline{Y}) - (\mu_1 - \mu_2)}{\sigma\sqrt{\frac{1}{m} + \frac{1}{n}}} \sim N(0,1)$$

이다.

한편, 표본분산에 대한 분포는 각각

$$\frac{(m-1)S_1^2}{\sigma^2} \sim \chi^2(m-1), \quad \frac{(n-1)S_2^2}{\sigma^2} \sim \chi^2(n-1)$$

이며 이들은 서로 독립이다. 카이제곱분포의 가법성에 의해

$$\frac{(m-1)S_1^2}{\sigma^2} + \frac{(n-1)S_2^2}{\sigma^2} = \frac{(m-1)S_1^2 + (n-1)S_2^2}{\sigma^2} \sim \chi^2(m+n-2)$$

이 성립한다.

이제 σ^2 을 추정하는 문제를 생각해보자. 첫 번째 표본만을 이용한 σ^2 의 추정량 S_1^2 과 두 번째 표본만을 이용한 σ^2 의 추정량 S_2^2 을 함께 사용하는 것이 바람직할

것이다. 그래서 두 표본분산 S_1^2 과 S_2^2 의 자유도를 가중치로 사용한 S_1^2 과 S_2^2 의 가중평균

$$\frac{(m-1)}{(m-1)+(n-1)} S_1^2 + \frac{(n-1)}{(m-1)+(n-1)} S_2^2$$

$$= \frac{(m-1)S_1^2 + (n-1)S_2^2}{m+n-2}$$

을 공통분산 σ^2 의 추정량으로 사용한다. 이를 **합동추정량(pooled estimator)**이라 부르며

$$S_p^2 = \frac{(m-1)S_1^2 + (n-1)S_2^2}{m+n-2}$$

와 같이 정의하면

$$\chi^2 = \frac{(m+n-2)S_p^2}{\sigma^2} \sim \chi^2(m+n-2)$$

이 성립한다. 따라서 t-분포의 정의로부터

$$T = Z/\sqrt{\chi^2/(m+n-2)} = \frac{(\overline{X}-\overline{Y})-(\mu_1-\mu_2)}{S_p\sqrt{\frac{1}{m}+\frac{1}{n}}} \sim t(m+n-2)$$

임을 알 수 있다. 이를 이용하면 $\mu_1-\mu_2$ 에 대한 100(1−α)% 신뢰구간은

$$(\overline{X}-\overline{Y}) \pm t_{\alpha/2}(m+n-2)\cdot S_p\sqrt{\frac{1}{m}+\frac{1}{n}}$$

와 같이 됨을 알 수 있다.

정리 6-2 등분산을 모를 때, $(\mu_1-\mu_2)$의 신뢰구간

$(\mu_1-\mu_2)$에 대한 100(1−α)% 신뢰구간은

$$(\overline{X}-\overline{Y}) \pm t_{\alpha/2}(m+n-2)\cdot S_p\sqrt{\frac{1}{m}+\frac{1}{n}}$$

또한 대립가설의 형태에 따라 유의수준 α 인 기각역과 유의확률의 계산법을 정리하면 다음의 〈표 6-2〉과 같다.

표 6-2 분산을 모르지만 σ^2으로 동일한 두 정규모집단의 모평균 차에 대한 검정

- 귀무가설 $H_0 : \mu_1 - \mu_2 = \mu_0$
- 검정통계량 $T = \dfrac{(\overline{X} - \overline{Y}) - \mu_0}{S_p\sqrt{\dfrac{1}{m} + \dfrac{1}{n}}}$, T 의 실제 계산된 값을 t_0 라 할 때

대립가설	유의수준 α 인 기각영역	유의확률 ($X \sim t(m+n-2)$ 이용)
$H_1 : \mu_1 - \mu_2 > \mu_0$	$t_0 > t_\alpha(m+n-2)$	$\Pr(X \geq t_0)$
$H_1 : \mu_1 - \mu_2 < \mu_0$	$t_0 < -t_\alpha(m+n-2)$	$\Pr(X \leq t_0)$
$H_1 : \mu_1 - \mu_2 \neq \mu_0$	$\lvert t_0 \rvert > t_{\alpha/2}(m+n-2)$	$\Pr(\lvert X \rvert \geq \lvert t_0 \rvert)$

6.1.3 등분산을 가정할 수 없을 때의 추론

앞에서 다룬 추론문제는 두 모집단이 동일한 분산을 갖는 경우였다. 그러나 두 분산 σ_1^2과 σ_2^2이 같지 않다면 이들을 각 표본으로부터 따로 추정하여야 한다. 가장 간단한 방법은 〈표 6-1〉의 검정통계량에서 σ_1^2의 추정량인 S_1^2과 σ_2^2의 추정량인 S_2^2을 사용한 검정통계량

$$T^* = \frac{(\overline{X} - \overline{Y}) - (\mu_1 - \mu_2)}{\sqrt{S_1^2/m + S_2^2/n}} \sim t(df) \text{ (근사적으로)}$$

임을 이용한다. 자유도 df 는 Welsh와 Satterthwaite의 근사식에 의한 것으로

$$df = \frac{\left(S_1^2/m + S_2^2/n\right)^2}{\dfrac{(S_1^2/m)^2}{(m-1)} + \dfrac{(S_2^2/n)^2}{(n-1)}}$$

와 같다. 이 경우 df 는 정수가 아닌 실수로 주어지므로 가장 가까운 정수를 자유도로 이용하기도 한다. R에서는 보간법을 이용해 대응되는 자유도를 결정한다. T^* 을 이용한 근사는 표본크기 m 과 n 이 충분히 크지 않더라도 나쁘지 않음이 알

려져 있으며 이를 이용한 신뢰구간은 다음과 같다.

정리 6-3 두 분산을 모두 모를 때, $(\mu_1 - \mu_2)$의 근사 신뢰구간

$(\mu_1 - \mu_2)$에 대한 $100(1-\alpha)\%$ 근사 신뢰구간은

$$(\overline{X} - \overline{Y}) \pm t_{\alpha/2}(df) \cdot \sqrt{\frac{S_1^2}{m} + \frac{S_2^2}{n}}$$

자유도 df 는 다음과 같다.

$$df = \frac{\left(S_1^2/m + S_2^2/n\right)^2}{\dfrac{(S_1^2/m)^2}{(m-1)} + \dfrac{(S_2^2/n)^2}{(n-1)}}$$

또한 대립가설의 형태에 따라 유의수준 α 인 기각역과 유의확률의 계산법을 정리하면 다음의 〈표 6-3〉과 같다.

표 6-3 두 분산을 모두 모르는 정규모집단의 모평균 차에 대한 검정

- 귀무가설 $H_0 : \mu_1 - \mu_2 = \mu_0$
- 검정통계량 $T = \dfrac{(\overline{X} - \overline{Y}) - \mu_0}{\sqrt{\dfrac{S_1^2}{m} + \dfrac{S_2^2}{n}}}$, T 의 실제 계산된 값을 t_0 라 할 때

H_0 하에서 $T \sim t(df)$, $df = \dfrac{\left(S_1^2/m + S_2^2/n\right)^2}{\dfrac{(S_1^2/m)^2}{(m-1)} + \dfrac{(S_2^2/n)^2}{(n-1)}}$

대립가설	유의수준 α 인 기각영역	유의확률 ($X \sim t(df)$ 이용)
$H_1 : \mu_1 - \mu_2 > \mu_0$	$t_0 > t_\alpha(df)$	$\Pr(X \geq t_0)$
$H_1 : \mu_1 - \mu_2 < \mu_0$	$t_0 < -t_\alpha(df)$	$\Pr(X \leq t_0)$
$H_1 : \mu_1 - \mu_2 \neq \mu_0$	$\lvert t_0 \rvert > t_{\alpha/2}(df)$	$\Pr(\lvert X \rvert \geq \lvert t_0 \rvert)$

실제로 표본으로부터 수집된 데이터가 있는 경우에는 5장에서 학습한 t.test( ) 함수를 사용하면 가설검정을 시행하고 신뢰구간을 구하는 것이 모두 가능하다. 특히, t.test( ) 함수를 사용하기 전에 등분산($\sigma_1^2 = \sigma_2^2$)을 가정할 수 있는지를 알아보는 것이 필요하다. 이에 대해서는 6.4절에서 소개할 예정이다.

예제 6-2 모평균의 차에 대한 추론

연상기억법의 효과를 알아보기 위해 10명의 학생을 랜덤하게 5명씩 두 그룹으로 나누고 한 그룹에는 연상기억법에 대한 훈련을 진행하였다. 100개의 단어를 일정 시간 동안 암기하게 한 후 기억하는 단어의 개수를 측정한 결과가 다음과 같다.

연상기억법 훈련을 받은 그룹 : 73, 42, 90, 58, 62
기억법 훈련을 받지 않은 그룹: 50, 23, 68, 40, 45

두 그룹의 모평균을 각각 μ_1과 μ_2라 할 때, 다음 물음에 답하라.

1) 상자그림을 그려서 두 모집단의 평균에 차이가 있는지를 시각적으로 관찰하라.
2) $\mu_1 - \mu_2$에 대한 95% 신뢰구간을 구하라.
3) μ_1이 μ_2보다 크다고 할 수 있는지를 검정하려고 한다. 가설을 설정하라.
4) 3)의 가설에 대한 검정의 유의확률을 계산하고 이를 이용해 가설검정의 결과를 기술하라.
5) 만약 등분산을 가정할 수 있다면 3)의 가설을 검정한 결과는 어떠한가?

|풀이| 풀이에 사용된 모든 계산은 R을 이용한 [보기 6-1]의 결과를 활용한 것이다.

1) 상자그림은 〈그림 6-1〉을 참고하라.
2) t.test( ) 함수로 양쪽검정을 시행하면 디폴트로 95% 신뢰구간이 구해진다. 결과에서 두껍게 표시된 부분에서 95% 신뢰구간은 (-5.136852, 44.736852)이다.
3) 귀무가설 $H_0 : \mu_1 = \mu_2$ ($\mu_1 - \mu_2 = 0$), 대립가설 $H_1 : \mu_1 > \mu_2$
4) t.test( ) 함수의 인수에 alternative = "great"를 사용해 대립가설을 지정함. 결과에서 유의 확률은 0.05239이다. 0.05보다는 크므로 유의수준 5%에서는 귀무가설을 기각할 수 없다. 즉, $\mu_1 > \mu_2$가 성립한다는 근거는 없다. 그러나 0.05239<0.1이므로 유의수준 10%에서는 귀무가설을 기각할 수 있다.
5) 등분산인 경우는 인수에 var.equal = T를 사용한다. 이 경우의 유의확률도 0.05224> 0.05이므로 유의수준 5%에서는 귀무가설을 기각할 수 없다.

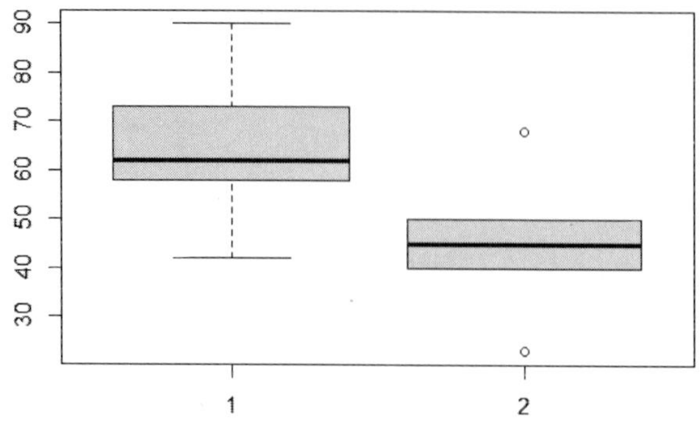

그림 6-1 두 집단의 상자그림

보기 6-1

```
> x=c(73, 42, 90, 58, 62)                    # 데이터 벡터 x
> y=c(50, 23, 68, 40, 45)                    # 데이터 벡터 y
> boxplot(x,y)                               # 1) 상자그림으로 데이터 탐색
> t.test(x, y)                               # 2) 신뢰구간을 구하기 위한 명령
Welch Two Sample t-test

data:  x and y
t = 1.831, df = 7.9341, p-value = 0.1048
alternative hypothesis: true difference in means is not equal to 0
95 percent confidence interval:
 -5.172967 44.772967
sample estimates:
mean of x mean of y
     65.0      45.2
> t.test(x, y, alternative = "great")        # 4) 대립가설 설정한 결과
          Welch Two Sample t-test
data:  x and y
t = 1.831, df = 7.9341, p-value = 0.05239
alternative hypothesis: true difference in means is greater than 0
95 percent confidence interval:
 -0.3306134        Inf
sample estimates:
```

```
mean of x mean of y
     65.0       45.2
> t.test(x, y, alternative = "great", var.equal = T)     # 5) 등분산인 경우
            Two Sample t-test
data:  x and y
t = 1.831, df = 8, p-value = 0.05224
(이하생략)
```

6.1.4 표본의 크기가 큰 경우의 추론

두 표본의 크기가 충분히 크다면 모집난의 분포와 상관없이 중심극한정리에 의해 $\overline{X}$와 $\overline{Y}$는 각각 근사적으로 $N(\mu_1, \sigma_1^2/m)$, $N(\mu_2, \sigma_2^2/n)$에 따르게 된다. 따라서 $(\overline{X}-\overline{Y})$도 근사적으로 $N\left(\mu_1-\mu_2, \sigma_1^2/m+\sigma_2^2/n\right)$에 따르며 이를 표준화하면

$$\frac{(\overline{X}-\overline{Y})-(\mu_1-\mu_2)}{\sqrt{\sigma_1^2/m+\sigma_2^2/n}} \sim N(0, 1), \text{ (근사적으로)}$$

이 성립한다. σ_1^2과 σ_2^2을 추정량 S_1^2과 S_2^2으로 대체한 통계량에 대해서도

$$\frac{(\overline{X}-\overline{Y})-(\mu_1-\mu_2)}{\sqrt{S_1^2/m+S_2^2/n}} \sim N(0, 1), \text{ (근사적으로)}$$

이 성립한다. 이 근사분포를 추론에 이용하면 다음과 같은 결과로 정리할 수 있겠다.

정리 6-4 두 표본의 크기가 클 때, $(\mu_1-\mu_2)$의 신뢰구간과 검정통계량

$(\mu_1-\mu_2)$에 대한 100(1−α)% 근사 신뢰구간은

$$(\overline{X}-\overline{Y}) \pm z_{\alpha/2} \cdot \sqrt{\frac{S_1^2}{m}+\frac{S_2^2}{n}}$$

$H_0 : \mu_1-\mu_2=\mu_0$ 을 검정하기 위한 검정통계량은

$$Z = \frac{\overline{X} - \overline{Y} - \mu_0}{\sqrt{\frac{S_1^2}{m} + \frac{S_2^2}{n}}}, \ (H_0 \text{ 하에서 근사적으로 } N(0,1)\text{을 따름})$$

6.2 대응비교(짝을 이룬 표본)

6.1절에서는 서로 독립인 두 확률표본에 기초한 모평균의 비교를 다루었다. 그러나 경우에 따라서는 두 표본이 서로 독립이 아니고 연관된 경우가 더 유용할 때도 있다. 예를 들어, 새로 개발된 연료첨가제가 연비 향상에 효과가 있는지를 알아보는 경우를 생각해보자. 만약 10대의 차량을 랜덤하게 각각 5대씩 두 그룹으로 나누어 한 그룹에만 연료첨가제를 사용하고 나머지 그룹에는 첨가제 없이 연비를 측정한다고 하자. 이 실험에서 만약 연비에 차이가 있음을 보이려면 연비의 차이는 오로지 연료첨가제의 사용여부에 따른 결과여야 할 것이다. 그러나 차량의 연비는 운전자의 운전스타일, 차량의 상태, 실험 시간대의 교통 흐름 등에 크게 좌우된다. 따라서 연비의 차이는 연료첨가제의 사용여부 이외의 다른 요인에 의해서도 얼마든지 차이가 생길 수 있는 것이다. 따라서 연료첨가제의 사용여부 이외의 다른 요인들을 제거하는 방법을 고려해야 한다. 그런 방법 중에 하나는 다음과 같다. 독립인 두 그룹으로 나누는 실험 방법 대신 각 차량마다 동일한 운전자를 적용해서 먼저 연료첨가제를 사용하지 않은 상태로 연비를 측정하고, 다음에는 연료첨가제를 사용해서 연비를 측정하는 방식을 사용한다면 차량과 운전자의 차이로 생기는 원인들은 제거할 수 있을 것이다. 이 경우에는 연료첨가제를 사용한 경우에 측정한 연비 자료(X)와 첨가제 없이 측정한 연비 자료(Y)는 서로 독립이라 볼 수 없다. 같은 차량과 동일한 운전자를 통해서 측정한 자료이므로 서로 관련이 있다고 보는 것이다. 그러나 각 차량(운전자)을 이용한 자료는 서로 독립이므로 랜덤표본으로 생각할 수 있다. 연료첨가제를 사용한 효과는 연비의 차이 (D=X−Y)들에 대한 랜덤표본을 이용해 분석하면 될 것이다.

이상과 같이 두 처리(평균)를 비교할 때 동질적인 실험단위끼리 묶어서 두 처리를 랜덤하게 적용시키거나, 한 실험단위에 두 처리를 적용시켜 처리효과의 차이를 검정하는 비교를 **대응비교(paired comparison)**라 한다. 전체 실험단위들이 동질적이지 못할 때는 대응비교가 독립표본에 의한 비교보다 훨씬 더 유용하다.

대응비교에서는 자료 $(X_1, Y_1), (X_2, Y_2), \cdots, (X_n, Y_n)$ 을 이용하여 각 조의 두 실험단위에 대한 반응측정값의 차이 $D_i = X_i - Y_i$, $(i = 1, 2, \cdots, n)$를 택함으로써 두 실험단위에서 공통으로 나타나는 조 내의 요인을 제거할 수 있다. 또한, 이 차이는 처리효과 간의 차이와 우연성에 의해서 관측된 데이터로 생각할 수 있으므로 D_i 들을 서로 독립인 정규분포에서 얻어진 랜덤표본들로 생각하면 모평균의 차 $\delta = \mu_1 - \mu_2$ 에 관한 추론 문제를 다룰 수 있다. 이는 5장에서 이미 학습한 단일모집단에 대한 추론 문제에 해당된다. 따라서 δ 에 대한 신뢰구간은 5.3.1절을, 가설검정에 대한 내용은 5.4.2절을 각각 참고하면 되겠다. D_i 들이 $N(\delta, \sigma_D^2)$ 에 따르는 모집단으로부터의 랜덤표본이며 모분산 σ_D^2 을 모르는 경우에 한해 신뢰구간과 가설검정에 대해 정리하면 다음과 같다. $\overline{D}$ 와 S_D 는 각각 D_i 들로부터 계산한 표본평균과 표본표준편차이다.

정리 6-5 대응비교인 경우 $\delta = \mu_1 - \mu_2$ 의 신뢰구간과 검정통계량

- 통계량에 대한 분포: $\dfrac{\overline{D} - \delta}{S_D / \sqrt{n}} \sim t(n-1)$
- $(\delta = \mu_1 - \mu_2)$ 에 대한 $100(1-\alpha)\%$ 신뢰구간은 $\overline{D} \pm t_{\alpha/2}(n-1) \cdot \dfrac{S_D}{\sqrt{n}}$

  $H_0 : \delta = \mu_1 - \mu_2 = \delta_0$ 을 검정하기 위한 검정통계량은

  $T = \dfrac{\overline{D} - \delta_0}{S_D / \sqrt{n}}$, ($H_0$ 하에서 $t(n-1)$을 따름)

t.test( ) 함수의 인수에 'paired=T'를 사용하면 대응비교를 시행할 수 있다. 인수에 입력된 순서는 앞에서부터 X, Y이며, X−Y에 대한 t−검정이 사용된다. 따라서 2표본 t−검정에서 'paired=T'를 사용하는 경우와 D=X−Y를 먼저 계산하고 D에 대한 일표본 t−검정을 사용하는 것은 결국 같은 검정이다. 다음 [예제 6−3]의 결과를 얻기 위한 R의 실행 결과는 [보기 6−2]를 참고하라.

예제 6-3 **대응표본인 경우 모평균의 차에 대한 추론**

금연 후에 체중이 증가했는지를 확인하기 위해 최근 금연을 시도한 6명의 흡연자를 대상으로 금연전의 체중과 금연시도 후 2개월이 경과한 후의 체중을 측정한 자료가 다음과 같다.

	1	2	3	4	5	6
금연 전	66	69	77	82	64	72
금연 후	65	73	78	86	67	74

금연 전과 후의 체중의 모평균을 각각 μ_1과 μ_2라 할 때, 다음 물음에 답하라.

1) $\mu_2 - \mu_1$에 대한 95% 신뢰구간을 구하라.
2) 금연 후에 체중이 증가했는지를 검정하려고 한다. 가설을 설정하라.
3) 2)의 가설에 대한 검정의 유의확률을 계산하고 이를 이용해 가설검정의 결과를 기술하라.

|풀이| 금연 후를 X, 전을 Y 집단으로 표시하고 D=X−Y에 대한 표본 통계량들을 계산하면

$d_i = x_i - y_i$: −1, 4, 1, 4, 3, 2이다. $\bar{d}=2.166667$, $s_d = 1.94079$, $t_{0.025}(5) = 2.571$

1) $\bar{d} \pm t_{\alpha/2}(n-1) \cdot \dfrac{s_d}{\sqrt{n}} \Rightarrow 2.167 \pm 2.571 \times 1.941/\sqrt{6} \Rightarrow (0.13,\ 4.20)$

2) 귀무가설 $H_0 : \mu_1 = \mu_2$ $(\delta = \mu_2 - \mu_1 = 0)$, 대립가설 $H_1 : \mu_2 > \mu_1$ $(\delta > 0)$

3) 검정통계량은 $t_0 = \dfrac{\bar{d}}{s_d / \sqrt{n}} = \dfrac{2.167}{1.941/\sqrt{6}} = 2.735$

$$\text{유의확률 } \Pr(T \geq 2.735) = \Pr(T \leq -2.735) = pt(-2.735, 5) = 0.0205$$

유의확률=0.0205<0.05이므로 유의수준 5%에서 귀무가설을 기각한다. 즉, 금연 후에 체중이 증가한다는 주장은 의미가 있다.

그러나 위의 과정은 t.test(post, pre, alternative="great", paired=T)에 의해 2표본 t-검정에서 대응비교를 이용해 얻을 수 있다. 또는 t.test(post−pre, alternative="great")와 같이 1표본 t-검정을 이용하여도 같은 결과를 얻을 수 있다.

[보기 6-2]의 맨 마지막에서 구한 상관계수가 거의 1에 가까운 높은 상관을 보

여주고 있다. 이렇게 높은 상관이 있는 경우에는 독립인 두 표본보다는 대응비교를 이용하는 것이 타당함을 보여주고 있다. 상관분석에 대해서는 뒤에서 상세히 학습할 예정이다.

보기 6-2

```
> pre=c(66, 69, 77, 82, 64, 72)              # 금연 전 체중
> post=c(65, 73, 78, 86, 67, 74)             # 금연 후 체중
> (d=post-pre)                               # 체중의 증가량
[1] -1  4  1  4  3  2
> (m=mean(d))                                # 체중의 증가량에 대한 표본평균
[1] 2.166667
> (s=sd(d))                                  # 체중의 증가량에 대한 표본표준편차
[1] 1.94079
> (t=qt(0.975,5))                            # t-분포의 상위 2.5% 분위수
[1] 2.570582
> m-t*s/sqrt(6)                              # 신뢰하한
[1] 0.1299322
> m+t*s/sqrt(6)                              # 신뢰상한
[1] 4.203401
> t.test(d)                                  # 신뢰구간을 위한 양쪽검정
        One Sample t-test
data:  d
t = 2.7346, df = 5, p-value = 0.04106
alternative hypothesis: true mean is not equal to 0
95 percent confidence interval:
 0.1299322 4.2034011
sample estimates:
mean of x
 2.166667
> (t0=m/(s/sqrt(6)))                         # 검정통계량 계산
[1] 2.734571
> pt(-t0,5)                                  # 유의확률 계산
[1] 0.02052817
```

```
> t.test(post, pre, paired=T, alternative="great")        # 2표본 대응비교
        Paired t-test
data:  post and pre
t = 2.7346, df = 5, p-value = 0.02053
alternative hypothesis: true difference in means is greater than 0
(이하 생략)
> cor(post,pre)                                          # 참고, 두 그룹의 상관계수
[1] 0.9699235
```

6.3 두 비율의 차에 대한 추론

두 그룹의 흡연율이나 찬성률 등에 차이가 있는지 등과 같이 두 모비율을 비교하는 경우도 빈번히 발생한다. 이제 서로 독립인 두 표본을 이용해서 모비율을 비교하는 과정을 생각해보자. 성공률 p_1 인 베르누이 분포로부터의 n_1 개의 랜덤표본 X_i 을 추출해 $X(=\sum_{i=1}^{n_1} X_i)$ 번 성공하였다고 하고 이와는 독립적으로 성공률 p_2 인 베르누이 분포로부터의 n_2 개의 랜덤표본 Y_j 을 추출해서 $Y(=\sum_{j=1}^{n_2} Y_j)$ 번 성공하였다고 하자. 각 표본에서의 성공 횟수 X와 Y는 각각 이항분포 $B(n_1, p_1)$과 $B(n_2, p_2)$에 따르고 독립이다. 모비율 p_1과 p_2의 추정량은 각각 표본비율

$$\widehat{p_1} = X/n_1, \quad \widehat{p_2} = Y/n_2$$

이며 이들도 서로 독립이다. 두 모비율의 차이인 $(p_1 - p_2)$의 추정량으로는

$$\widehat{p_1 - p_2} = \widehat{p_1} - \widehat{p_2} = X/n_1 - Y/n_2$$

을 사용하는 것은 매우 직관적인 선택이다. [정리 3-14]와 [정리 4-4]에 의하면 $\widehat{p_1}$과 $\widehat{p_2}$도 근사적으로 정규분포를 따르므로 두 추정량의 차인 $(\widehat{p_1} - \widehat{p_2})$도 다음과 같은 정규분포

$$\widehat{p_1 - p_2} = (\widehat{p_1} - \widehat{p_2}) \sim N\left(p_1 - p_2, \frac{p_1(1-p_1)}{n_1} + \frac{p_2(1-p_2)}{n_2}\right)$$

을 근사적으로 따르게 된다. 그러나 분산에 포함된 p_1과 p_2는 모르는 값이므로 이를 각각 표본비율로 추정하면

$$\widehat{p_1 - p_2} = (\widehat{p_1} - \widehat{p_2}) \sim N\left(p_1 - p_2,\ \frac{\widehat{p_1}(1-\widehat{p_1})}{n_1} + \frac{\widehat{p_2}(1-\widehat{p_2})}{n_2}\right)$$

가 근사적으로 성립한다. 이를 이용하면 $(p_1 - p_2)$에 대한 $100(1-\alpha)\%$ 근사 신뢰구간은

$$(\widehat{p_1} - \widehat{p_2}) \pm z_{\alpha/2} \cdot \sqrt{\frac{\widehat{p_1}(1-\widehat{p_1})}{n_1} + \frac{\widehat{p_2}(1-\widehat{p_2})}{n_2}}$$

와 같이 주어진다.

이제 두 모비율이 차이가 있는지를 알아보기 위한 가설검정에 대해 알아보자. 귀무가설

$$H_0 : p_1 = p_2\ (= p)$$

가 성립하면 두 모집단이 공통인 비율 p을 가지고 있으므로 p는 다음

$$\hat{p} = \frac{X+Y}{n_1 + n_2}$$

와 같이 두 모집단의 자료를 이용해서 추정한다. 이를 공통인 모비율 p에 대한 **합동추정량**이라 한다. H_0하에서

$$E(\widehat{p_1 - p_2}) = E(\widehat{p_1} - \widehat{p_2}) = 0\ ,\quad Var(\widehat{p_1 - p_2}) = p(1-p)\left(\frac{1}{n_1} + \frac{1}{n_2}\right)$$

이 성립하며 분산에 포함된 p 대신 합동추정량 $\hat{p}$을 사용하면 검정통계량은 다음과 같으며 이는 H_0하에서 근사적으로 표준정규분포를 따른다.

$$Z = \frac{\widehat{p_1} - \widehat{p_2}}{\sqrt{\hat{p}(1-\hat{p})\left(\frac{1}{n_1} + \frac{1}{n_2}\right)}}$$

이상의 내용들을 정리하면 다음과 같으며 실제로 신뢰구간을 구하고 가설검정을 시행하는 경우에는 prop.test( )를 이용하면 매우 편리하다.

정리 6-6 두 모비율의 차에 대한 근사 신뢰구간(표본 크기가 큰 경우)

• 통계량에 대한 분포: $\dfrac{(\hat{p}_1 - \hat{p}_2) - (p_1 - p_2)}{\sqrt{\dfrac{\hat{p}_1(1-\hat{p}_1)}{n_1} + \dfrac{\hat{p}_2(1-\hat{p}_2)}{n_2}}} \sim N(0, 1)$, (근사적으로)

• p에 대한 $100(1-\alpha)\%$ 근사 신뢰구간:

$$(\hat{p}_1 - \hat{p}_2) \pm z_{\alpha/2} \cdot \sqrt{\frac{\hat{p}_1(1-\hat{p}_1)}{n_1} + \frac{\hat{p}_2(1-\hat{p}_2)}{n_2}}$$

• $H_0 : p_1 = p_2 \ (= p)$을 검정하기 위한 검정통계량

$$Z = \frac{\hat{p}_1 - \hat{p}_2}{\sqrt{\hat{p}(1-\hat{p})\left(\dfrac{1}{n_1} + \dfrac{1}{n_2}\right)}}$$ (H_0하에서 근사적으로 N(0, 1)을 따름)

예제 6-4 **대표본인 경우 모비율의 차에 대한 추론**

사람이 직접 수공업으로 제품을 생산하는 두 공장 A, B 간에 불량률에 차이가 있는지를 알아보기 위해 지난 한 달간 각 공장에서 생산한 제품의 개수와 그 중에 불량품으로 판정된 제품의 개수가 다음과 같다.

	공장 A	공장 B
불량품의 수	36	24
생산한 총 제품의 수	750	860

각 공장의 불량률을 각각 p_1과 p_2라 할 때, 다음 물음에 답하라.

1) $p_1 - p_2$에 대한 95% 신뢰구간을 구하라.
2) 두 공장의 불량률은 차이가 있는지를 검정하려고 한다. 가설을 설정하라.
3) 2)의 가설에 대한 검정의 유의확률을 계산하고 이를 이용해 가설검정의 결과를 기술하라.

|풀이| $\hat{p}_1 = X/n_1 = 36/750 = 0.048$, $\hat{p}_2 = Y/n_2 = 24/860 = 0.028$

1) $(\hat{p}_1 - \hat{p}_2) \pm z_{\alpha/2} \cdot \sqrt{\dfrac{\hat{p}_1(1-\hat{p}_1)}{n_1} + \dfrac{\hat{p}_2(1-\hat{p}_2)}{n_2}} \Rightarrow 0.02 \pm 1.96 \times 0.0095$

$\Rightarrow 0.02 \pm 0.0186$

$\Rightarrow (0.0014,\ 0.0386)$

2) 귀무가설 $H_0 : p_1 = p_2$, 대립가설 $H_1 : p_1 \neq p_2$

3) 합동추정량 $\hat{p} = \dfrac{X+Y}{n_1+n_2} = \dfrac{36+24}{750+860} = 0.0373$

$$\text{검정통계량의 계산된 값 } z_0 = \frac{\widehat{p_1} - \widehat{p_2}}{\sqrt{\hat{p}(1-\hat{p})\left(\dfrac{1}{n_1}+\dfrac{1}{n_2}\right)}}$$

$$= \frac{0.02}{\sqrt{0.0373 \times 0.9627\left(\dfrac{1}{750}+\dfrac{1}{860}\right)}}$$

$$\simeq 2.1053$$

따라서 양쪽검정이므로 한쪽검정의 유의확률을 2배하면

$$2 \times \Pr(Z \geqq 2.11) = 2 \times \Pr(Z \leqq -2.11) = 2 \times pnorm(-2.11) = 0.035$$

유의확률=0.035<0.05이므로 유의수준 5%에서 귀무가설을 기각한다. 즉, 두 공장의 불량률은 차이가 있다.

[보기 6-3]은 [예제 6-4]의 풀이를 위해 prop.test( )를 실행한 결과이다. 연속성 보정과 근사 방법의 차이 그리고 유효자리의 차이로 계산 결과에 조금의 차이는 있다.

보기 6-3

```
> prop.test(x=c(36,24), n=c(750,860))     # 2표본인 경우는 x와 n에 벡터 사용
        2-sample test for equality of proportions with continuity correction
data:  c(36, 24) out of c(750, 860)
X-squared = 3.9655, df = 1, p-value = 0.04644
alternative hypothesis: two.sided
95 percent confidence interval:
 -2.555496e-06  4.018860e-02
sample estimates:
   prop 1     prop 2
```

```
0.04800000 0.02790698
> (phat=(36+24)/(750+860))                # 공통비율의 추정
[1] 0.03726708
> pnorm(-2.11)*2                          # 근사 유의확률의 계산
[1] 0.03485836
```

prop.test( )의 결과에 포함된 신뢰구간의 값 −2.555496e−06과 4.018860e−02에 대해 설명을 좀 추가하려고 한다. 값에 포함된 e−06과 e−02은 지수표시로 각각 10^{-6}과 10^{-2}을 나타내며 소수점의 위치를 지수만큼 앞으로 이동해야 한다. 즉,

$$-2.555496\text{e}-06 = 2.555496 \times 10^{-6} = -0.000002555496$$

$$4.018860\text{e}-02 = 4.018860 \times 10^{-2} = 0.0401886$$

임을 알아두기 바란다.

6.4 두 모분산의 비교

산포의 정도가 처리효과의 중요한 척도가 되는 경우에는 두 모집단의 산포정도에 대한 비교가 필요할 것이다. 또한 두 모평균의 차에 대한 추론문제에서도 등분산인지의 여부에 따라 검정방법이 달라짐은 이미 앞에서 살펴보았다. 독립인 두 정규모집단의 분산이 같은지($\sigma_1^2 = \sigma_2^2$)에 대한 검정은 귀무가설

$$H_0 : \frac{\sigma_1^2}{\sigma_2^2} = 1$$

으로 표현될 수 있으며, 이를 검정하기 위한 검정통계량으로는 S_1^2 / S_2^2을 생각할 수 있다. 또한 [정리 4−6]의 표본분산 분포와 [정의 4−5]의 정의에 따라

$$F = \frac{\dfrac{(m-1)S_1^2}{\sigma_1^2} / (m-1)}{\dfrac{(n-1)S_2^2}{\sigma_2^2} / (n-1)} = \frac{S_1^2/\sigma_1^2}{S_2^2/\sigma_2^2} \sim F(m-1,\, n-1)$$

임을 할 수 있다.

이제 자유도 $(m-1, n-1)$ 인 F–분포의 상위 $\alpha/2$ 분위수인 $F_{\alpha/2}(m-1, n-1)$ 와 누적 $\alpha/2$ 분위수인 $F_{1-\alpha/2}(m-1, n-1)$ 에 대해

$$\Pr\left\{F_{1-\alpha/2}(m-1, n-1) \leqq \frac{S_1^2/\sigma_1^2}{S_2^2/\sigma_2^2} \leqq F_{\alpha/2}(m-1, n-1)\right\} = 1-\alpha$$

임을 알 수 있고, 부등식을 σ_1^2/σ_2^2 에 대해 나타내면

$$\Pr\left\{\frac{S_1^2/S_2^2}{F_{\alpha/2}(m-1, n-1)} \leqq \frac{\sigma_1^2}{\sigma_2^2} \leqq \frac{S_1^2/S_2^2}{F_{1-\alpha/2}(m-1, n-1)}\right\} = 1-\alpha$$

이다. [정리 4–10]의 F–분포의 성질로부터

$$\frac{1}{F_{1-\alpha/2}(m-1, n-1)} = F_{\alpha/2}(n-1, m-1)$$

이 성립하므로 σ_1^2/σ_2^2 에 대한 $100(1-\alpha)\%$ 신뢰구간은

$$\left(\frac{S_1^2/S_2^2}{F_{\alpha/2}(m-1, n-1)},\ (S_1^2/S_2^2)\cdot F_{\alpha/2}(n-1, m-1)\right)$$

와 같이 주어진다.

> **정리 6-7　두 정규모집단의 모분산 비에 대한 신뢰구간**
>
> • 통계량에 대한 분포: $F = \dfrac{S_1^2/\sigma_1^2}{S_2^2/\sigma_2^2} \sim F(m-1, n-1)$
>
> • σ_1^2/σ_2^2 에 대한 $100(1-\alpha)\%$ 신뢰구간
>
> $$\left(\frac{S_1^2/S_2^2}{F_{\alpha/2}(m-1, n-1)},\ (S_1^2/S_2^2)\cdot F_{\alpha/2}(n-1, m-1)\right)$$

〈표 6–4〉는 검정통계량 귀무가설 $H_0 : \sigma_1^2/\sigma_2^2 = 1$에 대해 대립가설의 형태에 따른 검정법과 유의확률의 계산 방법을 정리한 것이다.

표 6-4 독립인 두 정규모집단의 모분산에 대한 검정

- 귀무가설: $H_0 : \sigma_1^2 / \sigma_2^2 = 1$
- 검정통계량: $F = S_1^2 / S_2^2$, F의 실제 계산된 값을 f_0라고 할 때

대립가설	유의수준 α인 기각영역	유의확률($X \sim F(m-1, n-1)$)
$H_1 : \sigma_1^2/\sigma_2^2 > 1$	$f_0 \geq F_\alpha(m-1, n-1)$	$\Pr(X \geq f_0)$
$H_1 : \sigma_1^2/\sigma_2^2 < 1$	$f_0 \leq F_{1-\alpha}(m-1, n-1)$	$\Pr(X \leq f_0)$
$H_1 : \sigma_1^2/\sigma_2^2 \neq 1$	$\begin{cases} f_0 \geq F_{\alpha/2}(m-1, n-1) \text{ or} \\ f_0 \leq F_{1-\alpha/2}(m-1, n-1) \end{cases}$	$\begin{cases} 2 \times \Pr(X \geq f_0) \text{ or} \\ 2 \times \Pr(X \leq f_0) \end{cases}$

〈표 6-4〉에서 한쪽검정의 유의확률 $\Pr(X \geq f_0)$이나 $\Pr(X \leq f_0)$에 2배를 한 결과가 1보다 작은 것을 양쪽가설에 대한 유의확률로 선택하면 된다. 만약 상위 분위수만 있는 F-분포표를 이용할 경우에는 다음 두 기각영역이 서로 같음을 이용하면 된다.

$$f_0 \leq F_{1-\alpha}(m-1, n-1) \Leftrightarrow f_0 \leq \frac{1}{F_\alpha(n-1, m-1)}$$

두 표본의 데이터가 주어진 경우에 모분산의 비에 대한 신뢰구간과 등분산에 대한 가설검정은 R의 내장함수 **var.test( )**를 이용해 쉽게 처리할 수 있다. 두 모평균을 비교하는 가설검정을 시행하기 전에 먼저 등분산의 검정을 시행하고 그 결과에 따라 등분산 또는 이분산인 경우의 t-검정을 시행하는 것이 순서이다. var.test( ) 함수의 사용법은 다음과 같다.

표 6-5 등분산 여부에 대한 검정을 시행하는 var.test( ) 함수의 사용법

사용형식	var.test(x, y, ratio = 1,
	        alternative = c("two.sided", "less", "greater"),
	        conf.level = 0.95, ...)

기능	다음을 사용한 검정의 결과로 검정통계량의 값, 유의확률, 신뢰구간 등을 출력해줌 귀무가설 $H_0 : \sigma_1^2 / \sigma_2^2 = 1$, 검정통계량 $F = S_1^2 / S_2^2$

표 6-5 등분산 여부에 대한 검정을 시행하는 var.test( ) 함수의 사용법 (계속)

인수설명	• x: 첫 번째 표본의 데이터가 입력된 벡터 • y: 두 번째 표본의 데이터가 입력된 벡터 • ratio: 귀무가설에 사용될 분산의 비로 생략하면 1이 사용됨 • alternative: 대립가설의 형태, 생략하면 양쪽검정(two.sided) • conf.level: 출력할 신뢰구간의 신뢰수준, 디폴트는 95%

예제 6-5 **등분산 검정 후 모평균의 차에 대한 추론**

R에 내장된 mtcars 데이터세트를 이용하려고 한다. 변속기 유형(변수 am)에 따라 연비(변수 mpg)에 차이가 있는지를 알아보려고 한다. 자동변속기(am=0)와 수동변속기(am=1) 차량에 대한 연비의 모평균을 각각 μ_1과 μ_2, 모분산을 σ_1^2과 σ_2^2이라 할 때, 다음 물음에 답하라.

1) σ_1^2/σ_2^2에 대한 95% 신뢰구간을 구하라.
2) 등분산인지의 여부를 유의수준 5%에서 검정하라.
3) 2)의 결과에 따라 $\mu_1-\mu_2$에 대한 95% 신뢰구간을 구하라.
4) 2)의 결과에 따라 μ_1과 μ_2가 동일한지를 검정하라.
5) 4)의 검정을 대립가설 H_1 : $\mu_1 < \mu_2$에 대해 검정한다면 결과는 어떤가?

|풀이| 모든 풀이는 R을 활용한 [보기 6-4]의 결과를 인용해 작성한다. [정리 6-7]에 의한 신뢰구간과 〈표 6-4〉에 의한 검정은 개별적으로 확인해보길 추천한다.

$$m=19,\ n=13,\ \bar{x}=17.15,\ \bar{y}=24.39,\ s_1^2=14.70,\ s_2^2=38.03$$

1) R의 결과를 이용하면 95% 신뢰구간은 (0.1243721, 1.0703429)이다. 참고로, 이 신뢰구간이 1을 포함하고 있으므로 유의수준 5%에서 대립가설 $H_1: \sigma_1^2/\sigma_2^2 \neq 1$에 대해 귀무가설 $H_0: \sigma_1^2/\sigma_2^2=1$을 기각할 수 없음을 알 수 있다. 즉, 두 그룹의 분산은 동일하다고 할 수 있다.
2) 귀무가설 $H_0: \sigma_1^2/\sigma_2^2=1$, 대립가설 $H_1: \sigma_1^2/\sigma_2^2 \neq 1$ 에 대한 검정이다. var.test( )의 결과에서 유의확률은 0.06691>0.05이므로 유의수준 5%에서 귀무가설을 기각할 수 없다. 즉, 등분산을 가정할 수 있다.
3) 등분산을 가정할 수 있으므로 [정리 6-2]의 방법을 이용하면 된다. 이에 대해서는 각자 확인해보라. R의 결과를 이용하면 95% 신뢰구간은 (−10.84837, −3.64151)이다. 참고

로, 이 신뢰구간이 0을 포함하지 않으므로 유의수준 5%에서 대립가설 $H_1: \mu_1 \neq \mu_2$에 대해 귀무가설 $H_0: \mu_1 = \mu_2$을 기각한다.

4) 귀무가설 $H_0: \mu_1 = \mu_2$, 대립가설 $H_1: \mu_1 \neq \mu_2$ 을 등분산 가정이 성립할 때 시행한다. t.test( )의 결과에서 유의확률은 0.000285<0.01이므로 유의수준 1%에서도 귀무가설을 기각할 수 있다. 즉, 변속기 유형에 따라 연비에는 매우 유의한 차이가 있음을 알 수 있다.

5) 귀무가설 $H_0: \mu_1 = \mu_2$, 대립가설 $H_1: \mu_1 < \mu_2$ 을 등분산 가정이 성립할 때 시행한다. 한쪽검정의 유의확률은 양쪽검정에 대한 유의확률의 반과 같으므로 유의확률은 0.000285의 1/2인 0.0001425이다. 유의확률<0.01이므로 유의수준 1%에서 귀무가설을 기각한다. 만약 t.test( )를 이용해 $H_1: \mu_1 < \mu_2$ 을 검정하기 위해서는 인수에 alternative="less"를 추가하면 된다.

이번에는 R의 결과로 나온 유의확률들을 직접 확인하는 과정에 대해 설명하려고 한다. 이 확인과정에 사용된 R 코드는 [보기 6-5]에서 확인하라.

먼저 var.test( )의 결과에서 검정통계량 F의 값은 $f_0 = s_1^2/s_2^2 = 14.70/38.03 = 0.3865$ 이며 출력된 유의확률은 자유도 (18,12)인 F-분포에 따르는 확률변수 X에 대해 $\Pr(X \leqq f_0)$을 계산하여 2배를 취하면 된다. 즉, 유의확률은 $2 \times \Pr(X \leqq f_0) = 2 \times \Pr(X \leqq 0.3865) = 0.0669$임을 확인할 수 있다. 만약 한쪽검정의 유의확률 $\Pr(X \geqq f_0)$을 선택해 2배를 하면 그 값이 1을 넘게 되므로 유의확률로 사용할 수 없게 된다.

다음으로 t.test( )의 결과에서 검정통계량 t의 값은

$$t_0 = \frac{\bar{x} - \bar{y}}{s_p\sqrt{1/m + 1/n}} = \frac{17.15 - 24.39}{4.9\sqrt{1/19 + 1/13}} = -4.105$$

이며 출력된 유의확률은 자유도 30인 t-분포에 따르는 확률변수 X에 대해 $P(X \leqq t_0)$을 계산하여 2배를 취하면 된다. 즉, 유의확률은 $2 \times \Pr(X \leqq t_0) = 2 \times \Pr(X \leqq -4.105) = 0.000286$임을 확인할 수 있다. 이 경우에도 한쪽검정의 유의확률 $\Pr(X \geqq t_0)$을 선택해 2배를 하면 그 값이 1을 넘게 되므로 유의확률로 사용할 수 없게 된다.

보기 6-4

```
> table(mtcars$am)                                  # 변속기 유형별 빈도표 작성
 0  1
19 13
> aggregate(mpg~am, data=mtcars, mean)              # 변속기 유형별 연비의 표본평균
  am      mpg
1  0 17.14737
2  1 24.39231
> aggregate(mpg~am, data=mtcars, var)               # 변속기 유형별 연비의 표본분산
  am      mpg
1  0 14.69930
2  1 38.02577
> var.test(mpg~am, data=mtcars)                     # 문제 1)과 2)의 풀이
        F test to compare two variances
data:  mpg by am
F = 0.38656, num df = 18, denom df = 12, p-value = 0.06691
alternative hypothesis: true ratio of variances is not equal to 1
95 percent confidence interval:
 0.1243721 1.0703429
sample estimates:
ratio of variances
         0.3865615
> t.test(mpg~am, data=mtcars, var.equal=T)          # 문제 3)과 4)의 풀이
        Two Sample t-test
data:  mpg by am
t = -4.1061, df = 30, p-value = 0.000285
alternative hypothesis: true difference in means between group 0 and group 1 is not
equal to 0
95 percent confidence interval:
 -10.84837  -3.64151
sample estimates:
mean in group 0 mean in group 1
       17.14737        24.39231
```

보기 6-5

```
> 2*pf(0.3865,18,12)                        # 양쪽검정의 유의확률
[1] 0.06686137
> 2*pf(0.3865,18,12, lower.tail = F)        # 1을 넘는 것은 유의확률이 아님
[1] 1.933139
> 2*pt(-4.105,30)                           # 양쪽검정의 유의확률
[1] 0.0002859096
> 2*pt(-4.105,30, lower.tail = F)           # 1을 넘는 것은 유의확률이 아님
[1] 1.999714
```

[보기 6-4]에서 변수 am의 값에 따른 mpg의 검정은 "대상변수~그룹변수"와 같은 수식을 사용하여 다음과 같이 사용하였다.

```
var.test(mpg~am, data=mtcars)
t.test(mpg~am, data=mtcars, var.equal=T)
```

이와는 다른 방법으로는 조건에 맞게 데이터를 선별해 벡터로 지정한 후 검정을 진행하는 방법이다.

```
x=mtcars$mpg[mtcars$am==0]
y=mtcars$mpg[mtcars$am==1]
var.test(x, y)
t.test(x, y, var.equal=T, alternative="less")
```

연습문제

1. 한 조사기관에서는 매년 취업을 준비하는 대졸 구직자들을 대상으로 희망하는 연봉을 조사해오고 있다. 금년에 시행한 조사에서 이공계열 10명과 상경계열 15명의 희망연봉은 각각 3800(만원)과 3200(만원)이었다고 한다. 그동안의 자료에 의하면 희망연봉 자료는 정규분포를 가정할 수 있으며 이공계열과 상경계열의 표준편차는 각각 300(만원)과 200(만원)이라고 한다. 다음 물음에 답하라.

1) 계열별로 희망연봉에 차이가 있는지를 유의수준 5%에서 검정하고, 유의확률도 계산하라.

2) 계열별 희망연봉의 차이에 대한 90% 신뢰구간을 구하라.

2. 서로 다른 식이요법 A, B의 효과를 비교하기 위해 90명의 비만 환자를 랜덤으로 두 그룹으로 나누고 각 그룹에 식이요법 A, B를 3개월간 적용한 후 체중 감소량을 측정한 결과가 아래와 같다. 다음 물음에 답하라.

	표본의 개수	표본평균	표본분산
식이요법 A	40	11	25
식이요법 B	50	9	16

1) 식이요법에 따라 체중 감소량에 차이가 있는지를 유의수준 5%에서 검정하고, 유의확률도 계산하라.

2) 체중 감소량의 차이에 대한 95% 신뢰구간을 구하라.

3. 서로 독립인 두 정규모집단 $N(\mu_1, \sigma^2)$과 $N(\mu_2, \sigma^2)$에서 각각 m, n개의 랜덤표본을 추출하여 계산한 표본분산을 각각 S_1^2과 S_2^2이라고 할 때, σ^2의 합동추정량

$$S_p^2 = \frac{(m-1)S_1^2 + (n-1)S_2^2}{m+n-2}$$

은 모분산 σ^2에 대한 비편향추정량임을 보이라. (힌트: [정리 4-7]과 [정의 4-3]에서 카이제곱분포에 따르는 확률변수의 기댓값은 자유도와 같음을 활용하라)

4. R에 내장된 mtcars 데이터세트를 이용하려고 한다. 실린더의 개수(변수 cyl)에 따라 연비(변수 mpg)에 차이가 있는지를 알아보려고 한다. 4기통(cyl의 값이 4) 차량과 6기통(cyl의 값이 6) 차량 연비의 모평균을 각각 μ_1과 μ_2, 모분산을 σ_1^2과 σ_2^2이라 할 때, 다음 물음에 답하라.

1) σ_1^2/σ_2^2에 대한 95% 신뢰구간을 구하라.

2) 등분산인지의 여부를 유의수준 5%에서 검정하라.

3) 2)의 결과에 따라 $\mu_1 - \mu_2$에 대한 95% 신뢰구간을 구하라.

4) 2)의 결과에 따라 μ_1과 μ_2가 동일한지를 검정하라.

5) 4)의 검정을 대립가설 $H_1 : \mu_1 > \mu_2$에 대해 검정한다면 결과는 어떤가?

5. R에 내장된 mtcars 데이터세트를 이용하려고 한다. 실린더의 개수(변수 cyl)에 따라 차량의 중량(변수 wt)에 차이가 있는지를 알아보려고 한다. 4기통(cyl의 값이 4) 차량과 6기통(cyl의 값이 6) 차량의 중량에 대한 모평균을 각각 μ_1과 μ_2, 모분산을 σ_1^2과 σ_2^2이라 할 때, 다음 물음에 답하라.

1) σ_1^2/σ_2^2에 대한 95% 신뢰구간을 구하라.

2) 등분산인지의 여부를 유의수준 5%에서 검정하라.

3) 2)의 결과에 따라 $\mu_1 - \mu_2$에 대한 95% 신뢰구간을 구하라.

4) 2)의 결과에 따라 μ_1과 μ_2가 동일한지를 검정하라.

5) 4)의 검정을 대립가설 $H_1 : \mu_2 > \mu_1$에 대해 검정한다면 결과는 어떤가?

6. 문제3과 같은 상황일 때 합동분산 S_p^2의 분산 $Var(S_p^2)$을 구하라. (힌트: [정리 4-7]과 [정의 4-3]에서 카이제곱분포에 따르는 확률변수의 분산은 자유도의 2배와 같음)

7. 속기사들이 사용하는 속기용 키보드가 최근에 개선된 신제품이 나왔다고 한다. 신제품의 기능이 향상되었는지를 알아보기 위해 8명의 속기사들에게 이전에 사용하던 제품과 신제품을 각각 사용하도록 하고 측정한 분당 타자수가 아래와 같다. 다음 물음에 답하라.

속기사	1	2	3	4	5	6	7	8
이전 키보드	502	525	580	620	555	703	631	577
신제품 키보드	532	559	592	632	588	699	650	589

1) 모집단에 대한 가정에 대해 설명하고 가설을 설정하라.
2) 1)의 가설을 유의수준 5%에서 검정하라. 유의확률도 계산하라.
3) 신제품과 기존 제품의 분당타자수 차이에 대한 95% 신뢰구간을 구하라.
4) 2)의 검정 결과와 3)의 신뢰구간 사이의 관계를 설명해보라.

8. 새로 개발된 혈압약은 수축기 혈압을 낮추는 효과가 우수하다고 한다. 이 약의 효능을 알아보기 위해 랜덤하게 선택된 7명의 고혈압 환자들을 대상으로 새로운 혈압약의 복용 전과 후의 수축기 혈압을 측정하였더니 아래와 같다. 다음 물음에 답하라.

환자	1	2	3	4	5	6	7
복용 전	148	153	164	168	171	159	159
복용 후	135	146	158	152	165	142	147

1) 모집단에 대한 가정에 대해 설명하고 가설을 설정하라.
2) 1)의 가설을 유의수준 5%에서 검정하라. 유의확률도 계산하라.
3) 혈압약 복용 전과 후의 혈압 차에 대한 95% 신뢰구간을 구하라.
4) 2)의 검정 결과와 3)의 신뢰구간 사이의 관계를 설명해보라.

9. 두 생산라인의 불량률을 비교하기 위해 각 라인 A, B에서 각각 100개씩의 표본을 꺼내 조사하였더니 각각 7개와 12개의 불량품이 나왔다고 한다. 다음 물음에 답하라.

1) 두 생산라인의 불량률이 다르다고 할 수 있는가? 유의수준 5%에서 검정하고, 유의확률도 계산하라.
2) 두 생산라인의 불량률 차이에 대한 95% 신뢰구간을 구하라.

10. 용량이 동일한 충전용 배터리를 생산하는 두 회사 A, B의 완충될 때까지 시간에 산포가 동일한가를 알아보는 실험을 하였다. 회사 A와 B의 제품 각각 20개씩을 조사하였더니 표본분산이 140과 80이었다고 한다. 충전시간은 정규분포를 따른다고 가정할 때, 다음 물음에 답하라.
1) 두 회사 제품의 충전시간에 대한 분산비에 대한 90% 신뢰구간을 구하라.
2) 두 회사 제품의 충전시간에 대한 분산은 다르다고 할 수 있는가? 가설을 설정하고 설정한 가설을 유의수준 5%에서 검정하라.

7장

분산분석법

6장에서는 두 모평균을 비교하는 문제(추정과 검정)를 학습하였다. 이러한 개념을 확장하여 3개 이상의 모평균을 비교하는 문제로 개념을 확장해보기로 하자. 이러한 문제는 실험계획법의 한 분석방법인 **분산분석법**(analysis of variance; ANOVA)에 의하여 다루어진다. 분산분석법은 영국의 통계학자 R.A. Fisher(1890~1962)에 의하여 최초로 고안되었으며 분산을 분석하기 때문에 붙여진 이름이지만 그 목적은 여러 집단의 평균이 모두 같은지, 아니면 하나라도 평균이 다른 집단이 있는지 등을 판단하는 데 있다.

분산분석법은 데이터의 변동을 제곱합으로 나타내고, 이 제곱합을 실험과 관련된 요인별로 분해하고 분해된 요인들 중에 어떤 것이 오차에 비해 큰 영향을 주는지를 찾는 분석방법이다. 각 요인의 제곱합을 자신의 자유도로 나눈 값을 평균제곱이라 하는데, 어떤 요인의 평균제곱이 오차에 의한 평균제곱보다 큰지를 비교하여 분석하는 통계적 방법이다.

어떤 실험에서 관측값에 영향을 주는 속성을 **인자**(factor) 또는 **요인**이라고 하며, 실험을 위한 인자의 여러 가지 조건을 **인자수준**(factor level) 또는 **처리**(treatment)라고 부른다. 인자수준들은 비교대상이 되는 모집단을 정의하게 된다. 예를 들어, 어떤 농작물의 수확량이 4종류의 비료(A, B, C, D)에 따라 어떻게 변하는가를 실험한다면 비료는 인자이며 사용하는 비료의 종류 (A, B, C, D)는 인자수준 또는 처리가 된다.

인자가 하나인 모형에 대한 분산분석법을 **일원배치법**(one-way ANOVA), 인자가 2개인 모형에 대한 분산분석법은 **이원배치법**(two-way ANOVA)과 같이 인자의 수에 따라 구분한다. 일원배치법에서는 각 수준에서의 반복수가 모두 같은 경우와 다른 경우로 나누어 설명할 예정이다. 이원배치법에는 반복이 없는 경우와 반복이 있는 경우가 있다.

7.1 일원배치법

일원배치법의 통계적 모형은 k 개의 모집단 각각에서 서로 독립인 랜덤표본을 추출하는 것과 같다. 그리고 추출된 표본들을 이용하여 k 개의 모평균이 모두 동일한지를 검정하는 가설

$$H_0 \ : \ \mu_1 = \mu_2 = \ \cdots \ = \mu_k$$

을 검정하는 문제로 요약될 수 있겠다. 이후의 통계적 절차를 위해 다음과 같은 가정이 사용된다.

1) 독립성: 모집단에서 추출한 표본들은 서로 독립이다.
2) 정규성: 각 모집단의 분포는 정규분포를 따른다.
3) 등분산성: 반응변수들의 분산은 모두 동일하다.

이제 가장 간단한 경우로 각 수준에서의 반복수가 모두 같은 경우부터 다루어보면서 일원배치법의 원리와 방법을 이해해보도록 하자.

7.1.1 반복수가 모두 동일한 경우

k 개의 처리가 있고 각 처리에서 n 개의 관측값이 얻어진 일원배치법의 자료구조는 다음 〈표 7-1〉과 같다. 어떤 확률변수에 대한 반응값임을 나타내기 위해 대문자 대신 소문자 y 을 사용해 나타내기로 한다.

표 7-1 일원배치법(반복수가 동일한 경우)의 자료구조

	처리 1	처리 2	$\cdots$	처리k	
	y_{11}	y_{21}	$\cdots$	y_{k1}	
	y_{12}	y_{22}		y_{k2}	
	$\vdots$	$\vdots$	$\vdots$	$\vdots$	
	y_{1n}	y_{2n}	$\cdots$	y_{kn}	
평균	$\overline{y}_{1.}$	$\overline{y}_{2.}$	$\cdots$	$\overline{y}_{k.}$	전체평균 $\overline{y}_{..}$

위의 표에서

$$\overline{y}_{i.} = \frac{1}{n}\sum_{j=1}^{n} y_{ij} \ , \ (i = 1, 2, \cdots, k), \quad \overline{y}_{..} = \frac{1}{kn}\sum_{i=1}^{k}\sum_{j=1}^{n} y_{ij}$$

이다.

이제 i 번째 처리에서 얻어진 관측값 y_{ij} 에 대해 생각해보자. y_{ij} 는 평균이 μ_i 이고 분산이 σ^2 인 정규분포 $N(\mu_i, \sigma^2)$ 에서의 크기 n 인 랜덤표본으로 가정한다. 즉,

$$y_{ij} = \mu_i + e_{ij} \quad , \ i = 1, 2, \cdots, k \ ; \quad j = 1, 2, \cdots, n$$

로 표시할 수 있으며, e_{ij}는 오차항(error term)으로 서로 독립인 $N(0, \sigma^2)$에 따르는 확률변수로 가정한다.

실험에서 처리효과 전체의 모평균을 μ라고 하면

$$\mu = \frac{\sum_{i=1}^{k} \mu_i}{k}$$

와 같이 정의되며, μ_i와 μ의 차이 $\alpha_i = \mu_i - \mu$는 i 번째 처리효과라고 하며 $\Sigma_{i=1}^{k} \alpha_i = 0$을 가정한다. k 개의 모평균이 모두 동일한지에 대한 귀무가설과 대립가설은 다음과 같이 표현이 가능하다.

$$H_0 \ : \ \alpha_1 = \alpha_2 = \cdots = \alpha_k = 0, \quad H_1 \ : \text{적어도 한 } \alpha_i \text{는 0이 아니다.}$$

$\Sigma_{i=1}^{k} \alpha_i = 0$을 가정하였으므로 처리효과가 모두 같을 때는 α_i들이 모두 0이고, "처리효과가 없다"라고 표현한다.

정의 7-1 일원배치법의 모형(반복수가 동일한 경우)

- $y_{ij} = \mu + \alpha_i + e_{ij} \quad , \ i = 1, 2, \cdots, k \ ; \quad j = 1, 2, \cdots, n$
- $\Sigma_{i=1}^{k} \alpha_i = 0$
- 오차항 e_{ij}는 서로 독립인 $N(0, \sigma^2)$에 따르는 확률변수

〈표 7-1〉의 자료에서 전체편차 $(y_{ij} - \overline{y}_{..})$는 y_{ij}와 전체평균 $\overline{y}_{..}$와의 차이로 이를 분해하여

$$(y_{ij} - \overline{y}_{..}) = (y_{ij} - \overline{y}_{i.}) + (\overline{y}_{i.} - \overline{y}_{..})$$

로 나타낼 수 있다. 위 식에서 등호 오른쪽의 첫 번째 항인 편차 $(y_{ij} - \overline{y}_{i.})$는 실험에서 본질적인 불확실성을 나타내는 오차를 의미하며 **잔차(residual)**라고 불린다.

$(\overline{y}_{i.} - \overline{y}_{..})$은 i 번째 처리의 평균과 전체평균과의 편차로서 **처리효과의 크기**라고 한다. 이제 위 식의 양변을 제곱하여 모든 i와 j에 대해 더하면 우변에서 두 항의 곱에 대한 합은 0이 되므로 다음과 같이 분해된 제곱합을 얻는다.

$$\sum_{i=1}^{k}\sum_{j=1}^{n}(y_{ij} - \overline{y}_{..})^2 = n\sum_{i=1}^{k}(\overline{y}_{i.} - \overline{y}_{..})^2 + \sum_{i=1}^{k}\sum_{j=1}^{n}(y_{ij} - \overline{y}_{i.})^2$$

$$ⓐ \quad = \quad ⓑ \quad + \quad ⓒ$$

여기서 ⓐ는 **총제곱합**(total sum of squares) 또는 **총 변동**(total variation)

ⓑ는 **처리제곱합**(treatment sum of squares) 또는 **급간변동**(between sum of squares)

ⓒ는 **잔차제곱합**(residual sum of squares) 또는 **급내변동**(within sum of squares)

이라고 부르며, 이들을 각각 SST, SS_{trt}, SSE로 나타내기로 하자.

데이터의 총 개수는 $N = kn$이고 총제곱합, 처리제곱합, 잔차제곱합의 자유도는 각각 $(N-1)$, $(k-1)$, $(N-k)$가 된다고 알려져 있다. 제곱합을 자유도로 나눈 것을 **평균제곱**(mean squares)이라고 하는데 평균제곱은 일반적으로 모르는 분산에 대한 추정량이 된다. 이제 처리제곱합과 잔차제곱합을 각각 자신의 자유도로 나눈 처리평균제곱과 잔차평균제곱은 각각 다음과 같다.

$$MS_{trt} = \frac{SS_{trt}}{k-1}, \quad MSE = \frac{SSE}{N-k}$$

다음 [정리 7-1]은 평균제곱들의 기댓값을 정리한 것으로 σ^2의 비편향추정량에 대한 중요한 정리이다.

정리 7-1 일원배치법의 모형에서 평균제곱들의 기댓값

- $E(MSE) = \sigma^2 \Rightarrow MSE$는 항상 오차분산 σ^2의 비편향추정량
- $E(MS_{trt}) = \sigma^2 + n\dfrac{\sum_{i=1}^{k}\alpha_i^2}{k-1} \Rightarrow MS_{trt}$는 귀무가설이 참일 때만 σ^2의 비편향추정량
- 대립가설이 참일 때에는 MS_{trt}의 기댓값은 σ^2보다 커지게 됨

[정리 7-1]에서 대립가설이 참일 때에는 MS_{trt} 의 기댓값은 MSE의 기댓값보다 커지게 되므로 평균제곱들의 비인 검정통계량

$$F = \frac{MS_{trt}}{MSE}$$

의 값은 커지게 된다. 만약 귀무가설 H_0 : $\alpha_1 = \alpha_2 = \cdots = \alpha_k = 0$가 성립하면 F의 값은 평균적으로 1에 가까운 값이 된다. 만약 대립가설이 참인 경우(처리효과가 유의한 경우)에는 총제곱합 중에서 처리제곱합 SS_{trt} 의 비중은 커지고 잔차제곱합 SSE의 비중은 작아질 것이므로 F의 값이 커질수록 처리효과가 유의함을 더 강력하게 지지하는 것이다. 한편, H_0가 참일 때,

$$F = \frac{MS_{trt}}{MSE} = \frac{SS_{trt}/(k-1)}{SSE/(N-k)} \sim F(k-1,\ N-k)$$

가 성립한다. 이런 내용들을 종합하여 분산분석표를 작성하면 〈표 7-2〉와 같다.

표 7-2 일원배치법의 분산분석표(빈복수가 동일한 경우)

요인	자유도	제곱합	평균제곱	검정통계량	유의확률
처리	$k-1$	SS_{trt}	MS_{trt}	$F = MS_{trt}/MSE$	$\Pr(X \geq f_0)$
오차	$N-k$	SSE	MSE		$X \sim F(k-1, N-k)$
총합	$N-1$	SST		$(N = kn)$	f_0는 검정통계량의 계산된 값

〈표 7-2〉의 분산분석표에서 유의수준 α 인 기각영역은 "$f_0 > F_\alpha(k-1, N-k)$"이며, 만약 계산된 유의확률(p-value)이 미리 정한 유의수준 α 보다 작다면 유의수준 α 에서 귀무가설을 기각하면 된다.

정리 7-2 **일원배치법에서 유의성 검정**

- 귀무가설 H_0 : $\alpha_1 = \alpha_2 = \cdots = \alpha_k = 0$
- 검정통계량: $F = MS_{trt}/MSE$
- 유의확률의 계산: 검정통계량의 계산된 값 f_0에 대해

$$\Pr(X \geq f_0), \ X \sim F(k-1, N-k)$$

• 유의수준 α 인 기각영역: $f_0 > F_\alpha(k-1, N-k)$

분산분석에 사용하는 R 함수는 aov( )이며 aov(반응변수 ~ 수준을 나누는 변수, data=df)와 같은 형식으로 사용된다. ~ 오른편에 있는 수준을 나타내는 변수는 반드시 factor형이어야 한다. data=에는 필요한 경우에 데이터프레임의 이름을 적으면 된다. 이 함수는 일원배치법뿐만 아니라 이원배치법에서도 수준을 나누는 변수의 형태만 바꾸면 그대로 사용된다.

다음 예제는 반복수가 동일한 일원배치법을 R을 사용해 풀이하는 전형적인 방법을 보여준다. 계산의 중간과정들은 일부 생략하고 R 함수를 이용한 분석과 결과의 해석 위주로 설명하도록 하겠다. R 스크립트와 실행결과는 [보기 7-1]을 참고하라.

예제 7-1 **반복수가 동일한 일원배치법**

3종류(A, B, C)의 브레이크 패드를 기계를 이용하여 마모한계선에 이를 때까지 가공한 시간(분)을 기록한 자료가 다음과 같다. 세 종류의 브레이크 패드의 마모 시간은 동일한가를 알아보려고 한다.

A	56	60	57	64
B	48	61	49	53
C	52	50	44	46

1) 통계모형과 가설을 기술하라.
2) 브레이크 패드별 상자그림을 그려보라.
3) 분산분석표를 작성하고 유의수준 5%에서 가설을 검정하라.

|풀이| R의 기본 계산으로부터 $\bar{y}_A = 59.25$, $\bar{y}_B = 52.75$, $\bar{y}_C = 48.00$, $\bar{y}_{..} = 53.33$

1) $y_{ij} = \mu + \alpha_i + e_{ij}$, $i = 1, 2, 3$; $j = 1, 2, 3, 4$

$\Sigma_{i=1}^{3} \alpha_i = 0$, 오차항 e_{ij}는 서로 독립인 $N(0, \sigma^2)$ 에 따르는 확률변수

귀무가설 H_0 : $\alpha_1 = \alpha_2 = \alpha_3 = 0$, 대립가설 H_1 : 적어도 한 α_i 는 0이 아니다

2) 〈그림 7-1〉 참고

3) [보기 7-1]의 분산분석표를 〈표 7-2〉와 비교해서 이해해 보라.

	Df	Sum Sq	Mean Sq	F value	Pr(>F)
gr	2	255.2	127.58	6.257	0.0198 *
Residuals	9	183.5	20.39		

과거에는 유의수준 5%에서의 기각값을 [부록 E] F-분포표에서 $F_{0.05}(2, 9) = 4.26$ 임을 찾고, 검정통계량의 F값=6.257 > 4.26이므로 유의수준 5%에서 귀무가설을 기각하는 과정에 따랐다. 그러나 오늘날은 출력된 유의확률이 0.0198이고 이는 0.05보다 작으므로 유의수준 5%에서 귀무가설을 기각하는 절차에 따른다. 다음은 R에서 출력한 출력결과들을 확인하는 과정이다.

검정통계량의 실제 값은

$$f_0 = \frac{MS_{trt}}{MSE} = \frac{127.58}{20.39} = 6.257$$

유의확률은 $X \sim F(2, 9)$에 대해

$$\Pr(X \geq f_0) = \Pr(X \geq 6.257) = 1 - pf(6.257, 2, 9) = 0.0198$$

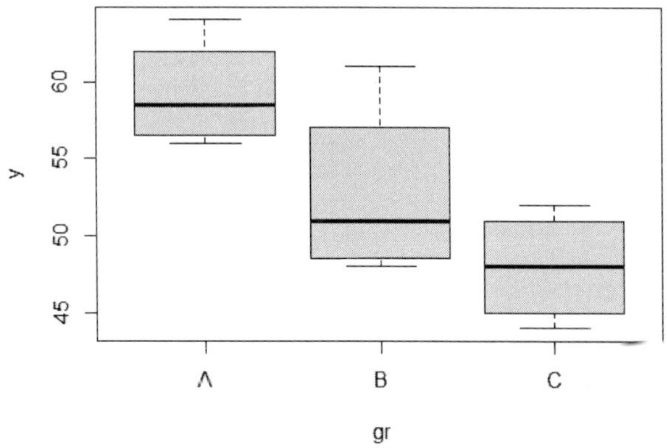

그림 7-1 브레이크 패드의 종류별 마모시간의 상자그림

보기 7-1

```
> a=c(56, 60, 57, 64)                # 데이터 입력
> b=c(48, 61, 49, 53)
> c=c(52, 50, 44, 46)
```

```
> y=c(a,b,c)                                       # 반응변수
> gr=as.factor(rep(c("A","B","C"), each=4))        # 수준을 나누는 변수, factor형
> mean(a);mean(b);mean(c);mean(y)                  # 수준별 평균과 총평균
[1] 59.25
[1] 52.75
[1] 48
[1] 53.33333
> boxplot(y~gr)                                    # <그림 7-1>
> m1=aov(y~gr)                                     # aov( ) 이용 결과 저장
> summary(m1)                                      # aov( )의 결과, 분산분석표
            Df   Sum Sq    Mean Sq   F value    Pr(>F)
gr           2    255.2     127.58     6.257    0.0198 *
Residuals    9    183.5      20.39
---
Signif. codes:  0 '***' 0.001 '**' 0.01 '*' 0.05 '.' 0.1 ' ' 1
> pf(6.257, 2, 9, lower.tail = F)                  # 유의확률 확인
[1] 0.01980825
```

[보기 7-2]에서는 stack( ) 함수를 사용해서 데이터의 구조를 바꾸는 방법에 대해 알아보려고 한다. [보기 7-1]에서 사용한 방법과는 다른 방법이며, 두 방법 중 어느 것을 사용해도 상관없다. stack( ) 함수는 다음 〈그림 7-2〉와 같이 각 열(변수)의 데이터를 한 개의 열로 바꾸고 다른 한 열에는 데이터의 원소속을 적용하는 방식이다. 이때 데이터가 모인 열의 이름은 "values"이고 데이터의 원소속이 기록

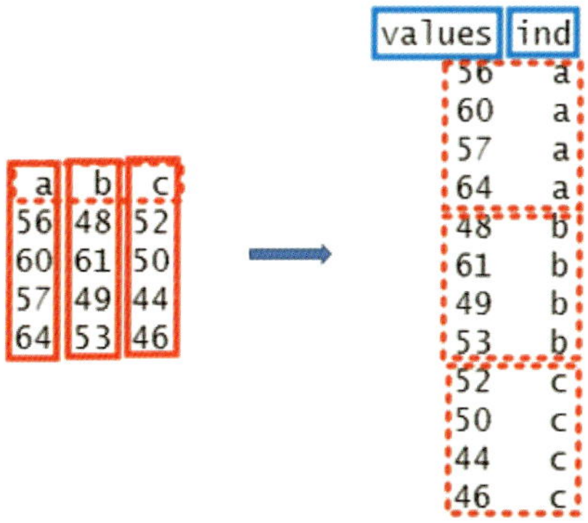

그림 7-2 stack( ) 함수에 의한 데이터구조의 변화

된 열의 이름은 "ind"인 두 개의 열을 가진 데이터프레임이 된다. 따라서 stack( ) 함수를 사용한 경우의 분산분석을 위한 모형의 식은 항상 다음과 같음에 유의하라.

aov(values~ind, data=stack.df)

보기 7-2

```
> df.y=data.frame(a,b,c)                  # 앞의 벡터 a, b, c로 데이터프레임
> df.y
  a  b  c
1 56 48 52
2 60 61 50
3 57 49 44
4 64 53 46
> stack.df=stack(df.y)                    # stack으로 자료구조 변화
> stack.df
   values  ind
1     56    a
2     60    a
(중간생략)
12    46    c
> boxplot(values~ind, data=stack.df)      # 상자그림
> m1=aov(values~ind, data=stack.df)       # aov( ) 이용 결과 저장
> summary(m1)                             # aov( )의 결과, 분산분석표
            Df   Sum Sq   Mean Sq   F value    Pr(>F)
gr           2    255.2    127.58     6.257    0.0198 *
Residuals    9    183.5     20.39
> plot(m1)
Hit <Return> to see next plot:
```

aov( )를 이용해 모형을 적합한 후 만들어진 모형개체에 summary( ) 함수를 적용하면 분산분석표가 출력됨은 이미 살펴보았다. 모형개체에 plot( ) 함수를 적용하면 적합시킨 분산분석모형을 점검하는데 필요한 4개의 차트가 출력된다. 4개의 차트는 적합값과 잔차 그래프, 정규성 검토를 위한 Q-Q 그림, 적합값과 표준화 잔

차의 제곱근 그래프, 요인값에 때한 표준화 잔차 그래프이다. 이들 그래프는 [보기 7-2]의 맨 마지막 명령과 같이 콘솔 창에서 Enter↵ 을 누르면 차례대로 한 개씩 출력된다. 〈그림 7-3〉은 "par(mfrow=c(2,2))"를 이용해 그래픽 창을 4개로 분할한 후 하나의 그래픽 창에 4개의 차트를 모두 그린 것이다. 차트를 완성한 후에는 그래픽 창을 "par(mfrow=c(1,1))"로 다시 원상태로 복구하도록 하자.

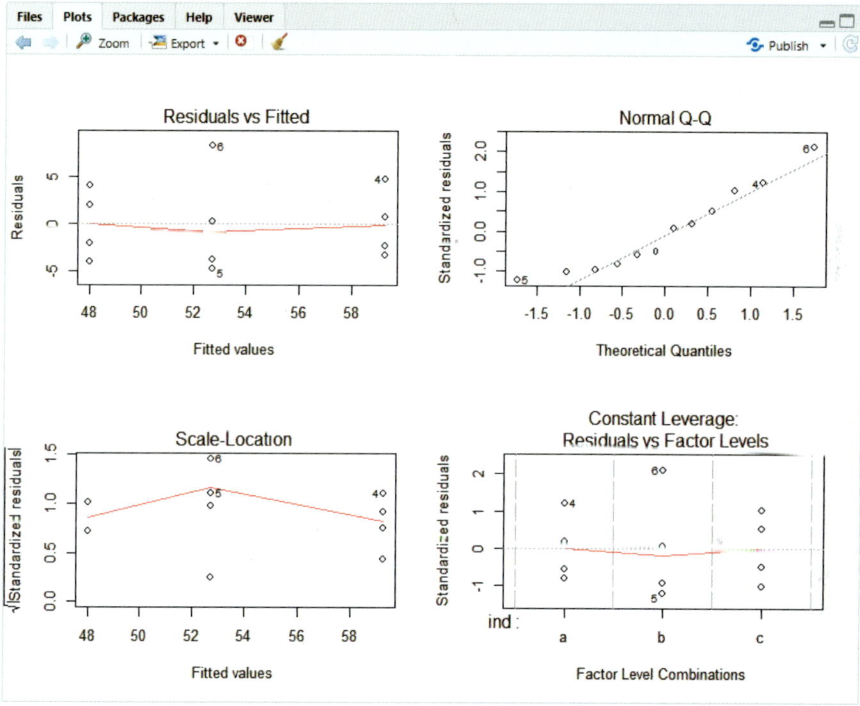

그림 7-3 모형개체에 plot( ) 함수를 적용해 출력된 4개의 차트

7.1.2 각 수준별로 반복수가 다른 경우

이번에는 k 개의 각 처리마다 관측값의 개수가 다른 경우를 알아보자. 만약 각 처리에서 n_1, n_2, $\cdots$, n_k 개의 실험단위를 사용한다면 $N = n_1 + n_2 + \cdots + n_k$ 개의 실험단위 가운데 n_1개의 실험단위를 랜덤으로 추출하여 처리1을 적용하고, 나머지 가운데서 n_2개를 랜덤으로 추출하여 처리2를, 같은 방법으로 처리k 는 나머지 n_k 개의 실험단위에 적용하게 된다. 반복수가 다른 경우의 일원배치법 자료구조는 다음 〈표 7-3〉과 같다.

표 7-3 일원배치법(반복수가 다른 경우)의 자료구조

	처리 1	처리 2	$\cdots$	처리k	
	y_{11}	y_{21}	$\cdots$	y_{k1}	
	y_{12}	y_{22}	$\cdots$	y_{k2}	
	$\vdots$	$\vdots$	$\vdots$	$\vdots$	
	y_{1n_1}	y_{2n_2}	$\cdots$	y_{kn_k}	
평균	$\overline{y}_{1.}$	$\overline{y}_{2.}$	$\cdots$	$\overline{y}_{k.}$	전체평균 $\overline{y}_{..}$

위의 표에서

$$\overline{y}_{i.} = \frac{1}{n_i}\sum_{j=1}^{n_i} y_{ij}\ ,\ (i=1,2,\cdots,k),\quad \overline{y}_{..} = \frac{1}{N}\sum_{i=1}^{k}\sum_{j=1}^{n_i} y_{ij}$$

이다.

i 번째 처리에서 얻어진 j 번째 관측값 y_{ij} 는

$$y_{ij} = \mu + \alpha_i + e_{ij}\ ,\ i=1,2,\cdots,k\ ;\quad j=1,2,\cdots,n_i$$

로 표시할 수 있다. 여기서 μ 는 전체평균이며 α_i 는 **i 번째 처리효과(ith treatment effect)**로서 $\sum_{i=1}^{k} n_i\alpha_i = 0$ 을 가정한다. e_{ij} 는 오차항(error term)으로 서로 독립인 $N(0,\sigma^2)$ 에 따르는 확률변수로 가정한다.

제곱합의 분해과정도 앞의 경우와 동일하며 자유도와 함께 정리하면 다음과 같다.

$$\sum_{i=1}^{k}\sum_{j=1}^{n_i}(y_{ij}-\overline{y}_{..})^2 = \sum_{i=1}^{k} n_i(\overline{y}_{i.}-\overline{y}_{..})^2 + \sum_{i=1}^{k}\sum_{j=1}^{n_i}(y_{ij}-\overline{y}_{i.})^2$$

$$SST \quad = \quad SS_{trt} \quad + \quad SSE$$

자유도 : $N-1$ $\qquad k-1 \qquad N-k$

처리평균제곱(급간평균제곱)은

$$MS_{trt} = \frac{SS_{trt}}{k-1} = \frac{n_1(\overline{y}_{1.}-\overline{y}_{..})^2 + n_2(\overline{y}_{2.}-\overline{y}_{..})^2 + \cdots + n_k(\overline{y}_{k.}-\overline{y}_{..})^2}{k-1}$$

이며, 이는 각 처리의 표본평균인 $\overline{y}_{i.}$ 들의 분산과 매우 유사함을 알 수 있다. 또한

$$
\begin{aligned}
SSE &= \sum_{i=1}^{k}\sum_{j=1}^{n_i}(y_{ij}-\bar{y}_{i.})^2 \\
&= \sum_{j=1}^{n_1}(y_{1j}-\bar{y}_{1.})^2+\sum_{j=1}^{n_2}(y_{2j}-\bar{y}_{2.})^2+\cdots+\sum_{j=1}^{n_k}(y_{kj}-\bar{y}_{k.})^2 \\
&= (n_1-1)S_1^2+(n_2-1)S_2^2+\cdots+(n_k-1)S_k^2
\end{aligned}
$$

와 같이 표현할 수 있으므로

$$MSE=\frac{SSE}{N-k}$$

는 k개 모집단의 공통분산인 σ^2에 대한 합동추정량으로 이해할 수 있겠다.

분산분석표는 〈표 7-4〉와 같다. 이는 〈표 7-2〉와 외관상으로는 동일하다. 다만 반복수가 동일한 경우의 $N=kn$이 $N=n_1+n_2+\cdots+n_k$으로 바뀌었다.

표 7-4 일원배치법의 분산분석표(반복수가 다른 경우)

요인	자유도	제곱합	평균제곱	검정통계량	유의확률
처리	$k-1$	SS_{trt}	MS_{trt}	$F-MS_{trt}/MSE$	$\Pr(X\geq f_0)$
오차	$N-k$	SSE	MSE		$X\sim F(k-1,N-k)$
총합	$N-1$	SST	$(N-n_1+n_2+\cdots+n_k)$		f_0는 검정통계량의 계산된 값

다음 예제는 R에 내장된 데이터세트 mtcars에 반복수가 다른 일원배치법을 적용해보았다. 중간 계산과정들은 모두 생략하고 R 함수를 이용한 분석과 결과의 해석 위주로 설명하도록 하겠다. R 스크립트와 실행결과는 [보기 7-3]을 참고하라.

예제 7-2 반복수가 서로 다른 일원배치법

R에 내장된 데이터세트 mtcars를 이용하여 실린더의 개수(4, 6, 8기통)에 따라 연비(mpg)에 차이가 있는지를 알아보려고 한다.

1) 통계모형과 가설을 기술하라.
2) 실린더의 개수(4, 6, 8기통)에 따른 연비(mpg)의 상자그림을 그려보라.
3) 분산분석표를 작성하고 유의수준 5%에서 가설을 검정하라.

|풀이| R의 기본 계산으로부터 $n_1 = 11$, $n_2 = 7$, $n_3 = 14$

$$\overline{y}_{1.} = 26.66, \ \overline{y}_{2.} = 19.74, \ \overline{y}_{3.} = 15.10, \ \overline{y}_{..} = 20.09$$

1) $y_{ij} = \mu + \alpha_i + e_{ij}$, $i = 1, 2, 3$; $j = 1, 2, \cdots, n_i$

$\Sigma_{i=1}^{3} n_i \alpha_i = 0$, 오차항 e_{ij}는 서로 독립인 $N(0, \sigma^2)$에 따르는 확률변수

귀무가설 H_0 : $\alpha_1 = \alpha_2 = \alpha_3 = 0$, 대립가설 H_1 : 적어도 한 α_i는 0이 아니다

2) 〈그림 7-4〉 참고

3) 출력물의 분산분석표로부터

	Df	Sum Sq	Mean Sq	F value	Pr(>F)	
cyl	2	824.8	412.4	39.7	4.98e-09	***
Residuals	29	301.3	10.4			

출력된 유의확률 4.98e-09<0.01보다 작으므로 유의수준 1%에서도 귀무가설을 기각한다. 따라서 당연히 유의수준 5%에서는 귀무가설을 기각한다.

다음은 R에서 출력한 출력결과들을 확인하는 과정이다. 검정통계량의 실제값은

$$f_0 = \frac{MS_{trt}}{MSE} = \frac{412.4}{10.4} = 39.7$$

유의확률은 $X \sim F(2, 29)$에 대해

$$\Pr(X \geq f_0) = \Pr(X \geq 39.7) = 1 - pf(39.7, 2, 29) = 0.00000000497561$$

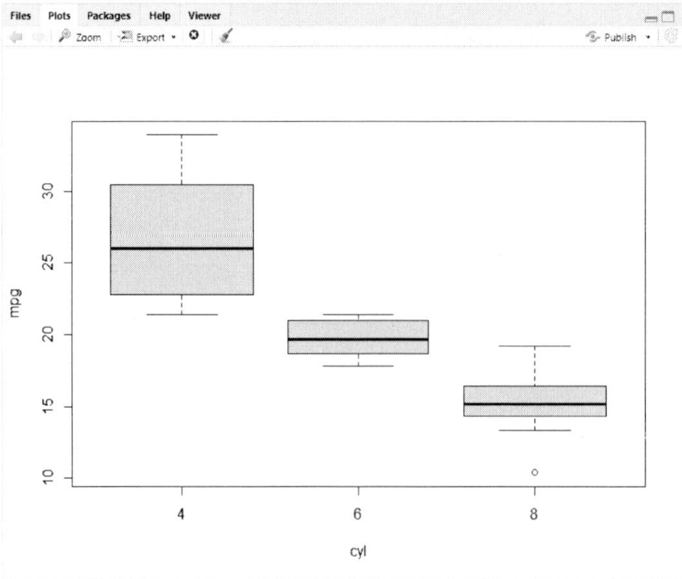

그림 7-4 실린더 개수에 따른 연비의 상자그림

보기 7-3

```
> table(mtcars$cyl)                              # 수준의 개수 확인
 4  6  8
11  7 14
> mtcars$cyl=factor(mtcars$cyl)                  # 수준을 나누는 변수는 factor형으로
> aggregate(mpg~cyl, data=mtcars, mean)          # 수준별 평균 계산
  cyl      mpg
1   4 26.66364
2   6 19.74286
3   8 15.10000
> mean(mtcars$mpg)                               # 연비의 전체평균
[1] 20.09062
> boxplot(mpg~cyl, data=mtcars)                  # <그림 7-4> 상자그림
> m1=aov(mpg~cyl, data=mtcars)                   # aov( ) 이용 결과 저장
> summary(m1)                                    # aov( )의 결과, 분산분석표
            Df Sum Sq Mean Sq F value   Pr(>F)
cyl          2  824.8   412.4    39.7 4.98e-09 ***
Residuals   29  301.3    10.4
---
Signif. codes:  0 '***' 0.001 '**' 0.01 '*' 0.05 '.' 0.1 ' ' 1
> pf(39.7, 2, 29, lower.tail = F)                # 유의확률 확인
[1] 4.975611e-09
> par(mfrow=c(2,2))                              # 그래픽 창을 2×2로 변경
> plot(m1)                                       # 관련차트 출력
> par(mfrow=c(1,1))                              # 그래픽 창을 원상태로 환원
```

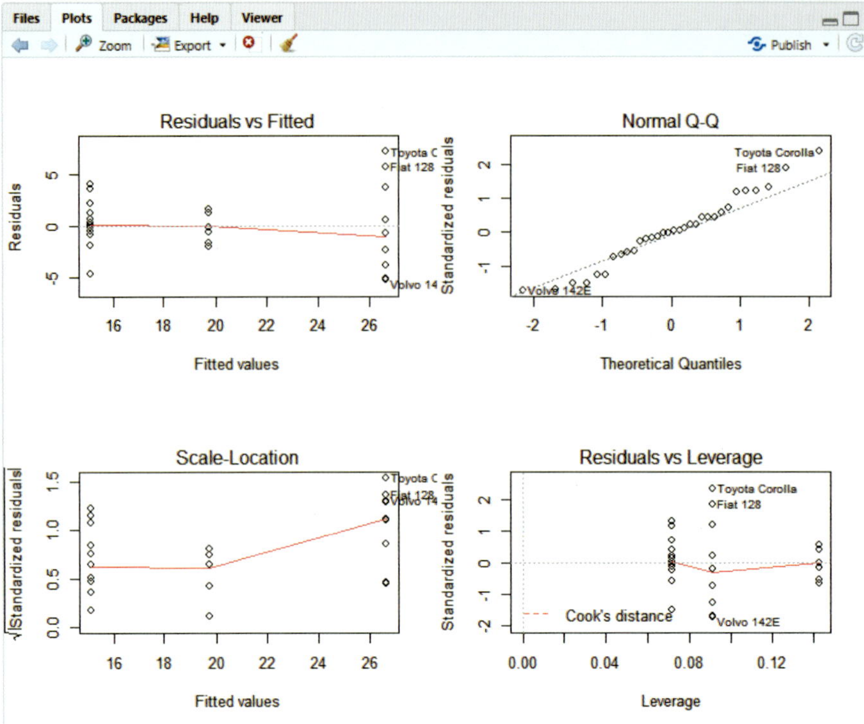

그림 7-5 모형개체에 plot( ) 함수를 적용해 출력된 4개의 차트

7.2 다중비교

만약 일원배치 분산분석에서 모든 모평균이 동일하다는 귀무가설 H_0 : $\mu_1 = \mu_2 = \cdots = \mu_k$ 또는 H_0 : $\alpha_1 = \alpha_2 = \cdots = \alpha_k = 0$이 기각되었을 때, 어느 평균들이 더 심각하게 다르다고 할 수 있는지가 궁금할 수 있다. 예를 들어, [예제 7-1]에서 브레이크 패드 A, B, C의 마모시간이 동일하다는 귀무가설이 기각되고 마모시간에는 차이가 있다는 결론을 얻었을 때, 어떤 패드의 마모시간이 심각하게 다른 지가 궁금할 수 있다. A, B, C 모두 심각하게 다른 지, 또는 A와 B, 또는 A와 C, 또는 B와 C가 심각하게 다른 지 등에 대해 알아보고 싶을 수 있다. 이와 같이 여러 처리들의 효과를 동시에 다루는 방법을 연구하는 분야를 **다중비교(multiple comparison)**라고 한다.

다중비교는 여러 개의 검정(또는 신뢰구간)을 동시에 수행하는 절차이다. 예를 들어, 처리가 세 개인 경우 귀무가설 H_0 : $\mu_1 = \mu_2 = \mu_3$ 을 유의수준 α 에서 채택하였다면 이는 다음의 세 가지 귀무가설을 모두 채택한 것과 같다.

$$H_{0(1,2)} : \mu_1 = \mu_2 , \quad H_{0(1,3)} : \mu_1 = \mu_3 , \quad H_{0(2,3)} : \mu_2 = \mu_3$$

만약 위의 각 귀무가설의 유의수준을 α' 라 하고 각 귀무가설이 독립적이라면

$$\begin{aligned} 1-\alpha &= \Pr(H_0 \text{ 채택} \mid H_0) \\ &= \Pr(H_{0(1,2)}, H_{0(1,3)}, H_{0(2,3)} \text{ 을 모두 채택} \mid H_0) \\ &= \Pr(H_{0(1,2)} \text{ 채택} \mid H_0) \times \Pr(H_{0(1,3)} \text{ 채택} \mid H_0) \times \Pr(H_{0(2,3)} \text{ 채택} \mid H_0) \\ &= (1-\alpha')^3 \end{aligned}$$

이 성립한다. 위 식에서 $\alpha = 0.05$ 이면 $\alpha' = 0.017$ 이다. 즉, 유의수준 5%로 다중비교를 시행하려면 처리의 자에 대한 각각의 검정은 유의수준을 훨씬 줄인 1.7%로 진행해야 한다. 일반적으로 k 개의 처리가 있는 경우라면 $\binom{k}{2} = k(k-1)/2$ 개 쌍에 대한 검정을 시행해야 하므로

$$1-\alpha = (1-\alpha')^{k(k-1)/2}$$

이 성립한다.

이상과 같은 방법에 의해 다중비교를 진행하면 α' 가 매우 작아지므로 매우 보수적인 결과를 나타낸다. 즉, 아주 큰 차이를 나타내는 경우에 한해서만 두 처리의 평균 간에 유의한 차이가 있다고 판단해주게 된다. 다중비교에 사용되는 방법들 대부분이 이렇게 보수적이기에 다중비교에서는 유의수준 α 의 값을 0.05 대신 0.1 또는 이보다도 더 큰 값을 사용한다.

다중비교에는 다양한 방법들이 있으나 여기에서는 R을 통해 바로 적용이 가능한 2가지 방법에 대해서만 간단히 다루도록 하겠다. 일원배치법에 한정하여 튜키의 정직유의차(Honestly Significant Difference; HSD) 방법과 피셔의 최소유의차(Least Significant Difference; LSD) 방법에 대해서 설명하도록 하겠다.

7.2.1 튜키의 정직유의차 방법

튜키가 제안한 **정직유의차**(Honestly Significant Difference; HSD) 방법은 반복수가 모두 n 으로 동일한 경우에만 사용되는 방법으로 스튜던트화 범위(range)

$$q = \frac{\overline{y}_{(k)} - \overline{y}_{(1)}}{\sqrt{MSE/n}}$$

의 분포를 구하고 이를 이용해 처리의 차이에 대한 유의성을 검정하는 방법이다. 여기서 $\overline{y}_{(i)}$는 k개의 표본평균들을 순서대로 배열하여 i번째로 큰 순서통계량이다. 대부분의 실험계획법 교재에는 q의 상위 α 분위수 $q_\alpha(k, k(n-1))$의 값이 수표로 작성되어있다. 그러나 R에는 이 분위수를 계산하는 qtukey(누적확률, 수준의 개수, 오차의 자유도)와 누적확률을 계산하는 ptukey( )가 준비돼있다. 만약

$$|\overline{y}_{i.} - \overline{y}_{j.}| > q_\alpha(k, k(n-1))\sqrt{\frac{MSE}{n}}$$

이면 H_0 : $\mu_i = \mu_j\,(i \neq j)$을 기각하고 $\mu_i \neq \mu_j$로 판정한다.

또한 R에는 튜키가 제안한 정직유의차(Honestly Significant Difference; HSD) 방법으로 다중비교를 실행해주는 함수 TukeyHSD( )도 준비되어있다. 이 함수의 인수에는 aov( )를 실행한 개체만 입력하면 기본적으로 95% 신뢰구간(유의수준 5%)을 이용하게 된다. 만약 신뢰수준을 바꾸고 싶으면 디폴트인 conf.level=0.95을 수정하면 된다. 또한 TukeyHSD( )의 결과를 plot( )에 전달하면 각 수준간의 신뢰구간에 대한 차트를 보여준다.

7.2.2 피셔의 최소유의차 방법

피셔의 **최소유의차**(Least Significant Difference; LSD) 방법은 다음과 같은 절차에 따라 진행된다. 먼저 F-검정을 실시하여 유의수준 α에서 귀무가설 H_0 : $\mu_1 = \mu_2 = \cdots = \mu_k$이 기각되면 각 쌍별로 유의수준 α에서 t-검정을 실시하여 다중비교를 실시하는 방법이다.

각 (i, j)쌍에 대해 H_0 : $\mu_i = \mu_j\,(i \neq j)$을 검정할 때를 생각해 보라. H_0하에서

$$Z = \frac{\bar{y}_{i.} - \bar{y}_{j.}}{\sqrt{\sigma^2\left(\frac{1}{n_i} + \frac{1}{n_j}\right)}} \sim N(0,\ 1)$$

이며 공통분산 σ^2 을 합동추정량 S_p^2 으로 추정한 통계량

$$T = \frac{\bar{y}_{i.} - \bar{y}_{j.}}{\sqrt{S_p^2\left(\frac{1}{n_i} + \frac{1}{n_j}\right)}} \sim t(n_i + n_j - 2),\ H_0\text{하에서}$$

가 성립함은 이미 학습한 바 있다. 이제 공통분산 σ^2 을 합동추정량 MSE 으로 추정한 통계량

$$T = \frac{\bar{y}_{i.} - \bar{y}_{j.}}{\sqrt{MSE\left(\frac{1}{n_i} + \frac{1}{n_j}\right)}} \sim t(N-k),\ H_0\text{하에서}$$

임을 다중비교에 이용하는 것이다. 따라서 $H_0\ :\ \mu_i = \mu_j\,(i \neq j)$의 기각영역은

$$|T| = \frac{|\,\bar{y}_{i.} - \bar{y}_{j.}\,|}{\sqrt{MSE\left(\frac{1}{n_i} + \frac{1}{n_j}\right)}} \geq t_{\alpha/2}(N-k)$$

가 되며 이는

$$|\,\bar{y}_{i.} - \bar{y}_{j.}\,| \geq t_{\alpha/2}(N-k)\sqrt{MSE\left(\frac{1}{n_i} + \frac{1}{n_j}\right)}$$

과 같다. 위 부등식에서 부등호 오른편을 최소유의차(Least Significant Difference; LSD)라고 한다.

R의 pairwise.t.test( ) 함수를 이용하면 최소유의차(Least Significant Difference; LSD)에 의한 다중비교를 실시해준다. pairwise.t.test(반응변수, 그룹변수(factor 형))와 같이 사용한다.

[예제 7-1]에서 3개 브레이크 패드의 마모시간이 동일하다는 귀무가설이 기각되었기에 구체적으로 어떤 패드 간에 심각한 차이가 나는지 학습한 두 가지 방법으로 알아보자. R의 실행과 출력은 [보기 7-4]를 통해 확인하라.

예제 7-3 **다중비교**

[예제 7-1]의 자료에 대해 다음 물음에 답하라

1) 피셔의 최소유의차(LSD) 방법으로 다중비교를 실시하라.
2) 튜키의 정직유의차(HSD) 방법으로 다중비교를 실시하라.

|풀이| $\bar{y}_A = 59.25$, $\bar{y}_B = 52.75$, $\bar{y}_C = 48.00$ 이므로 $\bar{y}_C < \bar{y}_B < \bar{y}_A$

1) 유의확률이 0.05보다 작은 항목은 (A–C)만 해당함. 제품 A와 제품 C의 마모도는 심각한 차이가 있다고 판단함.
2) 수정된 유의확률(p adj)이 0.05보다 작은 항목은 (C–A)만 해당함. 제품 A와 제품 C의 마모도는 심각한 차이가 있다고 판단함.

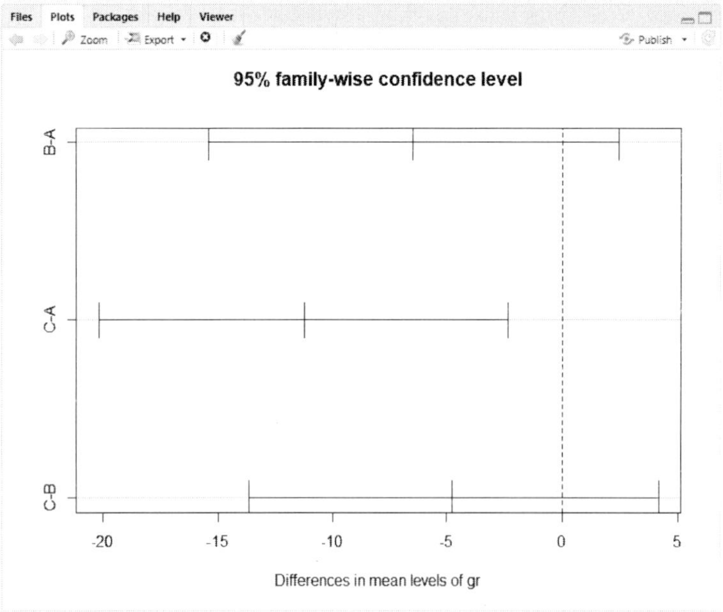

그림 7-6 TukeyHSD( )의 결과인 수준 간 차에 대한 신뢰구간들

TukeyHSD( )의 결과를 plot( )에 전달해 출력된 <그림 7-6>을 살펴보면 각 수준 간 차이에 대한 신뢰구간에 대한 차트를 보여준다. (C–A)의 신뢰구간만 0을 포함하지 않았다. 나머지 신뢰구간들은 모두 0을 포함하고 있다.

두 가지의 다중비교 방법이 같은 결과를 보여주고 있다.

보기 7-4

```
> a=c(56, 60, 57, 64)                    # [예제 7-1, 보기 7-1] 참고
> b=c(48, 61, 49, 53)
> c=c(52, 50, 44, 46)
> y=c(a,b,c)
> gr=as.factor(rep(c("A","B","C"), each=4))
> m1=aov(y~gr)
> pairwise.t.test(y, gr)                 # 1) 피셔의 최소유의차(LSD) 방법
        Pairwise comparisons using t tests with pooled SD
data:  y and gr
  A     B
B 0.145 -
C 0.019 0.171
P value adjustment method: holm
> TukeyHSD(m1)                           # 2) 튜키의 정직유의차(HSD) 방법
  Tukey multiple comparisons of means
    95% family-wise confidence level
Fit: aov(formula = y ~ gr)
$gr
        diff        lwr        upr     p adj
B-A    -6.50  -15.41452   2.414522 0.1592053
C A   -11.25  -20.16452  -2.335478 0.0160956
C-B    -4.75  -13.66452   4.164522 0.3411311
> plot(TukeyHSD(m1))                     # <그림 7-6> 신뢰구간이 0을 포함하는가?
```

7.3 이원배치법(반복이 없는 경우)

반응변수의 값이 2개의 인자에 의해 영향을 받을 때는 이원배치법을 사용한다. 두 인자를 A와 B로 나타내고 각 인자의 수준이 각각 p, q개인 경우에 자료의 구조는 〈표 7-5〉와 같다.

표 7-5 반복이 없는 이원배치법의 자료구조

인자 B / 인자 A	B_1	B_2	$\cdots$	B_q	평균
A_1	y_{11}	y_{12}	$\cdots$	y_{1q}	$\overline{y}_{1.}$
A_2	y_{21}	y_{22}	$\cdots$	y_{2q}	$\overline{y}_{2.}$
$\vdots$	$\vdots$	$\vdots$	$\vdots$	$\vdots$	$\vdots$
A_p	y_{p1}	y_{p2}	$\cdots$	y_{pq}	$\overline{y}_{p.}$
평균	$\overline{y}_{.1}$	$\overline{y}_{.2}$	$\cdots$	$\overline{y}_{.q}$	$\overline{y}_{..}$

인자 A의 i 번째, 인자 B의 j번째 수준조합에서 얻어진 관측값을 y_{ij} 라면

$$y_{ij} = \mu + \alpha_i + \beta_j + e_{ij}\,,\ i = 1, 2, \cdots, p\,;\ j = 1, 2, \cdots, q$$

로 표시할 수 있다. 여기서 모평균 μ 와 오차항 e_{ij} 는 일원배치법에서와 같으며, α_i 와 β_j 는 각각 인자 A와 B의 i 번째 및 j 번째 수준의 효과로서 $\sum_{i=1}^{p} \alpha_i = 0$ 와 $\sum_{j=1}^{q} \beta_j = 0$ 을 만족한다. 인자 A와 B의 효과를 검증하기 위한 귀무가설은 각각 다음과 같다.

$$H_0\ :\ \alpha_1 = \alpha_2 = \cdots = \alpha_p = 0,\quad H_0\ :\ \beta_1 = \beta_2 = \cdots = \beta_q = 0$$

정의 7-2 **반복이 없는 이원배치법의 모형**

- $y_{ij} = \mu + \alpha_i + \beta_j + e_{ij}\,,\ i = 1, 2, \cdots, p\,;\ j = 1, 2, \cdots, q$
- $\sum_{i=1}^{p} \alpha_i = 0\,,\ \sum_{j=1}^{q} \beta_j = 0$
- 오차항 e_{ij} 는 서로 독립인 $N(0, \sigma^2)$ 에 따르는 확률변수

이제 y_{ij} 와 전체평균 $\overline{y}_{..}$ 와의 차인 총 편차 $(y_{ij} - \overline{y}_{..})$ 을 분해하여

$$(y_{ij} - \overline{y}_{..}) = (\overline{y}_{i.} - \overline{y}_{..}) + (\overline{y}_{.j} - \overline{y}_{..}) + (y_{ij} - \overline{y}_{i.} - \overline{y}_{.j} + \overline{y}_{..})$$

로 나타낼 수 있다. 위 식에서 우변의 첫 번째 항은 인자 A의 i 번째 수준의 효과, 두 번째 항은 인자 B의 j 번째 수준의 효과, 세 번째 항은 오차에 의한 편차를 각각 나타낸다. 이제 위 식의 양변을 제곱하여 더한 후 정리하면 다음과 같다.

$$\sum_{i=1}^{p}\sum_{j=1}^{q}(y_{ij}-\bar{y}_{..})^2 = q\sum_{i=1}^{p}(\bar{y}_{i.}-\bar{y}_{..})^2 + p\sum_{j=1}^{q}(\bar{y}_{.j}-\bar{y}_{..})^2 + \sum_{i=1}^{p}\sum_{j=1}^{q}(y_{ij}-\bar{y}_{i.}-\bar{y}_{.j}+\bar{y}_{..})^2$$

$$ⓐ \quad = \quad ⓑ \quad + \quad ⓒ \quad + \quad ⓓ$$

여기서 ⓐ = $SST = \sum_{i=1}^{p}\sum_{j=1}^{q}(y_{ij}-\bar{y}_{..})^2$: 총제곱합 또는 총변동

ⓑ = $SS_A = q\sum_{i=1}^{p}(\bar{y}_{i.}-\bar{y}_{..})^2$: 인자 A에 의한 변동

ⓒ = $SS_B = p\sum_{j=1}^{q}(\bar{y}_{.j}-\bar{y}_{..})^2$: 인자 B에 의한 변동

ⓓ = $SSE = \sum_{i=1}^{p}\sum_{j=1}^{q}(y_{ij}-\bar{y}_{i.}-\bar{y}_{.j}+\bar{y}_{..})^2$: 잔차제곱합 또는 실험오차에 의한 변동

이라고 부르며, 이들의 자유도는 각각 $pq-1$, $p-1$, $q-1$, $(p-1)(q-1)$이다.

각 변동을 해당 자유도로 나누어 평균제곱을 구하고 이들을 정리하여 분산분석표를 만들면 〈표 7-6〉과 같다.

표 7-6 반복이 없는 이원배치법의 분산분석표

요인	자유도	제곱합	평균제곱	검정통계량	유의확률
인자A	$p-1$	SS_A	$MS_A = SS_A/(p-1)$	$F_1 = MS_A/MSE$	$\Pr(X_1 \geq f_1)$
인자B	$q-1$	SS_B	$MS_B = SS_B/(q-1)$	$F_2 = MS_B/MSE$	$\Pr(X_2 \geq f_2)$
오차	$(p-1)(q-1)$	SSE	$MSE = SSE/(p-1)(q-1)$		
총합	$pq-1$	SST			

〈표 7-6〉의 분산분석표에서 검정통계량들의 분포는 각각의 귀무가설들이 참일 때

$$F_1 = \frac{MS_A}{MSE} \sim F(p-1,\ (p-1)(q-1)),\quad F_2 = \frac{MS_B}{MSE} \sim F(q-1,\ (p-1)(q-1))$$

이 성립하므로 이들 검정통계량의 실제 계산 값 f_1과 f_2에 대해 유의확률의 계산

은 각각

$$X_1 \sim F(p-1,\ (p-1)(q-1)),\ \ X_2 \sim F(q-1,\ (p-1)(q-1))$$

인 확률변수 X_1과 X_2을 이용하면 된다. 또한, 각각의 귀무가설을 검정하기 위한 유의수준 α인 기각영역은

$$f_1 > F_\alpha(p-1,\ (p-1)(q-1)),\ \ f_2 > F_\alpha(q-1,\ (p-1)(q-1))$$

으로 주어진다.

정리 7-3 반복이 없는 이원배치법에서 유의성 검정

1) 인자 A의 주효과에 대한 검정

- 귀무가설 H_0 : $\alpha_1 = \alpha_2 = \cdots = \alpha_p = 0$
- 검정통계량: $F_1 = MS_A / MSE$
- 유의확률의 계산: 검정통계량의 계산된 값 f_1에 대해

$$\Pr(X_1 \geq f_1),\ X_1 \sim F(p-1,\ (p-1)(q-1))$$

- 유의수준 α인 기각영역: $f_1 > F_\alpha(p-1,\ (p-1)(q-1))$

2) 인자 B의 주효과에 대한 검정

- 귀무가설 H_0 : $\beta_1 = \beta_2 = \cdots = \beta_q = 0$
- 검정통계량: $F_2 = MS_B / MSE$
- 유의확률의 계산: 검정통계량의 계산된 값 f_2에 대해

$$\Pr(X_2 \geq f_2),\ X_2 \sim F(q-1,\ (p-1)(q-1))$$

- 유의수준 α인 기각영역: $f_2 > F_\alpha(q-1,\ (p-1)(q-1))$

다음 [예제 7-4]는 이원배치법의 예이다. R에서 이원배치법은 일원배치법에서 사용했던 함수 aov( )를 그대로 사용한다. 다만 인수의 형식을 "반응변수 ~ 인자 1 + 인자 2"와 같이 수식으로 표현하며 인자1과 인자2는 반드시 factor 형인 변수

이어야 한다. [보기 7-5]에서 반응변수 y에 데이터를 입력한 순서에 따라 두 그룹 변수가 인자 A, B의 각 수준을 잘 나타내도록 입력하는 과정이 매우 중요하다.

예제 7-4 반복이 없는 이원배치법

합금의 강도는 주조시간(A)과 혼합비율(B)에 따라 차이가 있다고 한다. 각 인자의 3가지 수준에서 합금의 강도를 측정해 기록한 자료이다. 다음 물음에 답하라.

주조시간 \ 혼합비율	B_1	B_2	B_3
A_1	100	104	110
A_2	94	108	110
A_3	101	112	114

1) 주조시간에 따라 합금의 강도에 차이가 있는가? 가설을 기술하고 유의수준 5%에서 검정하라
2) 혼합비율에 따라 합금의 강도에 차이가 있는가? 가설을 기술하고 유의수준 5%에서 검정하라

|풀이| [보기 7-5]의 마지막에 출력된 분산분석표를 그대로 가져오면

```
           Df  Sum Sq  Mean Sq  F value    Pr(>F)
gr1         2   44.22    22.11    3.262   0.14445
gr2         2  273.56   136.78   20.180   0.00813 **
Residuals   4   27.11     6.78
```

1) 귀무가설 H_0 : 주조시간에 따른 합금의 강도 차이는 없다.
   분산분석표에서 gr1의 유의확률=0.14445>0.1이므로 유의수준이 10%이더라도 귀무가설을 기각할 수 없다. 따라서 주조시간에 따라서는 강도에 차이가 없다.
2) 귀무가설 H_0 : 혼합비율에 따른 합금의 강도 차이는 없다.
   분산분석표에서 gr2의 유의확률=0.00813<0.01이므로 유의수준이 1%에서도 귀무가설을 기각할 수 있다. 따라서 혼합비율에 따라서는 강도에 심각한 차이가 있다.

보기 7-5

```
> y=c(100, 104, 110, 94, 108, 110, 101, 112, 114)        # 반응변수
> gr.a=rep(1:3, each=3)                                    # 인자 A, 주조시간
> gr.a
[1] 1 1 1 2 2 2 3 3 3
> gr.b=rep(1:3, 3)                                         # 인자 B, 혼합비율
> gr.b
[1] 1 2 3 1 2 3 1 2 3
> gr1=as.factor(gr.a)                                      # 그룹변수는 factor형으로
> gr2=as.factor(gr.b)
> m2=aov(y~gr1+gr2)                                        # 이원배치법 실행
> summary(m2)                                              # 실행결과 출력
            Df   Sum Sq   Mean Sq   F value    Pr(>F)
gr1          2    44.22     22.11     3.262   0.14445
gr2          2   273.56    136.78    20.180   0.00813 **
Residuals    4    27.11      6.78
```

7.4 이원배치법(반복이 있는 경우)

어떤 실험이든 각 수준의 조합에서 1회의 실험을 하는 것보다 가능하다면 2회 이상의 실험을 반복하는 것이 실험결과의 신뢰를 높일 수 있다. 물론 전체적으로 비용과 원하는 **정도(precision)**에 따라서 반복횟수를 결정하게 될 것이다.

반복이 있는 이원배치법의 가장 큰 장점은 인자수준의 조합에서 생기는 효과를 분리해서 구할 수 있다는 점이다. 이와 같은 효과를 **교호작용(interaction)**이라 하는데 이는 인자 A의 효과가 인자 B의 수준의 변화에 따라 변하는 모형에서 존재한다. 예를 들어, 소화제와 두통약을 동시에 먹었을 때 소화도 해결되고 두통도 해결된다면 이 두 약 사이에 교호작용이 없다고 말할 수 있다. 그러나 소화제와 두통약을 동시에 먹었을 때, 두 약 사이에 존재하는 부작용 등에 의해 애초에 기대했던 효과, 즉 소화제효과와 두통약 효과를 더한 **가법효과(additive effects)**로부터 이탈된다면 바로 이러한 이탈현상이 교호작용이라 할 수 있다. 따라서 이원배치분산분석

에서는 두 요인 각각의 효과 이외에 두 요인 간의 교호작용이 추가될 수 있다.

두 인자 A와 B의 수준이 각각 p, q인 경우에 pq 개의 모든 처리조합을 r 번 반복하여 실험하였다면 실험단위는 pqr 개다. 이러한 경우를 반복이 있는 이원배치법이라 하며 자료구조는 〈표 7-7〉과 같다.

표 7-7 반복이 있는 이원배치법의 자료구조

인자 A	인자 B				
	B_1	B_2	$\cdots$	B_q	평균
A_1	y_{111} y_{112} $\vdots$ y_{11r}	y_{121} y_{122} $\vdots$ y_{12r}	$\cdots$ $\cdots$ $\cdots$	y_{1q1} y_{1q2} $\vdots$ y_{1qr}	
평균	$\overline{y}_{11.}$	$\overline{y}_{12.}$	$\cdots$	$\overline{y}_{1q.}$	$\overline{y}_{1..}$
A_2	y_{211} y_{212} $\vdots$ y_{21r}	y_{221} y_{222} $\vdots$ y_{22r}	$\cdots$ $\cdots$ $\cdots$	y_{2q1} y_{2q2} $\vdots$ y_{2qr}	
평균	$\overline{y}_{21.}$	$\overline{y}_{22.}$	$\cdots$	$\overline{y}_{2q.}$	$\overline{y}_{2..}$
$\vdots$	$\vdots$	$\vdots$	$\cdots$	$\vdots$	$\vdots$
A_p	y_{p11} y_{p12} $\vdots$ y_{p1r}	y_{p21} y_{p22} $\vdots$ y_{p2r}	$\cdots$ $\cdots$ $\cdots$	y_{pq1} y_{pq2} $\vdots$ y_{pqr}	
평균	$\overline{y}_{p1.}$	$\overline{y}_{p2.}$	$\cdots$	$\overline{y}_{pq.}$	$\overline{y}_{p..}$
평균	$\overline{y}_{.1.}$	$\overline{y}_{.2.}$	$\cdots$	$\overline{y}_{.q.}$	$\overline{y}_{...}$

위의 표에서 데이터들의 평균들은

$$\overline{y}_{i..} = \frac{1}{qr}\sum_{j=1}^{q}\sum_{k=1}^{r} y_{ijk}\,,\ \ (i=1,2,\cdots,p)\ ,\quad \overline{y}_{.j.} = \frac{1}{pr}\sum_{i=1}^{p}\sum_{k=1}^{r} y_{ijk}\,,\ \ (j=1,2,\cdots,q)$$

$$\overline{y}_{ij.} = \frac{1}{r}\sum_{k=1}^{r} y_{ijk}\,,\ \ (i=1,2,\cdots,p,\ j=1,2,\cdots,q)\ ,\quad \overline{y}_{...} = \frac{1}{pqr}\sum_{i=1}^{p}\sum_{j=1}^{q}\sum_{k=1}^{r} y_{ijk}$$

과 같다.

인자 A의 i 번째 수준, 인자 B의 j 번째 수준에서 k 번째 관측값을 y_{ijk} 라면

$$y_{ijk} = \mu + \alpha_i + \beta_j + \gamma_{ij} + e_{ijk}\,,\quad i = 1, 2, \cdots, p\,;\; j = 1, 2, \cdots, q\,;\; k = 1, 2, \cdots, r$$

로 표시할 수 있다. 여기서 μ 는 모평균, α_i 는 인자 A의 i 번째 수준의 효과, β_j 는 인자 B의 j 번째 수준의 효과, γ_{ij} 는 A_i 와 B_j 의 교호작용 효과이며 e_{ijk} 는 오차항으로 서로 독립이며 정규분포 $N(0, \sigma^2)$에 따르는 확률변수로 가정한다. 한편, α_i, β_j, γ_{ij} 는 다음을 만족한다.

$$\sum_{i=1}^{p} \alpha_i = 0\,,\quad \sum_{j=1}^{q} \beta_j = 0\,,\quad \sum_{i=1}^{p} \gamma_{ij} = \sum_{j=1}^{q} \gamma_{ij} = 0$$

정의 7-3 **반복이 있는 이원배치법의 모형**

- $y_{ijk} = \mu + \alpha_i + \beta_j + \gamma_{ij} + e_{ijk}\,,$

  $i = 1, 2, \cdots, p\,;\; j = 1, 2, \cdots, q\,;\; k = 1, 2, \cdots, r$
- $\sum_{i=1}^{p} \alpha_i = 0\,,\quad \sum_{j=1}^{q} \beta_j = 0\,,\quad \sum_{i=1}^{p} \gamma_{ij} = \sum_{j=1}^{q} \gamma_{ij} = 0$
- 오차항 e_{ij} 는 서로 독립인 $N(0, \sigma^2)$ 에 따르는 확률변수

관측값 y_{ijk} 와 전체평균 $\overline{y}_{...}$ 와의 차인 총편차 $(y_{ijk} - \overline{y}_{...})$를 분해하여

$$(y_{ijk} - \overline{y}_{...}) = (\overline{y}_{i..} - \overline{y}_{...}) + (\overline{y}_{.j.} - \overline{y}_{...}) + (\overline{y}_{ij.} - \overline{y}_{i..} - \overline{y}_{.j.} + \overline{y}_{...}) + (y_{ijk} - \overline{y}_{ij.})$$

로 나타낼 수 있다. 우변의 첫 번째 항은 인자 A의 효과, 두 번째 항은 인자 B의 효과, 세 번째 항은 교호작용의 효과, 마지막 항은 오차에 의한 편차로서 잔차에 해당한다. 이제 위 식의 양변을 제곱하여 더한 후 정리하면 다음과 같다.

$$\begin{aligned}\sum_{i=1}^{p}\sum_{j=1}^{q}\sum_{k=1}^{r}(y_{ijk} - \overline{y}_{...})^2 &= qr\sum_{i=1}^{p}(\overline{y}_{i..} - \overline{y}_{...})^2 + pr\sum_{j=1}^{q}(\overline{y}_{.j.} - \overline{y}_{...})^2 \\ &\quad + r\sum_{i=1}^{p}\sum_{j=1}^{q}(\overline{y}_{ij.} - \overline{y}_{i..} - \overline{y}_{.j.} + \overline{y}_{...})^2 + \sum_{i=1}^{p}\sum_{j=1}^{q}\sum_{k=1}^{r}(y_{ijk} - \overline{y}_{ij.})^2\end{aligned}$$

ⓐ = ⓑ + ⓒ
+ ⓓ + ⓔ

여기서 ⓐ = $SST = \sum_{i=1}^{p}\sum_{j=1}^{q}\sum_{k=1}^{r}(y_{ijk} - \overline{y}_{...})^2$: 총제곱합 또는 총변동

ⓑ = $SS_A = qr\sum_{i=1}^{p}(\overline{y}_{i..} - \overline{y}_{...})^2$: 인자 A의 변동

ⓒ = $SS_B = pr\sum_{j=1}^{q}(\overline{y}_{.j.} - \overline{y}_{...})^2$: 인자 B의 변동

ⓓ = $SS_{A\times B} = r\sum_{i=1}^{p}\sum_{j=1}^{q}(\overline{y}_{ij.} - \overline{y}_{i..} - \overline{y}_{.j.} + \overline{y}_{...})^2$: 인자 A와 B의 교호작용 변동

ⓔ = $SSE = \sum_{i=1}^{p}\sum_{j=1}^{q}\sum_{k=1}^{r}(y_{ijk} - \overline{y}_{ij.})^2$: 잔차제곱합 또는 실험오차에 의한 변동

이라고 부르며, 이들의 자유도는 각각 $pqr-1$, $p-1$, $q-1$, $(p-1)(q-1)$, $pq(r-1)$이다.

각 변동을 해당 자유도로 나누어 평균제곱을 구하고 이들을 정리하면 〈표 7-8〉의 분산분석표와 같다.

표 7-8 반복이 있는 이원배치법의 분산분석표

요인	자유도	제곱합	평균제곱	검정통계량
인자A	$p-1$	SS_A	$MS_A = SS_A/(p-1)$	$F_1 = MS_A/MSE$
인자B	$q-1$	SS_B	$MS_B = SS_B/(q-1)$	$F_2 = MS_B/MSE$
교호작용	$(p-1)(q-1)$	$SS_{A\times B}$	$MS_{A\times B} = SS_{A\times B}/(p-1)(q-1)$	$F_3 = MS_{A\times B}/MSE$
오차	$pq(r-1)$	SSE	$MSE = SSE/pq(r-1)$	
총합	$pqr-1$	SST		

반복이 있는 이원배치법에서 관심이 있는 가설은 인자 A의 주효과의 유의성에 대한

$$H_0 : \alpha_1 = \alpha_2 = \cdots = \alpha_p = 0$$

와 인자 B의 주효과의 유의성에 대한 가설

$$H_0 \ : \ \beta_1 = \beta_2 = \cdots = \beta_q = 0$$

그리고 교호작용 효과의 유의성에 대한 가설

$$H_0 \ : \ \gamma_{ij} = 0\,, \ i = 1, 2, \cdots, p\,;\ j = 1, 2, \cdots, q.$$

을 생각할 수 있다.

위의 각 귀무가설이 참이면 F_1, F_2, F_3는 각각 자유도 $(p-1,\ pq(r-1))$, $(q-1,\ pq(r-1))$, $((p-1)(q-1),\ pq(r-1))$인 F-분포에 따른다. 따라서 각 검정통계량의 계산된 값이 각각 f_1, f_2, f_3이라면 유의수준이 α 인 기각영역은 각각 다음과 같다.

$$f_1 > F_\alpha(p-1, pq(r-1))$$
$$f_2 > F_\alpha(q-1, pq(r-1))$$
$$f_3 > F_\alpha((p-1)(q-1), pq(r-1))$$

또한, 각 경우의 유의확률은 다음과 같이 계산하면 된다.

$$\Pr(X_1 \geqq f_1),\ X_1 \sim F(p-1, pq(r-1))$$
$$\Pr(X_2 \geqq f_2),\ X_2 \sim F(q-1, pq(r-1))$$
$$\Pr(X_3 \geqq f_3),\ X_3 \sim F((p-1)(q-1), pq(r-1))\,.$$

정리 7-4 반복이 있는 이원배치법에서 유의성 검정

1) 인자 A의 주효과에 대한 검정

- 귀무가설 $H_0 \ : \ \alpha_1 = \alpha_2 = \cdots = \alpha_p = 0$
- 검정통계량: $F_1 = MS_A / MSE$
- 유의확률의 계산: 검정통계량의 계산된 값 f_1에 대해

$$\Pr(X_1 \geqq f_1),\ X_1 \sim F(p-1, pq(r-1))$$

- 유의수준 α 인 기각영역: $f_1 > F_\alpha(p-1, pq(r-1))$

2) 인자 B의 주효과에 대한 검정

• 귀무가설 H_0 : $\beta_1 = \beta_2 = \cdots = \beta_q = 0$

• 검정통계량: $F_2 = MS_B / MSE$

• 유의확률의 계산: 검정통계량의 계산된 값 f_2에 대해

$$\Pr(X_2 \geq f_2),\ X_2 \sim F(q-1, pq(r-1))$$

• 유의수준 α 인 기각영역: $f_2 > F_\alpha(q-1, pq(r-1))$

3) 교호작용 효과의 유의성에 대한 검정

• 귀무가설 H_0 : $\gamma_{ij} = 0$, $i = 1, 2, \cdots, p$; $j = 1, 2, \cdots, q$.

• 검정통계량: $F_3 = MS_{A\times B} / MSE$

• 유의확률의 계산: 검정통계량의 계산된 값 f_3에 대해

$$\Pr(X_3 \geq f_3),\ X_3 \sim F((p-1)(q-1), pq(r-1))$$

• 유의수준 α 인 기각영역: $f_3 > F_\alpha((p-1)(q-1), pq(r-1))$

다음 [예제 7-5]는 반복이 있는 이원배치법의 예로 교호작용이 있는 모형의 경우에는 함수 aov( )의 인수를 "반응변수 ~ 인자 1 + 인자 2 + 인자 1 * 인자 2" 또는 간단히 "반응변수 ~ 인자 1 * 인자 2"와 같이 사용한다. [보기 7-6]에서 반응변수 y에 데이터를 입력한 순서에 따라 두 그룹변수가 인자 A, B의 각 수준을 잘 나타내도록 입력해야 한다.

R의 내장함수 **interaction.plot( )**은 두 개 인자의 수준에 따른 반응변수의 평균을 점 또는 선으로 표시하여 교호작용의 효과를 표시하는 차트를 출력해준다. 이 함수를 사용하는데 필수적인 인수들에 대해서만 정리하면 다음과 같다.

표 7-9 interaction.plot( ) 함수의 기본 인수에 대한 설명

사용형식	interaction.plot(x.factor, trace.factor, response, fun = mean, type = c("l", "p", "b", "o", "c"), legend = TRUE, lty = nc:1, col = 1, pch = c(1:9, 0, letters), ...)

표 7-9 interaction.plot( ) 함수의 기본 인수에 대한 설명 (계속)

기능	두 개 인자의 수준에 따른 반응변수의 평균을 점 또는 선으로 표시하여 교호작용의 효과를 표시하는 차트를 출력함
인수설명	• x.factor: x축에 오게 할 그룹변수 • trace.factor: x.factor에 지정하지 않은 다른 그룹변수 • response: 반응변수 • fun: 요약함수 지정, 디폴트는 평균을 이용함 • type: 차트에 표시하는 형식, l-선, p-점, b=점과 선 • legend: 범례의 표시여부, 디폴트는 범례표시함 • lty: 선의 종류 • col: 색상지정 • pch: 점에 사용할 문자

예제 7-6 반복이 있는 이원배치법

복숭아를 재배하는 농가에서 2종류의 품종(A)과 3종류의 비료(B)가 생산량에 미치는 영향을 알아보려고 한다. 각 수준에서 2그루의 복숭아를 키운 결과 다음의 자료를 얻었다. 기록된 숫자는 상품성이 매우 높아 특품으로 판매가 가능한 개수이다. 다음 물음에 답하라.

	B_1	B_2	B_3
A_1	12, 10	18, 17	15, 18
A_2	14, 12	15, 13	18, 19

1) 반복이 있는 이원배치법 모형을 기술하고 분산분석표를 작성하라.
2) 가설들을 설정하고 각 가설을 유의수준 5%에서 검정하라.
3) 교호작용에 대한 차트를 그려보라.

|풀이|

1) $y_{ijk} = \mu + \alpha_i + \beta_j + \gamma_{ij} + e_{ijk}$, $i = 1, 2$; $j = 1, 2, 3$; $k = 1, 2$.

[보기 7-6]의 마지막에 출력된 분산분석표를 그대로 가져오면

```
            Df  Sum Sq  Mean Sq  F value    Pr(>F)
gr1          1    0.08    0.083    0.043   0.84173
gr2          2   63.17   31.583   16.478   0.00365 **
```

```
gr1:gr2      2    20.17    10.083    5.261   0.04789 *
Residuals    6    11.50     1.917
```

2) ① 귀무가설 H_0 : 품종(A)에 따른 생산량 차이는 없다.

분산분석표에서 gr1의 유의확률=0.84173>0.1이므로 유의수준이 10%이더라도 귀무가설을 기각할 수 없다. 따라서 품종(A)에 따른 생산량 차이는 없다.

② 귀무가설 H_0 : 비료(B)에 따른 생산량 차이는 없다.

분산분석표에서 gr2의 유의확률=0.00365<0.01이므로 유의수준이 1%에서도 귀무가설을 기각할 수 있다. 따라서 비료(B)에 따라서는 생산량에 심각한 차이가 있다.

③ 귀무가설 H_0 : 품종(A)과 비료(B)의 교호작용은 없다

분산분석표에서 gr1:gr2의 유의확률=0.04789<0.05이므로 유의수준이 5%에서 귀무가설을 기각할 수 있다. 따라서 품종(A)과 비료(B)의 교호작용의 효과는 존재한다.

3) 2)에서 교호작용의 효과가 존재함은 이미 보였으며 〈그림 7-7〉의 차트에서 각 인자의 수준에 따른 반응변수의 평균을 연결한 두 선이 서로 교차하여 교호작용이 있음을 보여주고 있다.

보기 7-6

```
> y=c(12, 10, 18, 17, 15, 18, 14, 12, 15, 13, 18, 19)  # 반응변수
> gr.a=rep(1:2, each=6)                                 # 품종(A) 그룹변수
> gr.a
 [1] 1 1 1 1 1 1 2 2 2 2 2 2
> gr.b=rep(c(1,1,2,2,3,3),2)                            # 비료(B) 그룹변수
> gr.b
 [1] 1 1 2 2 3 3 1 1 2 2 3 3
> gr1=as.factor(gr.a)                                   # 그룹변수는 factor형으로
> gr2=as.factor(gr.b)
> m12=aov(y~gr1*gr2)                                    # 교호작용이 포함된 이원배치
> summary(m12)                                          # 분산분석표 출력
            Df   Sum Sq   Mean Sq   F value    Pr(>F)
gr1          1     0.08     0.083     0.043   0.84173
gr2          2    63.17    31.583    16.478   0.00365 **
gr1:gr2      2    20.17    10.083     5.261   0.04789 *
Residuals    6    11.50     1.917
---
```

```
Signif. codes:  0 '***' 0.001 '**' 0.01 '*' 0.05 '.' 0.1 ' ' 1
> interaction.plot(gr2, gr1, y, type="b", col=1:2, pch=1:2)  # <그림 7-7>
```

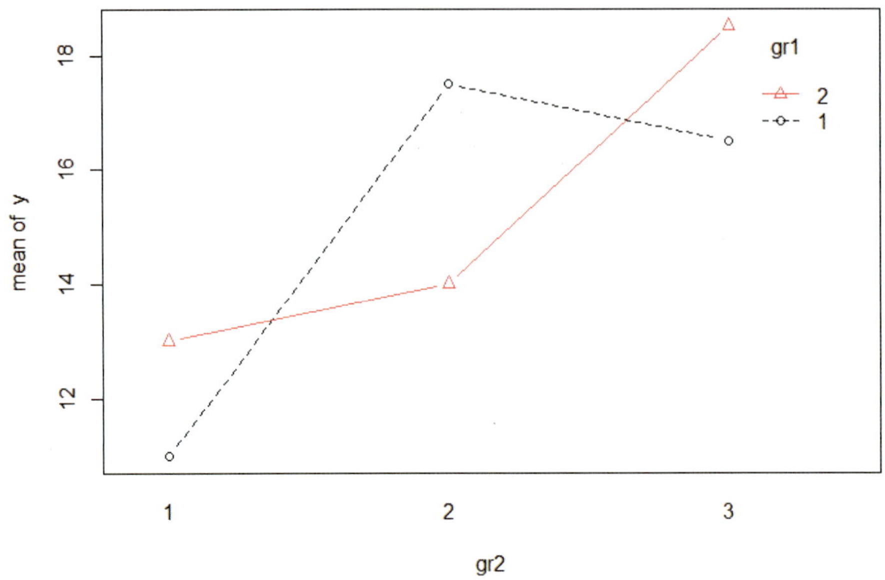

그림 7-7 교호작용 효과에 대한 차트

연습문제

1. 일원배치법(반복수가 동일한 경우)에서 제곱합들이 다음과 같이 분해됨을 보여라.

$$\sum_{i=1}^{k}\sum_{j=1}^{n}(y_{ij}-\overline{y}_{..})^2 = n\sum_{i=1}^{k}(\overline{y}_{i.}-\overline{y}_{..})^2 + \sum_{i=1}^{k}\sum_{j=1}^{n}(y_{ij}-\overline{y}_{i.})^2$$

2. R에 내장된 InsectSprays 데이터세트를 이용하려고 한다. 다음은 데이터세트의 구조를 보여주고 있다.

```
> str(InsectSprays)
'data.frame':         72 obs. of  2 variables:
 $ count: num  10 7 20 14 14 12 10 23 17 20 ...
 $ spray: Factor w/ 6 levels "A","B","C","D",..: 1 1 1 1 1 1 1 1 1 1 ..
```

InsectSprays 데이터세트는 살충제로 사용되는 스프레이의 종류(spray)에 따른 죽은 곤충의 수(count)에 대한 자료이다. 다음 물음에 답하라.

1) 스프레이의 종류(spray)에 따른 곤충의 수(count)에 대한 상자그림을 그려라.
2) 스프레이의 종류(spray)에 따라 곤충의 수(count)에 차이가 있는지를 검정하려고 한다. 가설을 설정하고 분산분석표를 작성하라.
3) 2)의 가설을 유의수준 5%에서 검정하라.
4) R의 결과에 포함된 F-검정통계량이 어떻게 계산된 것인지 분산분석표 안에 있는 수치를 이용해 계산하고 그 이유도 설명하라.
5) 4)의 F-검정통계량에 대응되는 유의확률이 어떻게 계산된 것인지 설명하고 R을 이용해 확인하라.
6) 피셔의 최소유의차(LSD) 방법으로 다중비교를 실시하라.

7) 튜키의 정직유의차(HSD) 방법으로 다중비교를 실시하라.

3. R에 내장된 mtcars 데이터세트를 이용하여 실린더의 개수(변수 cyl)에 따라 차량의 중량(변수 wt)에 차이가 있는지를 알아보려고 한다. 다음 물음에 답하라.

1) 실린더의 개수(변수 cyl)에 따라 차량의 중량(변수 wt)에 대한 상자그림을 그려라.
2) 실린더의 개수(변수 cyl)에 따라 차량의 중량(변수 wt)에 차이가 있는지를 검정하려고 한다. 가설을 설정하고 분산분석표를 작성하라.
3) 2)의 가설을 유의수준 5%에서 검정하라.
4) R의 결과에 포함된 F-검정통계량이 어떻게 계산된 것인지 분산분석표 안에 있는 수치를 이용해 계산하고 그 이유도 설명하라.
5) 4)의 F-검정통계량에 대응되는 유의확률이 어떻게 계산된 것인지 설명하고 R을 이용해 확인하라.
6) 피셔의 최소유의차(LSD) 방법으로 다중비교를 실시하라.

4. 세 종류의 흡연 그룹에서 신경감응도를 측정하는 실험을 진행하여 다음과 같이 각 그룹별로 신경감응도의 수준을 나타내는 데이터를 얻었다. 아래 물음에 답하라.

비 흡연	7.6	7.7	7.5	7.8	7.6	7.3	7.1	8.0	7.5	8.0
소량 흡연	8.9	8.2	8.1	8.0	8.6	8.6	8.6	8.4		
대량 흡연	9.9	9.1	9.8	9.8	9.9	9.6	9.2	9.8		

1) 통계적 모형을 설명하고 가설을 설정하라.
2) 흡연 그룹에 따른 신경감응도에 대한 상자그림을 그려라.
3) 1)의 가설을 검정하기 위한 분산분석표를 작성하고 가설을 검정하라.
4) R의 결과에 포함된 F-검정통계량이 어떻게 계산된 것인지 분산분석표 안에 있는 수치를 이용해 계산하고 그 이유도 설명하라.
5) 4)의 F-검정통계량에 대응되는 유의확률이 어떻게 계산된 것인지 설명하고 R을 이용해 확인하라.
6) 1)에서 설정한 귀무가설이 기각된다면 피셔의 최소유의차(LSD) 방법으로

다중비교를 실시하라.

5. R에 내장된 mtcars 데이터세트를 이용하려고 한다. 변속기의 단수(변수 gear)에 따라 연비(변수 mpg)에 차이가 있는지를 알아보려고 한다. 다음 물음에 답하라.

1) 변속기의 단수(변수 gear)에 따른 연비(변수 mpg)에 대한 상자그림을 그려라.
2) 변속기의 단수(변수 gear)에 따라 연비(변수 mpg)에 차이가 있는지를 알아보려고 한다. 가설을 설정하고 분산분석표를 작성하라.
3) 2)의 가설을 유의수준 5%에서 검정하라.
4) R의 결과에 포함된 F-검정통계량이 어떻게 계산된 것인지 분산분석표 안에 있는 수치를 이용해 계산하고 그 이유도 설명하라.
5) 4)의 F-검정통계량에 대응되는 유의확률이 어떻게 계산된 것인지 설명하고 R을 이용해 확인하라.
6) 피셔의 최소유의차(LSD) 방법으로 다중비교를 실시하라.

6. [예제 7-4]의 출력결과인 분산분석표를 이용하여 다음 물음에 답하라

1) 두 종류의 F-검정통계량이 어떻게 계산된 것인지 분산분석표 안에 있는 수치를 이용해 계산하고 그 이유도 설명하라.
2) 1)의 F-검정통계량에 대응되는 유의확률이 어떻게 계산된 것인지 설명하고 R을 이용해 확인하라.

7. 앨범을 제작하는 어떤 업체에서는 접착제를 사용해 여러 겹의 종이를 압착하여 앨범의 표지를 만든다고 한다. 이 과정에서 압착하는 압력과 온도에 따라 표지의 강도가 영향을 받는지를 알아보기 위해 진행된 실험에서 다음 자료를 얻었다. 아래 물음에 답하라.

압력 \ 온도	온도1	온도2
압력1	19	23
압력2	22	25
압력3	24	30

1) 통계적 모형을 설명하고 가설을 설정하라.
2) 1)의 가설을 검정하기 위한 분산분석표를 작성하고 가설을 검정하라.
3) F-검정통계량이 어떻게 계산된 것인지 분산분석표 안에 있는 수치를 이용해 계산하고 그 이유도 설명하라.
4) 3)의 F-검정통계량에 대응되는 유의확률이 어떻게 계산된 것인지 설명하고 R을 이용해 확인하라.

8. 문제7의 실험을 각 수준조합에서 3번씩 반복하여 진행된 실험에서 다음 자료를 얻었다고 하자. 아래 물음에 답하라.

압력 \ 온도	온도1	온도2
압력1	19, 20, 18	23, 25, 22
압력2	22, 24, 25	25, 23, 26
압력3	24, 20, 19	30, 25, 27

1) 통계적 모형을 설명하고 가설을 설정하라.
2) 1)의 가설을 검정하기 위한 분산분석표를 작성하고 가설을 검정하라.
3) F-검정통계량이 어떻게 계산된 것인지 분산분석표 안에 있는 수치를 이용해 계산하고 그 이유도 설명하라.
4) 3)의 F-검정통계량에 대응되는 유의확률이 어떻게 계산된 것인지 설명하고 R을 이용해 확인하라.
5) 압력과 온도의 교호작용을 알아보기 위한 차트를 작성하라.

8장

상관 및 회귀분석

둘 이상의 수치형 데이터를 분석하는 경우에 각 데이터들의 상호 **연관성**(association)을 측정하는 것이 목적일 수도 있고, 또는 **연관성의 측도**(measure of association)를 이용하여 다음 단계의 분석으로 넘어가기도 한다. 자동차의 속도와 차량이 멈출 때까지의 거리, 대학입학성적과 대학에서의 평점, 흡연량과 수명 등은 모두 서로 관련이 있을 것으로 생각된다. 이러한 관계의 강도에 대한 분석방법을 **상관분석**(correlation analysis)이라고 한다. 또한 변수들 사이의 관계를 파악하고 이를 이용하여 한 변수의 값을 다른 변수들을 통해 예측할 수 있는 함수 관계에 대한 통계적인 분석방법을 **회귀분석**(regression analysis)이라고 한다. 이와 같이 변수 간의 상호 관련성을 규명하고 활용하는 대표적인 통계적 방법이 상관분석과 회귀분석이다. 이번 장에서는 이에 대해 학습하도록 하자. 특히, 회귀분석은 통계학과 **데이터과학**이 강하게 연결되는 부분으로 최근 **기계학습**(machine learning) 분야에서도 가장 기본적으로 활용되는 분야이다.

8.1 상관분석

8.1.1 산점도와 상관계수

두 확률변수 X와 Y의 **상관계수**(correlation coefficient) ρ는 다음과 같이 정의된다.

$$\rho = \frac{\mathrm{Cov}(X, Y)}{\sqrt{\mathrm{Var}(X)} \cdot \sqrt{\mathrm{Var}(Y)}},$$

여기서 $Cov(X, Y) = E\{(X-\mu_X)(Y-\mu_Y)\}$ 는 X와 Y의 **공분산**(covariance)이라 하며, 확률변수 X의 증감에 따른 확률변수 Y의 증감의 경향에 대한 측도이다. 그러나 공분산은 $-\infty$와 ∞ 사이의 값을 가질 수 있고 두 변수의 스케일(측정단위 등)이 다를 경우 해석에 어려움이 있다. 따라서 공분산 값을 각 변수의 표준편차들로 나누어 그 값의 범위를 -1에서 1 사이에 오도록 스케일(단위에 무관한 측도를 얻기 위해)한 것이 상관계수 ρ 이며 이 값은 X와 Y의 선형관계에 대한 강도를 나타내는 측도이다.

모상관계수가 ρ 인 이변량분포에서 n 개의 표본 $(x_1, y_1), (x_2, y_2), \cdots, (x_n, y_n)$ 을

얻었을 때, 모상관계수 ρ 는 표본으로부터 다음과 같이 추정한다.

$$r = \frac{\sum_{i=1}^{n}(x_i - \overline{x})(y_i - \overline{y})}{\sqrt{\sum_{i=1}^{n}(x_i - \overline{x})^2} \cdot \sqrt{\sum_{i=1}^{n}(y_i - \overline{y})^2}} .$$

r 을 **표본상관계수(sample correlation coefficient)** 또는 Pearson의 **적률상관계수**라고 부르며 $-1 \le r \le 1$ 을 만족한다.

r 의 값이 1에 가까울수록 양의 상관관계가 강함을 시사하고, r 의 값이 -1에 가까울수록 음의 상관관계가 강함을 시사한다. 한편, 상관계수는 선형관계에 대한 측도이므로 곡선 관계나 기타의 관계를 나타내는 측도가 아님에 유의하여야 한다.

이제 두 변수 사이에 상관관계를 검정하는 문제를 생각해 보자. 두 변수 간에는 상관이 전혀 없다는 귀무가설은 다음과 같이 나타낼 수 있다.

$$\text{귀무가설 } H_0 \ : \ \rho = 0$$

모집단의 분포가 이변량정규분포이고 $H_0 : \rho = 0$ 가 참이면

$$\sqrt{n-2} \cdot \frac{r}{\sqrt{1-r^2}} \sim t\,(n-2)$$

가 성립함이 알려져 있다. 이 성질을 이용하여 모상관계수에 관한 검정을 정리하면 〈표 8-1〉과 같다.

표 8-1 모상관계수에 관한 검정(이변량정규모집단의 경우)

• 귀무가설 $H_0 \ : \ \rho = 0$

• 검정통계량 $T = \sqrt{n-2} \cdot \frac{r}{\sqrt{1-r^2}}$, T 의 실제 계산된 값을 t_0 라 할 때

대립가설	유의수준 α 인 기각영역	유의확률($X \sim t(n-2)$ 이용)
$H_1 : \rho > 0$	$t_0 \ge t_\alpha(n-2)$	$\Pr(X \ge t_0)$
$H_1 : \rho < 0$	$t_0 \le -t_\alpha(n-2)$	$\Pr(X \le t_0)$
$H_1 : \rho \ne 0$	$\lvert t_0 \rvert \ge t_{\alpha/2}(n-2)$	$\Pr(\lvert X \rvert \ge \lvert t_0 \rvert)$

두 변수 사이의 관계를 알아보고자 할 때 우리가 가장 먼저 해볼 수 있는 일은 **산점도(scatter plot)**를 그려보는 것이다. R의 plot( ) 함수는 산점도를 그려주며 cor( ) 함수는 상관계수를 계산해 준다. 〈표 8-1〉의 검정은 함수 cor.test( )를 이용하면 된다. 사용하는 인수들은 alternative=, conf.level = 0.95 등으로 앞에서 이미 사용해본 것들이다. [예제 8-1]은 R에 내장된 데이터세트 cars를 이용하여 plot( ), cor( ), cor.test( ) 함수를 사용하는 과정을 다루고 있다.

예제 8-1 산점도 그리기, 상관계수 계산하기

R에 내장된 데이터세트 cars는 자동차의 속도(speed 변수)에 따른 정지거리(dist 변수)에 관한 자료이다. 이 데이터세트를 이용하여 다음 물음에 답하라.

1) 산점도를 그려라.
2) 두 변수의 상관계수를 구하라.
3) 두 변수 사이에 양의 상관이 있는지를 유의수준 5%에서 검정하라.
4) R에서 출력해준 검정통계량과 유의확률은 어떻게 계산되었는지 직접 확인하라.

|풀이| R의 실행과정은 [보기 8-1]을 참고하라.

1) 〈그림 8-1〉 참고
2) $r = 0.8069$ 로 매우 강한 양의 상관을 보여주고 있다.
3) 가설 $H_0 : \rho = 0$, $H_1 : \rho > 0$ 을 검정하는 문제이며, 출력된 유의확률은 거의 0에 가깝다. 따라서 유의수준 1%에서도 귀무가설을 기각한다. 즉, 강력한 양의 상관이 존재한다.
4) $t_0 = \sqrt{n-2} \cdot \dfrac{r}{\sqrt{1-r^2}} = \sqrt{50-2} \cdot \dfrac{0.8069}{\sqrt{1-0.8069^2}} = 9.464$

   유의확률은 $X \sim t(48)$ 인 확률변수 X에 대해

$$\begin{aligned} p-\text{값} &= \Pr(X \geq t_0) = \Pr(X \geq 9.464) \\ &= \Pr(X \leq -9.464) = pt(-9.464, 48) = 7.448934e-13 \end{aligned}$$

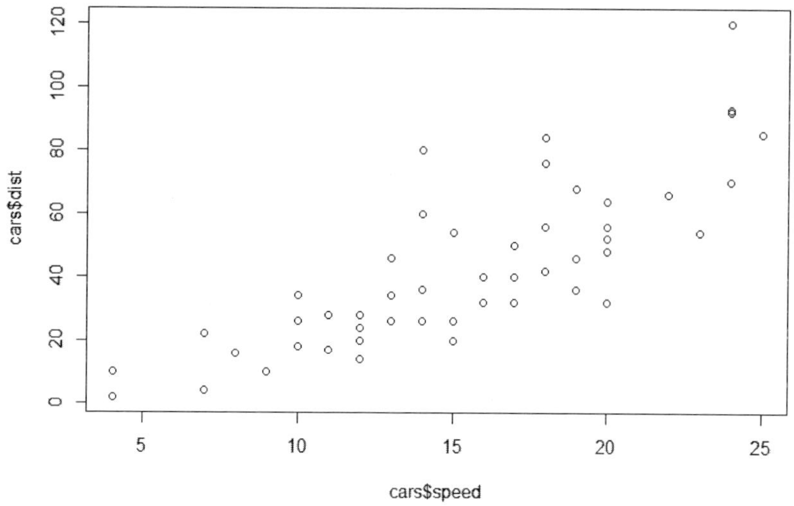

그림 8-1 속도(speed 변수)와 정지거리(dist 변수)에 대한 산점도

보기 8-1

```
> str(cars)                                              # 데이터세트의 구조 확인
'data.frame':        50 obs. of  2 variables:
 $ speed: num  4 4 7 7 8 9 10 10 10 11 ...
 $ dist :  num  2 10 4 22 16 10 18 26 34 17 ...
> plot(cars$speed, cars$dist)                            # 산점도 작성
> cor(cars)                                              # 상관계수 계산
          speed        dist
speed  1.0000000  0.8068949
dist    0.8068949  1.0000000
> cor.test(cars$speed, cars$dist, alternative = "great")  # 한쪽검정
        Pearson's product-moment correlation
data:  cars$speed and cars$dist
t = 9.464, df = 48, p-value = 7.449e-13
alternative hypothesis: true correlation is greater than 0
95 percent confidence interval:
 0.7054856 1.0000000
sample estimates:
      cor
0.8068949
```

```
> pt(-9.464,48)                                    # 유의확률 확인
[1] 7.448934e-13
```

산점도의 각 축은 plot(x축 변수, y축 변수) 또는 plot(y축 변수 ~ x축 변수)과 같이 지정한다. 두 변수의 상관계수는 cor(변수 1, 변수 2)와 같이 사용하나, cor( ) 함수의 인수에 데이터프레임을 사용하면 데이터프레임에 포함된 모든 수치 변수(열)들에 대한 상관계수행렬이 출력된다.

8.1.2 상관분석의 시각화

두 변수의 상관성은 산점도를 이용해 시각화할 수 있으나 만약 3개 이상의 변수 간에 존재하는 상관성을 시각화해서 한 번에 보여주는 방법을 알아보자. 여기서 소개하는 함수는 기본 R에는 없는 함수이므로 "corrplot" 패키지를 추가로 설치하여야 한다. 이 패키지에 포함된 corrplot( )과 corrplot.mixed( ) 함수를 이용하는 방법에 대해 소개하려고 한다.

먼저 corrplot( ) 함수의 필수 인수는 상관계수행렬이다. 즉, 가장 기본적으로 corrplot(상관계수행렬)만으로도 〈그림 8-2〉와 같이 원을 사용하여(디폴트는 method="circle") 정사각형 모양(type="full"이 디폴트)으로 시각화가 이루어진다. 원의 크기는 상관의 정도를 나타내며 색상은 양과 음의 방향성을 나타낸다. 즉, 상관계수가 1에 가까우면 짙은 파란색 큰 원이 그려지고, 상관계수의 절댓값이 0에 가까워질수록 색도 옅어지며 원의 크기도 작아진다. 상관계수가 -1이면 짙은 붉은색을 사용한다. 즉, 상관계수가 -1부터 0까지 바뀜에 따라 붉은색이 점점 옅어지고, 상관계수가 0부터 +1까지 바뀜에 따라 색이 점점 짙어져 파란색이 된다.

상관계수행렬은 대칭행렬이기 때문에 대각선 원소는 모두 1이며, 대각선 윗부분과 아랫부분은 대칭인 원소들이 배열돼있다. 따라서 type 인수를 이용해 상삼각행렬(type="upper")이나 하삼각행렬(type="lower")만을 사용하는 방식으로 바꿀 수 있다. 또한 method 인수를 이용하면 상관계수의 크기를 나타내는 도형을 디폴트인 원에서 다른 도형(또는 값)으로 바꿀 수 있다. 가능한 값으로는 사각형(square), 타원(ellipse), 상관계수(number) 등이 있다. 〈그림 8-3〉에서는 인수 method="ellipse", type="lower"를 추가해서 얻은 차트이다. 타원을 이용할 경우

에는 상관계수가 ±1에 가까우면 y=±x 직선에 가까워지고 상관계수가 0에 가까워지면 원 형태가 된다.

다음으로는 corrplot.mixed( ) 함수에 대해 알아보자. 이 함수는 상삼각행렬과 하삼각행렬에 각각 다른 형태를 사용하는 corrplot 이다. 즉, 위와 아래에 각기 다른 2개의 corrplot를 혼합한 형태이다. 디폴트 그림은 위에는 원(upper="circle"), 아래는 상관계수(lower="number")가 지정된 형태이다.

보기 8-2

```
> install.packages("corrplot")                    # 패키지 설치
> library(corrplot)                               # 패키지 로딩
> corrplot(cor(iris[-5]))                         # <그림 8-2>, 디폴트 그림
> corrplot(cor(iris[-5]),                         # <그림 8-3>, 타원을 사용
+          method="ellipse", type="lower")        # 하단만 이용
> corrplot.mixed(cor(iris[-5]))                   # <그림 8-4>, 디폴트(위-원)
> corrplot.mixed(cor(iris[-5]), upper="ellipse")  # <그림 8-5> 디폴트(아래-숫자)
```

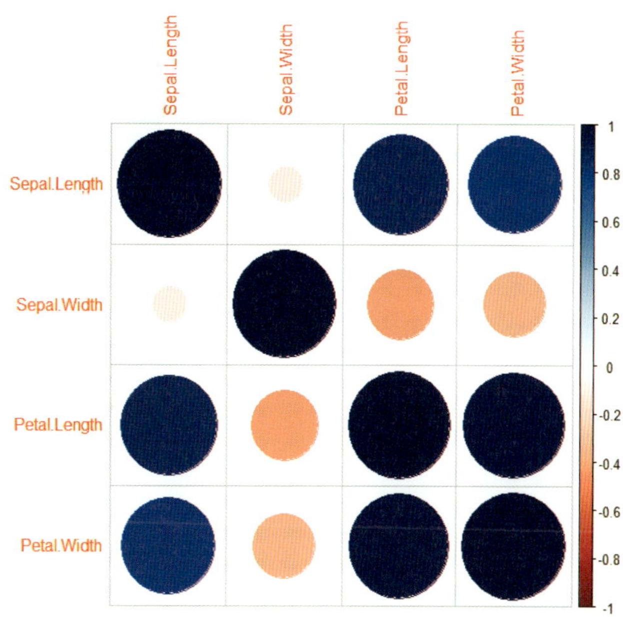

그림 8-2 디폴트 corrplot (method="circle", type="full")

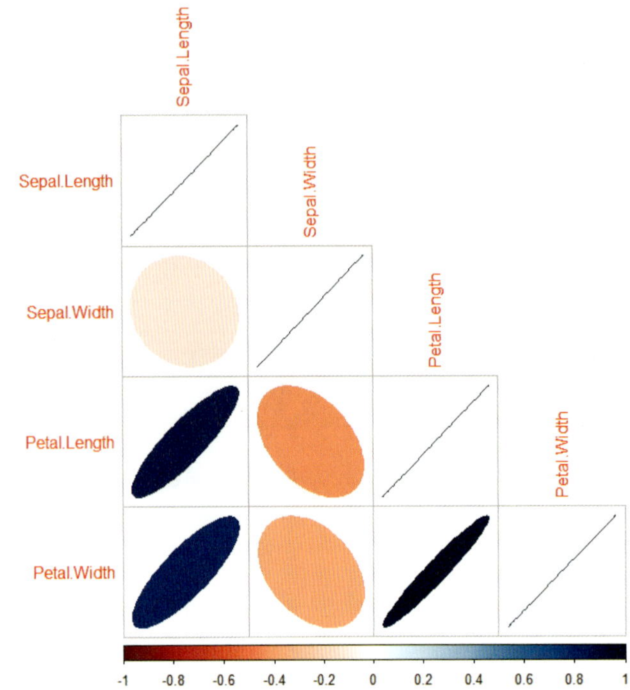

그림 8-3 인수(method="ellipse", type="lower")를 지정한 corrplot

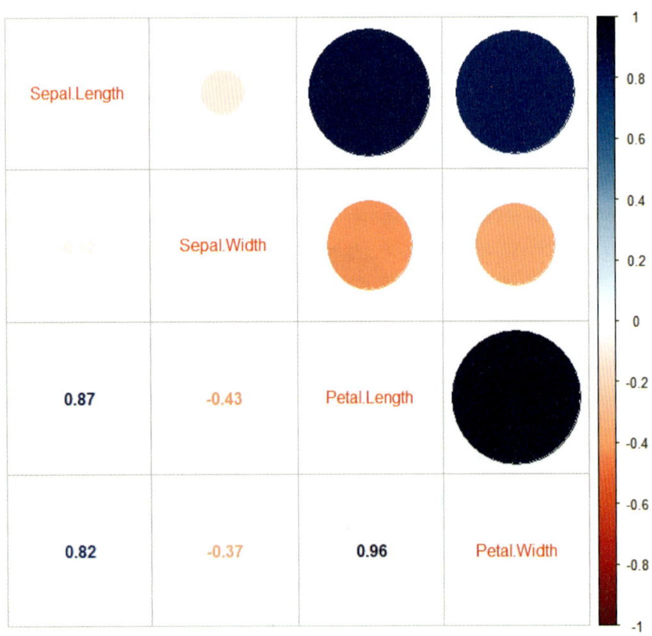

그림 8-4 혼합된 corrplot(디폴트는 upper="circle", lower="number")

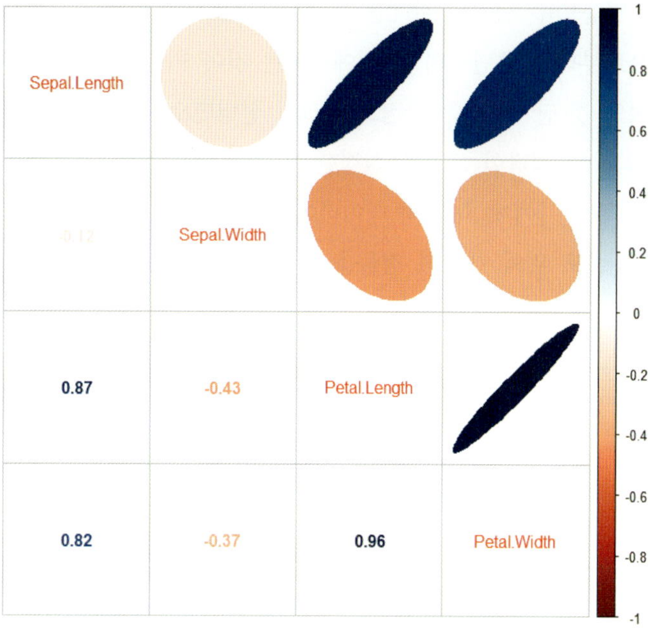

그림 8-5 혼합된 corrplot(upper="ellipse", lower="number")

8.2 단순선형회귀분석

두 변수 사이의 함수 관계로 가장 기본적인 일차(선형)함수인 직선 관계를 모형으로 설정하여 분석하는 방법을 **단순선형회귀분석**(simple linear regression analysis) 또는 간단히 **단순회귀분석**이라고 한다. 〈그림 8-1〉의 산점도를 살펴보면 자동차의 속도(변수 speed)가 증가함에 따라 차량이 정지할 때까지의 거리(변수 dist)도 증가하는 패턴을 보인다. 변수 dist와 같이 다른 변수의 영향을 받는 변수를 **반응변수**(response variable) 또는 **종속변수**(dependent variable)라고 한다. 이와는 반대로 다른 변수에 영향을 주는 speed와 같은 변수를 **설명변수**(explanatory variable) 또는 **독립변수**(independent variable)라고 부른다. 설명변수는 실험자에 의해 임의로 조절될 수 있으며 이에 대응되는 반응변수의 값에는 오차가 수반되어 측정 된다고 생각한다. 즉, 반응변수 y의 값은 설명변수들에 의해 결정되는 부분 $f(\cdot)$에 오차 e (측정될 수 없는 확률변수)가 합쳐진 $y=f(\cdot)+e$와 같은 형태이다. 이제 우리가 다루려는 단순선형회귀분석에서는 직선인 $f(x)=\alpha+\beta x$가 사용된다.

설명변수와 반응변수 사이의 관계를 구체적인 함수 관계 $f(\cdot)$로 나타내고, 설명변수의 값으로부터 반응변수의 값을 예측하는 것이 회귀분석의 목적이다. 일반적으로 회귀분석의 첫 단계에서는 산점도를 그려 설명변수와 반응변수 사이의 대략적인 관계를 파악하고 적당한 모형을 설정한 후 가정한 모형이 적절한지를 분석하게 된다. 〈그림 8-6〉은 [예제 8-1]의 데이터에서 두 변수 사이의 관계를 직선으로 가정한 경우에 산점도 위의 데이터 점들을 잘 관통하는 직선을 추가해본 그림이다.

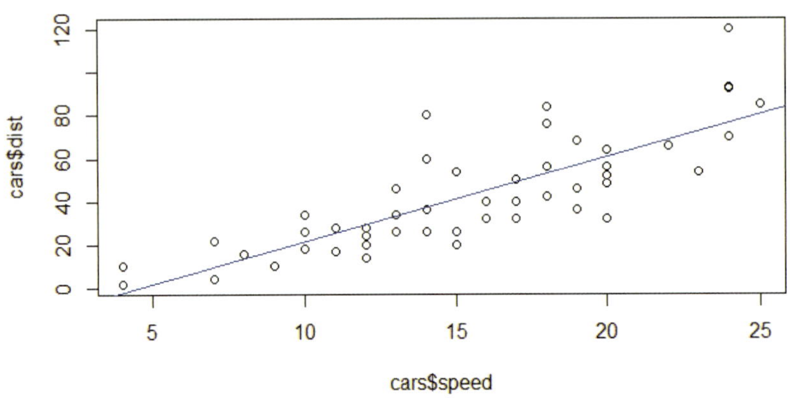

그림 8-6 산점도 위의 데이터 점들을 관통하는 직선을 추가한 그림

8.2.1 단순회귀모형의 설정과 추정

〈그림 8-6〉을 살펴보면 산점도 위의 점들은 직선을 중심으로 흩어져 있는 모습을 보인다. 즉, 산점도 위의 점들이 직선 $f(x) = \alpha + \beta x$ 의 주위에 분포되어 있음을 알 수 있다.

설명변수의 정해진 값 $x_1, x_2, \cdots, x_n$ 에서 측정되는 반응변수 $Y_1, Y_2, \cdots, Y_n$ 에 대해 관계식

$$Y_i = \alpha + \beta x_i + e_i\,,\ \ (i = 1, 2, \cdots, n)$$

이 성립한다고 가정할 때 **단순선형회귀모형(simple linear regression model)**이라고 한다. 여기서 e_i는 서로 독립적인 $N(0, \sigma^2)$ 을 따른다고 가정하며, α 와 β는 각각 회귀직선의 절편과 기울기를 나타내는 모수로서 알지 못한다. α 와 β 뿐만 아니라 오차항의 분산 σ^2 역시 모르는 모수이므로 자료로부터 추정해야 한다.

정의 8-1 단순선형회귀모형(simple linear regression model)

- 설명변수의 정해진 값 $x_1, x_2, \cdots, x_n$ 에서 측정되는 반응변수 $Y_1, Y_2, \cdots, Y_n$ 에 대해 관계식이 성립한다고 가정

$$Y_i = \alpha + \beta x_i + e_i\,, \ (i = 1, 2, \cdots, n)$$

- 오차항 e_i는 서로 독립이며 $N(0, \sigma^2)$ 에 따르는 확률변수
- α와 β, σ^2은 모르는 모수

α와 β는 오차 제곱들의 합

$$S = S(\alpha, \beta) = \sum_{i=1}^{n} e_i^2 = \sum_{i=1}^{n} (Y_i - \alpha - \beta x_i)^2$$

이 최소가 되도록 하는 값으로 추정하는데 이를 **최소제곱법**(method of least squares)이라 하며, 이 때 얻어지는 추정량을 **최소제곱추정량**(least squares estimator)이라 한다.

오차제곱합 S는 α와 β의 함수이므로 이를 최소로 하는 α, β는 다음의 절차에 의해 구하게 된다. 먼저 S을 α와 β에 대해 각각 편미분하면

$$\begin{cases} \dfrac{\partial S}{\partial \alpha} = -2 \displaystyle\sum_{i=1}^{n} (Y_i - \alpha - \beta x_i) \\ \dfrac{\partial S}{\partial \beta} = -2 \displaystyle\sum_{i=1}^{n} x_i (Y_i - \alpha - \beta x_i) \end{cases}$$

이다. S가 볼록함수이므로 위의 각 식을 0으로 하는 α, β의 값에서 S는 최소가 된다. 이제 위의 각 식을 0으로 하는 α, β의 값을 $\hat{\alpha}, \hat{\beta}$이라 하고 정리하면 다음과 같다.

$$\begin{cases} n\hat{\alpha} + \hat{\beta} \displaystyle\sum_{i=1}^{n} x_i = \sum_{i=1}^{n} Y_i \\ \hat{\alpha} \displaystyle\sum_{i=1}^{n} x_i + \hat{\beta} \sum_{i=1}^{n} x_i^2 = \sum_{i=1}^{n} x_i Y_i \end{cases}$$

위 연립방정식을 단순회귀의 **정규방정식**(normal equation)이라 하며, 그 해를 구

하면

$$\hat{\beta} = \frac{\sum_{i=1}^{n}(x_i - \overline{x})(Y_i - \overline{Y})}{\sum_{i=1}^{n}(x_i - \overline{x})^2}, \quad \hat{\alpha} = \overline{Y} - \hat{\beta}\,\overline{x}$$

을 얻는다.

구해진 최소제곱추정량을 이용하여 직선 $E(Y|x) = \alpha + \beta x$ 의 추정값

$$\hat{y} = \widehat{E(Y|x)} = \hat{\alpha} + \hat{\beta}x = \overline{Y} + \hat{\beta}(x - \overline{x})$$

을 **최소제곱회귀직선**이라 한다. $\hat{y_i}$은 반응변수의 기댓값인 $E(Y_i \mid x_i) = \alpha + \beta x_i$에 대한 추정값이다. 정확한 표현은 $E(\widehat{Y_i \mid x_i})$ 이지만 이를 대신해 간단히 $\hat{y_i}$로 표기한 것이다.

> 정리 8-1 **단순회귀모형의 최소제곱 추정값**
>
> • 단순회귀모형 $Y_i = \alpha + \beta x_i + e_i$, $(i = 1, 2, \cdots, n)$에서 $Y_1, Y_2, \cdots, Y_n$ 의 관측값 $y_1, y_2, \cdots, y_n$ 을 이용한 모수(기울기와 절편)의 추정값
>
> $$\Rightarrow \hat{\beta} = \frac{\sum_{i=1}^{n}(x_i - \overline{x})(y_i - \overline{y})}{\sum_{i=1}^{n}(x_i - \overline{x})^2}\left(= \frac{S(xy)}{S(xx)}\right), \quad \hat{\alpha} = \overline{y} - \hat{\beta}\,\overline{x}$$
>
> • 직선 $E(Y|x) = \alpha + \beta x$ 의 추정값: 최소제곱회귀직선
>
> $$\Rightarrow \hat{y} = \widehat{E(Y|x)} = \hat{\alpha} + \hat{\beta}x = \overline{y} + \hat{\beta}(x - \overline{x})$$

8.2.2 변동의 분해와 회귀직선의 유의성 검정

이제 추정된 회귀직선이 원 데이터를 얼마나 잘 설명하고 있는지를 알아보자. 모형의 적합여부를 판단하기 위해 반응변수의 관측값 y_i와 평균 $\overline{y}$ 와의 차인 총편차 $(y_i - \overline{y})$를 분해하여

$$(y_i - \bar{y}) = (\hat{y}_i - \bar{y}) + (y_i - \hat{y}_i)$$

로 나타낼 수 있다. 이 과정을 그림으로 나타내면 〈그림 8-7〉과 같다. $(\hat{y}_i - \bar{y})$는 회귀에 의해 설명되는 편차이며, $(y_i - \hat{y}_i)$는 오차에서 기인한 편차로 **잔차**(residual)라고 부른다. 이 잔차의 값들이 작을수록 추정된 회귀모형이 자료를 잘 설명한다고 할 수 있으며 오차항의 분산 σ^2 을 설명하는데 사용된다. 분해된 편차들의 양변을 제곱하여 더한 후 정리하면 다음과 같다.

$$\sum_{i=1}^{n}(y_i - \bar{y})^2 = \sum_{i=1}^{n}(\hat{y}_i - \bar{y})^2 + \sum_{i=1}^{n}(y_i - \hat{y}_i)^2$$

$$ⓐ \quad = \quad ⓑ \quad + \quad ⓒ$$

여기서 ⓐ를 **총제곱합**(total sum of squares; SST) 또는 **총변동**
ⓑ를 **회귀제곱합**(regression sum of squares; SSR) 또는 **회귀변동**
ⓒ를 **잔차제곱합**(residual sum of squares; SSE) 또는 **잔차변동**

이라고 부르며, 이들 제곱합에 대응되는 자유도는 각각 $n-1$, 1, $n-2$ 이다.

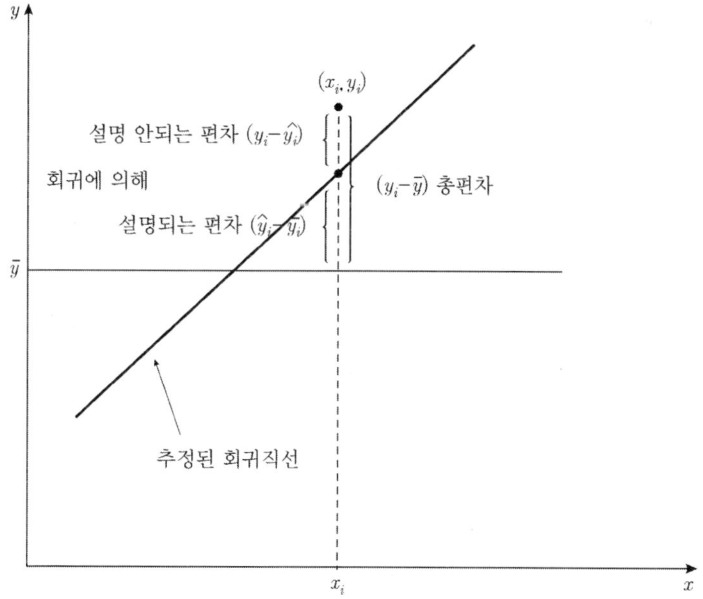

그림 8-7 총편차 $(y_i - \bar{y})$의 분해

정의 8-2 **총제곱합의 분해**

- 총변동 $\sum_{i=1}^{n}(y_i-\overline{y})^2 = \sum_{i=1}^{n}(\hat{y_i}-\overline{y})^2 + \sum_{i=1}^{n}(y_i-\hat{y_i})^2$

  SST = SSR + SSE

- 자유도 $n-1$ 1 $(n-2)$

제곱합의 분해는 총제곱합인 SST를 회귀모형에 의해 설명되는 부분인 SSR과 오차항에 의해 설명되는 부분인 SSE로 나눌 수 있다는 것이다. 즉, SSR과 SSE의 합이 일정한(고정된) 값이므로 SSE가 작아지면 회귀모형에 의해 설명되는 SSR이 차지하는 비중이 커지게 되고 따라서 회귀모형이 잘 적합함을 의미하게 된다. 이들 제곱합을 자신의 자유도로 나눈 평균제곱을 계산하고 이를 설명하기 위해 다음 〈표 8-2〉와 같이 분산분석표를 만든다.

표 8-2 단순선형회귀의 분산분석표

요인	자유도	제곱합	평균제곱	검정통계량	유의확률
회귀	1	SSR	$MSR=SSR/1$	$F=MSR/MSE$	$\Pr(X \geq f_0)$
오차	$n-2$	SSE	$MSE=SSE/(n-2)$		$X \sim F(1, n-2)$
총합	$n-1$	SST	(f_0는 검정통계량의 계산된 값)		

분산분석표에서 검정통계량 $F=MSR/MSE$는 회귀직선에 의해 설명되는 부분을 오차에 의해 설명되는 부분과 비교하는 값으로 F-검정통계량의 값이 크면 회귀직선모형이 유의함을 의미한다. 즉, 단순회귀모형에서 기울기 β가 0이 아니다. 따라서 설명변수 x와 반응변수 Y사이에 직선회귀의 관계가 있음을 뜻한다. 따라서 직선회귀모형의 유의성을 검정하기 위한 가설은

$$H_0 : \beta = 0 \text{ 과 } H_1 : \beta \neq 0$$

로 설정할 수 있겠다. 또한, 평균제곱들의 기댓값이 다음과 같음이 알려져 있다. 이로부터 **잔차평균제곱(residual mean square)**이라 불리는 MSE가 오차분산 σ^2에 대한 비편향추정량임을 알 수 있다.

정리 8-2 평균제곱들의 기댓값

- $E(MSE) = \sigma^2$
- $E(MSR) = \sigma^2 + \beta^2 S(xx)$

[정리 8-2]로부터 대립가설(H_1 : $\beta \neq 0$)이 성립하면 검정통계량 $F = MSR/MSE$의 값은 커질 것을 기대할 수 있다. 또한 귀무가설(H_0 : $\beta = 0$)이 참일 때, 검정통계량 $F = MSR/MSE$은 자유도 $(1, n-2)$인 F-분포를 따름이 알려져 있으므로 유의수준 α 인 기각영역은

$$f_0 > F_\alpha(1, n-2)$$

와 같다. 여기서 f_0는 검정통계량의 계산된 값이다. R의 결과에는 유의확률이 출력되므로 유의확률이 미리 정한 유의수준 α 보다 작으면 H_0을 기각하고 x 와 y 사이에 직선 관계가 있다고 결론 내린다.

정리 8-3 회귀직선의 유의성 검정

- 귀무가설 $H_0 : \beta = 0$, 대립가설 $H_1 : \beta \neq 0$
- 검정통계량: $F = \dfrac{MSR}{MSE}$
- 유의확률의 계산: $\Pr(X \geq f_0)$, $X \sim F(1, n-2)$이며 f_0는 검정통계량의 계산된 값
- 유의수준 α 인 기각영역: $f_0 > F_\alpha(1, n-2)$

모형의 적합 정도를 설명하는 또 다른 측도로 **결정계수(coefficient of determination)**라고 불리는

$$R^2 = \frac{SSR}{SST} = 1 - \frac{SSE}{SST}$$

을 들 수 있다. 결정계수는 회귀직선에 의해 종속변수가 설명되는 비율을 나타내는

값으로 0과 1 사이의 값을 가진다. 만약 모든 측정값들이 회귀직선 상에 위치한다면 SSE=0이고 SSR=SST이므로 결정계수는 1이 된다. 이와 반대로 x 와 y 사이에 회귀관계가 전혀 없어서 추정된 회귀직선의 기울기가 $\hat{\beta}=0$ 이면 $\hat{y_i}=\overline{y}$ 가 성립되어 SSR=0이 되므로 결정계수는 0이 된다. 즉, 결정계수의 값이 0에 가까우면 회귀직선은 쓸모가 없으며 회귀분석의 의미도 없는 것이다. 반대로 결정계수의 값이 크면 클수록 회귀직선의 유용성이 높아진다. 결정계수은 총변동을 설명하는데 있어서 회귀직선에 의해 설명되는 변동이 기여하는 비율을 의미하므로 **회귀직선의 기여율**이라고도 불린다.

정의 8-3 **결정계수(또는 회귀직선의 기여율)**

- $R^2=\dfrac{SSR}{SST}=1-\dfrac{SSE}{SST},\ \ 0\leqq R^2\leqq 1$
- 회귀직선에 의해 종속변수가 설명되어지는 비율

단순선형회귀의 경우에 결정계수는 표본상관계수의 제곱과 같음은 다음과 같이 보일 수 있다. 회귀제곱합과 총제곱합은 각각

$$SSR=\sum_{i=1}^{n}(\hat{y_i}-\overline{y})^2=\sum_{i=1}^{n}\{\hat{\beta}\,(x_i-\overline{x})\}^2=\left\{\frac{S(xy)}{S(xx)}\right\}^2 S(xx)=\frac{\{S(xy)\}^2}{S(xx)}$$

$$SST=\sum_{i=1}^{n}(y_i-\overline{y})^2=S(yy)$$

와 같이 표현할 수 있으므로 결정계수 R^2은

$$R^2=\frac{SSR}{SST}=\frac{\{S(xy)\}^2}{S(xx)\,S(yy)}=\left\{\frac{S(xy)}{\sqrt{S(xx)}\,\sqrt{S(yy)}}\right\}^2=r^2$$

으로 나타낼 수 있으므로 표본상관계수의 제곱과 같음을 알 수 있다.

8.2.3 회귀계수에 대한 추론

이제 회귀계수인 기울기 β 와 절편 α 의 추론에 대해 알아보자. 먼저 이들의 추정

량인 $\hat{\beta}$과 $\hat{\alpha}$의 분포에 대해 알아야 한다. 먼저 $\hat{\beta}$의 분포는

$$\hat{\beta} \sim N\left(\beta,\ \frac{\sigma^2}{S(xx)}\right)$$

임이 알려져 있다. $\hat{\beta}$은 β에 대한 비편향추정량임을 알 수 있으며 표준화한 통계량에서 모르는 σ^2 대신 비편향추정량인 MSE를 사용하면

$$\frac{\hat{\beta}-\beta}{\sqrt{MSE/S(xx)}} \sim t(n-2)$$

가 성립한다. 따라서 β에 대한 $100(1-\alpha)\%$ 신뢰구간은

$$\hat{\beta} \pm t_{\alpha/2}(n-2)\sqrt{MSE/S(xx)}$$

와 같으며 대립가설에 따른 β에 대한 가설검정을 정리하면 다음 〈표 8-3〉과 같다.

표 8-3 β에 대한 가설검정

• 귀무가설 H_0 : $\beta = \beta_0$

• 검정통계량 $T = \dfrac{\hat{\beta}-\beta_0}{\sqrt{MSE/S(xx)}}$, T의 실제 계산된 값을 t_0라 할 때

대립가설	유의수준 α인 기각영역	유의확률 ($X \sim t(n-2)$ 이용)
H_1 : $\beta > \beta_0$	$t_0 \geq t_\alpha(n-2)$	$\Pr(X \geq t_0)$
H_1 : $\beta < \beta_0$	$t_0 \leq -t_\alpha(n-2)$	$\Pr(X \leq t_0)$
H_1 : $\beta \neq \beta_0$	$\lvert t_0\rvert \geq t_{\alpha/2}(n-2)$	$\Pr(\lvert X\rvert \geq \lvert t_0\rvert)$

분산분석표에서 회귀직선의 유의성검정에 사용한 F-검정통계량은

$$F = \frac{MSR}{MSE} = \frac{SSR/1}{MSE} = \frac{\hat{\beta}^2 S(xx)}{MSE} = \left\{\frac{\hat{\beta}-0}{\sqrt{MSE/S(xx)}}\right\}^2 = T^2$$

을 만족하므로 H_0 : $\beta = 0$을 검정하는 t-검정과 결국 동일한 검정이 된다.

다음으로 $\hat{\alpha}$의 분포는

$$\hat{\alpha} \sim N\left(\alpha,\, \sigma^2\left\{\frac{1}{n}+\frac{(\bar{x})^2}{S(xx)}\right\}\right)$$

임이 알려져 있다. 따라서 $\hat{\alpha}$ 도 α 에 대한 비편향추정량임을 알 수 있으며 표준화한 통계량에서 모르는 σ^2 대신 비편향추정량인 MSE를 사용하면

$$\frac{\hat{\alpha}-\alpha}{\sqrt{MSE\{1/n+(\bar{x})^2/S(xx)\}}} \sim t(n-2)$$

가 성립한다. 이를 이용하여 절편 α 에 대한 $100(1-\alpha)\%$ 신뢰구간을 구하면

$$\hat{\alpha} \pm t_{\alpha/2}(n-2)\sqrt{MSE\{1/n+(\bar{x})^2/S(xx)\}}$$

와 같다. 〈표 8-4〉는 대립가설에 따라 α 에 관한 가설검정을 정리한 것이다.

표 8-4 α 에 대한 가설검정

• 귀무가설 H_0 : $\alpha=\alpha_0$

• 검정통계량 $T=\dfrac{\hat{\alpha}-\alpha_0}{\sqrt{MSE\{1/n+(\bar{x})^2/S(xx)\}}}$, T 의 실제 계산된 값을 t_0 라 할 때

대립가설	유의수준 α 인 기각영역	유의확률 ($X\sim t(n-2)$ 이용)
H_1 : $\alpha>\alpha_0$	$t_0 \geq t_\alpha(n-2)$	$\Pr(X\geq t_0)$
H_1 : $\alpha<\alpha_0$	$t_0 \leq -t_\alpha(n-2)$	$\Pr(X\leq t_0)$
H_1 : $\alpha\neq\alpha_0$	$\lvert t_0\rvert \geq t_{\alpha/2}(n-2)$	$\Pr(\lvert X\rvert \geq \lvert t_0\rvert)$

R에서 선형회귀모형을 적합하고 분석에 필요한 다양한 결과를 제공하는 주요함수는 lm( )이다. 그 이름 lm은 “linear model”에서 비롯되었으며 꼭 필요한 인수는 반응변수와 설명변수를 “반응변수~설명변수”와 같이 지정하면 된다. 이 함수를 실행한 개체를 summary( ) 함수에 전달하면 분석에 필요한 대부분의 결과들을 출력해준다. 만약 조금 더 세부적인 분산분석표를 원한다면 lm( ) 함수의 실행 개체를 anova( ) 함수에 전달하여 결과를 얻으면 된다.

또한 산점도 위에 추정된 회귀직선을 추가하려면 plot( )의 결과인 산점도에 직선을 추가하는 함수 abline( )의 인수에 lm( ) 함수의 실행 개체를 전달하면 된다.

[보기 8-3]의 마지막 명령은 앞에서 선보인 〈그림 8-6〉을 제공한다. [예제 8-2]는 lm( ) 함수를 사용한 단순선형회귀에 대한 전반적인 분석을 다루고 있다.

예제 8-2 단순선형회귀모형의 적합

R에 내장된 데이터세트 cars는 자동차의 속도(speed 변수)에 따른 정지거리(dist 변수)에 관한 자료이다. 이 데이터세트를 이용하여 다음 물음에 답하라.

1) 단순선형회귀모형을 적합하여 절편과 기울기에 대한 최소제곱추정량의 값을 구하라.
2) 절편과 기울기가 유의한지를 각각 검정하라.
3) 분산분석표를 작성하라.
4) 회귀직선이 유의한지를 검정하라.
5) 결정계수의 값을 구하라.

|풀이| 복잡한 계산은 생략하고 R의 결과를 인용해 사용하도록 하겠다. R의 코드와 결과는 [보기 8-3]을 참고하라.

1) 결과에서 Estimate에 기술된 값이 회귀계수들에 대한 최소제곱추정값이다.

   $\hat{\alpha} = -17.5791$, $\hat{\beta} = 3.9324$이다. 따라서 추정된 회귀직선은

   $\widehat{dist} = -17.5791 + 3.9324 \times speed$

2) 검정통계량의 값은 t value에, 양쪽검정의 유의확률은 Pr(>|t|)에 기록되어 있다.

   ① $H_0 : \alpha = 0$, $H_1 : \alpha \neq 0$에 대한 검정

   $t_0 = -2.601$, 유의확률=0.0123<0.05이므로 유의수준 5%에서 $H_0 : \alpha = 0$ 을 기각한다. 즉, 절편항은 유의하다.

   ② $H_0 : \beta = 0$, $H_1 : \beta \neq 0$에 대한 검정

   $t_0 = 9.464$, 유의확률=0.0000<0.01이므로 유의수준 1%에서도 $H_0 : \beta = 0$을 기각한다. 즉, 기울기는 매우 유의하다. 실제 이 검정은 회귀직선의 유의성 검정과 동치이다.

3) R의 결과에 있는 분산분석표를 그대로 가져오면

	Df	Sum Sq	Mean Sq	F value	Pr(>F)	
speed	1	21186	21185.5	89.567	1.49e-12	***
Residuals	48	11354	236.5			

4) 회귀직선의 유의성 검정은 2)의 ②에서 다룬 $H_0 : \beta = 0$, $H_1 : \beta \neq 0$에 대한 검정과 같다. 분산분석표에서 F-검정통계량의 값이 89.567로 매우 크며 유의확률은 1.49e-12로 거의 0에 가깝다. 따라서 유의수준 1%에서도 $H_0 : \beta = 0$을 기각하며, 이는 회귀직선이 매우 유의함을 의미한다.

5) R의 결과에 있는 Multiple R-squared의 값 0.6511이 결정계수이다. 즉, 추정된 회귀직선을 통해 반응변수의 약 65%를 설명할 수 있다.

보기 8-3

```
> reg=lm(dist~speed, data=cars)                # 회귀모형 적합
> summary(reg)                                 # 적합된 결과 출력
Call:
lm(formula = dist ~ speed, data = cars)
Residuals:
    Min      1Q   Median      3Q     Max
-29.069  -9.525   -2.272   9.215  43.201
Coefficients:
              Estimate  Std. Error  t value   Pr(>|t|)
(Intercept)   -17.5791      6.7584   -2.601     0.0123  *
speed           3.9324      0.4155    9.464   1.49e-12  ***
---
Signif. codes: 0 '***' 0.001 '**' 0.01 '*' 0.05 '.' 0.1 ' ' 1

Residual standard error: 15.38 on 48 degrees of freedom
Multiple R-squared:  0.6511, Adjusted R-squared:  0.6438
F-statistic: 89.57 on 1 and 48 DF,  p-value: 1.49e-12
> anova(reg)                                   # 분산분석표 출력
Analysis of Variance Table
Response: dist
            Df  Sum Sq  Mean Sq  F value    Pr(>F)
speed        1   21186  21185.5   89.567  1.49e-12 ***
Residuals   48   11354    236.5
---
Signif. codes: 0 '***' 0.001 '**' 0.01 '*' 0.05 '.' 0.1 ' ' 1
```

```
> plot(cars$speed, cars$dist)                    # 산점도, <그림 8-6>
> abline(reg, col="blue")                        # 산점도에 회귀직선 추가
```

8.2.4 잔차분석

단순선형회귀모형에서 우리가 가정하였던 직선 관계나 오차항의 정규성, 독립성, 등분산성 등이 옳은가를 검토하는 데 잔차를 이용한다. 오차 e_i는 실제로 관측할 수 있는 데이터가 아니므로 이의 추정량인 잔차 $\hat{e_i} = y_i - \hat{y_i}$을 사용하여 단순회귀모형의 가정이 타당한지를 검토하는 과정을 잔차분석이라고 한다.

적합된 lm( ) 개체를 이용해 잔차 $\hat{e_i}$와 예측값 $\hat{y_i}$의 값은 R 함수 residual( )과 predict( )를 각각 이용해서 구할 수 있다. 새로운 값 x에서의 예측값 $\hat{y}$의 값은 predict(추정된 모형, newdata)와 같이 사용한다. newdata 인수는 반응변수 값을 계산하고 싶은 설명변수의 값(들)을 담고 있는 데이터프레임이어야 한다.

오차에 대한 등분산 가정이나 직선 관계의 타당성을 알아보기 위해서는 $\hat{y_i}$을 x축에, 잔차 $\hat{e_i}$의 값을 y 축으로 산점도를 그려본다. 만약 오차에 대한 등분산 가정이 성립한다면 잔차 $\hat{e_i}$들이 0을 중심으로 한 수평인 일정한 영역 내에서 랜덤하게 나타나야 할 것이다. 또한, 오차항에 가정했던 정규성은 잔차들에 대한 정규 Q-Q 그림을 그려보는 방법으로 점검할 수 있다. 분산분석을 다룰 때와 같이 lm( ) 개체를 plot( ) 함수의 인수에 전달함으로써 차트를 얻을 수 있다. 기본적으로 4개의 차트가 출력되는데 인수 which=를 추가하여 출력 차트를 선별할 수 있다.

보기 8-4 (보기 8-3)에 이어서

```
> resid(reg)                                     # lm( ) 개체의 잔차들
        1         2         3         4         5         6         7
 3.849460 11.849460 -5.947766 12.052234  2.119825 -7.812584 -3.744993
..(중간 생략)...
       50
 4.268876
```

```
> predict(reg, data.frame(speed=c(40, 45)))  # speed가 40과 45일 때, dist의 값
       1        2
139.7173 159.3793
> plot(reg, which=c(1,2))   # reg는 lm( ) 개체, [Enter↵]을 누르면 차트가 출력
Hit <Return> to see next plot:
Hit <Return> to see next plot:
```

〈그림 8-8〉과 〈그림 8-9〉는 [보기 8-4]의 마지막 명령에 의해 출력된 차트이다. 〈그림 8-8〉에서 관측번호가 표시된 3개의 점(23, 35, 49번째 자료)에 대한 잔차가 비교적 크게 나타났으므로 이 자료에 대한 검토가 필요해 보인다. 이 3개의 점은 잔차의 정규 Q-Q 그림에서도 표시가 있다. 이 3개의 점을 제외하면 등분산성, 정규성 등의 가정에 특별한 문제는 없어 보인다.

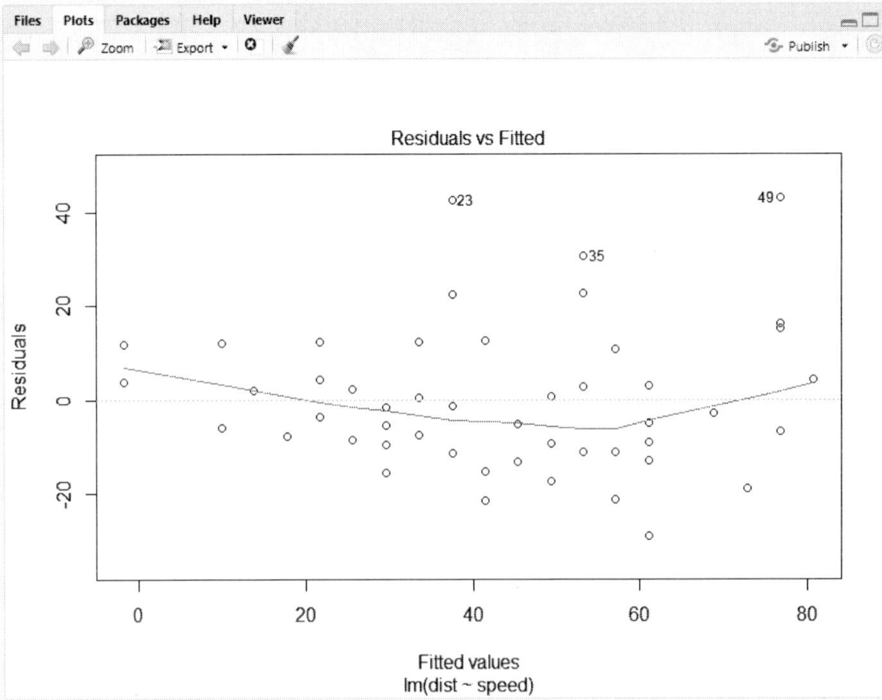

그림 8-8 $(\hat{y}_i, \hat{e}_i)$의 값을 이용한 산점도

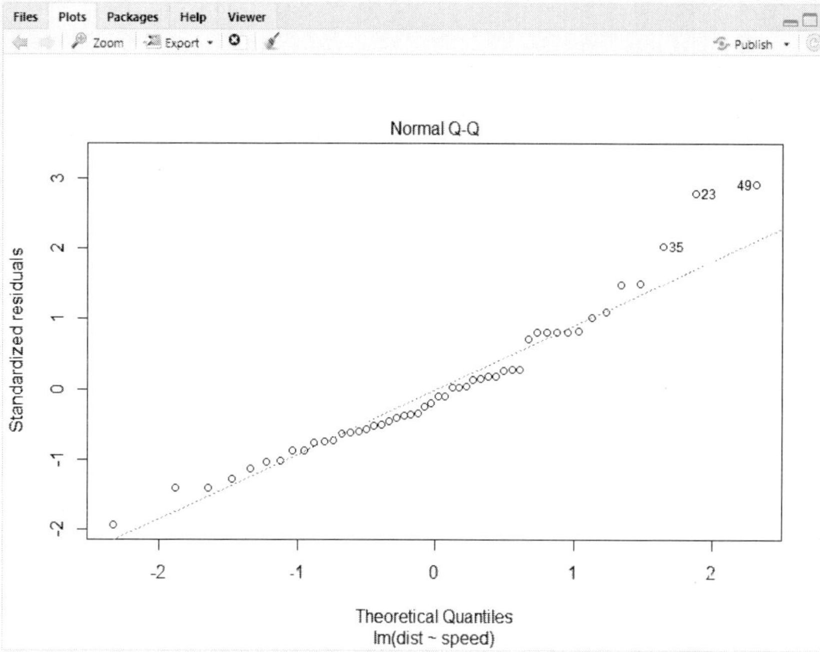

그림 8-9 잔차들에 대한 정규 Q-Q 그림

8.3 다중선형회귀분석

어떤 반응변수(종속변수)의 변화는 두 개 이상의 설명변수(독립변수)들에 의하여 영향을 받는 것이 대부분이다. 따라서 설명력이 좋은 여러 개의 설명변수를 잘 선택하여 이들의 함수를 이용해 반응변수의 변화하는 특성을 설명하는 것이 당연히 단순회귀를 이용하는 것에 비해 훨씬 정확한 분석이 될 것이다. 이처럼 반응변수를 설명하기 위해 k $(k \geq 2)$개의 설명변수를 사용하고 반응변수와의 관계는 선형으로 가정되는 회귀모형을 **다중선형회귀모형(multiple linear regression model)**이라 부른다. 이 절에서는 다중선형회귀모형과 R의 활용에 대해 다루도록 하겠다.

설명변수가 k $(k \geq 2)$개인 다중선형회귀모형은 다음과 같다. 미리 정해진 k개 설명변수의 값 $x_{1i}, x_{2i}, \cdots, x_{ki}$에서 측정되는 반응변수 $Y_1, Y_2, \cdots, Y_n$에 대해 관계식

$$Y_i = \beta_0 + \beta_1 x_{1i} + \beta_2 x_{2i} + \cdots + \beta_k x_{ki} + e_i, \quad (i = 1, 2, \cdots, n)$$

이 성립한다고 가정한다. 여기서 오차 e_i는 서로 독립이며 $N(0, \sigma^2)$에 따르는 확률변수이다. 절편항 β_0와 각 설명변수들에 대한 기울기 $\beta_1, \beta_2, \cdots, \beta_k$, 그리고 오차항의 분산 σ^2은 모두 모르는 모수이다.

위의 다중회귀모형을 n개의 자료에서 모두 표현한 것을 행렬을 이용한 형태로 바꾸면

$$\begin{pmatrix} Y_1 \\ Y_2 \\ \vdots \\ Y_n \end{pmatrix} = \begin{pmatrix} 1 & x_{11} & x_{21} & \cdots & x_{k1} \\ 1 & x_{12} & x_{22} & \cdots & x_{k2} \\ \vdots & \vdots & \vdots & \cdots & \vdots \\ 1 & x_{1n} & x_{2n} & \cdots & x_{kn} \end{pmatrix} \begin{pmatrix} \beta_0 \\ \beta_1 \\ \beta_2 \\ \vdots \\ \beta_k \end{pmatrix} + \begin{pmatrix} e_1 \\ e_2 \\ \vdots \\ e_n \end{pmatrix}$$

와 같이 쓸 수 있고, 이를 간략하게

$$\boldsymbol{Y} = X\beta + \boldsymbol{e}$$

로 표현한다. 여기서 $\boldsymbol{Y}$와 $\boldsymbol{e}$는 $(n \times 1)$ 벡터, X는 $\{n \times (k+1)\}$ 행렬, β는 $\{(k+1) \times 1\}$ 벡터이다. 이렇게 행렬과 벡터를 이용하면 표현이 간결하고 독립변수의 수와 관계없이 일정하게 표현할 수 있다. 다중회귀분석을 포함한 더 복잡한 선형모형에 대해 학습하기 위해서는 선형대수(행렬대수)에 대해 알아보기를 추천한다.

최소제곱법에 의한 β의 추정량벡터는

$$\hat{\beta} = \begin{pmatrix} \widehat{\beta_0} \\ \widehat{\beta_1} \\ \widehat{\beta_2} \\ \vdots \\ \widehat{\beta_k} \end{pmatrix} = (X^t X)^{-1} X^t \boldsymbol{Y}$$

와 같이 주어진다. 추정된 회귀직선은 $\widehat{\boldsymbol{Y}} = X\hat{\beta}$ 와 같이 나타낼 수 있으며 i 번째 원소를 표현하면

$$\widehat{Y_i} = \widehat{\beta_0} + \widehat{\beta_1} x_{1i} + \widehat{\beta_2} x_{2i} + \cdots + \widehat{\beta_k} x_{ki}, \ i = 1, 2, \cdots, n.$$

와 같다.

변동의 분해 과정은 단순회귀와 동일하나 대응되는 자유도는 달라진다. SSR의 자유도는 설명변수의 개수와 같고, SSE의 자유도는 데이터의 개수에서 추정된 회

귀계수의 수만큼 빼면 된다. 즉, $(k+1)$개의 회귀계수를 추정하였으므로 SSE의 자유도는 $n-(k+1)=n-k-1$가 된다. 다중선형회귀의 분산분석표를 작성하면 〈표 8-5〉와 같다.

표 8-5 다중선형회귀의 분산분석표

요인	자유도	제곱합	평균제곱	검정통계량	유의확률
회귀	k	SSR	$MSR=SSR/k$	$F=MSR/MSE$	$\Pr(X \geq f_0)$
오차	$n-k-1$	SSE	$MSE=SSE/(n-k-1)$	$X \sim F(k, n-k-1)$	
총합	$n-1$	SST		(f_0는 검정통계량의 계산된 값)	

분산분석표의 검정통계량 $F=MSR/MSE$는 회귀모형에서 설명변수 $x_1, x_2, \cdots, x_k$에 관한 회귀계수가 의미를 갖는가에 대한 가설

$$H_0 : \beta_1=\beta_2=\cdots=\beta_k=0, \quad H_1 : \beta_i\ (i=1,\cdots,k)\text{가 모두 0은 아니다.}$$

을 검정하기 위한 검정통계량이며, 유의수준 α인 기각영역은 검정통계량의 계산된 값 f_0에 대해 다음과 같이 주어진다.

$$f_0 > F_\alpha(k, n-k-1)$$

R의 결과에는 유의확률이 출력되므로 유의확률이 미리 정한 유의수준 α보다 작으면 귀무가설 H_0을 기각하고 회귀모형이 유의하다고 판단하게 된다.

결정계수 R^2의 값은 모형에 포함된 독립변수의 수 k가 증가하면 무조건 증가한다. 따라서 모형에 얼마나 기여하는지와 관계없이 많은 설명변수만 사용하면 큰 값을 갖게 된다. 이러한 단점을 보완한 것이 **조정된 결정계수(adjusted coefficient of determination)** R^2_{adj}으로 다음과 같이 정의된다.

$$R^2_{adj} = 1-\frac{(n-1)(1-R^2)}{(n-k-1)} = 1-\frac{(n-1)\cdot SSE}{(n-k-1)\cdot SST}.$$

R의 lm( ) 함수는 다중선형회귀모형에서도 그대로 사용한다. 다만 설명변수가 여러 개 있으므로 인수를 "반응변수 ~ 설명변수 1 + 설명변수 2 + … "와 같이 지정하면 된다.

예제 8-3 다중선형회귀모형의 적합

R에 내장된 데이터세트 mtcars에서 실린더의 수(변수 cyl), 배기량(변수 disp), 중량(변수 wt) 이렇게 3개의 설명변수를 이용하여 차량의 출력(마력, 변수 hp)을 반응변수로 하는 다중선형회귀모형을 적합하려고 한다. 다음 물음에 답하라.

1) 회귀모형을 설정하고 필요한 가정을 기술하라.
2) 회귀계수들의 최소제곱추정량의 값을 구하라.
3) 각 회귀계수들이 유의한지를 각각 검정하라.
4) 회귀직선이 유의한지를 검정하라.
5) 결정계수와 수정된 결정계수의 값을 구하라.
6) 변수 cyl만으로 단순회귀직선을 적합하고 이때의 결정계수와 수정된 결정계수의 값을 구하라.

|풀이| 구체적인 계산은 생략하고 R의 결과를 이용해 풀이하기로 한다. [보기 8-5]의 결과를 참고하라.

1) $(hp) = \beta_0 + \beta_1(cyl) + \beta_2(disp) + \beta_3(wt) + e$, 여기서 오차 e는 서로 독립이며 $N(0, \sigma^2)$에 따르는 확률변수라 가정
   귀무가설 H_0 : $\beta_1 = \beta_2 = \beta_3 = 0$, 대립가설 H_1 : $\beta_i\ (i = 1, 2, 3)$가 모두 0은 아니다.
2) R 출력결과에서 Coefficients: Estimate가 회귀계수에 대한 최소제곱추정값이다.
   $\widehat{\beta_0}$=−13.5912, $\widehat{\beta_1}$=23.9368, $\widehat{\beta_2}$=0.2009, $\widehat{\beta_3}$=−10.6253이다. 따라서 추정된 회귀직선은 $\widehat{hp} = -13.5912 + 23.9368 \times cyl + 0.2009 \times disp - 10.6253 \times wt$ 이다.
3) R 출력결과에서 Coefficients: Pr(>|t|)에 기록된 값이 H_0: 회귀계수=0 에 대한 t−검정의 유의확률이다. 이 유의확률 중 0.05보다 작은 경우는 cyl뿐이다. 절편항과 나머지 설명변수는 유의하지 않다.
4) R 출력결과에서 F−statistic: 22.46 on 3 and 28 DF, p−value: 1.306e−07에 기록된 p−value 값이 H_0 : $\beta_1 = \beta_2 = \beta_3 = 0$에 대한 F−검정의 유의확률이다. 이 유의확률이 1.306e−07로 0에 가까워서 유의수준 1%에서도 H_0을 기각하고 회귀직선은 유의하다.
5) R 출력결과에서 Multiple R−squared(결정계수) = 0.7064,
   수정된 결정계수(Adjusted R−squared)= 0.6749
6) R 출력결과에서 Multiple R−squared(결정계수) = 0.693,
   수정된 결정계수(Adjusted R−squared)= 0.6827

6)의 결과에서 설명변수가 3개 일 때의 결정계수가 0.7064나 설명변수가 1개인 경우에도 결정계수는 0.693으로 조금만 줄었음을 알 수 있다. 이는 cyl을 제외한 나머지 두 설명변수는 모형에 크게 기여하지 못함을 의미한다. 수정된 결정계수를 살펴보면 설명변수가 1개인 경우가 0.693으로 3개를 사용한 경우의 0.6749보다 오히려 더 큼을 알 수 있다. 이렇게 수정된 결정계수는 설명변수가 수가 늘어난다고 무조건 증가하지 않고 모형에 기여도가 낮은 설명변수가 추가될 때는 오히려 그 값이 줄어들게 된다.

사실 모형에 사용된 3개의 설명변수(cyl, disp, wt)들 간에도 높은 상관이 존재한다. 이렇게 설명변수들 사이에 높은 상관이 있을 때 **다중공선성(multicollinearity)이** 존재한다고 말한다. 다중공선성이 있는 경우에는 회귀계수 추정치에 대한 계산의 정확도에도 문제가 생기고 분산이 증가하여 분석의 결과를 믿을 수 없게 된다. 다중공선성의 존재유무를 판단하거나 다중공선성이 존재할 때의 대처방법 등도 중요한 분야이며 이는 회귀분석에 대한 좀 더 전문적인 서적을 참고하길 바란다.

보기 8-5

```
> reg3=lm(hp~cyl+disp+wt, data=mtcars)          # 다중회귀 적합(k=3)
> summary(reg3)
```

```
Call:
lm(formula = hp ~ cyl + disp + wt, data = mtcars)
Coefficients:
             Estimate  Std. Error  t value  Pr(>|t|)
(Intercept)  -13.5912     42.8244   -0.317    0.7533
cyl           23.9368      9.1468    2.617    0.0141 *
disp           0.2009      0.1785    1.126    0.2698
wt           -10.6253     15.6708   -0.678    0.5033
---
Residual standard error: 39.09 on 28 degrees of freedom
Multiple R-squared:  0.7064, Adjusted R-squared:  0.6749
F-statistic: 22.46 on 3 and 28 DF,  p-value: 1.306e-07
```

```
> reg1=lm(hp~cyl, data=mtcars)                  # 단순회귀 적합(k=1)
> summary(reg1)
```

```
Call:
```

```
lm(formula = hp ~ cyl, data = mtcars)
(중간생략)
Multiple R-squared:  0.693,  Adjusted R-squared:  0.6827
F-statistic: 67.71 on 1 and 30 DF,  p-value: 3.478e-09
```

8.4 회귀분석의 기타 논제들

8.4.1 곡선회귀

회귀분석의 첫 단계에서 반드시 반응변수와 설명변수 사이의 산점도를 미리 그려보고 그 관계를 확인한 후 모형을 설정하여야 한다. 만약 두 변수 사이의 관계가 〈그림 8-10〉과 같이 곡선을 보여주는 사례에서 단순선형회귀모형을 사용한다면 이 회귀모형은 유의하지도 않으며 설명력도 형편없을 것이다.

이 경우에는 직선 모형보다는 2차 항이 포함된 곡선회귀모형

$$Y = \beta_0 + \beta_1 x + \beta_2 x^2 + e$$

을 사용하는 것이 타당해 보이며, x^2 항을 하나의 설명변수로 간주하면 곡선회귀도 다중회귀 방법으로 분석할 수 있다. R에서 제곱항을 모형에 포함하려면 관계식 "y ~ x + I(x^2)"을 lm( ) 함수의 인수에 사용하면 된다. 〈그림 8-11〉은 산점도에 단순선형회귀모형(빨간색)과 곡선회귀모형(파란색)을 추정하여 추가한 그림이다. 직선회귀모형과 곡선회귀모형의 설명력에 대한 다음 예제를 살펴보자.

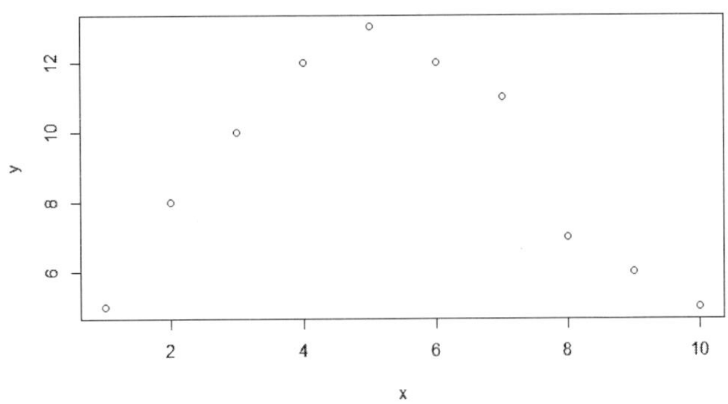

그림 8-10 두 변수의 관계가 곡선인 산점도

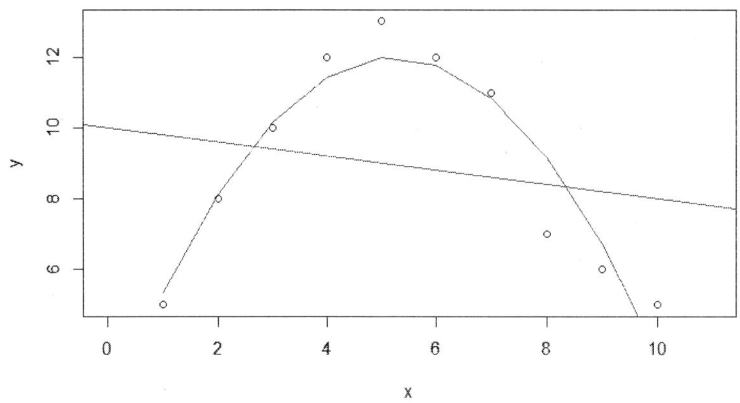

그림 8-11 곡선 관계인 자료에 회귀직선과 곡선회귀모형을 적합한 경우

예제 8-4 곡선회귀모형의 적합

다음 자료를 이용하여 직선회귀모형과 곡선회귀모형을 각각 적합하고 다음 물음에 답하라.

x	1, 2, 3, 4, 5, 6, 7, 8, 9, 10
y	5, 8, 10, 12, 13, 12, 11, 7, 6, 5

1) 단순선형회귀모형을 적합하여 추정된 회귀직선을 기술하라. 각 회귀계수의 유의성 검정도 시행하라.
2) 1)의 모형에 대한 유의성을 검정하고 결정계수의 값을 구하라.
3) 곡선회귀모형을 적합하여 추정된 회귀모형을 기술하라. 각 회귀계수의 유의성 검정도 시행하라.
4) 3)의 모형에 대한 유의성을 검정하고 결정계수의 값을 구하라.

|풀이| 구체적인 계산은 생략하고 R의 결과를 이용해 풀이하기로 한다. [보기 8-6]의 결과를 참고하라.

1) $\hat{y} = 10 - 0.2x$, 귀무가설: 절편=0에 대한 t-검정의 유의확률이 0.00179로 유의수준 1%에서도 귀무가설을 기각한다. 따라서 절편 항은 유의하다. 그러나 기울기=0 인지를 검정하는 귀무가설에 대한 t-검정의 유의확률은 0.58510로 귀무가설을 기각할 수 없다. 따라서 기울기는 유의하지 않다. 이 결과는 2)번의 회귀모형에 대한 유의성 결과와 동일하다.

2) 유의성 검정의 p-value=0.5851>0.1이므로 회귀모형은 유의하지 않으며, 결정계수의 값은 0.03887로 추정된 회귀모형을 통해 총변동의 약 3.9%만 설명할 수 있다.

3) $\hat{y} = 1.833 + 3.883x - 0.371x^2$, 절편=0 인지에 대한 t-검정의 유의확률이 0.208033 >0.1이므로 유의수준 10%에서도 귀무가설을 기각할 수 없다. 그러나 일차항의 계수나 이차항의 계수가 0인지에 대한 t-검정의 유의확률은 모두 0.01보다도 작아서 유의수준 1%에서 귀무가설을 기각하고 이들 계수는 매우 유의함을 알 수 있다.

4) 유의성 검정의 p-value=0.0003646<0.01이므로 유의수준 1%에서도 귀무가설을 기각하고 회귀모형이 매우 유의하다고 판단한다. 결정계수의 값은 0.8958로 추정된 회귀모형을 통해 총변동의 약 89.6%의 설명이 가능하다.

보기 8-6

```
> x=1:10
> y=c(5, 8, 10, 12, 13, 12, 11, 7, 6, 5)
> plot(x,y)
> reg1=lm(y~x)
> summary(reg1)
```

```
Call:
lm(formula = y ~ x)
..생략..
Coefficients:
             Estimate   Std. Error   t value    Pr(>|t|)
(Intercept)  10.0000    2.1817       4.583      0.00179 **
x            -0.2000    0.3516       -0.569     0.58510
Residual standard error: 3.194 on 8 degrees of freedom
Multiple R-squared: 0.03887,      Adjusted R-squared: -0.08127
F-statistic: 0.3235 on 1 and 8 DF,  p-value: 0.5851
```

```
> reg2=lm(y~x+I(x^2))
> summary(reg2)
```

```
Call:
lm(formula = y ~ x + I(x^2))
..생략..
Coefficients:
```

	Estimate	Std. Error	t value	Pr(>|t|)	
(Intercept)	**1.83333**	1.32190	1.387	0.208033	
x	**3.88333**	0.55208	7.034	**0.000205**	***
I(x^2)	**-0.37121**	0.04891	-7.589	**0.000127**	***

Residual standard error: 1.124 on 7 degrees of freedom
Multiple R-squared: 0.8958, Adjusted R-squared: 0.8661
F-statistic: 30.11 on 2 and 7 DF, **p-value: 0.0003646**

8.4.2 변수변환

만약 두 변수 사이의 산점도로부터 〈그림 8-12〉와 같이 지수함수 형태라면 직선으로 추정하지 않고 $y = \alpha\beta^{x}$ 와 같은 관계식을 가정하고 추정하기로 한다. 이 관계식의 양변에 로그를 취하면

$$\ln y = \ln\alpha + (\ln\beta)\,x$$

가 되고, 로그로 변환된 값들을 다음과 같이 치환하면 다음과 같은 단순선형회귀모형이 된다.

$$y' = \alpha' + \beta' x\,,\quad (\,y' = \ln y,\ \alpha' = \ln\alpha,\ \beta' = \ln\beta\,).$$

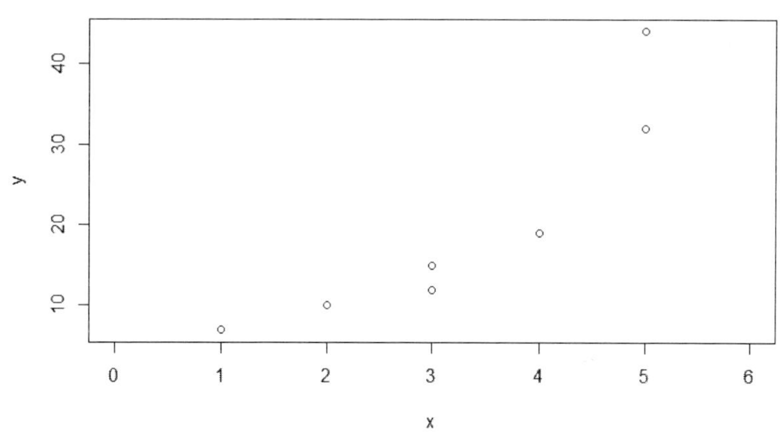

그림 8-12 두 변수 사이의 관계가 지수함수 형태인 경우인 산점도

예제 8-5 변수변환을 통한 회귀모형의 적합

아래 자료를 이용해 모형1(직선회귀모형)과 모형2($y = \alpha\beta^x$)을 각각 적합하고 다음 물음에 답하라.

x	1, 2, 3, 3, 4, 5, 5
y	7, 10, 15, 12, 19, 44, 32

1) 모형1을 적합하여 추정된 회귀직선을 기술하라. 각 회귀계수의 유의성 검정도 시행하라.
2) 1)의 모형에 대한 유의성을 검정하고 결정계수의 값을 구하라.
3) 모형2를 적합하여 추정된 회귀모형을 기술하라. 각 회귀계수의 유의성 검정도 시행하라.
4) 3)의 모형에 대한 유의성을 검정하고 결정계수의 값을 구하라.

|풀이| 구체적인 계산은 생략하고 R의 결과를 이용해 풀이하기로 한다. [보기 8-6]의 결과를 참고하라.

1) $\hat{y} = -6.394 + 7.989x$, 절편=0이라는 귀무가설에 대한 t-검정의 유의확률이 0.36908로 매우 크므로 귀무가설을 기각할 수 없다. 즉, 절편 항은 유의하지 않다. 그러나 기울기=0 인지를 검정하는 귀무가설에 대한 t-검정의 유의확률은 0.00704 <0.01이므로 유의수준 1%에서도 귀무가설을 기각한다. 따라서 기울기는 매우 유의하다. 이 결과는 2)번의 회귀모형에 대한 유의성 결과와 동일하다.
2) 유의성 검정의 p-value=0.007044<0.01이므로 회귀모형은 매우 유의하다. 결정계수의 값은 0.7945로 추정된 회귀모형을 통해 총변동의 약 79.5%의 설명이 가능하다.
3) 단순선형회귀 변환된 모형이 $y' = \alpha' + \beta' x$, ($y' = \ln y$, $\alpha' = \ln\alpha$, $\beta' = \ln\beta$) 이므로 R의 결과는 $\hat{y}' = 1.425 + 0.42x$ 을 나타낸다. $\hat{\alpha}' = \ln\hat{\alpha} = 1.425 \Rightarrow \hat{\alpha} = e^{1.425} = 4.158$, $\hat{\beta}' = \ln\hat{\beta} = 0.42 \Rightarrow \hat{\beta} = e^{0.42} = 1.522$이므로 추정된 회귀모형은 $\hat{y} = 4.158 \times 1.522^x$ 이다. 절편(α')=0 인지에 대한 t-검정의 유의확률과 기울기(β')=0 인지에 대한 t-검정의 유의확률은 모두 0.01보다도 작아서 유의수준 1%에서 귀무가설을 기각하고 이들 계수는 매우 유의함을 알 수 있다.
4) 유의성 검정의 p-value=0.000294<0.01이므로 유의수준 1%에서도 귀무가설을 기각하고 회귀모형이 매우 유의하다고 판단한다. 결정계수의 값은 0.941로 추정된 회귀모형을 통해 총변동의 약 94.1%의 설명이 가능하다.

회귀모형의 유의성 검정의 결과는 두 모형이 모두 유의수준 1%에서 유의하다고 판단한다. 그러나 결정계수를 비교해보면 지수 형태를 가정한 모형의 설명력(94.1%)이 직선모형의 설명력(79.5%)보다 더 우수함을 알 수 있다. 〈그림 8-13〉은 산점도 위에 추정된 두 회귀모형을 표시한 것으로 직선(빨간색)보다 지수함수(파란색)가 데이터를 더 잘 대표하는 것으로 보인다.

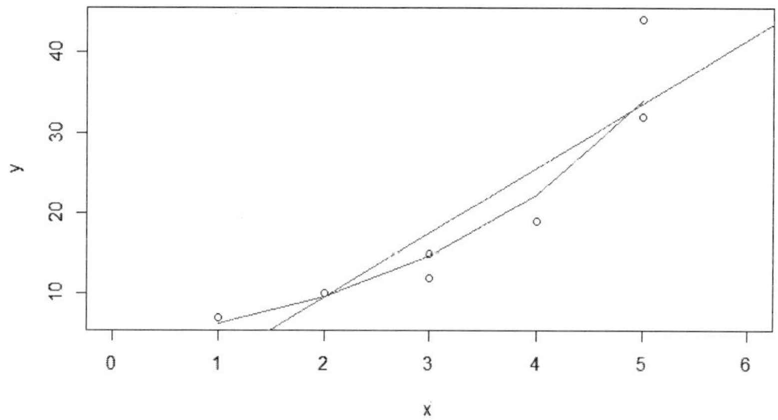

그림 8-13 두 변수 사이의 관계가 지수함수 형태인 경우인 산점도

보기 8-7

```
> x=c(1, 2, 3, 3, 4, 5, 5)              # 데이터
> y=c(7, 10, 15, 12, 19, 44, 32)        # 데이터
> reg1=lm(y~x)                          # 단순선형모형 적합
> summary(reg1)                         # 적합된 결과 출력
```

```
Call:
lm(formula = y ~ x)
.. 일부생략..
Coefficients:
             Estimate  Std. Error  t value  Pr(>|t|)
(Intercept)    -6.394       6.479   -0.987   0.36908
x               7.989       1.817    4.397   0.00704 **
---
Residual standard error: 6.659 on 5 degrees of freedom
Multiple R-squared: 0.7945, Adjusted R-squared: 0.7534
```

```
F-statistic: 19.33 on 1 and 5 DF,  p-value: 0.007044
> lny=log(y)                          # y'
> reg2=lm(lny~x)                      # 변환된 단순회귀모형 적합
> summary(reg2)                       # 적합된 결과 출력
Call:
lm(formula = lny ~ x)
..일부생략..
Coefficients:
             Estimate   Std. Erro   t value    Pr(>|t|)
(Intercept)  1.42520     0.16777     8.495   0.000372 ***
x            0.41997     0.04705     8.926   0.000294 ***
---
Residual standard error: 0.1724 on 5 degrees of freedom
Multiple R-squared:  0.941,  Adjusted R-squared:  0.9291
F-statistic: 79.68 on 1 and 5 DF,  p-value: 0.000294
> plot(x, y, xlim=c(0,6))             # 산점도 출력
> abline(reg1, col="red")             # 산점도에 적합된 직선 추가
> y2=4.158*1.522^x                    # 최종 지수모형
> lines(x, y2, col="blue")            # 산점도에 적합된 지수모형 추가
```

연습문제

1. 다음 자료를 이용하여 상관 및 회귀분석을 시행하려고 한다. 다음 물음에 답하라.

x	410, 953, 929, 1492, 429, 990, 595, 1034
y	250, 700, 650, 965, 350, 967, 475, 725

1) x, y에 대한 산점도를 그려라.
2) 두 변수 사이에 양의 상관이 있는가를 검정하려고 한다. 가설을 설정하고 유의수준 1%에서 가설을 검정하라.
3) 두 변수 사이를 단순선형회귀모형을 적합하려고 한다. 모형에 대한 가정을 기술하고 추정된 회귀직선을 구하라.
4) 3)의 모형에 대한 분산분석표를 작성하고 회귀직선에 대한 유의성 검정을 실시하라.
5) 3)의 모형에서 결정계수는 얼마인가? 그 의미는 무엇인지를 설명하라.
6) 3)의 모형에서 오차에 대한 가정을 검토하는 과정을 설명하라.
7) 3)의 모형을 이용해서 x=800일 때와 x=1500일 때 y 값을 구하라.
8) 하나의 데이터 (990, 967)는 제외한 나머지 데이터들만으로 단순선형회귀모형을 다시 적합하여 추정된 회귀직선을 구하라.
9) 8)의 모형에 대한 분산분석표를 작성하고 회귀직선에 대한 유의성 검정을 실시하라.
10) 8)의 모형에서 결정계수는 얼마인가? 3)의 모형에서의 값과 차이가 있는가?
11) 8)의 모형을 이용해서 x=800일 때와 x=1500일 때 y 값을 구하라.

2. R에 내장된 mtcars 데이터세트에서 (8, 9, 11)번째 열(변수)인 (vs, am, carb)을 제외한 데이터프레임 my를 만들었다. 다음은 데이터세트의 구조를

보여주고 있다. 아래 물음에 답하라.

```
> my=mtcars[,-c(8,9,11)]
> str(my)
'data.frame':	32 obs. of  8 variables:
 $ mpg : num  21 21 22.8 21.4 18.7 18.1 14.3 24.4 22.8 19.2 ...
 $ cyl : num  6 6 4 6 8 6 8 4 4 6 ...
 $ disp: num  160 160 108 258 360 ...
 $ hp  : num  110 110 93 110 175 105 245 62 95 123 ...
 $ drat: num  3.9 3.9 3.85 3.08 3.15 2.76 3.21 3.69 3.92 3.92 ...
 $ wt  : num  2.62 2.88 2.32 3.21 3.44 ...
 $ qsec: num  16.5 17 18.6 19.4 17 ...
 $ gear: num  4 4 4 3 3 3 3 4 4 4 ...
```

1) 데이터프레임 my의 모든 열들에 대한 상관계수 행렬을 구하라.
2) 1)의 상관계수 행렬을 이용하여 corplot을 작성하라. 옵션(method, type)을 바꾸면서 차트의 변화를 설명하라.
3) 1)의 상관계수 행렬을 이용하여 혼합된 corplot을 작성하라. 옵션(upper, lower)을 바꾸면서 차트의 변화를 설명하라.

3. R에 내장된 trees 데이터세트를 이용하여 부피(Volume)를 반응변수로, 둘레(Girth)와 높이(Height)를 설명변수로 고려하고 있다. 다음 trees 데이터세트의 구조를 참고하여 아래 물음에 답하라.

```
> str(trees)
'data.frame':	31 obs. of  3 variables:
 $ Girth : num  8.3 8.6 8.8 10.5 10.7 10.8 11 11 11.1 11.2 ...
 $ Height: num  70 65 63 72 81 83 66 75 80 75 ...
 $ Volume: num  10.3 10.3 10.2 16.4 18.8 19.7 15.6 18.2 22.6 19.9 ...
```

1) 둘레(Girth)를 설명변수로 한 단순선형회귀모형을 적합하여 추정된 회귀식을 기술하라.
2) 1)에서 적합한 모형의 분산분석표를 작성하고 결정계수를 구하라.

3) 1)의 모형에 대한 잔차분석을 시행하라.
4) 1)의 모형을 이용하여 둘레(Girth)의 값이 21일 때 부피(Volume)의 값을 예측하라.
5) 높이(Height)를 설명변수로 한 단순선형회귀모형을 적합하여 추정된 회귀식을 기술하라.
6) 5)에서 적합한 모형의 분산분석표를 작성하고 결정계수를 구하라.
7) 5)의 모형에 대한 잔차분석을 시행하라.
8) 5)의 모형을 이용하여 높이(Height)의 값이 88일 때 부피(Volume)의 값을 예측하라.
9) 둘레(Girth)와 높이(Height)를 설명변수로 한 다중선형회귀모형을 적합하여 추정된 회귀식을 기술하라.
10) 9)에서 적합한 모형의 분산분석표를 작성하고 결정계수를 구하라.
11) 9)의 모형에 대한 잔차분석을 시행하라.
12) 9)의 모형을 이용하여 둘레(Girth)가 21, 높이(Height)가 88일 때 부피(Volume)의 값을 예측하라.
13) 세 개의 모형 중에 어떤 모형을 선택하는 것이 좋을까? 그 이유를 설명하라.

4. 문제 2의 데이터프레임 my를 이용해 다중회귀분석을 시행하려고 한다. 변수 mpg를 반응변수로 하고 나머지 모든 변수들은 설명변수로 이용한다. 아래 물음에 답하라.

1) 회귀모형을 설정하고 필요한 가성을 기술하라.
2) 회귀계수들의 최소제곱추정량의 값을 구하라.
3) 각 회귀계수들이 유의한지를 각각 검정하라.
4) 회귀직선이 유의성 검정을 실시하라.
5) 결정계수와 수정된 결정계수의 값을 각각 구하라.
6) 변수 wt만으로 단순회귀직선을 적합하고 이때의 결정계수와 수정된 결정계수의 값을 구하라. 5)의 값과 차이가 있는가?

5. R에 내장된 swiss 데이터세트는 1988년 스위스의 47개 불어권 지역에서 측정한 자료로 다음과 같은 6개 변수로 이루어져 있다. 아래 swiss 데이터세트의 구조를 참고하여 다음 물음에 답하라.

- Fertility: 표준 출산지표
- Agriculture: 농업에 종사하는 남자 비율
- Examinination: 군 시험의 고득점 징집자 비율
- Education: 초등교육을 초과한 징집자 비율
- Catholic: 천주교 신자 비율
- Infant.Mortality: 출생 후 1년 이내에 사망한 영아 사망률

```
> str(swiss)
'data.frame'        : 47 obs. of  6 variables:
 $ Fertility        : num  80.2 83.1 92.5 85.8 76.9 76.1 83.8 92.4 82.4  ...
 $ Agriculture      : num  17 45.1 39.7 36.5 43.5 35.3 70.2 67.8 53.3  ...
 $ Examination      : int  15 6 5 12 17 9 16 14 12 16 ...
 $ Education        : int  12 9 5 7 15 7 7 8 7 13 ...
 $ Catholic         : num  9.96 84.84 93.4 33.77 5.16 ...
 $ Infant.Mortality : num  22.2 22.2 20.2 20.3 20.6 26.6 23.6 24.9 21 24.4 ..
```

1) 변수 Fertility를 반응변수로 하고 나머지 모든 변수들은 설명변수로 한 다중 선형회귀모형을 적합하고 추정된 회귀직선을 구하라. (힌트: 데이터프레임에서 반응변수를 제외한 모든 변수가 설명변수로 사용될 경우에 lm( )의 인수에 사용되는 모형식은 "반응변수 ~ . "와 같이 마침표만 사용하면 된다.
2) 각 회귀계수들이 유의한지를 각각 검정하라.
3) 회귀직선의 유의성 검정의 결과를 기술하라.
4) 1)에서 적합한 모형의 결정계수와 수정된 결정계수를 구하라.
5) 만약 2)의 과정에서 유의하지 않은 설명변수가 있다면 이 변수를 제외하고 다시 다중선형회귀모형을 적합하라.
6) 5)의 모형에 대해 각 회귀계수들이 유의한지를 각각 검정하라.
7) 5)의 모형에 대해 회귀직선의 유의성 검정의 결과를 기술하라.
8) 5)에서 적합한 모형의 결정계수와 수정된 결정계수를 구하라.
9) 4)의 값과 8)의 값은 얼마나 차이가 있는가?

6. R에 내장된 state.x77 데이터세트는 미국 50개 주의 8개 변수에 대한 값을 담고 있는 행렬자료이다. 이 자료 중 아래와 같은 5개 변수만으로 새로운 데이

터프레임 dat를 만들어 분석하려고 한다. 아래 데이터프레임 dat의 구조를 참고하여 다음 물음에 답하라.

- Life.Exp: 기대 수명 (반응변수)
- Population: 1975년 7월 1일 현재 인구 추정치
- Murder: 인구 10만 명당 살인 및 비범죄적 과실치사율
- HS.Grad: 고등학교 졸업자 비율 (1970년)
- Frost: 수도 또는 대도시의 최저 기온이 영하인 평균 일수

```
> st=data.frame(state.x77)
> dat=st[,c(1,4:7)]
> str(dat)
'data.frame':        50 obs. of  5 variables:
 $ Population: num  3615 365 2212 2110 21198 ...
 $ Life.Exp  : num  69 69.3 70.5 70.7 71.7 ...
 $ Murder    : num  15.1 11.3 7.8 10.1 10.3 6.8 3.1 6.2 10.7 13.9 ...
 $ HS.Grad   : num  41.3 66.7 58.1 39.9 62.6 63.9 56 54.6 52.6 40.6 ...
 $ Frost     : num  20 152 15 65 20 166 139 103 11 60 ...
```

1) 데이터프레임 dat의 모든 열들에 대한 상관계수 행렬을 구하라.
2) 1)의 상관계수 행렬을 이용하여 corplot을 작성하라. 옵션(method, type)을 바꾸면서 차트의 변화를 설명하라.
3) 1)의 상관계수 행렬을 이용하여 혼합된 corplot을 작성하라. 옵션(upper, lower)을 바꾸면서 차트의 변화를 설명하라.
4) 변수 Life.Exp를 반응변수로 하고 나머지 모든 변수들은 설명변수로 한 다중선형회귀모형을 적합하고 추정된 회귀직선을 구하라. (힌트: 데이터프레임에서 반응변수를 제외한 모든 변수가 설명변수로 사용될 경우에 lm( )의 인수에 사용되는 모형식은 "반응변수 ~ . "와 같이 마침표만 사용하면 된다.
5) 각 회귀계수들이 유의한지를 각각 검정하라.
6) 회귀직선의 유의성 검정의 결과를 기술하라.
7) 4)에서 적합한 모형의 결정계수와 수정된 결정계수를 구하라.

9장

범주형 자료의 분석

사회과학 분야에서는 성별, 종교, 인종, 직업 등과 같이 변수가 취할 수 있는 값이 **범주(category)**로 주어지는 자료를 분석하는 경우가 빈번하게 발생한다. 이번 장에서는 범주형 변수들로 이루어진 범주형 자료를 분석하는 방법들에 대해 다루려고 한다. 모집단 모형으로 사용되는 **다항분포(multinomial distribution)**에 대해 소개하고 관측된 데이터가 가정된 분포로부터 나왔는지를 검정하는 적합도 검정에 대해 다룬다. 또한, 2차원 분할표 형태의 자료를 분석하는 독립성 검정과 동일성 검정에 대해 다루려고 한다.

9.1 다항분포와 적합도 검정

9.1.1 다항분포

6.3절에서 다루었던 두 모비율을 비교하는 경우에 관찰된 개체는 성공 또는 실패, 합격 또는 불합격 등과 같이 두 가지 속성 중 하나로 분류되었다. 이렇게 결과가 둘 중의 하나인 시행을 베르누이시행이라 하며, 한 번의 시행에서 나타날 수 있는 결과가 여러 개 중의 하나인 시행을 **다항시행(multinomial trial)**이라 한다.

한 번의 다항시행에서 k개의 서로 배반인 사건 중 i번째 사건이 일어날 확률을 p_i라고 할 때, n번의 서로 독립인 다항시행을 행하여 i번째 사건이 일어날 횟수를 $X_i(i=1,2,\cdots,k)$라고 하면

$$\Pr\{X_1=n_1,\cdots,X_k=n_k\}=\frac{n!}{n_1!\cdots n_k!}p_1^{n_1}p_2^{n_2}\cdots p_k^{n_k},$$

$$n_1+\cdots+n_k=n,\ p_1+\cdots+p_k=1$$

임을 알 수 있다. 이 때 $(X_1,\cdots,X_k)$는 모수 $(n,p_1,\cdots,p_k)$을 갖는 다항분포를 따른다고 하며, 기호로는 $(X_1,\cdots,X_k)\sim m(n,p_1,\cdots,p_k)$라고 나타낸다.

정의 9-1 다항분포(multinomial distribution)

- $(X_1,\cdots,X_k)\sim m(n,p_1,\cdots,p_k)$

p_i : 한 번의 다항시행에서 k개의 서로 배반인 사건 중 i번째 사건이 일어날 확률

X_i : n번의 서로 독립인 다항시행을 행하여 i번째 사건이 일어날 횟수

$$\Rightarrow \Pr\{X_1 = n_1, \cdots, X_k = n_k\} = \frac{n!}{n_1! \cdots n_k!} p_1^{n_1} p_2^{n_2} \cdots p_k^{n_k}, \ n_1 + \cdots + n_k = n,,$$

$$p_1 + \cdots + p_k = 1$$

$(X_1, \cdots, X_k) \sim m(n, p_1, \cdots, p_k)$일 때, 확률변수 X_i만의 주변확률분포는 이항분포 $B(n, p_i)$에 따른다. 따라서

$$E(X_i) = np_i, \quad Var(X_i) - np_i(1-p_i), \quad Cov(X_i, X_j) = -np_ip_j \ (i \neq j)$$

임이 성립함을 보일 수 있다. 특히, n이 충분히 크면, 근사적으로

$$\sum_{i=1}^{k} \frac{(X_i - np_i)^2}{np_i} = \sum_{i-1}^{k} \frac{(O_i - E_i)^2}{E_i} \sim \chi^2(k-1)$$

임이 성립한다. 이 근사분포는 범주형 자료 분석에서 아주 중요하게 이용되며 $E_i = np_i > 5$, $(i = 1.\cdots, k)$일 때 적용하는 것이 좋다고 알려져 있다. 기호 O와 E는 각각 관측된 도수(observed frequency)와 기대도수(expected frequency)를 강조하기 위한 표현이다.

정리 9-1 다항분포의 근사(multinomial distribution)

- $(X_1, \cdots, X_k) \sim m(n, p_1, \cdots, p_k)$

  $\Rightarrow$ 1) $E(X_i) = np_i$, $\quad Var(X_i) = np_i(1-p_i)$,

  $Cov(X_i, X_j) = -np_ip_j \ (i \neq j)$

  2) $\displaystyle\sum_{i=1}^{k} \frac{(X_i - np_i)^2}{np_i} = \sum_{i=1}^{k} \frac{(O_i - E_i)^2}{E_i} \sim \chi^2(k-1)$, ($n$이 충분히 크면, 근사적으로) ($E_i = np_i > 5$, $(i = 1.\cdots, k)$ 일 때)

9.1.2 적합도 검정

적합도 검정이란 관찰된 도수의 분포가 이론분포와 일치하는가를 검정하는 것이다. n개의 실험대상을 택하여 서로 배반인 k개의 범주(category)에 속하는 도수 $(O_1, \cdots, O_k)$을 관측한다. 이때 각 실험대상이 i번째 범주에 속할 확률을 $p_i\,(i=1,\cdots,k)$라고 하면 도수 $(O_1, \cdots, O_k)$는 다항분포 $m(n, p_1, \cdots, p_k)$을 따르며 적합도 검정의 자료구조는 다음과 같다.

표 9-1 적합도 검정의 자료구조

범주	관측도수(O_i)	확률(p_i)
1	O_1	p_1
2	O_2	p_2
⋮	⋮	⋮
k	O_k	p_k
합계	n	1

미리 주어진 확률 $p_{10}, p_{20}, \cdots, p_{k0}$ $(\sum_{i=1}^{k} p_{i0} = 1,\ p_{i0} \geqq 0)$에 대해 각 범주에 속할 확률이 정해져 있다는 다음의 가설을 고려하자.

귀무가설 H_0 : $(p_1, p_2, \cdots, p_k) = (p_{10}, p_{20}, \cdots, p_{k0})$

대립가설 H_1 : 적어도 하나의 p_i는 가정된 p_{i0}와 다르다.

귀무가설 H_0가 사실일 때, i번째 범주의 기대도수(expected frequency)는

$$E_i = E(O_i | H_0) = n p_{i0} \quad (i = 1, 2, \cdots, k)$$

이며, 실제로 관측한 관측도수 O_i가 기대도수 $E_i = n p_{i0}$와 차이가 많이 나면 귀무가설이 옳지 않음을 뜻하게 된다. 따라서 H_0가 사실일 때, 기대도수와 관측도수의 차이에 대한 다음의 검정통계량이

$$\chi^2 = \sum_{i=1}^{k} \frac{(O_i - n p_{i0})^2}{n p_{i0}} = \sum_{i=1}^{k} \frac{(O_i - E_i)^2}{E_i} \sim \chi^2(k-1),$$

(n이 충분히 크면, 근사적으로)

을 만족함을 이용해 $\chi^2 > \chi^2_\alpha(k-1)$일 때 유의수준 α에서 귀무가설 H_0을 기각한다. R의 결과에는 유의확률이 출력되므로 계산된 유의확률이 미리 정한 유의수준 α보다 작을 때 H_0을 기각하면 된다.

> **정리 9-2 적합도 검정**
>
> - 귀무가설 $H_0 : (p_1, p_2, \cdots, p_k) = (p_{10}, p_{20}, \cdots, p_{k0})$
> - H_0 하에서 검정통계량의 분포(n이 충분히 크면, 근사적으로)
>
> $$\chi^2 = \sum_{i=1}^{k} \frac{(O_i - np_{i0})^2}{np_{i0}} = \sum_{i=1}^{k} \frac{(O_i - E_i)^2}{E_i} \sim \chi^2(k-1)$$
>
> - 유의수준 α인 기각영역: $\chi^2 > \chi^2_\alpha(k-1)$
> - 유의확률: $p-value = \Pr(X \geq c_0)$, $X \sim \chi^2(k-1)$, c_0는 검정통계량의 계산된 값

R에서는 함수 chisq.test( )를 이용하면 적합도 검정을 시행할 수 있다. 필수인 인수는 관측된 도수를 담고 있는 벡터이며, 두 번째 인수 p에는 H_0에 배당한 확률 p_{i0}들을 담고 있는 벡터를 지정한다. 만약 두 번째 인수를 생략하면 모든 확률이 $(1/k)$로 동일하게 지정된다. 다음 예를 통해 적합도 검정과 함수 chisq.test( )의 사용법을 이해해 보자.

예제 9-1 적합도 검정, 모든 범주의 확률이 동일한 경우

어떤 주사위를 300번 던져서 나온 눈의 도수가 다음과 같다. 이 주사위가 공정한 주사위라고 할 수 있는가?

주사위의 눈	1	2	3	4	5	6	합계
도수	38	59	53	39	65	46	300

1) 가설을 설정하라.

2) 각 범주의 기대도수를 구하라.

3) 검정통계량을 구하고 이 검정의 유의확률을 구하라.

|풀이| R의 실행과정은 [보기 9-1]을 참고하라.

1) $H_0 : p_1 = p_2 = \cdots = p_6 = 1/6$, H_1 : 적어도 하나의 p_i는 1/6 과 다르다.

2) $E_i = 300 \times (1/6) = 50$

3) $\chi^2 = \sum_{i=1}^{k} \frac{(O_i - 50)^2}{50} = \frac{(38-50)^2}{50} + \cdots + \frac{(46-50)^2}{50}$
$= 2.88 + 2.42 + \cdots + 0.32 = 11.92$

$p-value = \Pr(X \geq c_0) = \Pr(X > 11.92) = 1 - \Pr(X < 11.92)$
$= 1 - pchisq(11.92, 5) = 0.0359$

유의확률이 0.05보다 작으므로 유의수준 5%에서 귀무가설을 기각한다. 즉, 이 주사위는 공정한 주사위가 아니다.

보기 9-1

```
> x=c(38, 59, 53, 39, 65, 46)          # 관측도수 입력
> (x-50)^2/50                          # (O-E)^2/E
[1] 2.88 1.62 0.18 2.42 4.50 0.32
> sum((x-50)^2/50)                     # 검정통계량 계산
[1] 11.92
> 1-pchisq(11.92,5)                    # 유의확률 계산
[1] 0.03590056
> chisq.test(x)                        # 한 번에 검정하기

        Chi-squared test for given probabilities

data:  x
X-squared = 11.92, df = 5, p-value = 0.0359
```

함수 chisq.test( )를 이용하면 적합도 검정의 전 과정을 한 번에 실행할 수 있다. 또한, 출력된 검정통계량과 자유도, 유의확률 이외에도 계산의 중간과정에서 이용하는 값들도 출력이 가능하다. 이는 chisq.test( )의 각 속성에 저장돼 있는데

그 내용은 〈표 9-2〉와 같다. 이 속성의 값은 "개체$속성"과 같이 이용한다. 앞의 [예제 9-1]의 데이터에서 chisq.test( ) 개체를 만들고 이 개체의 일부 속성을 이용하는 과정은 [보기 9-2]를 참고하라.

표 9-2 chisq.test( )가 사용하는 속성들

속성	의미	설명
statistic	검정통계량	chisq.test( )의 결과에 기본적으로 출력
parameter	자유도	
p.value	유의확률	
observed	관측도수	입력된 관측도수 O_i을 담고 있는 벡터
expected	기대도수	p 인수에 의해 계산된 기대도수 $E_i = np_{i0}$들의 벡터
residuals	잔차	$(O_i - E_i)/\sqrt{E_i}$, 이를 제곱해 더한 값이 검정통계량

보기 9-2

```
> x=c(38, 59, 53, 39, 65, 46)              # 관측도수 입력
> test=chisq.test(x)                       # chisq.test( ) 개체생성
> test$statistic                           # 검정통계량
X-squared
    11.92
> test$p.value                             # 유의확률
[1] 0.03590056
> test$observed                            # 관측도수
[1] 38 59 53 39 65 46
> test$expected                            # 기대도수
[1] 50 50 50 50 50 50
> test$residuals                           # 잔차
[1] -1.6970563  1.2727922  0.4242641 -1.5556349  2.1213203 -0.5656854
> sum((test$residuals)^2)                  # 잔차제곱의 합=검정통계량
[1] 11.92
```

다음 예제는 각 범주에 대응되는 확률들이 서로 다른 경우이다. 이때는 해당 확

률들을 인수 p에 전달하여야 한다.

예제 9-2 적합도 검정, 각 범주의 확률이 다른 경우

고급 액자를 제작하는 업체에서 최근 신제품을 5가지 색상으로 제작을 하고 있다. 이 회사의 마케팅 팀에서는 각 색상의 선호도가 흰색(W) 30%, 빨강(R) 15%, 초록(G) 15%, 파랑(B) 25%, 노랑(Y) 15% 일거라 예상하고 있다고 한다. 최근에 판매된 500개 제품의 색상을 조사하였더니 다음과 같았다. 마케팅팀에서 주장했던 색상별 선호도는 옳다고 할 수 있는가? 적합도 검정을 실시하라.

색상	W	R	G	B	Y	합계
도수	138	71	93	131	67	500

1) 가설을 설정하라.
2) 각 범주의 기대도수를 구하라.
3) 검정통계량을 구하고 이 검정의 유의확률을 구하라.

|풀이| R의 실행과정은 [보기 9-3]을 참고하라.

1) $H_0 : (p_W, p_R, \cdots p_Y) = (0.3, 0.15, 0.15, 0.25, 0.15)$,

   H_1 : 적어도 하나의 p_i는 가정된 확률과 다르다.

2) $E_i = 500 \times (0.3, 0.15, 0.15, 0.25, 0.15) = (150, 75, 75, 125, 75)$

3) $$\chi^2 = \sum_{i=1}^{k} \frac{(O_i - E_i)^2}{E_i} = \frac{(138-150)^2}{150} + \cdots + \frac{(67-75)^2}{75}$$
$$= 0.960 + 0.213 + \cdots + 0.853 = 6.635$$

$$p-value = \Pr(X \geq c_0) = \Pr(X > 6.635) = 1 - \Pr(X < 6.635)$$
$$= 1 - pchisq(6.635, 4) = 0.1565$$

유의확률이 0.1보다도 크므로 유의수준 10%에서도 귀무가설을 기각할 수 없다. 즉, 마케팅 팀의 주장이 옳지 않다고 판단할만한 근거는 없다.

지금까지의 예제들은 모두 각 범주별로 도수가 계산된 1차원 분할표로 작성된 경우이다. 만약 아직 분할표가 작성되기 이전인 원시자료만 가지고 있는 경우라면 분석을 원하는 범주형 변수에 table( ) 함수를 적용해 1차원 분할표로 작성한 후 앞의 예들과 같이 분석하면 된다.

보기 9-3

```
> x=c(138, 71, 93, 131, 67)                    # 관측도수 입력
> pr=c(0.3, 0.15, 0.15, 0.25, 0.15)            # 대응 확률 입력
> test2=chisq.test(x, p=pr)                    # 검정개체
> test2                                        # 검정 결과 출력

        Chi-squared test for given probabilities
data:  x
X-squared = 6.6347, df = 4, p-value = 0.1565

> test2$expected                               # 기대도수 출력
[1] 150  75  75 125  75
> (test2$residual)^2                           # 잔차제곱, 이들 합이 검정통계량
[1] 0.9600000 0.2133333 4.3200000 0.2880000 0.8533333
> 1-pchisq(6.635,4)                            # 유의확률 확인
[1] 0.1564806
```

9.1.3 특정한 분포인지를 검정하는 방법

여기에서는 적합도 검정을 이용하여 관측된 데이터가 어떤 특정한 분포를 따르는지를 검정하는 방법에 대해 다루려고 한다. 이 경우에는 귀무가설에 각 범주별 확률이 정해질 수가 없다.

예제 9-3 **적합도 건정, 포아송 분포의 경우**

어느 시점에 출고된 한 종류의 차량 300대를 대상으로 최근 3년간 서비스 센터를 통해서 무상 점검 및 수리를 받은 횟수를 조사하였더니 아래와 같았다. 이 자료를 바탕으로 무상 점검 및 수리 횟수는 포아송 분포를 따른다고 할 수 있는가? 적합도 검정을 이용하여 검정하라.

점검 및 수리 횟수	0	1	2	3	4	5	6	합계
관측 도수	38	56	102	52	32	16	4	300

1) 가설을 설정하라.

2) 포아송 분포의 평균을 추정하라.

3) 각 범주의 기대도수를 구하라.

4) 검정통계량을 구하고 이 검정의 유의확률을 구하라.

5) 1)의 가설을 검정하라.

|풀이| R의 실행과정은 [보기 9-4]를 참고하라.

1) H_0 : 무상 점검 횟수는 포아송 분포를 따른다. H_1 : H_0가 아니다.

2) 포아송 분포의 평균은 다음과 같이 표본평균으로 추정한다.

$$\hat{m} = \bar{x} = \frac{0 \times 38 + 1 \times 56 + \cdots + 6 \times 4}{300} = 2.16$$

3) 각 범주의 기대도수를 구하려면 각 범주의 확률을 알아야 한다. 한편, 횟수가 6인 범주는 관측도수가 5 이하이므로 밑의 범주와 합치기로 한다. 각 확률 $p_i = \Pr(X=i)$은 R의 dpois( )를 이용해 계산하고 마지막 범주의 확률은 $p_5 = 1 - \Sigma_{i=0}^{4} p_i$ 로 계산하였다. 이렇게 계산된 확률 $p_i = \Pr(X=i)$, $(i=0, 1, \cdots, 5)$을 이용해 $E_i = 300 \times p_i$ 들을 계산하면 아래 표와 같다.

점검 횟수	0	1	2	3	4	5이상	합계
$p_i = \Pr(X=i)$	0.1153	0.2491	0.2690	0.1937	0.1046	0.0682	1
관측 도수	38	56	102	52	32	20	300
기대 도수	34.5975	74.7307	80.7091	58.1106	31.3797	20.4724	300

4) $$\chi^2 = \sum_{i=1}^{6} \frac{(O_i - E_i)^2}{E_i} = \frac{(38 - 34.5975)^2}{34.5975} + \cdots + \frac{(20 - 20.4724)^2}{20.4724}$$
$$= 0.3346 + \cdots + 0.0109 = 11.3115$$

범주가 6개이므로 자유도는 5이어야 하나 포아송 분포의 평균을 추정하였기에 이런 경우에는 자유도 1을 더 빼준다. 일반적으로 모수를 추정한 개수만큼 자유도는 차감된다. 따라서 여기서는 자유도 4인 카이제곱분포를 이용해 유의확률을 계산하게 된다.

$$p-value = \Pr(X \geq c_0) = \Pr(X > 11.3115) = 1 - \Pr(X < 11.3115)$$
$$= 1 - pchisq(11.3115, 4) = 0.0233$$

5) 유의확률이 0.05보다 작으므로 유의수준 5%에서 귀무가설을 기각한다. 즉, 얻어진 자료는 포아송 분포를 따른다고 할 수 없다.

만약 모집단이 정규분포와 같이 연속형인 분포를 따르는가를 검정하는 경우에는 각 범주는 구간으로 주어지며, 귀무가설에서 지정한 분포를 이용해 각 구간의 확률을 계산해야 한다. 구간 안에 포함된 관측값의 개수와 구간에 대응되는 확률을 이용해 기대도수도 계산한다. 이후의 절차는 위에서 진행한 적합도 검정과 동일하다. 최종적으로 귀무가설이 참일 때, 검정통계량의 분포는 근사적으로 다음과 같다.

$$\chi^2 = \sum_{i=1}^{k} \frac{(O_i - E_i)^2}{E_i} \sim \chi^2(k-1-\text{추정한 모수의 개수})$$

범주에 해당하는 구간이 등간격이 되도록 나누는 경우도 있고 각 구간에 대응되는 확률이 동일하게 구간을 나누기도 한다. 이와 관련된 예는 연습문제에서 제시하도록 하겠다.

보기 9-4

```
> x=0:6                                    # x 범위 입력
> cnt=c(38, 56, 102, 52, 32, 16, 4)        # 관측도수 입력
> (m=sum(x*cnt)/sum(cnt))                  # 표본평균 계산
[1] 2.16
> pr=dpois(0:5,m)                          # 포아송 분포의 확률 계산
> pr[6]=1-sum(pr[1:5])                     # Pr(X≥5)=1-Pr(X≤4)
> pr                                       # 범주별 확률출력
[1] 0.11532512 0.24910226 0.26903044 0.19370192 0.10459904 0.06824122
> (ei=300*pr)                              # 기대도수
[1] 34.59754 74.73068 80.70913 58.11058 31.37971 20.47237
> sum(ei)                                  # 기대도수 총합 확인
[1] 300
> (oi=c(cnt[1:5], cnt[6]+cnt[7]))          # 관측도수 조정
[1]  38  56 102  52  32  20
> sum((oi-ei)^2/ei)                        # 검정통계량
[1] 11.31151
> 1-pchisq(11.3115, 4)                     # 유의확률 확인
[1] 0.02327748
```

9.2 여러 개 이항모집단에서 동질성 검정

9.2.1 2×2 분할표의 동질성 검정

6.3절에서 학습한 두 모비율의 차에 대한 검정을 다시 생각해 보자. 성공률 p_1인 베르누이 분포로부터의 n_1개의 랜덤표본을 추출해 X번 성공하였다고 하고 이와는 독립적으로 성공률 p_2인 베르누이 분포로부터의 n_2개의 랜덤표본을 추출해서 Y번 성공하였다고 하자. 각 표본에서의 성공 횟수 X와 Y는 각각 이항분포 $B(n_1, p_1)$과 $B(n_2, p_2)$에 따르며 독립이다. 모비율 p_1과 p_2의 추정량은 각각 표본비율

$$\widehat{p_1} = X/n_1, \quad \widehat{p_2} = Y/n_2$$

이며 이들도 서로 독립이다. 두 모비율이 차이가 있는지를 알아보기 위한 귀무가설

$$H_0 : p_1 = p_2 \ (= p)$$

을 검정하기 위한 검정통계량의 분포가

$$Z = \frac{\widehat{p_1} - \widehat{p_2}}{\sqrt{\hat{p}(1-\hat{p})\left(\frac{1}{n_1} + \frac{1}{n_2}\right)}} \quad (H_0\text{하에서 근사적으로 N(0, 1)을 따름})$$

와 같음을 이용해 가설을 검정하였다.

이제 위 문제를 〈표 9-3〉과 같은 2×2 분할표에서의 문제로 분석해보자.

표 9-3 2×2 분할표

	성공	실패	합(표본의 크기)
모집단1	O_{11}	O_{12}	$n_1 = O_{11} + O_{12}$
모집단2	O_{21}	O_{22}	$n_2 = O_{21} + O_{22}$
합	$O_{.1}$	$O_{.2}$	$n = n_1 + n_2$

귀무가설 H_0가 성립할 때, 공통인 모비율 p에 대한 합동추정량은

$$\hat{p} = \frac{O_{11} + O_{21}}{n_1 + n_2} = \frac{O_{.1}}{n}$$

이며, 각 모집단에서의 성공과 실패에 대한 기대도수는 다음과 같이 추정할 수 있을 것이다.

$$\begin{cases} E_{i1} = n_i \hat{p} = \dfrac{n_i O_{.1}}{n} \\ E_{i2} = n_i (1 - \hat{p}) = \dfrac{n_i O_{.2}}{n}, \ (i = 1, 2) \end{cases}$$

이제 관측도수와 추정된 기대도수를 이용한 다음의 검정통계량

$$\chi^2 = \sum_{i=1}^{2} \sum_{j=1}^{2} \frac{(O_{ij} - E_{ij})^2}{E_{ij}}$$

의 값이 커지면 귀무가설 H_0가 성립하지 않음을 나타낸다. 한편 위의 검정통계량 Z을 제곱하면 $Z^2 \sim \chi^2(1)$ 이므로 검정통계량의 분포는

$$\chi^2 = \sum_{i=1}^{2} \sum_{j=1}^{2} \frac{(O_{ij} - E_{ij})^2}{E_{ij}} \sim \chi^2(1), \ (H_0 \text{하에서 근사적으로})$$

이라 예상할 수 있다. 실제로 우리가 앞에서 모비율의 추론에 사용했던 prop.test( )도 이와 같은 분포의 근사를 사용한다.

다음 예제는 앞에서 다루었던 [예제 6-4]의 데이터를 두 가지 방법으로 분석해 보고 결과를 비교해 보자.

예제 9-4 **[예제 6-4]를 2×2 분할표의 카이제곱 검정으로 풀이**

두 공장 A, B 간에 불량률에 차이가 있는지를 알아보기 위해 지난 한 달간 각 공장에서 생산한 제품의 개수와 그 중에 불량품으로 판정된 제품의 개수가 다음과 같다.

	공장 A	공장 B
불량품의 수	36	24
생산한 총 제품의 수	750	860

두 공장의 불량률은 차이가 있는가를 다음 방법으로 검정하라.

1) 정규근사에 의한 두 모비율의 차에 대한 검정

2) 분할표에 의한 카이제곱 검정

|풀이| 귀무가설 $H_0 : p_1 = p_2 (= p)$, 대립가설 $H_1 : p_1 \neq p_2$

1) $\hat{p_1} = X/n_1 = 36/750 = 0.048$, $\hat{p_2} = Y/n_2 = 24/860 = 0.028$

합동추정량 $\hat{p} = \dfrac{X+Y}{n_1+n_2} = \dfrac{36+24}{750+860} = 0.0373$

검정통계량의 값
$$z_0 = \frac{\hat{p_1} - \hat{p_2}}{\sqrt{\hat{p}(1-\hat{p})\left(\frac{1}{n_1}+\frac{1}{n_2}\right)}}$$
$$= \frac{0.02}{\sqrt{0.0373 \times 0.9627\left(\frac{1}{750}+\frac{1}{860}\right)}}$$
$$\simeq 2.1053$$

양쪽검정의 유의확률은 한쪽검정의 유의확률을 2배이므로

$$2 \times \Pr(Z \geqq 2.11) = 2 \times \Pr(Z \leqq -2.11) = 2 \times pnorm(-2.11) = 0.035$$

유의확률=0.035<0.05이므로 유의수준 5%에서 귀무가설을 기각한다. 즉, 두 공장의 불량률은 차이가 있다.

2) 자료 구조를 다음과 같이 2×2 분할표로 바꾸고 기대도수도 추정한다.

(관측도수)

	성공	실패	합
공장 A	36	714	750
공장 B	24	836	860
합	60	1550	1610

⇒

(기대도수)

	성공	실패	합
공장 A	27.95	722.05	750
공장 B	32.05	827.95	860
합	60	1550	1610

위 표를 이용하여 카이제곱 검정통계량을 계산하면

$$\chi^2 = \sum_{i=1}^{2}\sum_{j=1}^{2}\frac{(O_{ij}-E_{ij})^2}{E_{ij}} = \frac{(36-27.95)^2}{27.95} + \cdots + \frac{(836-827.95)^2}{827.95}$$
$$= 2.318 + 0.090 + 2.022 + 0.078 = 4.508$$

이제 X가 자유도 1인 카이제곱분포에 따르는 확률변수라면

유의확률$= \Pr(X \geqq 4.508) = 1 - \Pr(X \leqq 4.508) = 1 - pchisq(4.508, 1)$

$= 0.0337$

유의확률=0.0337<0.05이므로 유의수준 5%에서 귀무가설을 기각한다. 즉, 두 공장의 불량률은 차이가 있다.

1)과 2)의 결과를 종합하면 $z_0^2 = (2.1053)^2 \simeq 4.43$으로 카이제곱 검정통계량의 값 4.508과 비슷하며 두 검정의 유의확률이 각각 0.035와 0.034로 매우 근접한 값임을 알 수 있다.

9.2.2 r×2 분할표의 동질성 검정

이제 이항모집단이 r개인 경우로 확장해보자. 각 모집단의 성공율 $p_1, p_2, \cdots, p_r$들을 비교하기 위한 가설은 다음과 같다.

$$H_0 : p_1 = p_2 = \cdots = p_r \ (= p), \quad H_1 : H_0\text{가 아니다.}$$

이항모집단 r개를 관찰한 결과는 〈표 9-4〉와 같이 표시할 수 있다. 이를 $r \times 2$ **분할표(contingency table)**라고 부른다.

표 9-4 $r \times 2$ 분할표

	성공	실패	합(표본의 크기)
모집단1	O_{11}	O_{12}	$n_1 = O_{11} + O_{12}$
모집단2	O_{21}	O_{22}	$n_2 = O_{21} + O_{22}$
⋮	⋮	⋮	⋮
모집단r	O_{r1}	O_{r2}	$n_r = O_{r1} + O_{r2}$
합	$O_{.1}$	$O_{.2}$	$n = n_1 + n_2 + \cdots + n_r$

귀무가설 H_0가 성립할 때, 공통인 모비율 p에 대한 합동추정량은

$$\hat{p} = \frac{O_{11} + O_{21} + \cdots + O_{r1}}{n_1 + n_2 + \cdots + n_r} = \frac{O_{.1}}{n}$$

이며, 각 모집단에서의 성공과 실패에 대한 기대도수는 다음과 같이 추정할 수 있을 것이다.

$$\begin{cases} E_{i1} = n_i \hat{p} = \dfrac{n_i O_{.1}}{n} \\ E_{i2} = n_i (1 - \hat{p}) = \dfrac{n_i O_{.2}}{n} \end{cases}, \quad (i = 1, 2, \cdots, r)$$

H_0가 성립하고 표본의 크기가 충분히 크면 관측도수와 추정된 기대도수를 이용한 검정통계량의 분포는 다음을 만족한다고 알려져 있다.

$$\chi^2 = \sum_{i=1}^{r} \sum_{j=1}^{2} \frac{(O_{ij} - E_{ij})^2}{E_{ij}} \sim \chi^2(r-1), \ (H_0\text{하에서 근사적으로})$$

이상의 내용을 요약하여 여러 개 이항모집단의 모비율들이 모두 동일한지를 검정하는 방법은 다음과 같다.

정리 9-3 r개 이항모집단의 비율에 대한 검정(표본크기가 큰 경우)

- 가설: $H_0 : p_1 = p_2 = \cdots = p_r \, (= p)$, $H_1 : H_0$가 아니다.
- 기대도수의 계산(추정):

  $$E_{ij} = \frac{n_i O_{.j}}{n} = \frac{\text{행합} \times \text{열합}}{\text{총합}}, \quad (i = 1, 2, \cdots, r;\ j = 1, 2)$$

- 검정통계량의 분포: $\chi^2 = \sum_{i=1}^{r} \sum_{j=1}^{2} \frac{(O_{ij} - E_{ij})^2}{E_{ij}} \sim \chi^2(r-1)$, ($H_0$하에서 근사적으로)
- 유의수준 α인 기각영역: $\chi^2 > \chi^2_\alpha(r-1)$
- 유의확률: $p-value = \Pr(X \geq c_0)$, $X \sim \chi^2(r-1)$, c_0 는 검정통계량의 계산된 값

R의 prop.test( ) 함수를 이용하면 r개 이항모집단의 비율에 대한 검정도 실행할 수 있다. 인수인 성공회수 x와 시행횟수 n을 r개 원소를 가진 벡터를 지정하면 된다.

다음의 예를 통해 prop.test( ) 함수의 넓은 활용범위를 확인해 보자. chisq.test( )를 이용하여 $(r \times 2)$ 분할표에 의한 동질성 검정을 시행해 같은 결과를 얻을 수도 있다. chisq.test( )의 인수는 행렬 형태의 분할표이다. [보기 9-5]를 통해 이 함수들의 활용 예를 잘 확인해 보자.

예제 9-5 **여러 모비율의 비교**

3개 지역과 인접한 특정 장소에 어떤 시설을 설치하려고 한다. 세 지역에서 랜덤하게 선택된 표본을 뽑아 지역별 찬성률에 차이가 있는가를 알아보기로 하였다. 각 지역별 표본과 찬성자의 수는 다음과 같다.

	지역 A	지역 B	지역 C
찬성자의 수	140	135	185
표본의 개수	250	300	400

세 지역의 찬성률은 차이가 있는지 가설을 세우고 검정하라.

|풀이| 귀무가설 $H_0 : p_1 = p_2 = p_3$, 대립가설 $H_1 : H_0$ 가 아니다.

자료 구조를 다음과 같이 3×2 분할표로 바꾸고 기대도수도 추정한다.

(관측도수) ⇒ (기대도수)

	찬성	반대	합
지역 A	140	110	250
지역 B	135	165	300
지역 C	185	215	400
합	460	490	950

⇒

	찬성	반대	합
지역 A	121.05	128.95	250
지역 B	145.26	154.74	300
지역 C	193.68	206.32	400
합	460	490	950

위 표를 이용하여 카이제곱 검정통계량을 계산하면

$$\chi^2 = \sum_{i=1}^{3}\sum_{j=1}^{2}\frac{(O_{ij}-E_{ij})^2}{E_{ij}} = \frac{(140-121.05)^2}{121.05} + \cdots + \frac{(215-206.32)^2}{206.32}$$

$$= 2.966 + \cdots + 0.366 = 7.911$$

이제 X가 자유도 (3−1)(2−1)=2인 카이제곱분포에 따르는 확률변수라면,

$$\text{유의확률} = \Pr(X \geq 7.911) = 1 - \Pr(X \leq 7.911) = 1 - pchisq(7.911, 2) = 0.01915$$

유의확률=0.01915<0.05이므로 유의수준 5%에서 귀무가설을 기각한다. 즉, 세 지역의 찬성률은 같지 않다.

보기 9-5

```
> yes=c(140, 135, 185)                    # 찬성자 수
> samp=c(250, 300, 400)                   # 표본의 수
> prop.test(yes, samp)                    # prop.test( )를 이용한 검정
        3-sample test for equality of proportions without continuity correction
data:  yes out of samp
X-squared = 7.9105, df = 2, p-value = 0.01915
alternative hypothesis: two.sided
sample estimates:
prop 1 prop 2 prop 3
0.5600 0.4500 0.4625
> no=samp-yes                             # 반대자 수의 계산
> dat=rbind(yes,no)                       # 분할표 완성, 자료의 행렬 구조화
> test=chisq.test(dat)                    # chisq.test( )를 이용한 검정
> test
        Pearson's Chi-squared test
data:  dat
X-squared = 7.9105, df = 2, p-value = 0.01915
> test$expected                           # 기대도수의 확인
        [,1]      [,2]      [,3]
yes 121.0526  145.2632  193.6842
no  128.9474  154.7368  206.3158
> 1-pchisq(7.911,2)                       # 유의확률 확인
[1] 0.01914909
```

9.3 여러 개 다항 모집단에서의 동질성 검정

각 모집단이 c개 범주(category)를 가지는 r개의 다항 모집단을 관측하는 경우를 살펴보자. 동질성 검정이란 분할표에서 한 변수의 각 수준에 따라 다른 변수의 분포가 같은지를 검정하는 방법이다. 조사대상인 모집단을 r개의 sub 모집단 $A_1, \cdots, A_r$로 분할하고, 각각의 집단 $A_i, (i=1,\cdots,r)$에서 n_i 개의 실험대상을 택해

서로 배반인 범주 $B_1, \cdots, B_c$에 속하는 도수 $O_{i1}, \cdots, O_{ic}$을 관측 한 결과는 〈표 9-5〉와 같다. 동질성 검정의 자료구조 〈표 9-5〉에서 각 sub 모집단의 빈도수 n_i 들은 미리 정해져 있다.

표 9-5 동질성 검정의 자료구조(r×c 분할표)

sub 모집단	범주 B				표본크기
	1	2	⋯	c	
A_1	O_{11}	O_{12}	⋯	O_{1c}	n_1
A_2	O_{21}	O_{22}	⋯	O_{2c}	n_2
⋮	⋮	⋮	⋮	⋮	⋮
A_r	O_{r1}	O_{r2}	⋯	O_{rc}	n_r
합계	$O_{.1}$	$O_{.2}$	⋯	$O_{.c}$	n

A_i에 속하는 한 실험대상이 범주 $B_1, \cdots, B_c$에 속할 확률을 각각 $p_{i1}, \cdots, p_{ic}$, $(p_{i1} + \cdots + p_{ic} = 1)$라고 하면 동질성 검정의 귀무가설과 대립가설은

$$H_0 : (p_{i1}, \cdots, p_{ic}) = (p_{11}, \cdots, p_{1c}),\ (i = 2, \cdots, r) \quad \text{vs.}\ H_1 : H_0\text{이 아니다.}$$

와 같다. 즉, H_0하에서는 한 실험대상이 범주 B_j에 속할 확률은 어느 sub 모집단에 대해서도 모두 동일하다.

[정리 9-3]의 내용을 c개 범주로 확장하여 정리하면 다음의 [정리 9-4]와 같다.

정리 9-4 r개 다항 모집단의 동질성 검정(표본크기가 큰 경우, $E_{ij} \geq 5$)

- 가설: $H_0 : (p_{i1}, \cdots, p_{ic}) = (p_{11}, \cdots, p_{1c}),\ (i = 2, \cdots, r)$, $H_1 : H_0$가 아니다.
- 기대도수의 계산(추정):

$$E_{ij} = \frac{n_i O_{.j}}{n} = \frac{\text{행합} \times \text{열합}}{\text{총합}},\ (i = 1, \cdots, r;\ j = 1, \cdots, c)$$

- 검정통계량: $\chi^2 = \sum_{i=1}^{r} \sum_{j=1}^{c} \frac{(O_{ij} - E_{ij})^2}{E_{ij}} \sim \chi^2((r-1)(c-1))$, ($H_0$하에서 근사적으로)
- 유의수준 α인 기각영역: $\chi^2 > \chi^2_\alpha((r-1)(c-1))$

• 유의확률: $p-value = \Pr(X \geq c_0)$, $X \sim \chi^2((r-1)(c-1))$

c_0 는 검정통계량의 계산된 값

다음 [예제 9-6]은 $(r \times c)$ 분할표에 의한 동질성 검정을 보여주며 chisq.test( )를 이용하여 검정의 결과를 얻을 수 있다. 이미 살펴본 바와 같이 chisq.test( )의 인수는 행렬 형태의 분할표이며 그 사용은 [보기 9-6]을 참고하라.

예제 9-6 동질성 검정

제품의 색상에 대한 선호도가 성별에 따라 다른지를 알아보기 위해 남녀 각 200명에게 4가지 색상 중에서 가장 마음에 드는 색상을 선택하도록 하였더니 아래 자료와 같았다. 제품 색상의 선호도가 성별에 따라 다르다고 할 수 있는지 가설을 세우고 검정하라.

	색상 A	색상 B	색상 C	색상 D
남	80	60	40	20
여	100	40	20	10

|풀이| 귀무가설 $H_0 : p_{남j} = p_{여j}$, $(j = 1, 2, 3, 4)$, 대립가설 $H_1 : H_0$ 가 아니다.
귀무가설은 남녀 간에 색상별 선호도는 차이가 없음을 나타낸다. 각 셀에 대한 기대도수를 계산해 표를 만들면 다음과 같다.

(관측도수) ⇒ (기대도수)

	색상A	색상B	색상C	색상D	합
남	80	60	40	20	200
여	100	40	20	10	200
합	180	100	60	30	400

	색상A	색상B	색상C	색상D
남	90	50	45	15
여	90	50	45	15

위 표의 기대도수는

$$E_{11} = \frac{180 \times 200}{400} = 90, \cdots, E_{24} = \frac{30 \times 200}{400} = 15$$

와 같이 계산된 것이며 카이제곱 검정통계량은 다음과 같이 계산된다.

$$\chi^2 = \sum_{i=1}^{2}\sum_{j=1}^{4}\frac{(O_{ij}-E_{ij})^2}{E_{ij}} = \frac{(80-90)^2}{90} + \cdots + \frac{(10-15)^2}{15}$$

$$= 1.111 + \cdots + 1.667 = 10.667$$

이제 X가 자유도 (2−1)(4−1)=3인 카이제곱분포에 따르는 확률변수라면

$$\text{유의확률} = \Pr(X \geqq 10.667) = 1 - \Pr(X \leqq 10.667) = 1 - pchisq(10.667,3)$$
$$= 0.01367$$

유의확률=0.01367<0.05이므로 유의수준 5%에서 귀무가설을 기각한다.
즉, 색상에 대한 선호도는 성별에 따라 다르다고 할 수 있다.

보기 9-6

```
> m=c(80, 60, 40, 20)                 # 남
> f=c(100, 40, 50, 10)                # 여
> dat=rbind(m, f)                     # 행벡터 결합, 분할표 완성
> test=chisq.test(dat)                # chisq.test( )를 이용한 동질성 검정
> test

        Pearson's Chi-squared test
data:  dat
X-squared = 10.667, df = 3, p-value = 0.01367

> test$expected                       # 기대도수의 확인
    [,1]  [,2]  [,3]  [,4]
m    90    50    45    15
f    90    50    45    15

> 1-pchisq(10.667,3)          # 유의확률 확인
[1] 0.0136698
```

9.4 독립성 검정

두 범주형 변수가 서로 독립인지 아닌지에 대해 검정하는 독립성 검정에 대해 알아보자. 조사대상인 모집단에서 n개의 실험단위를 택하여 A요인의 i번째 범주 A_i에

속하면서 B 요인의 j번째 범주 B_j에 속하는 도수 O_{ij}, $(i=1, \cdots, r)$, $(j=1, \cdots, c)$을 기록한 구조는 다음의 〈표 9-6〉과 같다.

표 9-6 독립성 검정의 자료구조(r×c 분할표)

		B 요인				
		1	2	…	c	합계
A 요인	1	O_{11}	O_{12}	…	O_{1c}	$O_{1.}$
	2	O_{21}	O_{22}	…	O_{2c}	$O_{2.}$
	⋮	⋮	⋮	⋮	⋮	⋮
	r	O_{r1}	O_{r2}	…	O_{rc}	$O_{r.}$
	합계	$O_{.1}$	$O_{.2}$	…	$O_{.c}$	n

이때 한 실험대상이 각각의 범주에 속할 확률을

p_{ij} =범주 A_i와 B_j에 동시에 속할 확률

$p_{i.}$ =범주 A_i에 속할 확률

$p_{.j}$ =범주 B_j에 속할 확률

과 같이 정의하면 독립성 검정의 귀무가설 H_0과 대립가설 H_1은

$$H_0 : p_{ij} = p_{i.} \times p_{.j} \ (i=1,\cdots,r \ ; \ j=1,\cdots,c), \quad H_1 : H_0\text{이 아니다.}$$

와 같다. 즉, H_0하에서는 A요인과 B요인이 독립이어서 서로 영향을 미치지 않는다.

H_0가 참일 때, 도수 $(O_{11}, \cdots, O_{rc})$는 다항분포 $m(n, p_{1.}p_{.1}, \cdots, p_{r.}p_{.c})$을 따르므로 범주 A_i와 B_j에 동시에 속할 기대도수의 추정치는

$$E_{ij} = n \cdot \widehat{p_{ij}} = n \cdot \widehat{p_{i.}} \cdot \widehat{p_{.j}} = n \cdot \frac{O_{i.}}{n} \cdot \frac{O_{.j}}{n} = \frac{O_{i.} \cdot O_{.j}}{n}$$

로 주어진다. 이는 [정리 9-4]의 동질성 검정의 경우와 같다.

독립성 검정과 동질성 검정은 통계적 모형이과 검정법의 유도과정은 서로 다르지만 결과적으로는 같은 검정법이 된다. 그 결과만을 요약하면 다음의 [정리 9-5]와 같다.

정리 9-5 두 범주형 변수의 독립성 검정(표본크기가 큰 경우, $E_{ij} \geq 5$)

- 가설: $H_0 : p_{ij} = p_{i.} \times p_{.j}$ $(i=1,\cdots,r\ ;\ j=1,\cdots,c)$, $H_1 : H_0$가 아니다.
- 기대도수의 계산(추정):

$$E_{ij} = \frac{O_{i} \times O_{.j}}{n} = \frac{\text{행합} \times \text{열합}}{\text{총합}}, \quad (i=1,\cdots,r;\ j=1,\cdots,c)$$

- 검정통계량: $\chi^2 = \sum_{i=1}^{r}\sum_{j=1}^{c}\frac{(O_{ij}-E_{ij})^2}{E_{ij}} \sim \chi^2((r-1)(c-1))$, ($H_0$하에서 근사적으로)
- 유의수준 α 인 기각영역: $\chi^2 > \chi^2_{\alpha}((r-1)(c-1))$
- 유의확률: $p-value = \Pr(X \geq c_0)$, $X \sim \chi^2((r-1)(c-1))$

  c_0 는 검정통계량의 계산된 값

독립성 검정과 동질성 검정은 결과적으로 같은 검정이므로 chisq.test( )를 이용해 독립성 검정도 수행한다. [예제 9-7]은 chisq.test( )를 이용해 독립성 검정을 시행한 예이다. 기대도수나 검정통계량 등의 계산과정은 동질성 검정에서의 과정과 같으므로 생략한다. [보기 9-7]의 chisq.test( )의 결과를 이용해 가설을 검정해 보자.

예제 9-7 독립성 검정

유권자 1250명을 대상으로 이념 성향과 어떤 후보를 지지하는지를 조사한 빈도 데이터가 아래와 같았다. 이념 성향과 지지 후보의 선택은 서로 관련이 있는가? 통계적 가설을 설정하고 R을 이용한 가설검정의 결과를 기술하라.

	후보 A	후보 B	합
진보	115	395	510
중도	169	221	390
보수	225	125	350
합	509	741	1250

|풀이| 귀무가설 H_0 : 이념 성향과 지지 후보의 선택은 서로 독립이다.

대립가설 $H_1 : H_0$ 가 아니다. 즉, 이념 성향과 지지 후보의 선택은 서로 관련이 있다.

[보기 9-7]의 결과로부터 유의확률=2.2×10-16≃0<0.01이므로 유의수준 1%에서도 귀무가설을 기각한다. 즉, 이념 성향과 지지 후보의 선택은 서로 관련이 있다.

보기 9-7

```
> a=c(115, 169, 225)                    # 후보 A, 열벡터
> b=c(395, 221, 125)                    # 후보 B, 열벡터
> dat=cbind(a, b)                       # 열벡터 결합, 분할표 완성
> test=chisq.test(dat)                  # chisq.test( )를 이용한 독립성 검정
> test
        Pearson's Chi-squared test
data:  dat
X-squared = 151.39, df = 2, p-value < 2.2e-16
> test$observed                         # 관측도수의 확인
       a   b
[1,] 115 395
[2,] 169 221
[3,] 225 125
> test$expected                         # 기대도수의 확인
           a       b
[1,] 207.672 302.328
[2,] 158.808 231.192
[3,] 142.520 207.480
```

연습문제

1. 혈액형 A, B, O, AB형인 사람의 비율은 각각 40%, 20%, 30%, 10%로 알려져 있다. 만약 임의로 검사한 200명의 혈액형이 다음과 같다면 알려진 혈액형의 비율이 옳다고 할 수 있을까? 다음 절차에 따라 적합도 검정을 실시하라.

혈액형	A	B	O	AB	합계
도수	74	48	53	25	200

1) 가설을 설정하라.
2) 각 범주의 기대도수를 구하라.
3) 검정통계량을 구하고 이 검정의 유의확률을 구하라.
4) 3)의 결과를 이용하여 유의수준 5%에서 1)의 가설을 검정하라.

2. R의 UsingR 패키지에 내장된 pi2000 데이터세트는 무리수인 원주율 π 의 2000자리 까지의 숫자들이 기록되어 있다. 다음 정보를 이용하여 다음 물음에 답하라.

```
> install.packages("UsingR")
> library(UsingR)
> str(pi2000)
 num [1:2000] 3 1 4 1 5 9 2 6 5 3 ...
```

1) table( ) 함수를 이용하여 각 숫자의 빈도표를 작성하라.
2) 각 숫자들의 발생 빈도가 모두 동일한지를 검정하려고 한다. 즉, 0, 1, 2, …, 9가 모두 같은 빈도로 나타나는지를 검정하려고 할 때 귀무가설과 대립가설을 설정하라.
3) 2)의 가설을 R을 이용해 검정하라.

3. 관측한 100개의 데이터들을 8개 구간으로 나누고 해당 구간에 속하는 데이터들의 개수를 관측한 결과가 아래 표와 같다. 표에 기록된 구간의 확률은 데이터들로부터 평균과 표준편차를 계산한 후 이를 모수로 하는 정규분포에 따르는 확률변수가 해당 구간을 포함할 확률을 계산한 것이다. 다음 물음에 답하라.

구간	1	2	3	4	5	6	7	8
구간의 확률	0.05	0.1	0.15	0.2	0.2	0.15	0.1	0.05
관측도수	4	9	20	24	20	14	7	2

1) 각 구간의 확률을 이용해 각 구간의 기대도수를 계산하라.
2) 1)에서 구한 기대도수와 관측도수를 이용하여 적합도 검정을 위한 검정통계량을 계산하라.
3) 2)의 검정통계량은 이 데이터들이 정규분포를 따른다는 귀무가설 하에서 자유도 (구간의 개수-1-추정된 모수의 개수)=(8-3)=5인 카이제곱 분포에 따른다고 한다. 이 검정의 유의확률을 계산하라.
4) 3)의 결과를 이용해 데이터들이 정규분포를 따른다는 귀무가설을 검정하라.

4. 연령대에 따라 선호하는 스마트폰이 다른지를 알아보기 다음과 같은 분할표를 얻었다. 아래 물음에 답하라.

	스마트폰A	스마트폰B	스마트폰C	합계
30세 미만	50	20	30	100
50세 미만	35	50	35	120
50세 이상	30	30	50	110

1) 통계적 모형과 가설을 기술하라.
2) R을 이용하여 1)의 가설을 검정하라.
3) R을 이용하여 각 셀의 기대도수를 계산해 보라.
4) 2)의 결과에서 사용한 유의확률은 어떻게 계산된 값인지 수식으로 기술하고 R을 이용해 직접 계산하여 확인해 보라.

5. 비타민 C가 감기치료에 효과가 있는지 알아보기 위하여 1961년 프랑스에서는 스키를 타는 사람 279명을 대상으로 5~7일 단위로 두 번에 걸쳐서 다음과 같은 임상시험을 하였다 대조군 140명에게는 당사자들이 모르게 위약을 주고 대조군과 독립적으로 선택된 처리군 139명에게는 역시 당사자들이 모르게 매일 1g의 비타민 C를 투여하였다. 그리고 감기여부를 진찰하는 의사도 피진찰자가 어느 약을 복용했는지 모르는 상태에서 진찰을 하는 이중눈가림 실험연구를 실시하여 다음과 같은 분할표를 얻었다.

	감기 걸림	감기 안 걸림	계
대조군	31	109	140
처리군	17	122	139
계	48	231	279

1) 통계적 모형과 가설을 설정하라.
2) R을 이용하여 1)의 가설을 검정하라.
3) R을 이용하여 각 셀의 기대도수를 계산해 보라.

6. Goodman과 Kruskal은 6800명을 대상으로 눈의 색과 머리색을 조사하여 다음 분할표를 얻었다. 눈의 색이 머리 색과 관련이 있는지 알아보려고 한다. 다음 물음에 답하라.

눈 색 \ 머리 색	B1	B2	B3	B4	계
A1	1768	807	189	47	2811
A2	946	1387	746	53	3132
A3	115	438	288	16	857
계	2829	2632	1223	116	6800

1) 통계적 모형과 가설을 기술하라.
2) R을 이용하여 1)의 가설을 검정하라.
3) R을 이용하여 각 셀의 기대도수를 계산해 보라.
4) 2)의 결과에서 사용한 유의확률은 어떻게 계산된 값인지 수식으로 기술하고 R을 이용해 직접 계산하여 확인해 보라.

부록

A. R과 R Studio의 설치

B. 표준정규분포표

C. 카이제곱분포표

D. t 분포표

E. F 분포표

A R과 R Studio의 설치

R과 RSTUDIO를 설치하는 방법에 대해 알아보자. RSTUDIO는 R을 더 효율적으로 사용할 수 있도록 도와주는 통합개발환경으로 이들 소프트웨어는 모두 무료로 이용할 수 있다. 먼저 R을 설치한 후 그다음 RSTUDIO를 설치하도록 하자.

1. R의 설치

R을 다운받기 위해서는 먼저 R 프로젝트 그룹의 홈페이지(r-project.org)에 접속해야 한다. 〈그림 A-1-1〉에 사각형으로 표시된 **"CRAN"**을 클릭하면 〈그림 A-1-2〉와 같이 R을 다운로드받을 수 있는 링크 목록이 나타난다. CRAN은 Comprehensive R Archive Network의 약자로 R을 다운로드받을 수 있는 링크들의 주소를 담고 있다. 이 링크들은 국가의 이름순으로 나열돼 있으며 〈그림 A-1-2〉의 사각형 부분은 우리나라의 사이트들을 보여주고 있다. 각 국가에 포함된 링크 사이트의 개수나 내용은 수시로 변동되기도 하며, 꼭 우리나라의 링크를 이용해서 다운로드받아야만 하는 것은 아니다.

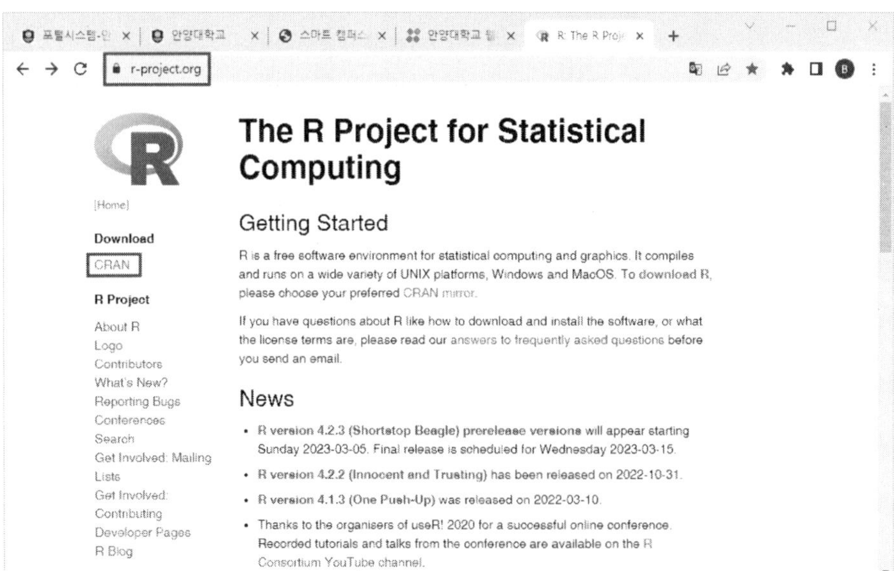

그림 A-1-1 R 프로젝트 그룹의 홈페이지

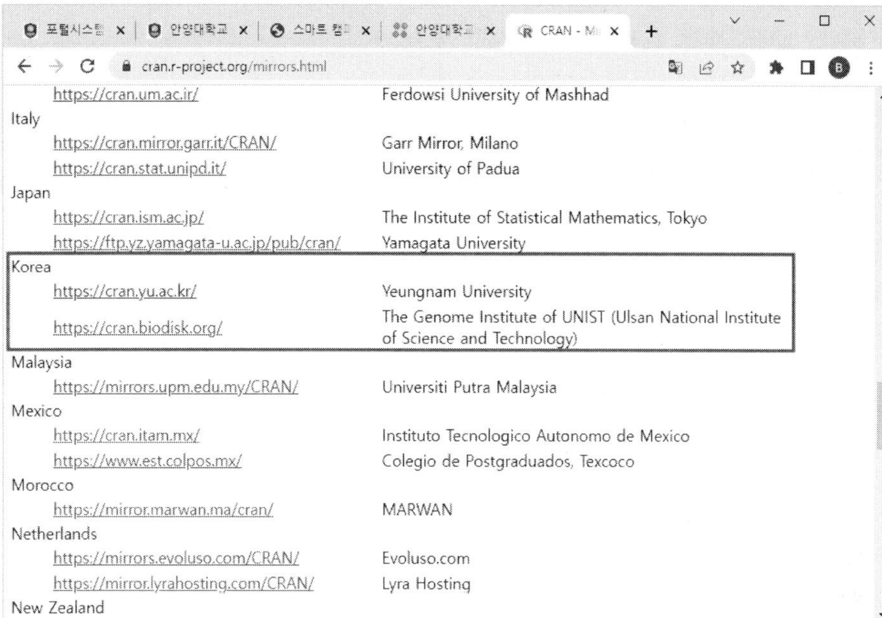

그림 A-1-2 우리나라의 R 저장소 목록

〈그림 A-1-2〉의 우리나라 R 저장소 목록 중에서 하나를 선택하면 〈그림 A-1-3〉과 같이 운영체제별로 R을 다운로드받을 수 있는 링크페이지가 나타난다. 여기에서 자신이 사용하는 컴퓨터의 운영체제에 맞는 R을 선택해 다운로드하면 된다. 본서에서는 윈도우즈용을 사용하기로 한다.

〈그림 A-1-4〉는 윈도우즈용을 선택한 페이지를 보여주고 있다. 〈그림 A-1-4〉에서 사각형으로 표시한 “base” 부분을 클릭하면 〈그림 A-1-5〉와 같이 윈도우즈용 최신 R 버전을 보여주는 페이지가 나타난다. R은 주기적으로 버전을 업그레이드하므로 여러분이 접속할 시점의 R 버전은 본서의 버전과 다를 수 있다. 〈그림 A-1-5〉에서 사각형으로 표시한 “Download R-x.x.x for Windows” 부분을 클릭하여 설치파일(R-x.x.x-win.exe)을 다운로드한다.

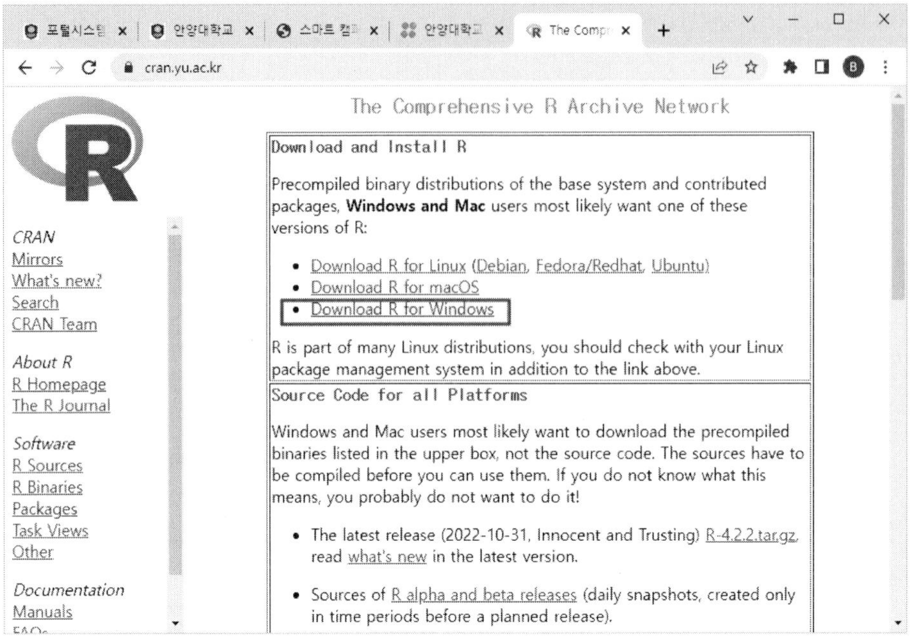

그림 A-1-3 운영체제별 R 다운로드 링크페이지

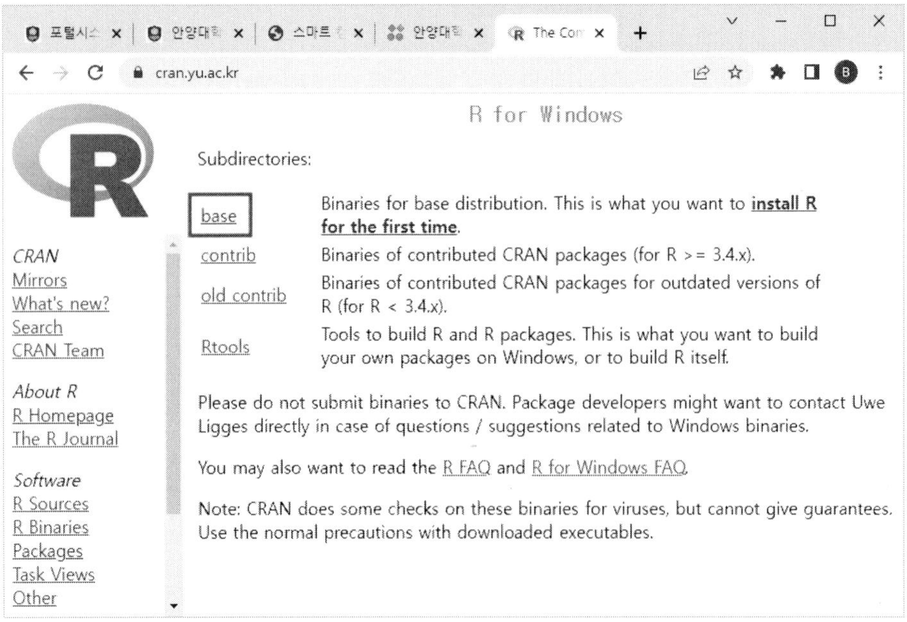

그림 A-1-4 윈도우즈용을 선택한 페이지

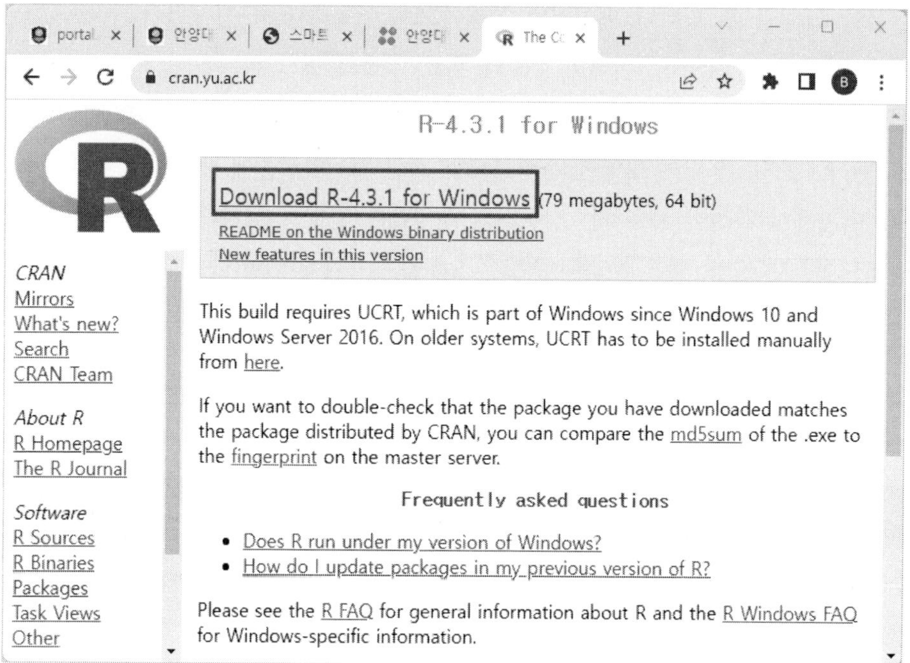

그림 A-1-5 윈도우즈용 최신 R 버전을 보여주는 페이지

이제 다운받은 설치파일(R-x.x.x-win.exe)을 실행하여 설치를 진행하면 된다. 설치과정은 사용자가 특별히 옵션을 바꾸지 말고 디폴트로 설정된 옵션을 그냥 [확인] 또는 [다음] 버튼을 눌러 진행하면 된다. 특히, R의 설치 위치를 묻는 단계에서는 디폴트로 설정된 폴더를 그대로 사용하는 것이 좋다. 간혹 이 단계에서 "OneDrive" 등의 가상 클라우드 저장소를 지정하면 이후 R을 사용하는 과정에서 많은 오류를 초래하는 경우가 많으므로 주의해야 한다.

2. RSTUDIO의 설치

RSTUDIO는 R을 편리하게 사용할 수 있도록 도와주는 통합 개발 환경(IDE, Integrated Development Environment) 소프트웨어로 공식 웹사이트인 "https://posit.co"에 접속하여 다운로드받을 수 있다. RSTUDIO는 이미 설치된 R의 위치를 참조해서 실행되기 때문에 RSTUDIO를 설치하기 전에 R이 먼저 설치되어 있어야 한다.

〈그림 A-2-1〉의 오른쪽 상단에 사각형으로 표시한 "DOWNLOAD RSTUDIO"

버튼을 클릭한 후 나타난 페이지의 아래쪽으로 이동하다 보면, 〈그림 A-2-2〉와 같이 RStudio Desktop 버전의 무료와 유료 버전의 링크 버튼을 발견할 수 있다. 물론 우리는 무료 버전을 이용할 것이다. 무료 버전의 다운로드 버튼을 클릭하면 〈그림 A-2-3〉과 같이 다양한 운영체제의 최신 설치파일들에 대한 목록이 나타난다. 여기에서 자신이 사용하는 컴퓨터의 운영체제에 맞는 설치파일을 선택하여 다운로드받으면 된다. 물론 우리는 윈도우즈용을 이용할 것이며 다운로드받은 설치파일(EXE 파일)을 관리자 권한으로 실행하여 설치를 진행한다.

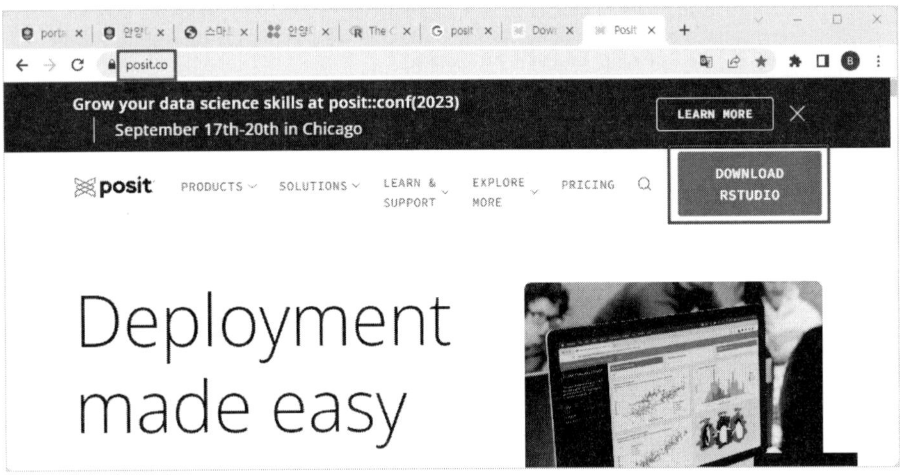

그림 A-2-1 RSTUDIO의 공식 웹사이트

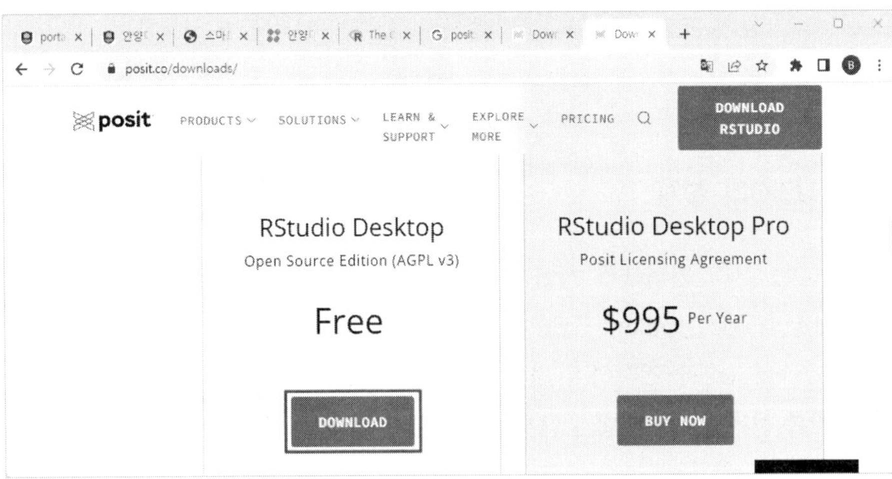

그림 A-2-2 RSTUDIO의 다운로드 페이지

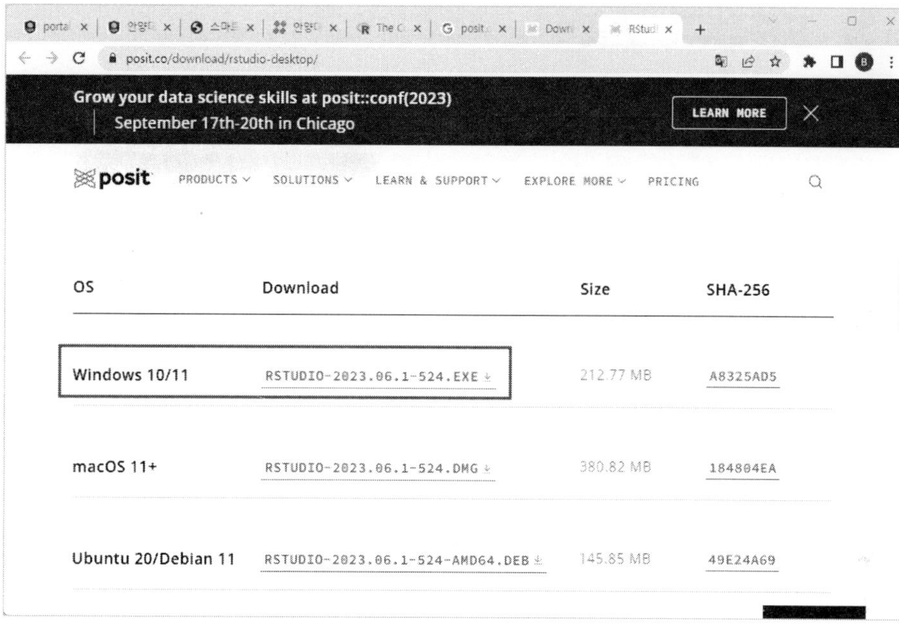

그림 A-2-3 RSTUDIO의 운영체제별 최신 설치파일

RSTUDIO의 설치과정은 특별하게 옵션을 변경하는 과정이 필요하지 않으므로 계속해서 [다음] 버튼을 눌러 진행하면 된다.

B 표준정규분포표

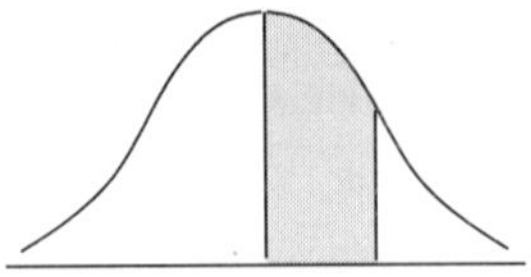

(A) $z : 0 \sim z$

z	.00	.01	.02	.03	.04	.05	.06	.07	.08	.09
0.0	0.0000	0.0040	0.0080	0.0120	0.0160	0.0199	0.0239	0.0279	0.0319	0.0359
0.1	0.0398	0.0438	0.0478	0.0517	0.0557	0.0596	0.0636	0.0675	0.0714	0.0753
0.2	0.0793	0.0832	0.0871	0.0910	0.0948	0.0987	0.1026	0.1064	0.1103	0.1141
0.3	0.1179	0.1217	0.1255	0.1293	0.1331	0.1368	0.1406	0.1443	0.1480	0.1517
0.4	0.1554	0.1591	0.1628	0.1664	0.1700	0.1736	0.1772	0.1808	0.1844	0.1879
0.5	0.1915	0.1950	0.1985	0.2019	0.2054	0.2088	0.2123	0.2157	0.2190	0.2224
0.6	0.2257	0.2291	0.2324	0.2357	0.2389	0.2422	0.2454	0.2486	0.2517	0.2549
0.7	0.2580	0.2611	0.2642	0.2673	0.2704	0.2734	0.2764	0.2794	0.2823	0.2852
0.8	0.2881	0.2910	0.2939	0.2967	0.2995	0.3023	0.3051	0.3078	0.3106	0.3133
0.9	0.3159	0.3186	0.3212	0.3238	0.3264	0.3289	0.3315	0.3340	0.3365	0.3389
1.0	0.3413	0.3438	0.3461	0.3485	0.3508	0.3531	0.3554	0.3577	0.3599	0.3621
1.1	0.3643	0.3665	0.3686	0.3708	0.3729	0.3749	0.3770	0.3790	0.3810	0.3830
1.2	0.3849	0.3869	0.3888	0.3907	0.3925	0.3944	0.3962	0.3980	0.3997	0.4015
1.3	0.4032	0.4049	0.4066	0.4082	0.4099	0.4115	0.4131	0.4147	0.4162	0.4177
1.4	0.4192	0.4207	0.4222	0.4236	0.4251	0.4265	0.4279	0.4292	0.4306	0.4319
1.5	0.4332	0.4345	0.4357	0.4370	0.4382	0.4394	0.4406	0.4418	0.4429	0.4441
1.6	0.4452	0.4463	0.4474	0.4484	0.4495	0.4505	0.4515	0.4525	0.4535	0.4545
1.7	0.4554	0.4564	0.4573	0.4582	0.4591	0.4599	0.4608	0.4616	0.4625	0.4633
1.8	0.4641	0.4649	0.4656	0.4664	0.4671	0.4678	0.4686	0.4693	0.4699	0.4706
1.9	0.4713	0.4719	0.4726	0.4732	0.4738	0.4744	0.4750	0.4756	0.4761	0.4767
2.0	0.4772	0.4778	0.4783	0.4788	0.4793	0.4798	0.4803	0.4808	0.4812	0.4817
2.1	0.4821	0.4826	0.4830	0.4834	0.4838	0.4842	0.4846	0.4850	0.4854	0.4857
2.2	0.4861	0.4864	0.4868	0.4871	0.4875	0.4878	0.4881	0.4884	0.4887	0.4890
2.3	0.4893	0.4896	0.4898	0.4901	0.4904	0.4906	0.4909	0.4911	0.4913	0.4916
2.4	0.4918	0.4920	0.4922	0.4925	0.4927	0.4929	0.4931	0.4932	0.4934	0.4936
2.5	0.4938	0.4940	0.4941	0.4943	0.4945	0.4946	0.4948	0.4949	0.4951	0.4952
2.6	0.4953	0.4955	0.4956	0.4957	0.4959	0.4960	0.4961	0.4962	0.4963	0.4964
2.7	0.4965	0.4966	0.4967	0.4968	0.4969	0.4970	0.4971	0.4972	0.4973	0.4974
2.8	0.4974	0.4975	0.4976	0.4977	0.4977	0.4978	0.4979	0.4979	0.4980	0.4981
2.9	0.4981	0.4982	0.4982	0.4983	0.4984	0.4984	0.4985	0.4985	0.4986	0.4986
3.0	0.4987	0.4987	0.4987	0.4988	0.4988	0.4989	0.4989	0.4989	0.4990	0.4990
3.1	0.4990	0.4991	0.4991	0.4991	0.4992	0.4992	0.4992	0.4992	0.4993	0.4993
3.2	0.4993	0.4993	0.4994	0.4994	0.4994	0.4994	0.4994	0.4995	0.4995	0.4995
3.3	0.4995	0.4995	0.4995	0.4996	0.4996	0.4996	0.4996	0.4996	0.4996	0.4997
3.4	0.4997	0.4997	0.4997	0.4997	0.4997	0.4997	0.4997	0.4997	0.4997	0.4998

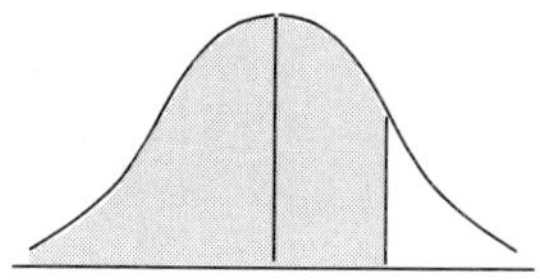

(B) z : $-\infty \sim z$

z	.00	.01	.02	.03	.04	.05	.06	.07	.08	.09
0.0	0.5000	0.5040	0.5080	0.5120	0.5160	0.5199	0.5239	0.5279	0.5319	0.5359
0.1	0.5398	0.5438	0.5478	0.5517	0.5557	0.5596	0.5636	0.5675	0.5714	0.5753
0.2	0.5793	0.5832	0.5871	0.5910	0.5948	0.5987	0.6026	0.6064	0.6103	0.6141
0.3	0.6179	0.6217	0.6255	0.6293	0.6331	0.6368	0.6406	0.6443	0.6480	0.6517
0.4	0.6554	0.6591	0.6628	0.6664	0.6700	0.6736	0.6772	0.6808	0.6844	0.6879
0.5	0.6915	0.6950	0.6985	0.7019	0.7054	0.7088	0.7123	0.7157	0.7190	0.7224
0.6	0.7257	0.7291	0.7324	0.7357	0.7389	0.7422	0.7454	0.7486	0.7517	0.7549
0.7	0.7580	0.7611	0.7642	0.7673	0.7703	0.7734	0.7764	0.7794	0.7823	0.7852
0.8	0.7881	0.1910	0.7939	0.7967	0.7995	0.8023	0.8051	0.8078	0.8106	0.8133
0.9	0.8159	0.8186	0.8212	0.8238	0.8264	0.8289	0.8315	0.8340	0.8365	0.8389
1.0	0.8413	0.8438	0.8461	0.8485	0.8508	0.8531	0.8554	0.8577	0.8599	0.8621
1.1	0.8643	0.8665	0.8686	0.8708	0.8729	0.8749	0.8770	0.8790	0.8810	0.8830
1.2	0.8849	0.8869	0.8888	0.8907	0.8925	0.8944	0.8962	0.8980	0.8997	0.9015
1.3	0.9032	0.9049	0.9066	0.9082	0.9099	0.9115	0.9131	0.9147	0.9162	0.9177
1.4	0.9192	0.9207	0.9222	0.9236	0.9251	0.9265	0.9279	0.9292	0.9306	0.9319
1.5	0.9332	0.9345	0.9357	0.9370	0.9382	0.9394	0.9406	0.9418	0.9429	0.9441
1.6	0.9452	0.9463	0.9474	0.9484	0.9495	0.9505	0.9515	0.9525	0.9535	0.9545
1.7	0.9554	0.9564	0.9573	0.9582	0.9591	0.9599	0.9608	0.9616	0.9625	0.9633
1.8	0.9641	0.9649	0.9656	0.9664	0.9671	0.9678	0.9686	0.9693	0.9699	0.9706
1.9	0.9713	0.9719	0.9726	0.9732	0.9738	0.9744	0.9750	0.9756	0.9761	0.9767
2.0	0.9772	0.9778	0.9783	0.9788	0.9793	0.9798	0.9803	0.9808	0.9812	0.9817
2.1	0.9821	0.9826	0.9830	0.9834	0.9838	0.9842	0.9846	0.9850	0.9854	0.9857
2.2	0.9861	0.9865	0.9868	0.9871	0.9875	0.9878	0.9881	0.9884	0.9887	0.9890
2.3	0.9893	0.9896	0.9898	0.9901	0.9904	0.9906	0.9909	0.9911	0.9913	0.9916
2.4	0.9918	0.9920	0.9922	0.9925	0.9927	0.9929	0.9931	0.9932	0.9934	0.9936
2.5	0.9938	0.9940	0.9941	0.9943	0.9945	0.9946	0.9948	0.9949	0.9951	0.9952
2.6	0.9953	0.9955	0.9956	0.9957	0.9959	0.9960	0.9961	0.9962	0.9963	0.9964
2.7	0.9965	0.9966	0.9967	0.9968	0.9969	0.9970	0.9971	0.9972	0.9973	0.9974
2.8	0.9974	0.9975	0.9976	0.9977	0.9977	0.9978	0.9979	0.9979	0.9980	0.9981
2.9	0.9981	0.9982	0.9982	0.9983	0.9984	0.9984	0.9985	0.9985	0.9986	0.9986
3.0	0.9987	0.9987	0.9987	0.9988	0.9988	0.9989	0.9989	0.9989	0.9990	0.9990
3.1	0.9990	0.9990	0.9991	0.9991	0.9992	0.9992	0.9992	0.9992	0.9993	0.9993
3.2	0.9993	0.9993	0.9994	0.9994	0.9994	0.9994	0.9994	0.9995	0.9995	0.9995
3.3	0.9995	0.9995	0.9995	0.9996	0.9996	0.9996	0.9996	0.9996	0.9996	0.9997
3.4	0.9997	0.9997	0.9997	0.9997	0.9997	0.9997	0.9997	0.9997	0.9997	0.9998

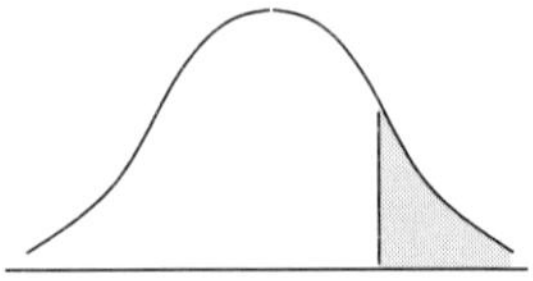

z

(C) $z : z \sim \infty$

z	.00	.01	.02	.03	.04	.05	.06	.07	.08	.09
0.0	0.5000	0.4960	0.4920	0.4880	0.4840	0.0481	0.4761	0.4721	0.4681	0.4641
0.1	0.4602	0.4562	0.4522	0.4483	0.4443	0.4404	0.4364	0.4325	0.4286	0.4247
0.2	0.4207	0.4168	0.4129	0.4090	0.4052	0.4013	0.3974	0.3936	0.3897	0.3859
0.3	0.3821	0.3783	0.3745	0.3707	0.3669	0.3632	0.3594	0.3557	0.3520	0.3483
0.4	0.3446	0.3409	0.3372	0.3336	0.3300	0.3264	0.3228	0.3192	0.3156	0.3121
0.5	0.3085	0.3050	0.3015	0.2981	0.2946	0.2912	0.2877	0.2843	0.2810	0.2776
0.6	0.2743	0.2709	0.2676	0.2643	0.2611	0.2578	0.2546	0.2514	0.2483	0.2451
0.7	0.2420	0.2389	0.2358	0.2327	0.2296	0.2266	0.2236	0.2206	0.2177	0.2148
0.8	0.2119	0.2090	0.2061	0.2033	0.2005	0.1977	0.1949	0.1922	0.1894	0.1867
0.9	0.1841	0.1814	0.1788	0.1762	0.1736	0.1711	0.1685	0.1660	0.1635	0.1611
1.0	0.1587	0.1562	0.1539	0.1515	0.1492	0.1469	0.1446	0.1423	0.1401	0.1379
1.1	0.1357	0.1335	0.1314	0.1292	0.1271	0.1251	0.1230	0.1210	0.1190	0.1170
1.2	0.1151	0.1131	0.1112	0.1093	0.1075	0.1056	0.1038	0.1020	0.1003	0.0985
1.3	0.0986	0.0951	0.0934	0.0918	0.0901	0.0885	0.0869	0.0853	0.0838	0.0823
1.4	0.0808	0.0793	0.0778	0.0764	0.0749	0.0735	0.0721	0.0708	0.0694	0.0681
1.5	0.0668	0.0655	0.0643	0.0630	0.0618	0.0606	0.0594	0.0582	0.0571	0.0559
1.6	0.0548	0.0537	0.0526	0.0516	0.0505	0.0495	0.0485	0.0475	0.0465	0.0455
1.7	0.0446	0.0436	0.0427	0.0418	0.0409	0.0401	0.0392	0.0384	0.0375	0.0367
1.8	0.0359	0.0351	0.0344	0.0336	0.0329	0.0322	0.0316	0.0307	0.0301	0.0294
1.9	0.0287	0.0281	0.0274	0.0268	0.0262	0.0256	0.0250	0.0244	0.0239	0.0233
2.0	0.0228	0.0222	0.0217	0.0212	0.0207	0.0202	0.0197	0.0192	0.0188	0.0183
2.1	0.0179	0.0174	0.0170	0.0166	0.0162	0.0158	0.0154	0.0150	0.0146	0.0143
2.2	0.0139	0.0136	0.0132	0.0129	0.0125	0.0122	0.0119	0.0116	0.0113	0.0110
2.3	0.0107	0.0104	0.0102	0.0099	0.0096	0.0094	0.0091	0.0089	0.0087	0.0084
2.4	0.0082	0.0080	0.0078	0.0075	0.0073	0.0071	0.0069	0.0068	0.0066	0.0064
2.5	0.0062	0.0060	0.0059	0.0057	0.0055	0.0054	0.0052	0.0051	0.0049	0.0048
2.6	0.0047	0.0045	0.0044	0.0043	0.0041	0.0040	0.0039	0.0038	0.0037	0.0036
2.7	0.0035	0.0034	0.0033	0.0032	0.0031	0.0030	0.0029	0.0028	0.0027	0.0026
2.8	0.0026	0.0025	0.0024	0.0023	0.0023	0.0022	0.0021	0.0021	0.0020	0.0019
2.9	0.0019	0.0018	0.0018	0.0017	0.0016	0.0016	0.0015	0.0015	0.0014	0.0014
3.0	0.0013	0.0013	0.0013	0.0012	0.0012	0.0011	0.0011	0.0011	0.0010	0.0010
3.1	0.0010	0.0009	0.0009	0.0009	0.0008	0.0008	0.0008	0.0008	0.0007	0.0007
3.2	0.0007	0.0007	0.0006	0.0006	0.0006	0.0006	0.0006	0.0005	0.0005	0.0005
3.3	0.0005	0.0005	0.0005	0.0004	0.0004	0.0004	0.0004	0.0004	0.0004	0.0003
3.4	0.0003	0.0003	0.0003	0.0003	0.0003	0.0003	0.0003	0.0003	0.0003	0.0002

C 카이제곱분포표

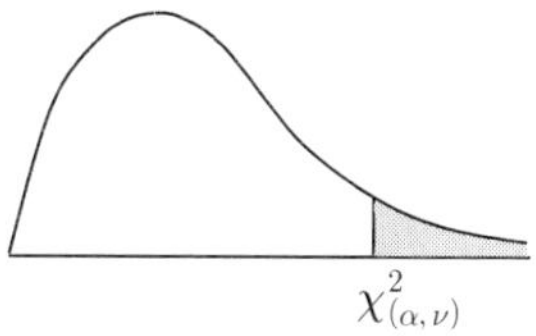

df \ α	.005	.010	.025	.050	.100	.900	.950	.975	.990	.995
1	7.8794	6.6349	5.0239	3.8415	2.7055	0.0158	0.0039	0.0010	0.0002	0.0000
2	10.5966	9.2103	7.3778	5.9915	4.6052	0.2107	0.1026	0.0506	0.0201	0.0100
3	12.8382	11.3449	9.3484	7.8147	6.2514	0.5844	0.3518	0.2158	0.1148	0.0717
4	14.8603	13.2767	11.1433	9.4877	7.7794	1.0636	0.7107	0.4844	0.2971	0.2070
5	16.7496	15.0863	12.8325	11.0705	9.2364	1.6103	1.1455	0.8312	0.5543	0.4117
6	18.5476	16.8119	14.4494	12.5916	10.6446	2.2041	1.6354	1.2373	0.8721	0.6757
7	20.2777	18.4753	16.0128	14.0671	12.0170	2.8331	2.1673	1.6899	1.2390	0.9893
8	21.9550	20.0902	17.5345	15.5073	13.3616	3.4895	2.7326	2.1797	1.6465	1.3444
9	23.5894	21.6660	19.0228	16.9190	14.6837	4.1682	3.3251	2.7004	2.0879	1.7349
10	25.1882	23.2093	20.4832	18.3070	15.9872	4.8652	3.9403	3.2470	2.5582	2.1559
11	26.7568	24.7250	21.9200	19.6751	17.2750	5.5778	4.5748	3.8157	3.0535	2.6032
12	28.2995	26.2170	23.3367	21.0261	18.5493	6.3038	5.2260	4.4038	3.5706	3.0738
13	29.8195	27.6882	24.7356	22.3620	19.8119	7.0415	5.8919	5.0088	4.1069	3.5650
14	31.3193	29.1412	26.1189	23.6848	21.0641	7.7895	6.5706	5.6287	4.6604	4.0747
15	32.8013	30.5779	27.4884	24.9958	22.3071	8.5468	7.2609	6.2621	5.2293	4.6009
16	34.2672	31.9999	28.8454	26.2962	23.5418	9.3122	7.9616	6.9077	5.8122	5.1422
17	35.7185	33.4087	30.1910	27.5871	24.7690	10.0852	8.6718	7.5642	6.4078	5.6972
18	37.1565	34.8053	31.5264	28.8693	25.9894	10.8649	9.3905	8.2307	7.0149	6.2648
19	38.5823	36.1909	32.8523	30.1435	27.2036	11.6509	10.1170	8.9065	7.6327	6.8440
20	39.9968	37.5662	34.1696	31.4104	28.4120	12.4426	10.8508	9.5908	8.2604	7.4338
21	41.4011	38.9322	35.4789	32.6706	29.6151	13.2396	11.5913	10.2829	8.8972	8.0337
22	42.7957	40.2894	36.7807	33.9244	30.8133	14.0415	12.3380	10.9823	9.5425	8.6427
23	44.1813	41.6384	38.0756	35.1725	32.0069	14.8480	13.0905	11.6886	10.1957	9.2604
24	45.5585	42.9798	39.3641	36.4150	33.1962	15.6587	13.8484	12.4012	10.8564	9.8862
25	46.9279	44.3141	40.6465	37.6525	34.3816	16.4734	14.6114	13.1197	11.5240	10.5197
26	48.2899	45.6417	41.9232	38.8851	35.5632	17.2919	15.3792	13.8439	12.1981	11.1602
27	49.6449	46.9629	43.1945	40.1133	36.7412	18.1139	16.1514	14.5734	12.8785	11.8076
28	50.9934	48.2782	44.4608	41.3371	37.9159	18.9392	16.9279	15.3079	13.5647	12.4613
29	52.3356	49.5879	45.7223	42.5570	39.0875	19.7677	17.7084	16.0471	14.2565	13.1211
30	53.6720	50.8922	46.9792	43.7730	40.2560	20.5992	18.4927	16.7908	14.9535	13.7867
40	66.7659	63.6907	59.3417	55.7585	51.8051	29.0505	26.5093	24.4331	22.1643	20.7065
50	79.4900	76.1539	71.4202	67.5048	63.1671	37.6886	34.7642	32.3574	29.7067	27.9907
60	91.9517	88.3794	83.2976	79.0819	74.3970	46.4589	43.1879	40.4817	37.4848	35.5346
70	104.215	100.425	95.0231	90.5312	85.5270	55.3289	51.7393	48.7576	45.4418	43.2752
80	116.321	112.329	106.629	101.879	96.5782	64.2778	60.3915	57.1532	53.5400	51.1720
90	128.299	124.116	118.136	113.145	107.565	73.2911	69.1260	65.6466	61.7541	59.1963
100	140.169	135.807	129.561	124.342	118.498	82.3581	77.9295	74.2219	70.0648	67.3276

D t 분포표

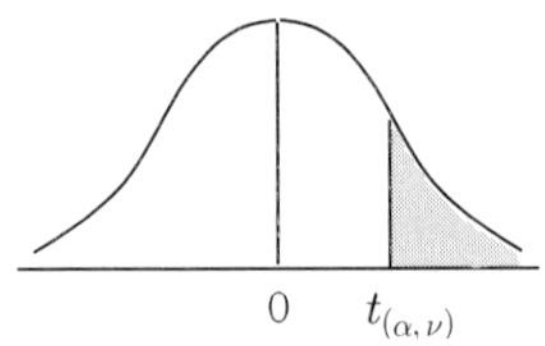

df \ α	.4	.25	.1	.05	.025	.01	.005	.0025	.001	.0005
1	.325	1.000	3.078	6.314	12.706	31.821	63.657	127.32	318.31	636.62
2	.289	.816	1.886	2.920	4.303	6.965	9.925	14.089	22.327	31.598
3	.277	.765	1.638	2.353	3.182	4.541	5.841	7.453	10.214	12.924
4	.271	.741	1.533	2.132	2.776	3.747	4.604	5.598	7.173	8.610
5	.267	.727	1.476	2.015	2.571	3.365	4.032	4.773	5.893	6.869
6	.265	.718	1.440	1.943	2.447	3.143	3.707	4.317	5.208	5.959
7	.263	.711	1.415	1.895	2.365	2.998	3.499	4.029	4.785	5.408
8	.262	.706	1.397	1.860	2.306	2.896	3.355	3.833	4.501	5.041
9	.261	.703	1.383	1.833	2.262	2.821	3.250	3.690	4.297	4.781
10	.260	.700	1.372	1.812	2.228	2.764	3.169	3.581	4.144	4.587
11	.260	.697	1.363	1.796	2.201	2.718	3.106	3.497	4.025	4.437
12	.259	.695	1.356	1.782	2.179	2.681	3.055	3.428	3.930	4.318
13	.259	.694	1.350	1.771	2.160	2.650	3.012	3.372	3.852	4.221
14	.258	.692	1.345	1.761	2.145	2.624	2.977	3.326	3.787	4.140
15	.258	.691	1.341	1.753	2.131	2.602	2.947	3.286	3.733	4.073
16	.258	.690	1.337	1.746	2.120	2.583	2.921	3.252	3.686	4.015
17	.257	.689	1.333	1.740	2.110	2.567	2.898	3.222	3.646	3.965
18	.257	.688	1.330	1.734	2.101	2.552	2.878	3.197	3.610	3.922
19	.257	.688	1.328	1.729	2.093	2.539	2.861	3.174	3.579	3.883
20	.257	.687	1.325	1.725	2.086	2.528	2.845	3.153	3.552	3.850
21	.257	.686	1.323	1.721	2.080	2.518	2.831	3.135	3.527	3.819
22	.256	.686	1.321	1.717	2.074	2.508	2.819	3.119	3.505	3.792
23	.256	.685	1.319	1.714	2.069	2.500	2.807	3.104	3.485	3.767
24	.256	.685	1.318	1.711	2.064	2.491	2.797	3.091	3.467	3.745
25	.256	.684	1.316	1.708	2.060	2.485	2.787	3.078	3.450	3.725
26	.256	.684	1.315	1.706	2.056	2.479	2.779	3.067	3.435	4.707
27	.256	.684	1.314	1.703	2.052	2.473	2.771	3.057	3.421	3.690
28	.256	.683	1.313	1.701	2.048	2.467	2.763	3.047	3.408	3.674
29	.256	.683	1.311	1.699	2.045	2.462	2.756	3.038	3.396	3.659
30	.256	.683	1.310	1.697	2.042	2.457	2.750	3.030	3.385	3.646
40	.255	.681	1.303	1.684	2.021	2.423	2.704	2.971	3.307	3.551
60	.254	.679	1.296	1.671	2.000	2.390	2.660	2.915	3.232	3.460
120	.254	.677	1.289	1.658	1.980	2.358	2.617	2.860	3.160	3.373
∞	.253	.674	1.282	1.645	1.960	2.326	2.576	2.807	3.090	3.291

E F 분포표

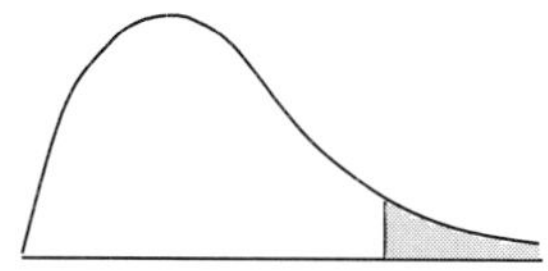

F_α

(A) $\alpha = 0.10$

df_2 \ df_1	1	2	3	4	5	6	7	8	9	10
1	39.86	49.50	53.59	55.83	57.24	58.20	58.91	59.44	59.86	60.19
2	8.53	9.00	9.16	9.24	9.29	9.33	9.35	9.37	9.38	9.39
3	5.54	5.46	5.39	5.34	5.31	5.28	5.27	5.25	5.24	5.23
4	4.54	4.32	4.19	4.11	4.05	4.01	3.98	3.95	3.94	3.92
5	4.06	3.78	3.62	3.52	3.45	3.40	3.37	3.34	3.32	3.30
6	3.78	3.46	3.29	3.18	3.11	3.05	3.01	2.98	2.96	2.94
7	3.59	3.26	3.07	2.96	2.88	2.83	2.78	2.75	2.72	2.70
8	3.46	3.11	2.92	2.81	2.73	2.67	2.62	2.59	2.56	2.54
9	3.36	3.01	2.81	2.69	2.61	2.55	2.51	2.47	2.44	2.42
10	3.29	2.92	2.73	2.61	2.52	2.46	2.41	2.38	2.35	2.32
11	3.23	2.86	2.66	2.54	2.45	2.39	2.34	2.30	2.27	2.25
12	3.18	2.81	2.61	2.48	2.39	2.33	2.28	2.24	2.21	2.19
13	3.14	2.76	2.56	2.43	2.35	2.28	2.23	2.20	2.16	2.14
14	3.10	2.73	2.52	2.39	2.31	2.24	2.19	2.15	2.12	2.10
15	3.07	2.70	2.49	2.36	2.27	2.21	2.16	2.12	2.09	2.06
16	3.05	2.67	2.46	2.33	2.24	2.18	2.13	2.09	2.06	2.03
17	3.03	2.64	2.44	2.31	2.22	2.15	2.10	2.06	2.03	2.00
18	3.01	2.62	2.42	2.29	2.20	2.13	2.08	2.04	2.00	1.98
19	2.99	2.61	2.40	2.27	2.18	2.11	2.06	2.02	1.98	1.96
20	2.97	2.59	2.38	2.25	2.16	2.09	2.04	2.00	1.96	1.94
21	2.96	2.57	2.36	2.23	2.14	2.08	2.02	1.98	1.95	1.92
22	2.95	2.56	2.35	2.22	2.13	2.06	2.01	1.97	1.93	1.90
23	2.94	2.55	2.34	2.21	2.11	2.05	1.99	1.95	1.92	1.89
24	2.93	2.54	2.33	2.19	2.10	2.04	1.98	1.94	1.91	1.88
25	2.92	2.53	2.32	2.18	2.09	2.02	1.97	1.93	1.89	1.87
26	2.91	2.52	2.31	2.17	2.08	2.01	1.96	1.92	1.88	1.86
27	2.90	2.51	2.30	2.17	2.07	2.00	1.95	1.91	1.87	1.85
28	2.89	2.50	2.29	2.16	2.06	2.00	1.94	1.90	1.87	1.84
29	2.89	2.50	2.28	2.15	2.06	1.99	1.93	1.89	1.86	1.83
30	2.88	2.49	2.28	2.14	2.05	1.98	1.93	1.88	1.85	1.82
40	2.84	2.44	2.23	2.09	2.00	1.93	1.87	1.83	1.79	1.76
60	2.79	2.39	2.18	2.04	1.95	1.87	1.82	1.77	1.74	1.71
120	2.75	2.35	2.13	1.99	1.90	1.82	1.77	1.72	1.68	1.65
∞	2.71	2.30	2.08	1.94	1.85	1.77	1.72	1.67	1.63	1.60

α = 0.10(계속)

df_2 \ df_1	12	15	20	24	30	40	60	120	∞
1	60.71	61.22	61.74	62.00	62.26	62.53	62.79	63.06	63.33
2	9.41	9.42	9.44	9.45	9.46	9.47	9.47	9.48	9.49
3	5.22	5.20	5.18	5.18	5.17	5.16	5.15	5.14	5.13
4	3.90	3.87	3.84	3.83	3.82	3.80	3.79	3.78	3.76
5	3.27	3.24	3.21	3.19	3.17	3.16	3.14	3.12	3.10
6	2.90	2.87	2.84	2.82	2.80	2.78	2.76	2.74	2.72
7	2.67	2.63	2.59	2.58	2.56	2.54	2.51	2.49	2.47
8	2.50	2.46	2.42	2.40	2.38	2.36	2.34	2.32	2.29
9	2.38	2.34	2.30	2.28	2.25	2.23	2.21	2.18	2.16
10	2.28	2.24	2.20	2.18	2.16	2.13	2.11	2.08	2.06
11	2.21	2.17	2.12	2.10	2.08	2.05	2.03	2.00	1.97
12	2.15	2.10	2.06	2.04	2.01	1.99	1.96	1.93	1.90
13	2.10	2.05	2.01	1.98	1.96	1.93	1.90	1.88	1.85
14	2.05	2.01	1.96	1.94	1.91	1.89	1.86	1.83	1.80
15	2.02	1.97	1.92	1.90	1.87	1.85	1.82	1.79	1.76
16	1.99	1.94	1.89	1.87	1.84	1.81	1.78	1.75	1.72
17	1.96	1.91	1.86	1.84	1.81	1.78	1.75	1.72	1.69
18	1.93	1.89	1.84	1.81	1.78	1.75	1.72	1.69	1.66
19	1.91	1.86	1.81	1.79	1.76	1.73	1.70	1.67	1.63
20	1.89	1.84	1.79	1.77	1.74	1.71	1.68	1.64	1.61
21	1.87	1.83	1.78	1.75	1.72	1.69	1.66	1.62	1.59
22	1.86	1.81	1.76	1.73	1.70	1.67	1.64	1.60	1.57
23	1.84	1.80	1.74	1.72	1.69	1.66	1.62	1.59	1.55
24	1.83	1.78	1.73	1.70	1.67	1.64	1.61	1.57	1.53
25	1.82	1.77	1.72	1.69	1.66	1.63	1.59	1.56	1.52
26	1.81	1.76	1.71	1.68	1.65	1.61	1.58	1.54	1.50
27	1.80	1.75	1.70	1.67	1.64	1.60	1.57	1.53	1.49
28	1.79	1.74	1.69	1.66	1.63	1.59	1.56	1.52	1.48
29	1.78	1.73	1.68	1.65	1.62	1.58	1.55	1.51	1.47
30	1.77	1.72	1.67	1.64	1.61	1.57	1.54	1.50	1.46
40	1.71	1.66	1.61	1.57	1.54	1.51	1.47	1.42	1.38
60	1.66	1.60	1.54	1.51	1.48	1.44	1.40	1.35	1.29
120	1.60	1.55	1.48	1.45	1.41	1.37	1.32	1.26	1.19
∞	1.55	1.49	1.42	1.38	1.34	1.30	1.24	1.17	1.00

(B) $\alpha = 0.05$

df_2 \ df_1	1	2	3	4	5	6	7	8	9	10
1	161.45	199.50	215.71	224.58	230.16	233.99	236.77	238.88	240.54	241.88
2	18.51	19.00	19.16	19.25	19.30	19.33	19.35	19.37	19.38	19.40
3	10.13	9.55	9.28	9.12	9.01	8.94	8.89	8.85	8.81	8.79
4	7.71	6.94	6.59	6.39	6.26	6.16	6.09	6.04	6.00	5.96
5	6.61	5.79	5.41	5.19	5.05	4.95	4.88	4.82	4.77	4.74
6	5.99	5.14	4.76	4.53	4.39	4.28	4.21	4.15	4.10	4.06
7	5.59	4.74	4.35	4.12	3.97	3.87	3.79	3.73	3.68	3.64
8	5.32	4.46	4.07	3.84	3.69	3.58	3.50	3.44	3.39	3.35
9	5.12	4.26	3.86	3.63	3.48	3.37	3.29	3.23	3.18	3.14
10	4.96	4.10	3.71	3.48	3.33	3.22	3.14	3.07	3.02	2.98
11	4.84	3.98	3.59	3.36	3.20	3.09	3.01	2.95	2.90	2.85
12	4.75	3.89	3.49	3.26	3.11	3.00	2.91	2.85	2.80	2.75
13	4.67	3.81	3.41	3.18	3.03	2.92	2.83	2.77	2.71	2.67
14	4.60	3.74	3.34	3.11	2.96	2.85	2.76	2.70	2.65	2.60
15	4.54	3.68	3.29	3.06	2.90	2.79	2.71	2.64	2.59	2.54
16	4.49	3.63	3.24	3.01	2.85	2.74	2.66	2.59	2.54	2.49
17	4.45	3.59	3.20	2.96	2.81	2.70	2.61	2.55	2.49	2.45
18	4.41	3.55	3.16	2.93	2.77	2.66	2.58	2.51	2.46	2.41
19	4.38	3.52	3.13	2.90	2.74	2.63	2.54	2.48	2.42	2.38
20	4.35	3.49	3.10	2.87	2.71	2.60	2.51	2.45	2.39	2.35
21	4.32	3.47	3.07	2.84	2.68	2.57	2.49	2.42	2.37	2.32
22	4.30	3.44	3.05	2.82	2.66	2.55	2.46	2.40	2.34	2.30
23	4.28	3.42	3.03	2.80	2.64	2.53	2.44	2.37	2.32	2.27
24	4.26	3.40	3.01	2.78	2.62	2.51	2.42	2.36	2.30	2.25
25	4.24	3.39	2.99	2.76	2.60	2.49	2.40	2.34	2.28	2.24
26	4.23	3.37	2.98	2.74	2.59	2.47	2.39	2.32	2.27	2.22
27	4.21	3.35	2.96	2.73	2.57	2.46	2.37	2.31	2.25	2.20
28	4.20	3.34	2.95	2.71	2.56	2.45	2.36	2.29	2.24	2.19
29	4.18	3.33	2.93	2.70	2.55	2.43	2.35	2.28	2.22	2.18
30	4.17	3.32	2.92	2.69	2.53	2.42	2.33	2.27	2.21	2.16
40	4.08	3.23	2.84	2.61	2.45	2.34	2.25	2.18	2.12	2.08
60	4.00	3.15	2.76	2.53	2.37	2.25	2.17	2.10	2.04	1.99
120	3.92	3.07	2.68	2.45	2.29	2.18	2.09	2.02	1.96	1.91
∞	3.84	3.00	2.60	2.37	2.21	2.10	2.01	1.94	1.88	1.83

$\alpha = 0.05$(계속)

df_2 \ df_1	12	15	20	24	30	40	60	120	∞
1	243.91	245.95	248.01	249.05	250.10	251.14	252.20	253.25	254.3
2	19.41	19.43	19.45	19.45	19.46	19.47	19.48	19.49	19.50
3	8.74	8.70	8.66	8.64	8.62	8.59	8.57	8.55	8.53
4	5.91	5.86	5.80	5.77	5.75	5.72	5.69	5.66	5.63
5	4.68	4.62	4.56	4.53	4.50	4.46	4.43	4.40	4.36
6	4.00	3.94	3.87	3.84	3.81	3.77	3.74	3.70	3.67
7	3.57	3.51	3.44	3.41	3.38	3.34	3.30	3.27	3.23
8	3.28	3.22	3.15	3.12	3.08	3.04	3.01	2.97	2.93
9	3.07	3.01	2.94	2.90	2.86	2.83	2.79	2.75	2.71
10	2.91	2.85	2.77	2.74	2.70	2.66	2.62	2.58	2.54
11	2.79	2.72	2.65	2.61	2.57	2.53	2.49	2.45	2.40
12	2.69	2.62	2.54	2.51	2.47	2.43	2.38	2.34	2.30
13	2.60	2.53	2.46	2.42	2.38	2.34	2.30	2.25	2.21
14	2.53	2.46	2.39	2.35	2.31	2.27	2.22	2.18	2.13
15	2.48	2.40	2.33	2.29	2.25	2.20	2.16	2.11	2.07
16	2.42	2.35	2.28	2.24	2.19	2.15	2.11	2.06	2.01
17	2.38	2.31	2.23	2.19	2.15	2.10	2.06	2.01	1.96
18	2.34	2.27	2.19	2.15	2.11	2.06	2.02	1.97	1.92
19	2.31	2.23	2.16	2.11	2.07	2.03	1.98	1.93	1.88
20	2.28	2.20	2.12	2.08	2.04	1.99	1.95	1.90	1.84
21	2.25	2.18	2.10	2.05	2.01	1.96	1.92	1.87	1.81
22	2.23	2.15	2.07	2.03	1.98	1.94	1.89	1.84	1.78
23	2.20	2.13	2.05	2.01	1.96	1.91	1.86	1.81	1.76
24	2.18	2.11	2.03	1.98	1.94	1.89	1.84	1.79	1.73
25	2.16	2.09	2.01	1.96	1.92	1.87	1.82	1.77	1.71
26	2.15	2.07	1.99	1.95	1.90	1.85	1.80	1.75	1.69
27	2.13	2.06	1.97	1.93	1.88	1.84	1.79	1.73	1.67
28	2.12	2.04	1.96	1.91	1.87	1.82	1.77	1.71	1.65
29	2.10	2.03	1.94	1.90	1.85	1.81	1.75	1.70	1.64
30	2.09	2.01	1.93	1.89	1.84	1.79	1.74	1.68	1.62
40	2.00	1.92	1.84	1.79	1.74	1.69	1.64	1.58	1.51
60	1.92	1.84	1.75	1.70	1.65	1.59	1.53	1.47	1.39
120	1.83	1.75	1.66	1.61	1.55	1.50	1.43	1.35	1.25
∞	1.75	1.67	1.57	1.52	146	1.39	1.32	1.22	1.00

(C) $\alpha = 0.025$

df_2 \ df_1	1	2	3	4	5	6	7	8	9	10
1	647.79	799.50	864.16	899.58	921.85	937.11	948.22	956.66	963.28	968.63
2	38.51	39.00	39.17	39.25	39.30	39.33	39.36	39.37	39.39	39.40
3	17.44	16.04	15.44	15.10	14.88	14.73	14.62	14.54	14.47	14.42
4	12.22	10.65	9.98	9.60	9.36	9.20	9.07	8.98	8.90	8.84
5	10.01	8.43	7.76	7.39	7.15	6.98	6.85	6.76	6.68	6.62
6	8.81	7.26	6.60	6.23	5.99	5.82	5.70	5.60	5.52	5.46
7	8.07	6.54	5.89	5.52	5.29	5.12	4.99	4.90	4.82	4.76
8	7.57	6.06	5.42	5.05	4.82	4.65	4.53	4.43	4.36	4.30
9	7.21	5.71	5.08	4.72	4.48	4.32	4.20	4.10	4.03	3.96
10	6.94	5.46	4.83	4.47	4.24	4.07	3.95	3.85	3.78	3.72
11	6.72	5.26	4.63	4.28	4.04	3.88	3.76	3.66	3.59	3.53
12	6.55	5.10	4.47	4.12	3.89	3.73	3.61	3.51	3.44	3.37
13	6.41	4.97	4.35	4.00	3.77	3.60	3.48	3.39	3.31	3.25
14	6.30	4.86	4.24	3.89	3.66	3.50	3.38	3.29	3.21	3.15
15	6.20	4.77	4.15	3.80	3.58	3.41	3.29	3.20	3.12	3.06
16	6.12	4.69	4.08	3.73	3.50	3.34	3.22	3.12	3.05	2.99
17	6.04	4.62	4.01	3.66	3.44	3.28	3.16	3.06	2.98	2.92
18	5.98	4.56	3.95	3.61	3.38	3.22	3.10	3.01	2.93	2.87
19	5.92	4.51	3.90	3.56	3.33	3.17	3.05	2.96	2.88	2.82
20	5.87	4.46	3.86	3.51	3.29	3.13	3.01	2.91	2.84	2.77
21	5.83	4.42	3.82	3.48	3.25	3.09	2.97	2.87	2.80	2.73
22	5.79	4.38	3.78	3.44	3.22	3.05	2.93	2.84	2.76	2.70
23	5.75	4.35	3.75	3.41	3.18	3.02	2.90	2.81	2.73	2.67
24	5.72	4.32	3.72	3.38	3.15	2.99	2.87	2.78	2.70	2.64
25	5.69	4.29	3.69	3.35	3.13	2.97	2.85	2.75	2.68	2.61
26	5.66	4.27	3.67	3.33	3.10	2.94	2.82	2.73	2.65	2.59
27	5.63	4.24	3.65	3.31	3.08	2.92	2.80	2.71	2.63	2.57
28	5.61	4.22	3.63	3.29	3.06	2.90	2.78	2.69	2.61	2.55
29	5.59	4.20	3.61	3.27	3.04	2.88	2.76	2.67	2.59	2.53
30	5.57	4.18	3.59	3.25	3.03	2.87	2.75	2.65	2.57	2.51
40	5.42	4.05	3.46	3.13	2.90	2.74	2.62	2.53	2.45	2.39
60	5.29	3.93	3.34	3.01	2.79	2.63	2.51	2.41	2.33	2.27
120	5.15	3.80	3.23	2.89	2.67	2.52	2.39	2.30	2.22	2.16
∞	5.02	3.69	3.12	2.79	2.57	2.41	2.29	2.19	2.11	2.05

$\alpha = 0.025$(계속)

df_2 \ df_1	12	15	20	24	30	40	60	120	∞
1	976.71	984.87	993.10	997.25	1001.41	1005.60	1009.80	1014.02	1018
2	39.41	39.43	39.45	39.46	39.46	39.47	39.48	39.49	39.50
3	14.34	14.25	14.17	14.12	14.08	14.04	13.99	13.95	13.90
4	8.75	8.66	8.56	8.51	8.46	8.41	8.36	8.31	8.26
5	6.52	6.43	6.33	6.28	6.23	6.18	6.12	6.07	6.02
6	5.37	5.27	5.17	5.12	5.07	5.01	4.96	4.90	4.85
7	4.67	4.57	4.47	4.41	4.36	4.31	4.25	4.20	4.14
8	4.20	4.10	4.00	3.95	3.89	3.84	3.78	3.73	3.67
9	3.87	3.77	3.67	3.61	3.56	3.51	3.45	3.39	3.33
10	3.62	3.52	3.42	3.37	3.31	3.26	3.20	3.14	3.08
11	3.43	3.33	3.23	3.17	3.12	3.06	3.00	2.94	2.88
12	3.28	3.18	3.07	3.02	2.96	2.91	2.85	2.79	2.72
13	3.15	3.05	2.95	2.89	2.84	2.78	2.72	2.66	2.60
14	3.05	2.95	2.84	2.79	2.73	2.67	2.61	2.55	2.49
15	2.96	2.86	2.76	2.70	2.64	2.59	2.52	2.46	2.40
16	2.89	2.79	2.68	2.63	2.57	2.51	2.45	2.38	2.32
17	2.82	2.72	2.62	2.56	2.50	2.44	2.38	2.32	2.26
18	2.77	2.67	2.56	2.50	2.44	2.38	2.32	2.26	2.13
19	2.72	2.62	2.51	2.45	2.39	2.33	2.27	2.20	2.09
20	2.68	2.57	2.46	2.41	2.35	2.29	2.22	2.16	2.04
21	2.64	2.53	2.42	2.37	2.31	2.25	2.18	2.11	2.00
22	2.60	2.50	2.39	2.33	2.27	2.21	2.14	2.08	1.97
23	2.57	2.47	2.36	2.30	2.24	2.18	2.11	2.04	1.94
24	2.54	2.44	2.33	2.27	2.21	2.15	2.08	2.01	1.91
25	2.51	2.41	2.30	2.24	2.18	2.12	2.05	1.98	1.88
26	2.49	2.39	2.28	2.22	2.16	2.09	2.03	1.95	1.85
27	2.47	2.36	2.25	2.19	2.13	2.07	2.00	1.93	1.83
28	2.45	2.34	2.23	2.17	2.11	2.05	1.98	1.91	1.81
29	2.43	2.32	2.21	2.15	2.09	2.03	1.96	1.89	1.79
30	2.41	2.31	2.20	2.14	2.07	2.01	1.94	1.87	1.64
40	2.29	2.18	2.07	2.01	1.94	1.88	1.80	1.72	1.48
60	2.17	2.06	1.94	1.88	1.82	1.74	1.67	1.58	1.31
120	2.05	1.94	1.82	1.76	1.69	1.61	1.53	1.43	1.00
∞	1.94	1.83	1.74	1.64	1.57	1.48	1.39	1.27	

(D) α = 0.01

df_2 \ df_1	1	2	3	4	5	6	7	8	9	10
1	4052.18	4999.50	5403.35	5624.58	5763.65	5858.99	5928.36	5981.07	6022.47	6055.85
2	98.50	99.00	99.17	99.25	99.30	99.33	99.36	99.37	99.39	99.40
3	34.12	30.82	29.46	28.71	28.24	27.91	27.67	27.49	27.35	27.23
4	21.20	18.00	16.69	15.98	15.52	15.21	14.98	14.80	14.66	14.55
5	16.26	13.27	12.06	11.39	10.97	10.67	10.46	10.29	10.16	10.05
6	13.75	10.92	9.78	9.15	8.75	8.47	8.26	8.10	7.98	7.87
7	12.25	9.55	8.45	7.85	7.46	7.19	6.99	6.84	6.72	6.62
8	11.26	8.65	7.59	7.01	6.63	6.37	6.18	6.03	5.91	5.81
9	10.56	8.02	6.99	6.42	6.06	5.80	5.61	5.47	5.35	5.26
10	10.04	7.56	6.55	5.99	5.64	5.39	5.20	5.06	4.94	4.85
11	9.65	7.21	6.22	5.67	5.32	5.07	4.89	4.74	4.63	4.54
12	9.33	6.93	5.95	5.41	5.06	4.82	4.64	4.50	4.39	4.30
13	9.07	6.70	5.74	5.21	4.86	4.62	4.44	4.30	4.19	4.10
14	8.86	6.51	5.56	5.04	4.69	4.46	4.28	4.14	4.03	3.94
15	8.68	6.36	5.42	4.89	4.56	4.32	4.14	4.00	3.89	3.80
16	8.53	6.23	5.29	4.77	4.44	4.20	4.03	3.89	3.78	3.69
17	8.40	6.11	5.18	4.67	4.34	4.10	3.93	3.79	3.68	3.59
18	8.29	6.01	5.09	4.58	4.25	4.01	3.84	3.71	3.60	3.51
19	8.18	5.93	5.01	4.50	4.17	3.94	3.77	3.63	3.52	3.43
20	8.10	5.85	4.94	4.43	4.10	3.87	3.70	3.56	3.46	3.37
21	8.02	5.78	4.87	4.37	4.04	3.81	3.64	3.51	3.40	3.31
22	7.95	5.72	4.82	4.31	3.99	3.76	3.59	3.45	3.35	3.26
23	7.88	5.66	4.76	4.26	3.94	3.71	3.54	3.41	3.30	3.21
24	7.82	5.61	4.72	4.22	3.90	3.67	3.50	3.36	3.26	3.17
25	7.77	5.57	4.68	4.18	3.85	3.63	3.46	3.32	3.22	3.13
26	7.72	5.53	4.64	4.14	3.82	3.59	3.42	3.29	3.18	3.09
27	7.68	5.49	4.60	4.11	3.78	3.56	3.39	3.26	3.15	3.06
28	7.64	5.45	4.57	4.07	3.75	3.53	3.36	3.23	3.12	3.03
29	7.60	5.42	4.54	4.04	3.73	3.50	3.33	3.20	3.09	3.00
30	7.56	5.39	4.51	4.02	3.70	3.47	3.30	3.17	3.07	2.98
40	7.31	5.18	4.31	3.83	3.51	3.29	3.12	2.99	2.89	2.80
60	7.08	4.98	4.13	3.65	3.34	3.12	2.95	2.82	2.72	2.63
120	6.85	4.79	3.95	3.48	3.17	2.96	2.79	2.66	2.56	2.47
∞	6.63	4.61	3.78	3.32	3.02	2.80	2.64	2.51	2.41	2.32

$\alpha = 0.01$(계속)

df_2 \ df_1	12	15	20	24	30	40	60	120	∞
1	6106.32	6157.28	6208.73	6234.63	6260.65	6286.78	6313.03	6339.39	6366
2	99.42	99.43	99.45	99.46	99.47	99.47	99.48	99.49	99.50
3	27.05	26.87	26.69	26.60	26.50	26.41	26.32	26.22	26.13
4	14.37	14.20	14.02	13.93	13.84	13.75	13.65	13.56	13.46
5	9.89	9.72	9.55	9.47	9.38	9.29	9.20	9.11	9.02
6	7.72	7.56	7.40	7.31	7.23	7.14	7.06	6.97	6.88
7	6.47	6.31	6.16	6.07	5.99	5.91	5.82	5.74	5.65
8	5.67	5.52	5.36	5.28	5.20	5.12	5.03	4.95	4.86
9	5.11	4.96	4.81	4.73	4.65	4.57	4.48	4.40	4.31
10	4.71	4.56	4.41	4.33	4.25	4.17	4.08	4.00	3.91
11	4.40	4.25	4.10	4.02	3.94	3.86	3.78	3.69	3.60
12	4.16	4.01	3.86	3.78	3.70	3.62	3.54	3.45	3.36
13	3.96	3.82	3.66	3.59	3.51	3.43	3.34	3.25	3.17
14	3.80	3.66	3.51	3.43	3.35	3.27	3.18	3.09	3.00
15	3.67	3.52	3.37	3.29	3.21	3.13	3.05	2.96	2.87
16	3.55	3.41	3.26	3.18	3.10	3.02	2.93	2.84	2.75
17	3.46	3.31	3.16	3.08	3.00	2.92	2.83	2.75	2.65
18	3.37	3.23	3.08	3.00	2.92	2.84	2.75	2.66	2.57
19	3.30	3.15	3.00	2.92	2.84	2.76	2.67	2.58	2.49
20	3.23	3.09	2.94	2.86	2.78	2.69	2.61	2.52	2.42
21	3.17	3.03	2.88	2.80	2.72	2.64	2.55	2.46	2.36
22	3.12	2.98	2.83	2.75	2.67	2.58	2.50	2.40	2.31
23	3.07	2.93	2.78	2.70	2.62	2.54	2.45	2.35	2.26
24	3.03	2.89	2.74	2.66	2.58	2.49	2.40	2.31	2.21
25	2.99	2.85	2.70	2.62	2.54	2.45	2.36	2.27	2.17
26	2.96	2.81	2.66	2.58	2.50	2.42	2.33	2.23	2.13
27	2.93	2.78	2.63	2.55	2.47	2.38	2.29	2.20	2.10
28	2.90	2.75	2.60	2.52	2.44	2.35	2.26	2.17	2.06
29	2.87	2.73	2.57	2.49	2.41	2.33	2.23	2.14	2.03
30	2.84	2.70	2.55	2.47	2.39	2.30	2.21	2.11	2.01
40	2.66	2.52	2.37	2.29	2.20	2.11	2.02	1.92	1.80
60	2.50	2.35	2.20	2.12	2.03	1.94	1.84	1.73	1.60
120	2.34	2.19	2.03	1.95	1.86	1.76	1.66	1.53	1.38
∞	2.18	2.04	1.88	1.79	1.70	1.50	1.47	1.32	1.00

찾아보기

|P|

|Q|

|R|

|S|

|T|

|ㅊ|

|ㅋ|

|ㅌ|

|ㅍ|

|ㅎ|

저자 소개

신봉섭

건국대학교 수학교육과(이학사)
서울대학교 대학원 계산통계학과(이학 석사 및 박사)
한국통계학회 교육이사, 통계계산연구회 회장 역임
한국데이터정보과학회 홍보이사, 정보이사 역임
안양대학교 입학처장, 전산정보원장 역임
현) 안양대학교 통계데이터사이언스학과 교수
e-mail: bsshin@anyang.ac.kr

신지원

이화여자대학교 통계학과(이학사)
이화여자대학교 대학원 통계학과(이학박사)
현) 이화여자대학교 수리과학연구소 박사 후 연구원
가천대학교 응용통계학과 강사
e-mail: only_thinkme@naver.com

R과 함께하는
통계학의 이해와 활용

저 자	신봉섭 · 신지원
발 행 인	김지영
발 행 처	자유아카데미
주 소	경기도 파주시 회동길 37-42 파주출판도시
전 화	031-955-1321
팩 스	031-955-1322
홈페이지	www.freeaca.com
전자우편	main@freeaca.com (대표) editor@freeaca.com (편집) crm@freeaca.com (영업)
등 록	제406-2003-017호, 1980. 7. 12
제1판1쇄	2023년 9월 8일 발행
제1판2쇄	2025년 7월 10일 발행

저자와의
협의하에
인지생략

ISBN 979-11-5808-460-8 93310